福島第一原発
廃炉図鑑

Encyclopedia of the “1F”
A Guide to the Decommisioning of the Fukushima Daiichi Nuclear Power Station

開沼博 編

太田出版

イントロダクション

はじめに

『福島第一原発廃炉図鑑』は、世界で初めて「福島第一原発廃炉の現場」の内実を正面から記録した出版物です。世界史的事件である「福島第一原発事故」の中心に入り、一般住民・民間の立場からその廃炉の現場の実態を調査するということが、事故から5年たって初めてだということ。これが「やっと」なのか「もう」なのか、受け止め方は人によって違うでしょうが、いずれにせよ私たちがより深く、広く「廃炉の現場」を知ろうとする必要があるのは間違いありません。

　長期にわたる廃炉の作業と、一時は人が住まなくなったその周辺地域がいかなる未来に向かっていくのか。それは政府・東電や地域住民の努力によるところも大きいでしょうが、それ以上に、私たちがそこに対していかなる理解と想像力をもち向き合っていくのかということが重要でしょう。私たちの文明や科学技術はもちろん、言葉や文化・芸術の力、民主主義のあり方、社会的包摂の仕組みづくりがますます試されるのはこれからです。

2号機と3号機に向かう坂の上から（2016年1月14日撮影）

福島第一原発事故から5年たちました。福島の復興や事故を起こした原発の状況について、これまで様々な情報が飛び交い、いまも定期的にニュースになります。ただ、多くの人がその情報や報道に不満を持っているように感じます。

「やたら専門的で難しい話や、恐怖を煽るような極端な話、『あれがうまくいってない、こいつが悪い』という〝ダメ出し〟ばかりがあふれて興味を持てなくなっている。結局どれを信じていいかもわからない」

「もっとわかりやすい、客観的で冷静な話を読みたい」

本書はそんな「福島難しい・面倒くさい」という、多くの人が当然抱くであろう思いに応えようと作られました。

２０１５年に刊行した『はじめての福島学』では福島県全体の状況を扱いましたが、本書では、そこでは扱いきれなかった「福島第一原発廃炉の現場」に焦点をあてました。ここでいう「廃炉の現場」とは、福島第一原発（ここからは地元での呼び名にならって「1F」としましょう）の構内＝「オンサイト」だけではなく、その周辺地域＝「オフサイト」も指します。

いまでもメディアが「永遠に人が住めない土地」「だれも立ち入ることが許されない」などとステレオタイプで情緒的な捉え方をする傾向は残ります。ただ、そういった短絡的なイメージだけでは「1F廃炉」の現実を捉えることはいつまでたってもできません。

　実際にそこに生きている人が何を思っているのか。どんな活動が廃炉の現場や地域を支えているのか。文字だけでは理解しづらいところはマンガや図を通してわかりやすく提示する。「廃炉の現場」で事故を起こした責任を果たそうとする東京電力が、5年たったいま何を考えているのかも率直に疑問をぶつける。

　そうやって「福島難しい・面倒くさい」状態を解除していく。何かしたいんだけど、何をしたらいいのかわからないという人に、きっかけがあったら「これを買ってみようか、ここに行ってみようか、ここで働いてみようか」と思えるような場所にする。

　それが本書の目的です。

　本書は「全ページを熟読する必要があるような本」ではありません。パラっと見て、目に止まったところ、興味があるテーマを「つまみ食い」して読

朝のJヴィレッジ。車の持ち主たちはすでに1Fでの作業を始めている（2016年1月14日撮影）

んでみるので構わない本です。ふとした瞬間に何か疑問が浮かんだら開いてみる。そんな図鑑として読んでもらえればと思います。

本書を読みながら、「もっとこんな情報はないのか」「この点は掘り下げが足りない」「原発政策はどうなんだ」「避難・除染・賠償についてはどう思う」などと「ないものねだり」をしたくなる部分もあると思います。ただ、それを誘発するのも図鑑の役割です。

じゃあ、もうちょっと自分の手で調べてみようか、行って確かめてみようか、実際にそこで暮らす人に直接話を聞いてみようか。

そういう「プラスの好奇心のスイッチ」を入れることこそ、本書に関わった人たちが共通して望むことです。これまで福島が「マイナスの好奇心」の対象ばかりになってきた構造を反転させることが本書の役割だと思っています。

ぜひ、肩肘をはらず、気楽に読んで、いろいろと考えたり、誰かと議論したりしてみてください。その時は興味がないことでも、傍らに置いておけば、いつかニュースで出てきたり、話題になったり興味を持ったりすることもあるでしょう。その時に好きな部分を開いて読んでみてください。

写真上：事故前の1〜4号機（2008年8月撮影）
左下：現在の1〜4号機（2016年1月14日撮影）
以前の姿をとどめているのは2号機のみ。1号機には放射性物質飛散のためクリーム色のカバーがかけられ、3号機は上階が大きく破損していることがわかる。4号機は燃料取り出しカバーにおおわれている

6〜9ページの事故前の写真はKitase Hiroaki氏所有

写真上：事故前の事務本館屋上からの眺め（2008年8月撮影）
下：現在の大型休憩所上階からの眺め（2016年1月14日撮影）
事故前、構内にあった森は伐採され、汚染水貯蔵タンク置き場になった。汚染水やガレキなどを構内に保管できているのは1Fの敷地がこれほど広かったからで、それは単なる幸運だったと話す人も多い

写真左：事故前、1F構内にあったグラウンド（2008年11月撮影）　右：現在のグラウンド跡地（2016年4月21日撮影：吉川彰浩）
現在、多核種除去設備（ALPS）類や汚染水タンクが置かれている場所は、以前はグラウンドとして使われていた

事故前は緑に恵まれていた1F。除染・汚染水増加抑制のために多くの草木が切り倒されて殺風景になってしまった

1Fを歩くと構内の状況が様々な形で可視化されていることに気づく。安全への意識、労働災害防止の意味も大きい

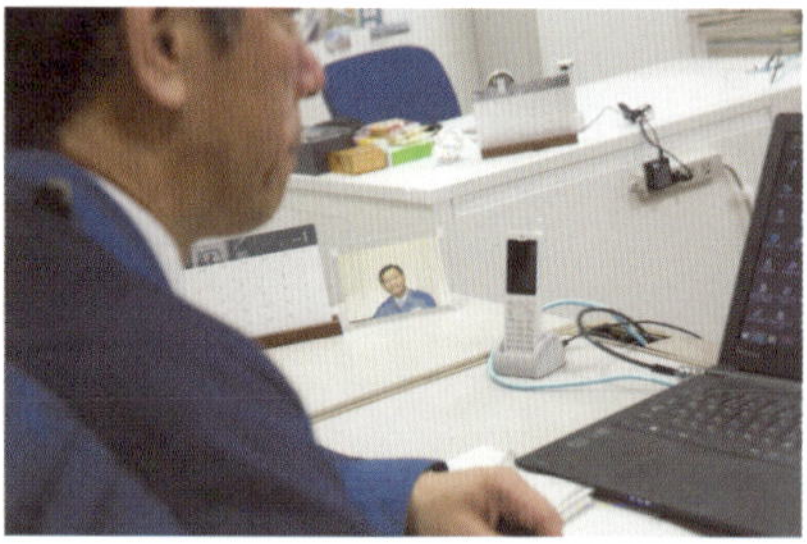

廃炉カンパニー増田CDOの机には事故時の1F所長で2013年に亡くなった吉田昌郎所長の写真が常に置かれる

これから働く人ともう帰る人と。7000人が行き交う現場の活気は行かないとわからない。「今日もご安全に」

東電社員が住む寮。Jヴィレッジの中にあるスタジアムには所狭しとプレハブの住居、食堂、洗濯室などが建てられる

事故前からあった排気塔と事故後にできたクレーン。事故以来、1F廃炉を象徴する両者がなくなる日もいずれ来る

写真左：ふれあい交差点を西から海へ臨む風景（2008年11月撮影）　右：現在のほぼ同じ場所からの眺め（2016年4月21日撮影：吉川彰浩）
事故前の写真の森の向こうに見えるのは1号機の排気筒。そこが切り開かれ、現在は屋根パネルを外した1号機原子炉建屋が見える

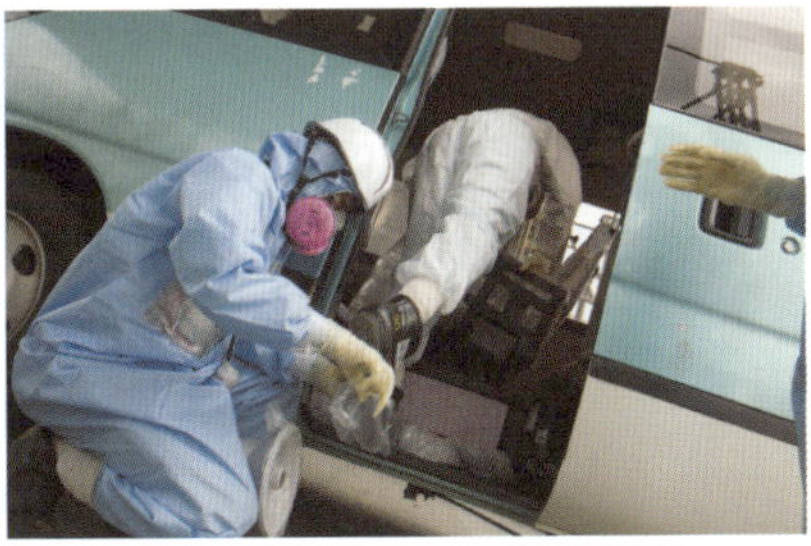

敷地から外への放射性物質の持ち出し防止のためにバス乗降のたびに全員で靴カバーを着脱し使い捨てにする

作業用の長靴が並ぶ棚。自分にあったサイズの靴を各自で選び、ヘルメットを被って外に出る

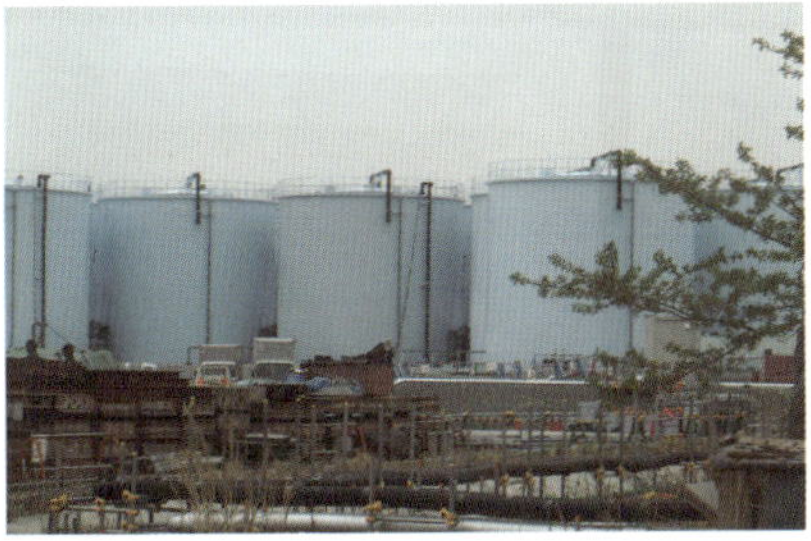

構内に無数に置かれたタンクだが近くにいくと大きさに驚く。タンク群の整然とした様子に廃炉の混乱と秩序とを感じる

帰還困難区域の徒歩・自転車・バイクでの通りぬけは不可。車も徐行・Uターン禁止。いずれも防犯上の理由が大きい

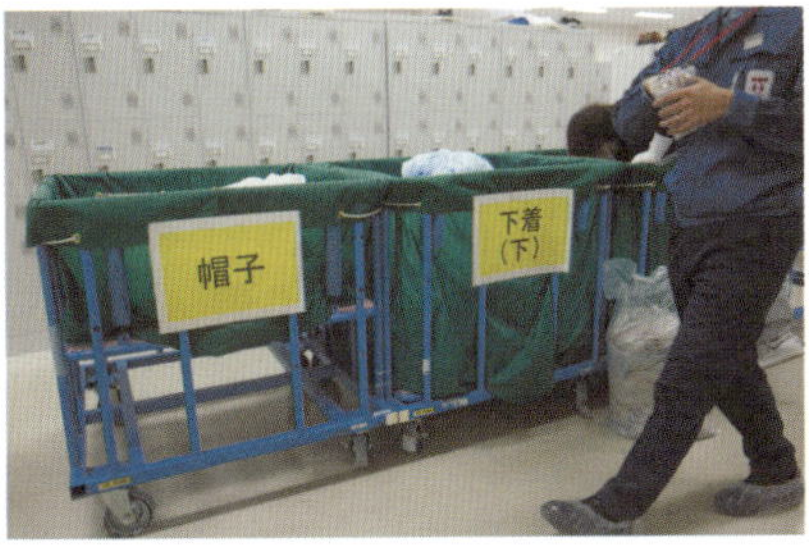

作業後、装備は分別して廃棄される。多くの場合は綺麗なままだが、雨の日は泥だらけの服でいっぱいになることも

大型休憩所の窓。1～4号機が見渡せる。1F構内は広く、ちょっとした移動でもバスで10分以上かかることも

写真左：事故前の法面（汐見坂）（2008年11月撮影）　右：フェーシングされた法面（2016年3月）道路脇の土手など以前は緑だった場所は、放射性物質の飛散と雨水の地下への浸透を防ぐため現在ではほぼすべてフェーシング（コンクリートなどによる舗装）されている

全面マスクを着用すべきエリアは限定的になった。Jヴィレッジから着用していた事故直後に比べれば大きな進歩だ

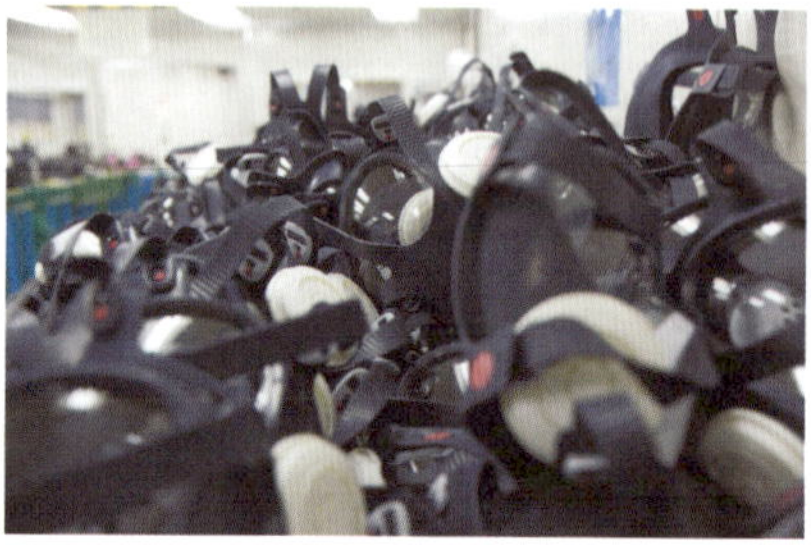

全面マスクは放射性物質による汚染を確認した後、表面を拭いて、フィルターを交換し再利用される

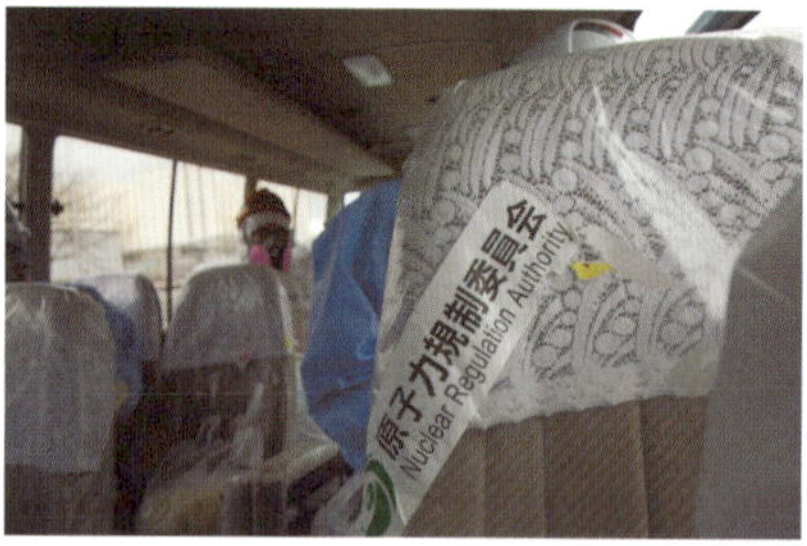

1Fには資源エネルギー庁、原子力規制委員会などの官庁も定期的に出入りし、状況を確認している

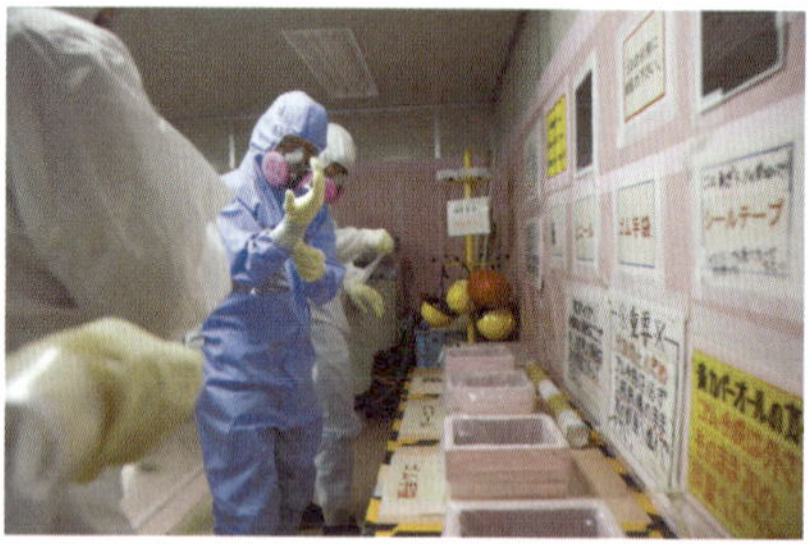

手袋はゴムが2枚、布が1枚。慣れないうちは三重の手袋を自分で外すだけでも大変な作業だ

システマチックに管理される膨大な数のAPD（個人用線量計）。男性は胸、女性は下腹に装着する

構内の道路には信号機があり、名前がついた「通り」も。事故前は1万人を超える人が働いた1Fは一つの町のようだ

もうひとつの「はじめに」

「気軽に読んでください」と言ってすぐだが、多くの人にとっては気軽に読むのは難しいであろうことを追記しておきたい。追記といっても分量的にはこちらがメインになってしまうのだが。

純粋に「廃炉について知りたい」という方は飛ばして読み進めて頂いて構わない。

この本は批評の本である

この本は批評の本だ。政治批評であり、社会批評であり、文化批評であり他の様々な分野の「いま、そこに存在する言葉のあり方について考える」ことを目的とする。

そこには「福島第一原発廃炉」の現状が描かれる。事故を起こした原子炉建屋、汚染水が入ったタンク、労働環境、あるいは、福島第一原発周辺地域のグルメやサーフィンスポットといった町の状況。当然、放射線のことも。

しかし、これのどこが批評と結びつくのだろうかと疑問に持つのは当然だろう。そして、なぜあえていま「批評の本を作る」などと宣言してみるのかわからないという人が大部分だろう。

そこには私自身の3・11から5年たつ現在における問題意識がある。

批評の言葉や批評的な態度がなければ社会は健全なダイナミズムを失い、新たな世界観を作り続けることが困難になるのではないか。この危機感が私の問題意識だ。

狭い意味での「批評」は、「もはや誰にも読まれていない」と形容しても過言ではないくらい、限られた媒体においてのみ展開される間口の狭い読者に向けたものとなっている。かつてのような文芸批評の本などほとんど刊行されない状況があるし、00年代に活気づいたコンテンツ批評にも一時期ほどの勢いはない。あるいは政治なりなんなりの時事的な批評もどれだけ求められているのか。「批評家」や「評論家」という言葉自体、すでに「あいつは批評ばかりだ」とか「評論家みたいな人はいらない」といった、ネガティブな文脈で使われるようになっていることに現れているとおり、多くの人にとって「批評など不要なもの」になっているのも事実だろう。

新しい言葉をつかみたい

しかし、それでいいのか。

批評の言葉や批評的な態度が必要なのは、それが様々なところに存在する「言葉の空白地帯」を埋め、あるいは、放っておけば固定化する言葉を解きほぐし、社会にダイナミズムをもたらすからだ。語られるべきなのに語られていない言葉の空白地帯が目の前に現れたり、同じような話・ステレオタイプなものの見方の中で言葉が固定化したりして膠着《こうちゃく》状態になったとき、批評は既存の秩序を刷新し、隘路《あいろ》に陥った私たちの認識、社会のあり方を刺激し変化を促す。

それを「周縁にあるとされているものを中心に位置づけ直す作業」だとも換言できるだろう。言うまでもなく、批評とは何かを否定して潰し再起不能にする作業ではない。存在意義を認められていなかったり、一段下のものと思われていたりするようなものにこそ価値があることを示し、新たな世界観を提示する。その創造的な側面にこそ批評の真髄はある。たとえば、音楽批評はジャズを、コンテンツ批評は萌系アニメを中心に位置づけ直し、それまで無視されたり、蔑まれたりしていたものの中にこそ社会の先端があることを示し続けてきたし、これらはいまや周縁にあるものではなくなっている。私たちの多くは知らぬ間にその批評の力による「世界観の転覆」の中に巻き込まれながら生きていくことをまのがれない。

批評の力が失われている

だが現在、批評の力が失われている。それは先に述べたような狭い意味での批評だけではなく、広い意味での批評の言葉や批評的な態度についてもだ。

3・11以後の思想と向き合ってきた私は、「言葉の空白地帯」や「固定化する言葉」が看過され、むしろ、批評の形を取った否定の言葉が溢れる中で言葉を生み出す生産性を鈍らせその空白が広がり、固定化がさらに固着する現場ばかりを見てきたように思う。たとえば、原発・放射線をめぐる教条主義的な議論がそうであるし、エセ科学に文系学者・文化人が動員され福島差別に加担していることもそう。批評ではなく否定の力しか込められていない言葉が、5年たって状況を改善するどころか悪化させてきた。個人的には当初から警告してきたつもりだったが警告どおりにことが進んできたことに打ちひしがれるばかりだった。

この構造は様々に反復されている。外交・軍事の話題にしても「米国に守ってもらう約束をしておけば絶対に安心だ」というのは大嘘の絶対安全神話であるが、その大嘘を批判したいがために「静かにしておけば中国や『イスラム国』（IS）は絶対に攻めてこない」と強弁するのも絶対安全神話でしかない。求められるのは右と左の「固定化する言葉」で作られた神話に埋もれる「言葉の空白地帯」を埋めるような答えを懸命に探すことだ。

だが、その「絶対安全神話」を強弁すること自体の過誤こそがまず問われるべき3・11以後の時空間において、いかに何も学ばず、語られるべき言葉の空白地帯が埋められないままに固定化しているのではないかと問われることは少なかった。

「ヘイトスピーチ」や「美しい日本復活」的なネトウヨ的排外主義や復古主義も、「安倍死ね」と連呼するようなジジサヨ的シルバー劣化デモクラシーと茶坊主の織りなす糾弾行動依存症も、あるいはFacebook「いいね！」的な擬似承認のバブル構造も、議論を同質な言葉の間でしか成り立たないものへとタコツボ化させ「言葉の空白地帯」を広げ「固定化する言葉」を再生産してきた。

「事実」と「公正」「意見」と「正義」

本来、3・11以後の学問やジャーナリズムはそこに「Fact（事実）」や「Fairness

（公平なものの見方）」を差し込むことで、個々の議論を相対化しつなぎ合わせる役割を果たすべきだったはずだ。

しかし、実際には全く別な動きに傾くほうが強かった。Fact と Opinion、Fairness と Justice の関係でまとめればこうなる。

Fact より先立つ Opinion（意見）があり、その Opinion にあう Fact を収集する。Fairness を確認するよりも先に自分が Justice（正義）の側に立っていることを主張し、あとづけで自らが Fairness を持っているかのように振る舞う。Opinion ありきの Fact、Justice ありきの Fairness。

Fact であるかのように Opinion を語り、Fairness であるかのように Justice を強弁し始めた時、言葉は暴走を始める。

「Fact と Fairness」なき「Opinion と Justice」から始めようとする思考とは「悪しきイデオロギー」だ。それは、現状認識を歪《ゆが》ませ、学問やジャーナリズムを政治的作為の道具とし、既得権益を持つものを利して、そこからこぼれ落ちる弱者の声をかき消す。ここでいう既得権益とはもちろん、国家権力や巨大資本の中心に近い存在のことでもあるが、その対の側にいるように振る舞いながらも実際は言語的・文化的な資源を独占しようとする学問やジャーナリズムの中心にいる知識人やそのシンパのことも指す。いずれも「Opinion と Justice」を前面に出すことで批評の力を奪ってきた。

福島をとりまく魔術的な言葉

拙著『はじめての福島学』（あるいは『漂白される社会』もそうだが）はそのような3・11以後の言葉に批評的に対抗することを目指したものだった。それは福島をめぐる、主に社会科学的な課題にまつわる言葉に学問を取り戻す作業だった。無論、「学問」とは多様に定義できるが、ここではマックス・ウェーバー的な科学観に基づき「脱魔術化」であると定義しておこう。

たとえば、近代以前の社会において、伝染病が流行《はや》ったり、天災が起こったりした際に、「これは、あの行動で神の怒りをかった故のたたりだ」とか「呪術師がこの現象を引き起こした」といった「魔術的な」説明をしていた。

それまで支配的であった宗教的世界観や伝統秩序の中では、不条理なことが起これば「魔術的な言葉」がせり出し、人々に一定の納得と癒やしを与えてもいた。

一方、近代になるとその説明の役割を学問が塗り替えていく。「このウイルスがこういう条件のもとで感染した」とか「こういう気象条件の中でこういう物理現象が起こってこの災害が起こった」と科学的合理性の中で説明するようになった。それは、「ひたすら祈る」とか「魔女狩りをする」「生け贄《いにえ》を差し出す」とかいった魔術的な課題解決だけではなく、「この病気にはこの薬が効く」「この災害を防ぐにはこういった対策が有効だ」といった合理的な課題解決の選択肢を用意した。

福島を取り巻く課題はあまりにも、Opinion と Justice、魔術的な言葉に囲まれてきた。「裏に巨大な力が働き隠蔽《いんぺい》している」「〇年後には人がバタバタ死に始め世界が終わる」といった陰謀論や終末論、「あそこに魔女がいる」とでも言うがごとく敵や悲劇をでっち上げては誰か・何かを吊るしあげるモラルパニックの反復。

　学問を取り戻す、とは、あまりにも魔術的に語られ歪められてきた福島を取り巻く課題について科学的な説明を与え、課題解決の選択肢を用意することだった。

　このOpinionとJusticeに偏った言葉、「魔術的な語り」が溢れる状況は、他の様々なテーマにも共通する、普遍的な問題だろう。「科学的な課題解決の必要性」の高まりもまたそうだ。そこにおいて広い意味での批評の言葉や態度が、学問的基礎を前提としつつ復活する。それが福島第一原発廃炉についての本である『福島第一原発廃炉図鑑』を通して迫りたいことだ。

いかに福島第一原発は「言葉の空白地帯」なのか

　しかし、なぜ「福島第一原発の廃炉」がその対象に選ばれるべきなのか。

　第一の理由は、3・11が、現代社会を考察する上で最も重要なテーマの一つだからだ。これは、他の様々な社会現象と比較しても特筆すべきグローバルかつ歴史的な問題であることは多くの人が認めるだろう。

　もう一つの理由は、3・11を取り巻く問題の中で、最も扱われるべき中心に存在するのにもかかわらず、そこに「言葉の空白地帯」が存在するのが「福島第一原発の廃炉」であると考えるからだ。

　2011年3月11日以来、私たちは散々「原発」や「福島」についての言葉を聞かされてきたはずだ。しかし、それにもかかわらずいまだに学問でもジャーナリズムでも、あるいは文芸でも扱われてこなかった問題が二つあると考えている。一つは広域的な自主避難のような放射線忌避にまつわる社会現象。もう一つは福島第一原発の廃炉の現場そのものだ。

　前者は稿を改めて扱おうと思うが、前者が3・11から物理的・社会的な意味で「遠い」ものだとすれば、後者は物理的・社会的な意味で3・11に「最も近い」、というか、「ど真ん中」に存在するものだ。私たちがこの「3・11のど真ん中」を扱う前に、5年の時が過ぎてしまった。

　もちろん、福島第一原発の中で何かが起こっているということはいまでも定期的にニュースになる。

　ただ、私たちはそこにどんなイメージを持っているだろうか。どれだけその内実を語ることができるだろうか。おそらく、多くの人にとって「福島第一原発の廃炉」と聞いた時、脳裏に浮かぶイメージは「水素爆発の映像」「敷地内に汚染水タンクが並ぶ風景」「潜入レポートなどといって線量計を持ちながら危険を強調するような報道」のような限られたステレオタイプ的なものしかないのではないか。

　これが問題なのは、そのステレオタイプなイメージが、「抽象的でモンスター化した3・11」のイメージをひたすら膨張させるからだ。本来は現場に具体的に存在する人や風景を直視することの中で「具体的な3・11」をあぶり出し、そこにある課題を解決し希望を見出すべきだ。しかし、「抽象的でモンスター化した３・11」のイメージの膨張が進むほど、とらえるべき実態はぼやけ、「魔術的な語り」が幅を利かせ、問題解決の端緒の発見は遅れる。

いまこそ「福島第一原発の廃炉の現場」を詳細に描くことを通して「具体的な３・11」を多くの人で共有しなければならない。

言葉の空白地帯は福島第一原発だけではない

「廃炉の現場」は福島問題にとって「下部構造」のようなものだ。つまり、いくら福島の問題における政治や経済、あるいは文化、教育など「上部構造」が抱える問題が立ち直っていっても「廃炉の現場」＝「下部構造」が不具合を起こせば上部構造まで再び崩れてしまう。逆に、「廃炉の現場」が立ち直り、その現状への理解が進めば、それに従って「上部構造」も立ち直りやすくなる。

しかし、この「廃炉の現場」を語る言葉は不足し続けている。あたかもドーナツのように、３・11を取り巻く言葉は中心が空で、その周りが分厚く、そこからさらに遠い周縁部にまた空白がある構造をしている。

この「言葉のドーナツ」がつくる中空構造は他のテーマについても共通する。安保にせよ福祉にせよ他の何かにせよ、外から見る限りは喧《やかま》しく議論が湧き起っているように見えるが、少し冷静になってそれを俯《ふ》瞰《かん》すると、その中心部の言葉は不足している。中空構造を抱えているがゆえに、交わることのない議論の対立構造は固定化し、皆が不満と不安を持ったままに「安定」もする。しかし、いまこそ誰も得をしないこの「安定」的な膠着状態を崩す必要がある。そのためには批評の言葉や批評的な態度を喚起する試みを始めなければならない。

脱魔術化をすすめる

では、いかにそれを実現するのか。

そのヒントの一つは、先に述べたとおりマックス・ウェーバー的な「脱魔術化」を進めることだった。『はじめての福島学』に詳述したとおり、過剰に政治問題化、科学問題化して多くの人が「難しい・面倒くさい」となってしまった問題を、科学的に記述し直すことでもある。

ただ、それだけでは足りない。もう一つ、ちょうど１００年ほど前、20世紀初頭に指摘された「脱魔術化」と同様に参照できるのは２５０年ほど前、18世紀半ばに始まる『百科全書』にあると考えている。

百科全書とは、世界史の教科書に出てくる話であり覚えている人も多いだろう。ざっくり言えば、こういうものだ。

18世紀、産業革命の進展とともに学問分野が細分化しそれぞれが急速に発達した。ただ、それまでとは比べものにならないほどに量が増えた学問的な知識は社会の中にバラバラに存在するばかりでもあった。

そこで、その知識を体系的に整理し、誰でも参照できる「知のプラットフォーム」を作る動きが生まれた。「百科全書派」と呼ばれる２００人近くの執筆者が関わった『百科全書』刊行への動きだった。モンテスキューやルソーなどよく知られる人も、そう有名ではない人も執筆に参加した百科全書は18世紀の後半に全28巻作られた。

これが画期的だったのは、ただ分量や執筆者が多かったからではない。当時、支配的であった宗教的世界観や伝統秩序が構築する知の体系に挑戦し、後に啓蒙思想が誕生する前提を用意したからだ。

たとえば、先に述べたような「魔術的な言葉」であったり「言語的・文化的な資源を独占しようとする学問やジャーナリズムの中心にいる知識人」が、どんなに事実からかけ離れていようと「〇〇はこうだ」「〇〇なんてこんなもんだ」と知ったかぶりで断定すれば、それで定まってしまう知のあり方に対して、「いまわかってきている科学的合理性に基づけばこう言える（あんたの言うことはデタラメ）」と対抗し、解毒していった。その意味でとても批評的だった（3・11以後も「魔術的な言葉」であったり「言語的・文化的な資源を独占しようとする学問やジャーナリズムの中心にいる知識人」による「福島はこうだ」「廃炉なんてこんなもんだ」というデタラメがどれだけ多くの弊害を引き起こしてきたのかについてはいずれ改めて検証しようと考えている）。

『百科全書』のように知の枠組みを示す

百科全書は20年以上かけて版を重ねていったが、そこに参加した多士済々の啓蒙思想家らの背景には産業革命と並ぶ共通体験があった。それは、1775年のリスボン大震災だ。ポルトガルの首都リスボンを中心に西ヨーロッパのみならず北アフリカにまで地震・津波・火事の三重の被害が及び10万人規模の命が失われた大災害はヨーロッパ全土の知識人に衝撃を与えた。とりわけ、敬虔なキリスト教国であるポルトガルの首都がカトリックの祭日である11月1日に被災したことは、それまでの神を中心とした世界観を基盤としてきた諸学問を根底から覆すことに拍車をかけた。

この『百科全書』が出てきた産業革命初期の、あるいは大災害の衝撃を受けた時代状況は、現代における知のあり方を考える上でも参考になるだろう。

両者に共通するのは、既存の社会に存在する知識のあり方が根本的に転換し、情報量が圧倒的に増えたということだ。つまり、百科全書派が登場する時代においては産業革命が、現代においてはITの急速な発達がそれを促した。ITの発達はSNSのようにいままでにない情報の受発信手段を生み出し、その伝播《でんぱ》のあり方も変わった。

では、社会に溢れる情報の量が増えたからといって、人々が持つ知識がそのまま増えるのか。現実はむしろ、無尽蔵に増える情報に人々は混乱し、どの知識をどう身に付ければいいのかわからず思考停止する。インターネット上のコミュニケーションにおいて指摘される「サイバーカスケード（同じ論調の議論が結びつき集約化・極端化して可視化されること）」のように偏った知識が幅を利かせて排他的に振る舞う人々を生み出す。人々は、政治的意図や経済的利害、エセ科学を広めようとする思惑を持つ者の言葉に踊らされる。本来そのような状況を正すべき知識人やメディアはその義務を果たそうとはせず、弱い立場にありながら不安・不満を持つ人にしわ寄せがいく。

そんな中で、私たちは再び「知のプラットフォーム」を用意する必要があるのではないか。18世紀半ばに登場した『百科全書』のように散り散りに存在するばかりになっている情報を体系化し、しかし、『百科全書』の時代のようにあらゆるテーマを網羅することが不可能なほど社会が複雑化してしまった中で、あるテーマにしぼりつつ言葉の空白地帯を埋める形で、「そのテーマについて語るならばこれは知っておきましょう」と知識の枠組みを示す作業。

「技術と学問のあらゆる領域にわたって参照されうるような、そしてただ自分自身のためにのみ自学する人々を啓蒙すると同時に、他人の教育のために働く勇気を感じている人々を手引きするのにも役立つような、ひとつの『辞典』を持つことが大切だ、と私たちは信じたのである」

「願わくは、後世の人々が私たちの『辞典』を開いて、「これが当時の学問と芸術の状態であったのだな。」といってくれますように！　願わくは、後世の人々が、私たちによって記録された発見に自分たちの発見をつけ加え、人間精神とその産物との歴史が最も遠く隔たった幾世紀までも代々続いてゆきますように！　願わくは、『百科全書』というものが人間の知識を時の流れと変革とから保護する神殿となりますように！」

（ドゥニ・ディドロ、ジャン・ル・ロン・ダランベール『百科全書』岩波文庫、桑原武夫訳編）

『福島第一原発廃炉図鑑』にはそんな前提がある。現代において、書籍というメディアにすべての知識を詰め込む必要はない。書籍が入口となって、動画やインターネット、あるいは現場にアクセスし知識を深める機会を作ることに主眼を置いている。

この試みが3・11以後の言葉のあり方を変えるきっかけになればと思っている。

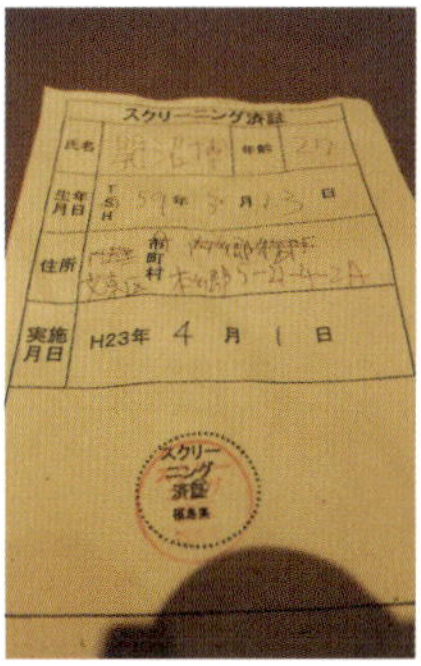

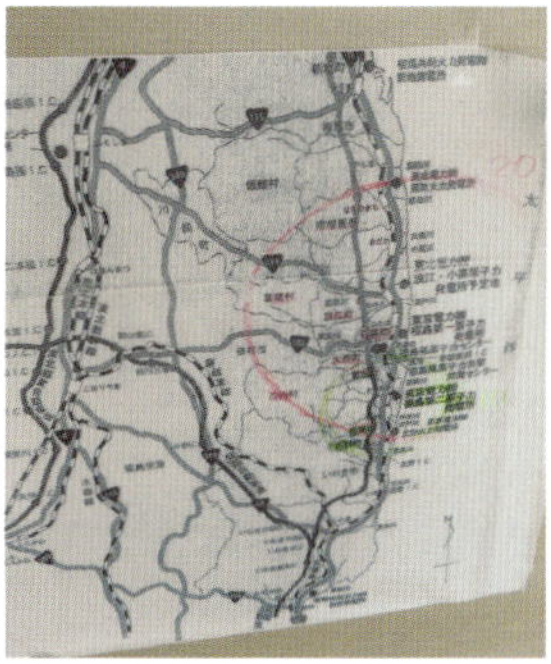
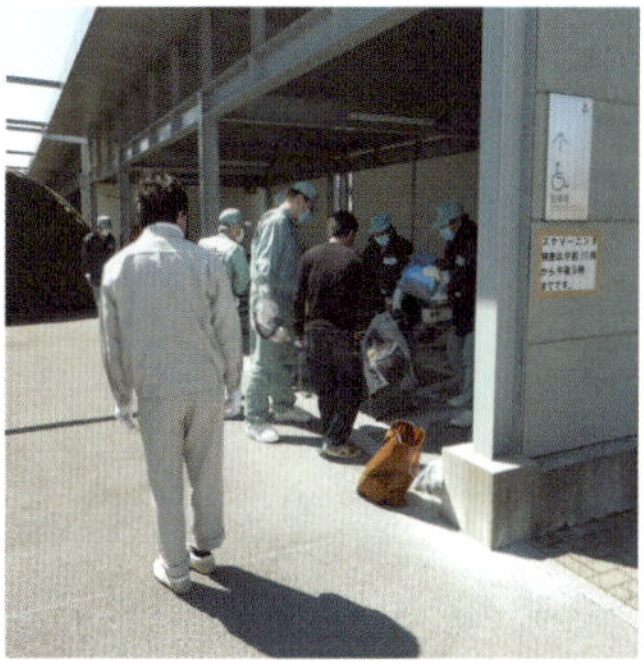

原発事故直後、いわき市の保健所に設けられたスクリーニング検査場。身体全体と持ちこんだ衣服などの放射線量を測る。壁にはどこからきたのか確認できるように同心円が描かれた地図が貼られ、検査後には検査済証明書が配られた。（撮影：開沼博）

日本の原子力発電所

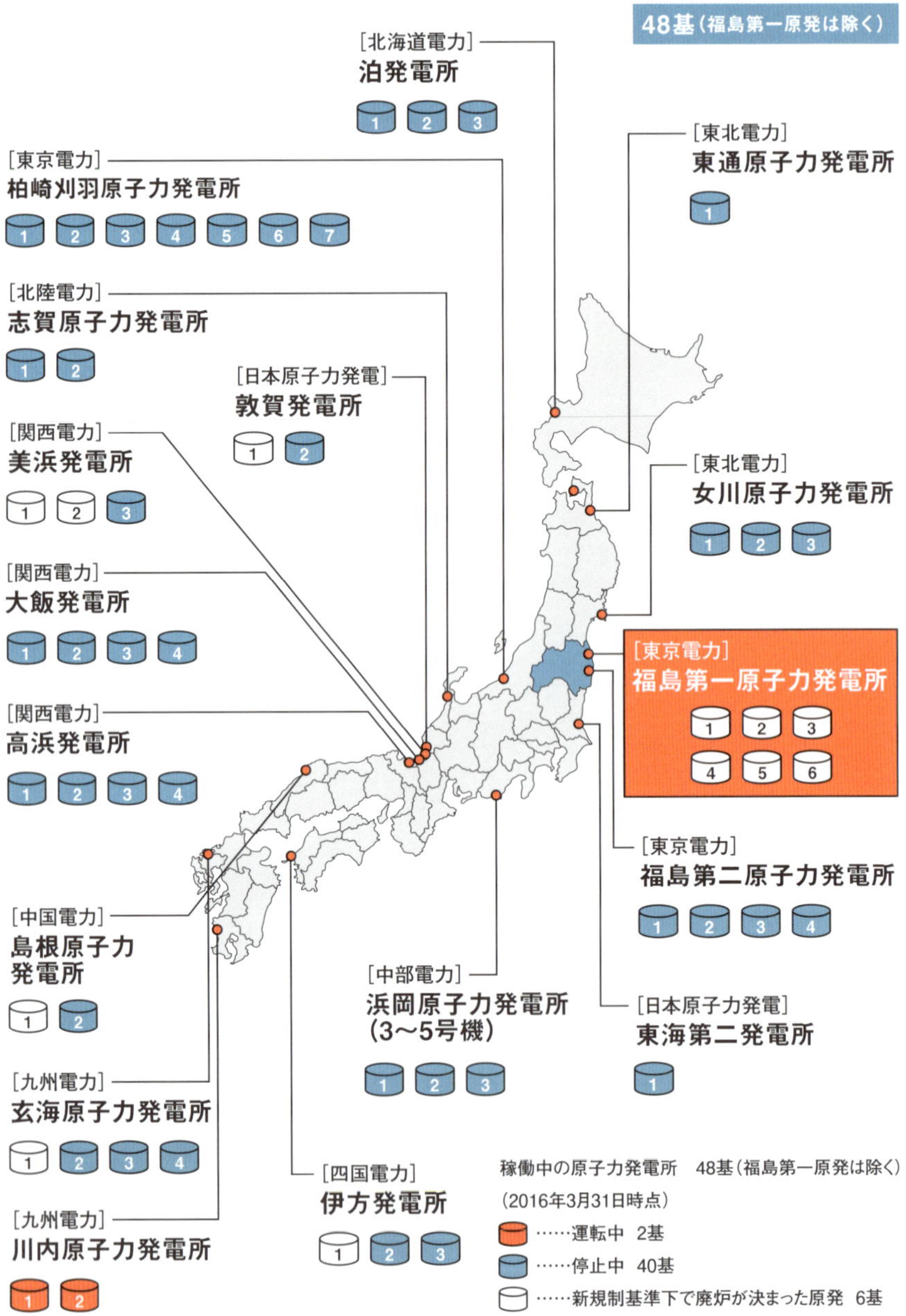
48基（福島第一原発は除く）
［北海道電力］
泊発電所
1 2 3
［東北電力］
東通原子力発電所
1
［東京電力］
柏崎刈羽原子力発電所
1 2 3 4 5 6 7
［北陸電力］
志賀原子力発電所
1 2
［日本原子力発電］
敦賀発電所
1 2
［関西電力］
美浜発電所
1 2 3
［東北電力］
女川原子力発電所
1 2 3
［関西電力］
大飯発電所
1 2 3 4
［東京電力］
福島第一原子力発電所
1 2 3 4 5 6
［関西電力］
高浜発電所
1 2 3 4
［東京電力］
福島第二原子力発電所
1 2 3 4
［中国電力］
島根原子力
発電所
1 2
［中部電力］
浜岡原子力発電所
（3〜5号機）
1 2 3
［日本原子力発電］
東海第二発電所
1
［九州電力］
玄海原子力発電所
1 2 3 4
［四国電力］
伊方発電所
1 2 3
［九州電力］
川内原子力発電所
1 2
稼働中の原子力発電所　48基（福島第一原発は除く）
（2016年3月31日時点）
……運転中　2基
……停止中　40基
……新規制基準下で廃炉が決まった原発　6基

出典：日本原子力技術協会、日本原子力産業協会など

福島第一原発広域地図

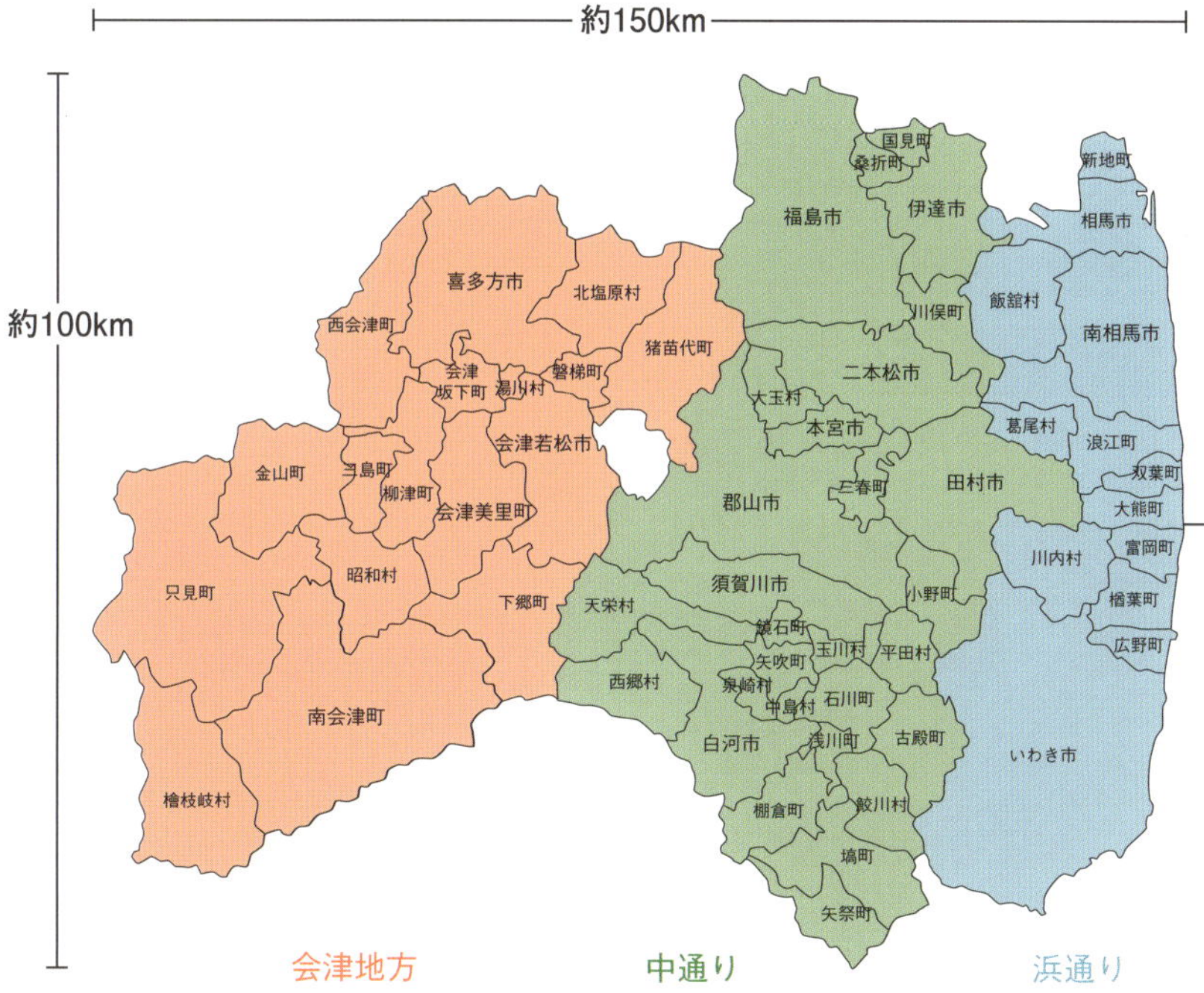

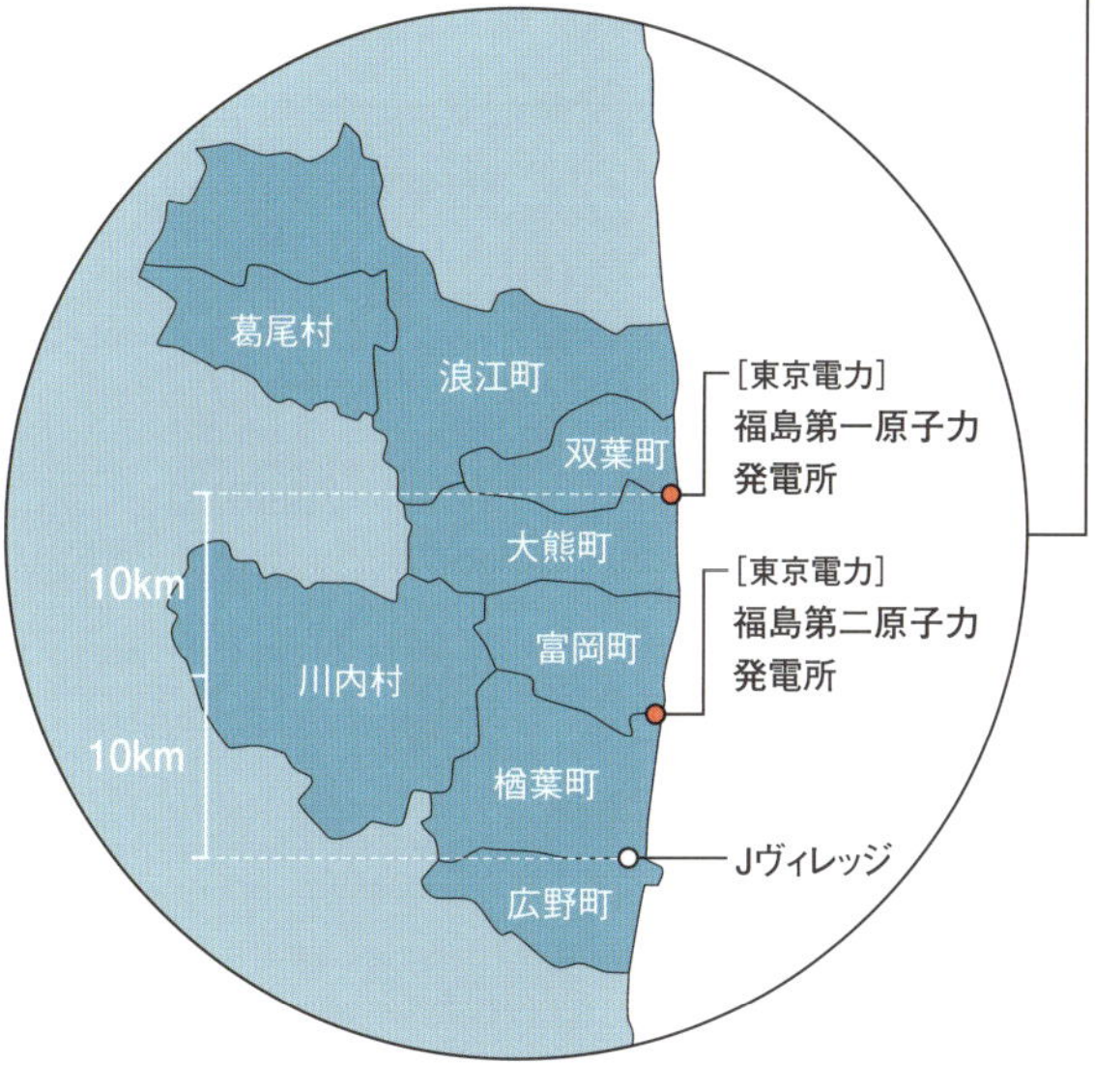

福島県は大きく三つの地域にわけることができます。福島県沿岸部と阿武隈高地に挟まれた「浜通り」、奥羽山脈と阿武隈高地に挟まれた「中通り」、そして新潟県に隣接する越後山脈と奥羽山脈に挟まれた「会津地方」。
県内の天気予報がこの三地域にわけられるほど、それぞれに気候も違います。
北海道、岩手県に続く日本第三位の面積を誇ります。

避難指示区域については▶▶p.262

福島第一原発
構内配置イメージ図

1号機タービン建屋
2号機タービン建屋
3号機タービン建屋
4号機タービン建屋
除染装置
（アレバ）
ガレキ（容器収容）
1号機原子炉建屋
2号機原子炉建屋
3号機原子炉建屋
4号機原子炉建屋
共用プール
セシウム吸着装置
（キュリオン）
第二セシウム吸着装置
（サリー）
旧事務本館
免震重要棟
RO装置（淡水化）
使用済吸着塔一時保管施設
（多核種除去設備）
高性能多核種除去設備
使用済吸着塔一時保管施設
増設多核種除去設備
多核種除去設備
サブドレン他浄化設備
汚染水貯蔵タンク
入退域管理施設
大型休憩所
新事務棟

福島第一原発5、6号機について

3·11当時、5、6号機は定期検査のため運転停止中だった。津波被害を免れたディーゼル発電機を利用して原子炉と使用済燃料プールを冷却し現在まで安定状態を保持する。2014年1月31日に廃炉が決定。今後は廃炉作業等の研究開発への活用が検討されている。本書では事故を起こした1〜4号機を中心に言及する。

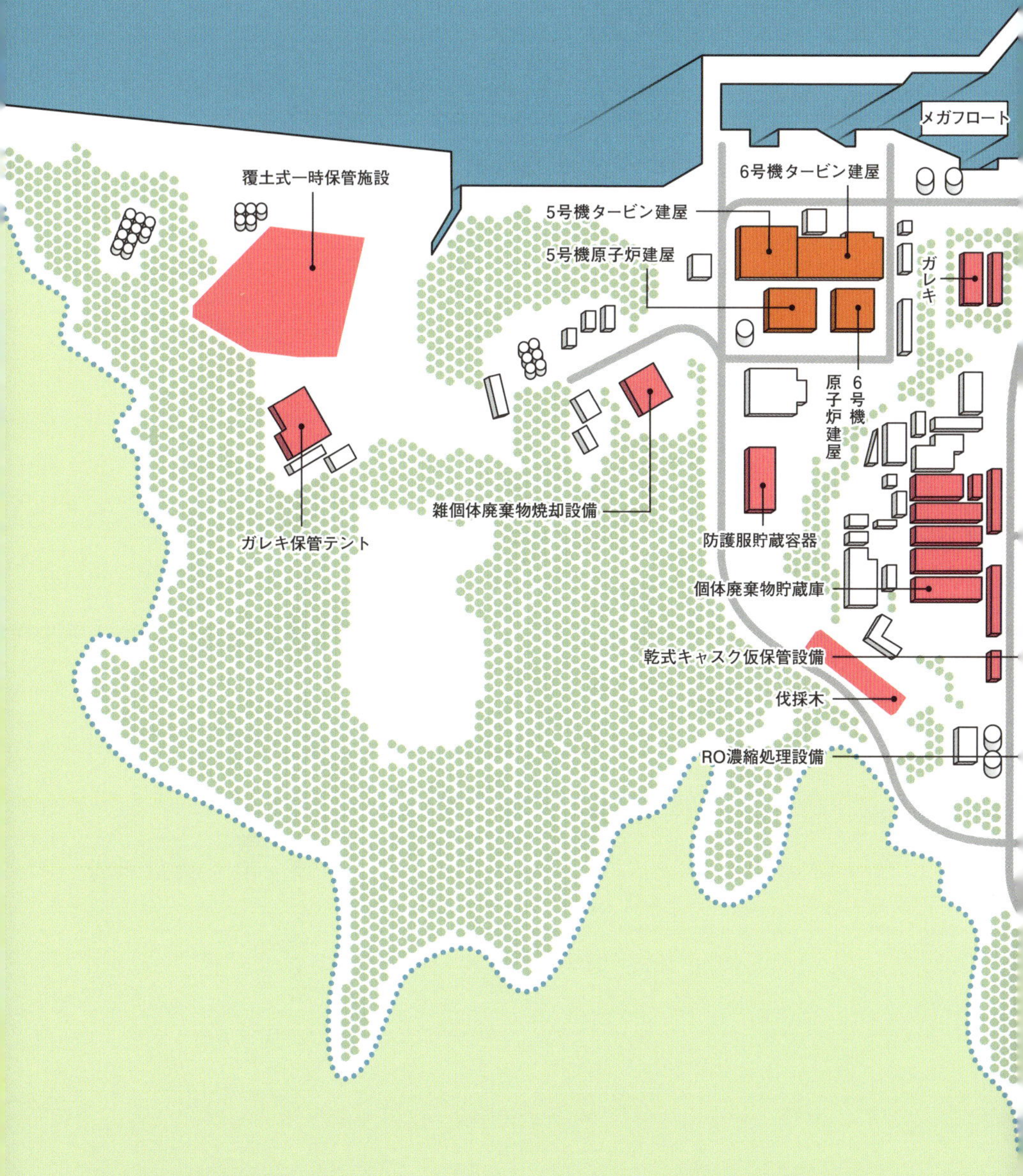

目次

第3章 1F周辺地域はどうなっているのか？

帯イラストレーション／竜田一人

本書を読む上で最低限知っておいてほしいこと

本書では福島第一原子力発電所のことを「1F」（いちえふ）と呼称します。

これは、福島第一原子力発電所で働く人も、
周辺に住む人もそのように呼んでいるからです。
同じように福島第二原子力発電所は
「2F」（にえふ）と呼称されています。

放射能と放射線の違いと、単位「Sv＝シーベルト」と「Bq＝ベクレル」の違い（詳しくは153ページ参照）。

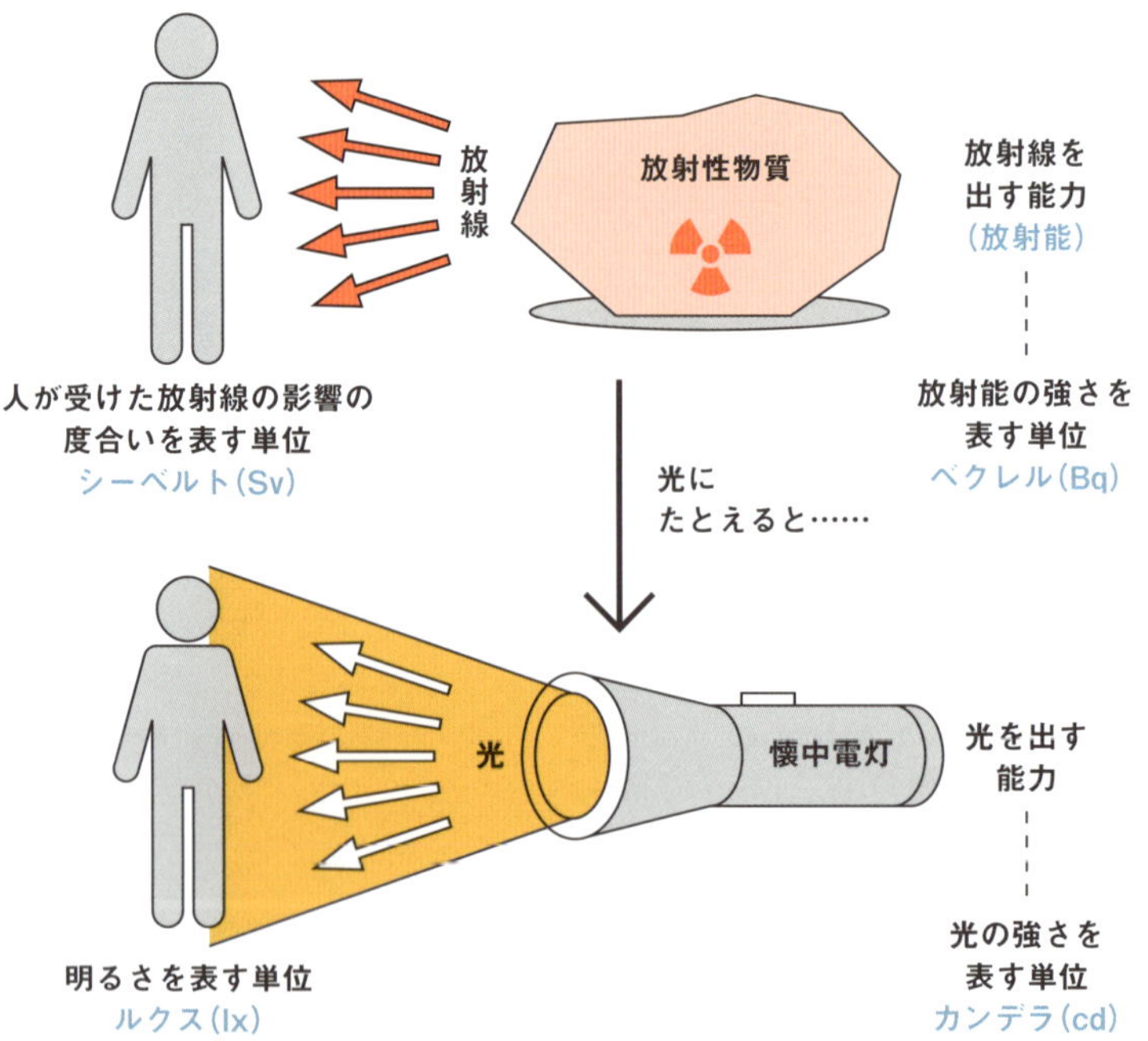

凡例

・参照される資料・文献について、断りがないものは2016年3月現在に取得可能なものを利用した。

・断りなく「現在」とした場合、2016年3月時点とする。

・特に表記のない写真は2015年11月18日、19日、2016年1月14日に撮影されたものである。

・脚注は各記事の後ろにまとめて付す。

・本書の内容は関係者へのインタビュー、関連資料の取り寄せ、現場の視察、公開情報の分析、インフォーマルな聞き取り等の調査にもとづく。

・調査の過程でインタビューや情報収集にあたり、協力を得た主な対象は以下のとおり。長きにわたり、取材に応えていただき、あらためて謝意を記す。
東京電力(福島復興本社代表、福島第一廃炉推進カンパニープレジデント、汚染水対策・燃料プールなどの各現場担当者、現場で作業にあたる社員等)、1F廃炉に携わる企業(東京パワーテクノロジー等)、経済産業省・資源エネルギー庁(廃炉・汚染水対策担当者等)、内閣府(原子力被災者生活支援チーム担当者等)、環境省(除染・中間貯蔵施設担当者等)、JAEA(楢葉遠隔技術開発センター担当者等)、福島復興給食センター、原子力損害賠償・廃炉等支援機構、福島相双復興官民合同チーム、避難指示がかかった12市町村各自治体住民、同自治体職員、同NPO等関係者、新聞・通信社(各社原発・福島担当者)

・本書の目的は福島第一原発廃炉の実態の解明と周知にある。なお、本書と「事故加害者への責任追及」や「実物の提示の意図」については消費者庁が2011年5月にまとめた「事故調査機関の在り方に関する検討会　取りまとめ」の以下の抜粋部分を援用する。

本書と「事故加害者への責任追及」の関係について

いかなる手続をもってしても、あらゆる視点に応える「真実」を解明することは難しいことであるといえよう。事故調査においては、いかなる責任の追及の視点にも応えることはできないし、応えるべきでもない。しかしながら、そのことをもって、刑事・民事・行政の各責任の追及が不要であるということにはならない。(24頁。第4・再発防止のための事故調査　1・調査の視点)

被害者等が必要とするものには、処罰感情を満たすことや経済的支援等も存在するとされるが、それらを事故調査のための機関・制度において担うことには限界がある。

しかしながら、被害者等が信頼し、納得感を得ることができるよう、あるいは、事故で受けた被害からの回復が図られるようにするためには、事故調査のための機関・制度が取り組むべきことがあると考えられる。事故調査が、その中立性・公正性を確保しながら、また責任追及を求める意図と一線を画しながら取り組むべきこととして、それは、大別して「事故調査経緯やその結果が安全性向上に活かされている状況について情報の提供・説明に努めること」「被害者等の心情に配慮すること」「被害者等の声を聞き、被害者等が制度に参加するための仕組みを確保すること」にあると考えられる。(30頁。第5・被害者等に向き合う事故調査　1・事故調査においてなぜ被害者等に向き合う必要があるのか)

本書における「実物の提示の意図」について

すなわち、実物だけが持つ訴える力を活用することは、事故の再発防止にもきわめて有効であると考えられ、事故の記憶の保存によって社会の中で安全への警鐘を鳴らし続ける場所があることは、安全な社会の実現に寄与すること大である。これらは事故調査そのものではないが、事故調査結果の活用方法として重要であると考えられる。(29頁。第4・再発防止のための事故調査　8・調査結果の活用)

被害者等にとって、事故が忘れ去られることは、事故によって肉親を失った喪失感を増幅させ、自らが被った苦痛が無に帰されるという二重の苦しみを背負わされることにつながる。したがって、可能な範囲で事故に関連する物品を展示する等の方法により、事故の記憶が目に見える形で保存されることによって、事故が忘れ去られることなく社会の中で安全に対する終わり無き警鐘として活かされていくことは、被害者等の信頼・納得感に寄与すると考えられる。

また、そのように文字になった知識等では得られない実物だけが持つ見る者に訴えかける力を活かすことが、安全な社会の実現に寄与することは前述したとおりである。(34頁。第5・被害者等に向き合う事故調査　6・事故の記憶の保存)

早朝の常磐線。高齢者、高校生、おそらく1F・2Fで働いている人。それぞれの朝の始まりは穏やかだ（2015年11月18日撮影）

第1章

福島第一原発、最大の問題は何か？

本章では、福島第一原発の廃炉を知り、考え、関わろうとする上で、「まず何に着目すべきなのか」考える。

　1F廃炉の最大の問題は何か。

　それは「汚染水」でも、「デブリ取り出し」でも、「作業員の被ばく」でも、「地震・津波・テロが引き起こす予期しようのない危機」でもない。もちろん、それらはすべて重要な問題であろうし、本書でも当然取り扱う重要なテーマだ。マスメディアもそれらに着目して報道をするし、私たちもそういったテーマを経由して廃炉問題に触れることに慣れているだろう。

　1F廃炉と私たちの間に横たわる最大の問題は「イメージの固定化」だ。

　以前、Twitterで一定の影響力がある人が「いまだALPS《アルプス》がまともに動いていない」という旨を発言し、批判にさらされたことがあった。なぜなら、そのときすでにALPSは「まともに動きはじめていた」からだ。本人は「廃炉が遅々として進まない」とステレオタイプな認識の中で、現場でアップデートされ続ける状況をろくに調べることもないままにそう言及してしまったのだろう。たしかに、ALPSがトラブルで動かない状態が続いたことがあったのは事実だが、かなり前のイメージが刷新されないままになってしまっていたに違いない。現在も「結局、トラブル続きでALPSは動いていない」と思っている人は一定数存在する。だが、実際には汚染水の浄化処理は計画的に進められてきて、現状では大きな山を越え、一段落しているというのが「廃炉の現場」の現実だ。

　「汚染水は増え続け、海に大量の放射性物質が流出し続けている」「廃炉作業員は大量の被ばくをして働けなくなっている人が増えているから、廃炉作業が滞っている」「廃炉の労働環境は醜悪極まりないもので死傷者数は隠されていて公開されていない」などと思っている人もいる。これら「固定化したイメージ」と「事実」は必ずしも一致するものではない。

　何か異常があったとき、メディアはそれを切り取り「やはり、大変なことが起こっているんだ」と伝える。では「大変なこと」が収まったとき、前と同じ勢いで報じるかというと、そうでもない。そこで報じられるのは、また別に見つけてきた「新たな大変なこと」だ。

　正常より異常を、日常より非日常を追い求めるセンセーショナリズム。その中で、正常に進むようになったもの、日常に回帰したものを理解しないままにただただ無理解の中で恐怖心をふくらませていく私たち。

　無理解に由来する恐怖心とは、それすなわち、バケモノと対峙する心性だ。

　1F廃炉最大の問題は「何を知らないのか、そのこと自体を知らない」ということだ。何が怖いのかそれ自体がわからない、見えないバケモノほど怖い。そうであるがゆえになおさら恐怖心が増し、目を背けようとしてしまう。

　まずすべきことは知ったかぶりをせず「何がわからないか」自体がわからない現状を認識し、その上で何を知ろうとすればいいのか特定することだ。

　理解することを諦めず、1F廃炉に対する私たちの視座を定めていこう。

写真家・石井健の目 ①

福島県双葉郡にあるJビレッジ。日本サッカー協会などが出資し設立したサッカー専用トレーニング施設だったが、原発事故後は、その収束のための前線基地、対応拠点となった。毎朝、多くの作業員がここからバスに乗り福島第一原発や第二原発へと向かう。ロビーは原発作業員にむけた大きな横断幕の激励メッセージが掲げられる一方、南アフリカワールドカップのサッカー日本代表の集合写真などが混在する空間。

壁には千羽鶴や、英語や日本語で書かれた手紙が展示されており、中には子供の字で「原発を冷却して下さい」と、懇願するかのように書かれた手紙もあった。

2016年1月14日撮影

竜田一人Comic ①

全員集合!

私の名は竜《たつ》田《た》一《かず》人《と》
申し訳ないが仮名です
2012年と2014年に
福島第一原発で廃炉作業員
として働いていました
しかし一口に廃炉作
業員とは言うものの
じゃあ廃炉って
何でしょうね
吉川さん　開沼さん
どこからどこまでが
廃炉なんでしょう？
それはすべての廃棄物を
安心できる状態に
処理することですよ
一般社団法人　AFW 代表
吉川彰浩
吉川さんは事故前から第一原発
（1F）、第二原発（2F）で働き
今は退職して、1F廃炉の
現状を伝える活動をしている
廃棄物処理の専門家だ
すべてとは核燃料処分や
建屋の解体処理だけじゃなく
除染土や汚染水
装備品などまで含めてね
なるほど
わかりやすい

私はそれに加えて
周辺地域の産業やコミュニティの
再構築ができてこそ
廃炉の完了だと思いますね
社会学者　開沼博
開沼さんは震災前から原発をめぐる
社会構造の研究をしており
震災後も徹底したフィールドワークで
被災地の抱える問題に取り組んでいる
あまり深く考えてない
なるほどね～
俺なんか単純にあそこ
更地にすりゃいいんだろう
ぐらいに思ってましたけどね
でも……
いずれにせよ
その現状ってのは……
本当に世間に
知られてませんよねー

2011年3月の事故発生以来——
真偽不明の情報が錯綜し社会は混乱 多くのデマが飛び交った
3号機は核爆発!!
チェルノブイリを超えた!
子どもに異
そしてそれは今も風評被害をはじめとする様々な形で被災地を苦しめ続けている
その一因には廃炉の現場からの情報が行き渡らず
事故発生当時の「どうなるかわからない」という認識のまま情報更新がされていない人が多いというのもあると思うんですよ

「情報が少ないからよくわからない」なんて言う人に限って新しい情報を自分から知ろうとはしてくれないんスよねー
いくら発信しても届いてくれない
東電や政府の発信は難しい内容ですし
信用されてないことが前提にあるんでしょうね
1Fのプラントや関係省庁の公開データなんて本当は膨大な量がネット上にも公開されてるんスけどねー
でも探しにくいし難しい
そもそもネット見ない人も一定数いますから
だからやっぱり政府でも東電でもない第三者が情報を整理する必要があるんですよ
しかも誰でも手に取れてわかりやすい形で
じゃあ……
やりますか！

というわけで
この本を作るために
集まったわけですが
だけどこんなことやると……
また東電の回し者なんて言われちゃうんですよねー
言いたい人には言わせときゃいいっスよ

もう言われ慣れてる

ともかく百聞は一見に如《し》かず
我々と一緒に廃炉の現場を
見に行きましょう！
カイヌマ
タツタ
ヨシカワ

廃炉クロノロジー

地震発生から5年後の3月11日までの主な出来事

事務本館内部の状況
（2011年3月29日撮影）

事故後の3、4号機
（2011年3月16日撮影）

福島第一原子力発電所　津波来襲状況
（2011年3月11日撮影）

2011年

▼3月11日

14時46分	三陸沖海底を震源とするマグニチュード9・0の地震発生
15時35分	津波第二波到達。1～6号機の主要な建屋が浸水
15時42分	1～5号機、全交流電源喪失
19時03分	枝野幸男官房長官が原子力緊急事態宣言の発令を発表
20時36分頃	1号機の燃料が水面から露出、メルトダウン（炉心融解）が始まる
20時50分	福島県対策本部が福島第一原子力発電所から半径2キロ圏内の住民に避難指示
21時23分	菅直人内閣総理大臣が福島第一原子力発電所から半径3キロ圏内の住民に避難命令。同半径3キロから10キロ圏内の住民に対して屋内退避の指示

▼3月12日

0時49分	1号機、原子炉格納容器の圧力が異常上昇
5時44分	福島第一原子力発電所から半径10キロ圏内の住民に避難命令
10時17分	1号機、ベント作業開始
15時36分	1号機、原子炉建屋が水素爆発
18時25分	福島第一原子力発電所から半径20キロ圏内の住民に避難命令
20時20分	1号機、原子炉内へ消火系ラインからの海水注入開始

▼3月13日

8時41分	3号機、ベント作業開始
13時12分	3号機、原子炉内へ消火系ラインから消防車による海水注入開始

▼3月14日

11時01分	3号機、原子炉建屋が水素爆発
13時25分	2号機、原子炉隔離時冷却装置停止
19時54分	2号機、原子炉内へ消火系ラインから消防車による海水注水開始

▼3月15日

00時01分	2号機、ベント作業開始
6時14分頃	4号機、原子炉建屋が水素爆発
11時00分	福島第一原子力発電所から半径20キロ以上30キロ圏内の住民に屋内退避指示

写真提供：東京電力ホールディングス（株）

消防車による注水
（2011年3月16日撮影）

津波で流されたタンク
（2011年3月17日撮影）

3号機原子炉建屋外
（2011年9月24日撮影）

▼3月17日　陸上自衛隊のヘリコプターが3号機に放水

▼3月24日　3号機タービン建屋の地下1階で協力企業作業員3名が深さ約15cmの汚染水に足を踏み入れ被ばく

▼4月2日　2号機取水口付近の立て坑の亀裂から高線量の汚染水が海に流出していることが判明

▼4月4日　放射性物質の濃度が低い汚染水約1万トンを海へ放出

▼4月22日　福島第一原子力発電所から20キロ以上30キロ圏内の屋内退避指示が解除され、20キロ圏内を警戒区域、30キロ圏内を緊急時避難準備区域へ指定

▼6月17日　汚染水浄化装置（主にセシウムを除去）「キュリオン」「アレバ」の運転開始

▼8月18日　汚染水浄化装置（主にセシウムを除去）「サリー」の運転開始

▼10月28日　1号機の放射性物質拡散を防ぐ原子炉建屋カバー設置工事完了

▼12月16日　政府と東電がすべての原子炉の冷温停止（100℃以下）状態を宣言

2012年

▼4月19日　1～4号機の廃止（廃炉）が正式に決定

▼4月25日　海側遮水壁の設置工事に着手

▼10月2日　地下水バイパス設備の設置工事開始

2013年

▼3月30日　汚染水からトリチウム以外の大半の放射性物質を取り除く「多核種除去設備（ALPS）」の試験運転開始

▼7月20日　4号機使用済燃料取り出し用カバーの設置完了

▼11月18日　4号機使用済燃料プールからの燃料取り出し作業開始

2014年

▼1月31日　5、6号機の廃止（廃炉）が正式に決定

▼3月8日　4号機使用済燃料プール内のガレキ撤去完了

陸側遮水壁山側ブライン充填作業
（2015年9月3日撮影）

3号機使用済燃料プール内の燃料交換機吊り上げ
（2015年8月2日撮影）

4号機使用済燃料プールからの
燃料取り出し作業（2014年12月20日撮影）

▼4月1日　福島第一原発廃炉推進カンパニー設置
▼4月9日　地下水バイパスによる地下水の汲み上げ開始
▼6月　陸側の凍土遮水壁の設置工事に着工
▼12月22日　4号機使用済燃料プールからの燃料取り出し完了

2015年

▼1月10日　汚染水から主にストロンチウムを除去する「RO濃縮水処理設備」の運転開始
▼4月10～20日　ロボットによる1号機原子炉格納容器の内部調査実施
▼5月27日　高濃度汚染水の処理完了
▼5月31日　大型休憩所の運用開始
▼6月12日　中長期ロードマップの見直し
▼8月2日　3号機使用済燃料プール内の大型ガレキ（燃料交換機）の撤去完了
▼9月3日　サブドレンによる地下水の汲み上げ開始
▼9月14日　サブドレンで汲んだ地下水を浄化後、初の海洋放出（850t）
▼10月5日　1号機建屋カバー屋根パネルの取り外し完了
▼10月20、22日　カメラによる3号機原子炉格納容器の内部調査実施
▼10月26日　海側遮水壁の閉合作業完了
▼12月8日　一般服作業着用エリア拡大

2016年

▼2月9日　陸側遮水壁の設置工事完了
▼2月24日　東京電力が事故当時に炉心融解の定義を明記したマニュアルが存在していたが使用していなかったことを公表
▼3月8日　構内の約90%のエリアで作業時の防護服・ゴム手袋などの装備が不要になる

参考資料　「廃炉への軌跡」http://www.tepco.co.jp/decommissiontraject/index-j.html
「福島第一原子力発電所事故の経過と教訓」http://www.tepco.co.jp/decommision/accident/pdf/outline01.pdf　他

廃炉に関するQ&A

「私たちは、廃炉を理解しているのか」

おそらく、この問いへの答えは「NO」で、「人方の人が理解していない・できていない」という前提で始めていいでしょう。廃炉の現場で何が起こっているのか、そもそも廃炉とは何なのか、そこにどういう人がいるのか。そういった問いに自信を持って答えられる人は少ないでしょう。私が思うに、学者でもジャーナリストでも、多くの人が実状をわかっていないままに廃炉についてとやかく言っているのが実際のところだと思います。

それは廃炉の問題が科学的に複雑で高度であることはもちろん、行政・産業・地域の様々な担い手が複雑に絡み合いながら廃炉を進めているためにその実態がつかみにくいということもあるのかもしれません。

「いや、私は理解しているよ」という人もいるでしょうが、果たしてその「理解」とはどのような理解なのでしょうか。

先日、私のもとに「原発事故から5年だから原発特集をやりたい、何か記事を書けませんか」とある雑誌から寄稿依頼がありました。そこには記事の例として以下のような企画案が並んでいました。

・フクシマの奇病や突然変異
・原発作業員匿名座談会（汚染水の真実、隠された大量被ばく）
・福島の除染作業員100人に聞きました（前職や前科、給料）
・作業員のタコ部屋（もしくは作業員が集まる銭湯、繁華街など）
・原発地帯の奇妙な建物（助成金でつくられたもの）

これを見ていろいろな反応があるでしょう。「なんかセンセーショナルだな」と思う人、「こんな偏ったものの見方があるか！」と怒り出す人。でも、「そうそう、私の知っている福島の原発の廃炉のイメージってそれ」と素直に受け止める人や「もし、そういう記事があるなら読んでみたい」と喰いつく人もいるでしょう。

この、出版業界において「実話誌」などと呼ばれるジャンルの雑誌はとても「下世話」な雑誌です。私は研究者を名乗る前、20歳ぐらいから書籍や雑誌に記事を書くライターをしていて（様々なテーマを記事にしてきていて、その一部は『漂白される社

「廃炉イメージ調査」 調査期間：2014年8月11日〜9月10日　回答数：277件

問1　「福島第一原発」と聞いて思いつくイメージを一言で言うと？

問2　福島第一原発の内部の状況に関心がある？

問3　問2で「すごく関心がある」「関心がある」と考えた方への質問です。具体的にどういう点に関心がありますか？

問4　「いまでも何かあったら福島第一原発は再び危機的な状況になりえる」と思う？

問5　問4でそう思った具体的な根拠は？

問6　福島第一原発の「廃炉」は進んでいると思う？

問7　「廃炉」と聞いて思いつくイメージを一言で言うと？

問8　福島第一原発やその廃炉についてどんな疑問がある？

問9　福島第一原発を見学できる機会があれば参加したいですか？

問10　福島第一原発を見学できる機会があったら何を見てみたいですか？

問11　福島第一原発で働く機会があれば参加したいですか？

問12　問11の答えの理由はなんですか？

問13　「福島第一原発の廃炉の現場」と聞いてイメージするものについて以下の中で該当するものがあれば選んでください。

- 汚染水を浄化する多核種除去装置「ALPS」はいつまでも動きそうにない
- 汚染水タンクは今後も半永久的に増え続ける
- 「廃炉」といっているが実際は永遠に無理
- 事故を起こした原子炉は石棺にしたほうがいい
- 廃炉してもゴミの持って行き場がない
- 海に放射性物質が出続けている
- 大気中に放射性物質が出続けている
- 作業員の死傷者数が公開されていない
- 放射線によって亡くなった作業員がいる
- その他

問14　福島第一原発で廃炉に従事する作業員と聞いてイメージするものについて以下の中で該当するものがあれば選んでください。

- 多重下請け構造
- 過酷な労働環境
- 高い被ばく線量
- 被ばくや熱中症への配慮がされた労働環境
- 震災前から福島県内に住んでいた人が働いている
- 震災後、福島県外から来た人が働いている
- 給料が低い
- 給料が高い
- 労働時間が長い
- 労働時間が短い
- 年配の人が多い
- 若い人が多い
- 刺青をしている人が多い
- 関西弁の人が多い
- 女性も働いている
- 障害がある人も働いている
- その他

問15　福島第一原発や廃炉について自ら積極的に情報収集した経験はありますか？
ある方は何から情報を得てますか？

- 自ら積極的に情報を収集したことはない
- マンガ「いちえふ」
- 東京電力のWEB
- 新聞報道
- 原子力産業協会のWEB
- 経産省資源エネルギー庁のWEB
- 福島県のWEB
- 行政が出すパンフレットなど紙媒体
- ラジオ番組
- その他

会』（ダイヤモンド社）という本にまとめています）、その時からつきあいのある雑誌です。私は、「下世話」であるがゆえにこの雑誌を心から信頼し、社会に不可欠な存在だとすら思っています。それは、ここにストレートな「人々が持つ素朴な好奇心と率直な本音」が現れるからです。

ただ、この「人々が持つ素朴な好奇心と率直な本音」が現れるのはなにも下世話な雑誌だけではありません。新聞やテレビ・ラジオ、上品で知的なように見せかけている書籍・雑誌だって「人々が持つ素朴な好奇心と率直な本音」に迫ろうとします。ただ、一応「下世話な雑誌」とは一線を画するように形式を取り繕います。たとえば「権力が悪いんだ」とか「可哀想な人がいるんだ」という大義名分のもと、「ほらやっぱり福島で変な病気が増えている」「ほら作業員がこんなとんでもないことになっている」という、結果的には実話誌と同じ話をするわけです。

いずれにせよ、「福島の問題を理解している」という人がいたとして、その「理

解」というのは、おそらくこの「人々が持つ素朴な好奇心と率直な本音」の期待に応えようとして媒体が作り出してきた一面的で偏った情報によって構成された場合も多いでしょう。

その情報で満足だ、という方はそれでいいです。ただ、一方には、建前やキレイ事ではなく「福島を応援したい」「作業員さんに感謝している」という思いを持つ人も多くいるはずです。そういう思いを持っている人が期待する情報とはいかなるものなのでしょうか。

私たちが廃炉の何を知りたいと思っているのか。

一面的で偏った情報とはまた別に存在する、客観的な意識を捉えるために、私はインターネットを通じて「福島第一原発廃炉イメージアンケート」を行いました。2014年8月11日から9月10日の1カ月間で277件の回答がありました。

その回答を元に、廃炉への興味をあぶり出し、本書の方針を定めようと思います。

なお、アンケートの呼びかけは私がTwitter、Facebookで行い、そこから様々な人にシェアされるなどしながら回答が集まった経緯がありますので、福島在住であったり福島の問題に関心のある方、研究者やメディア・出版関係者が多いというバイアスがありえます。ただ、廃炉に関する専門的な知識がある人や福島の状況に強い偏見があったり放射線に極度な忌避意識を持っていたりする人が多いわけではない以上、ここで出た廃炉に関するイメージにはある程度一般性があるとも考えています。

問1 「福島第一原発」と聞いて思いつくイメージを一言で言うと？

とりあえず、率直なイメージを聞くとどんな回答があるでしょうか。

まず出てくるのが「視覚的な危機のイメージ」。

「汚い、ぐちゃぐちゃ、放射能まみれ、命の危険」「吹っ飛んだ建屋」「暗黒」

廃炉がすべて完了するまでにかかる長い時間への懸念もあります。

「事後の対応（住民の生活の回復、廃炉の作業）にかなり時間がかかる」

「息子の生きる時代への不安。収束可能なのかへの疑問」

当然、放射線も強く意識されています。

「高線量放射能垂れ流し」「汚染されたまま、こわい」「放射線が高い。溶け落ちた燃料棒は行方不明で発電所の中は未知の世界」

福島第一原発を戦後社会の矛盾の象徴として捉える傾向もあるようです。

「戦後の縮図」「日本の経済成長の立役者」「戦後日本の光と影の権化」

その象徴が事故を起こして壊れ、目に見える形で危機的な姿をさらしている。それらすべての背景にあるのは不可視であるが故の不安でしょう。

「良くも悪くもブラックボックス」「先の見えない収束作業が不安」

「一向に廃炉が進んでいない」「完全な廃炉なんてできないのではないかという恐怖」「手のつけようのない厄介なもの」

問2 福島第一原発の内部の状況に関心がある？

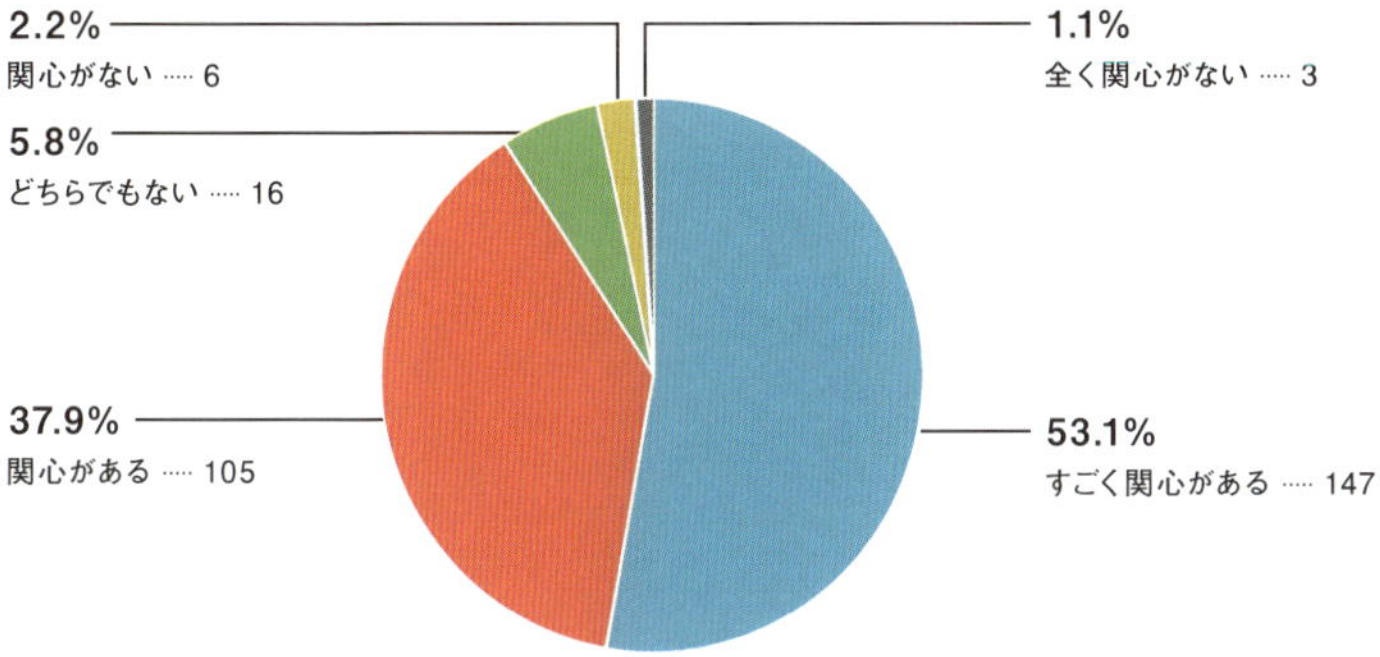

それは、廃炉が何も進んでいないのではないか、進めることが不可能なのではないかという恐怖心につながります。

問2 福島第一原発の内部の状況に関心がある？

これは、実に、90％が「すごく関心がある」「関心がある」と答えています。

「すごく関心がある」53・1％、「関心がある」37・9％、「どちらでもない」5・8％、「関心がない」2・2％、「全く関心がない」1・1％。

では何に関心があるのか。

問3 問2で「すごく関心がある」「関心がある」と考えた方への質問です。具体的にどういう点に関心がありますか？

まず「不安・心配」があることは確かでしょう。

「どうすれば安心に安全に終わらせることができるのか」「台風が直撃した時のために何か備えはしてあるのか」「同じ規模の地震が起きたら、一体どうなるのか？」「いまでも、汚染水が、海に流れ出ているのではないかと思います」

背景には、「廃炉の不可能性・不可視性」があります。

「そもそも廃炉が可能かどうか？」「誰も確認しようのない炉心がどのようになっているか知りたい」「燃料棒は溶け落ちて発電所の中の土の部分にあるのか」

ただ、むやみに恐れ、避け続けようという人ばかりではないようです。まず、メディアからの情報が足りないという思いも根強くあります。

「ほんとは何が起きて今はどうなっているのかが知りたい」「綱渡りが続いている割には、マスコミ報道が少ない」「おそらく全く制御できていないのに、報道規制されているように思える」

さらに、その内部の状況を知りたい、見たいという興味を持つ人もいます。

「ほんとは何が起きて今はどうなってい

問4 「いまでも何かあったら福島第一原発は再び危機的な状況になりえる」と思う？

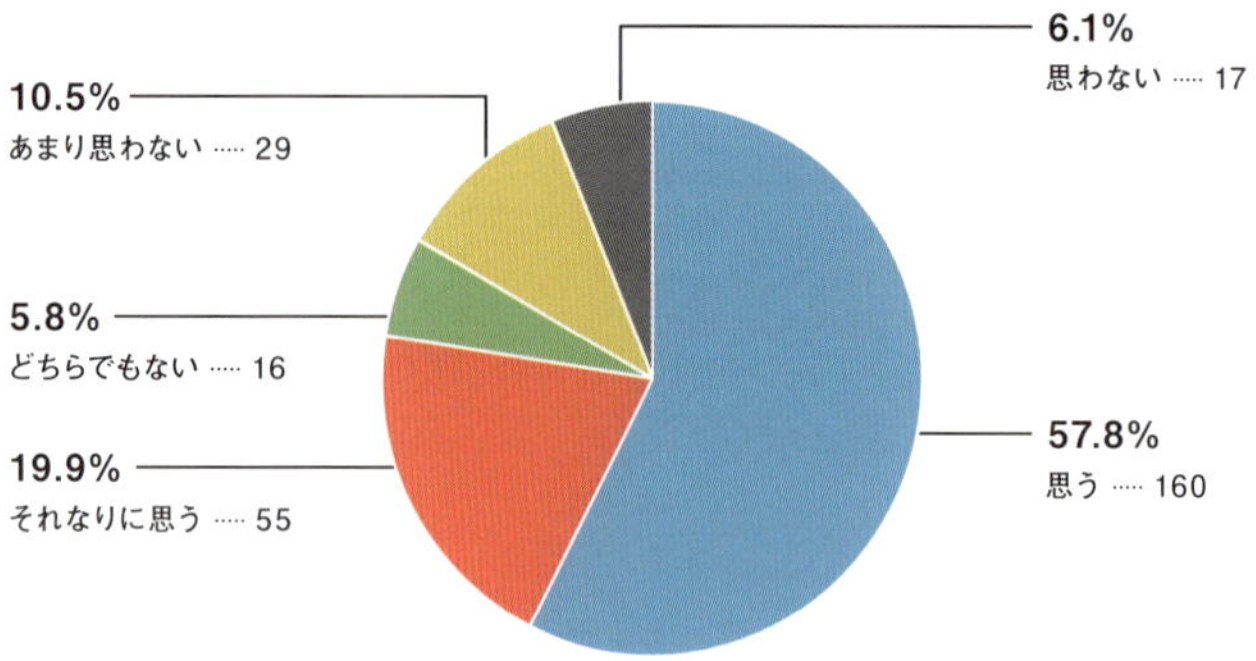

るのかが知りたい」「作業現場を見てみたい」

そして、そこで働く人の労働環境への関心も見られます。

「作業員の働く環境（防護策、メンタルサポートを含む）。作業員の指示系統（東電、国、孫請けの関係）」「今働いていらっしゃる方はどの箇所でどういう作業をされているのか」「今この仕事をしていてどう感じていらっしゃるのか知りたいです」

根強い不安・心配。その最も大きな理由の一つに「また3・11のあの時と同じ危機的な状況になるのでは」という感覚もあるでしょう。

問4 「いまでも何かあったら福島第一原発は再び危機的な状況になりえる」と思う？

これには、やはり8割近くの人がそれなりに危機感を抱いているようです。

「思う」57・8%、「それなりに思う」19・9%、「どちらでもない」5・8%、「あまり思わない」10・5%、「思わない」6・1%。

問5 問4でそう思った具体的な根拠は？

その根拠には、汚染水や燃料の取り出しがまだ完結していないこと、作業の厳しさを理由に上げる人が多くいました。

「何度も汚染した水の漏れが起こっている」「核燃料が取り出されていないため」

「手順を守らなかったり、無茶な工程に間に合わせようと安全を疎《おろそ》かにすれば、単純なミスから作業者が危険な状況になることはあると思う」

そして、情報への信頼性を持てないこと、そもそも情報不足が続いていることが不信感を増大させています。

「奇妙な情報が飛び交っている」「あまり思わないが、事実もよくわからんので」

問6 福島第一原発の「廃炉」は進んでいると思う？

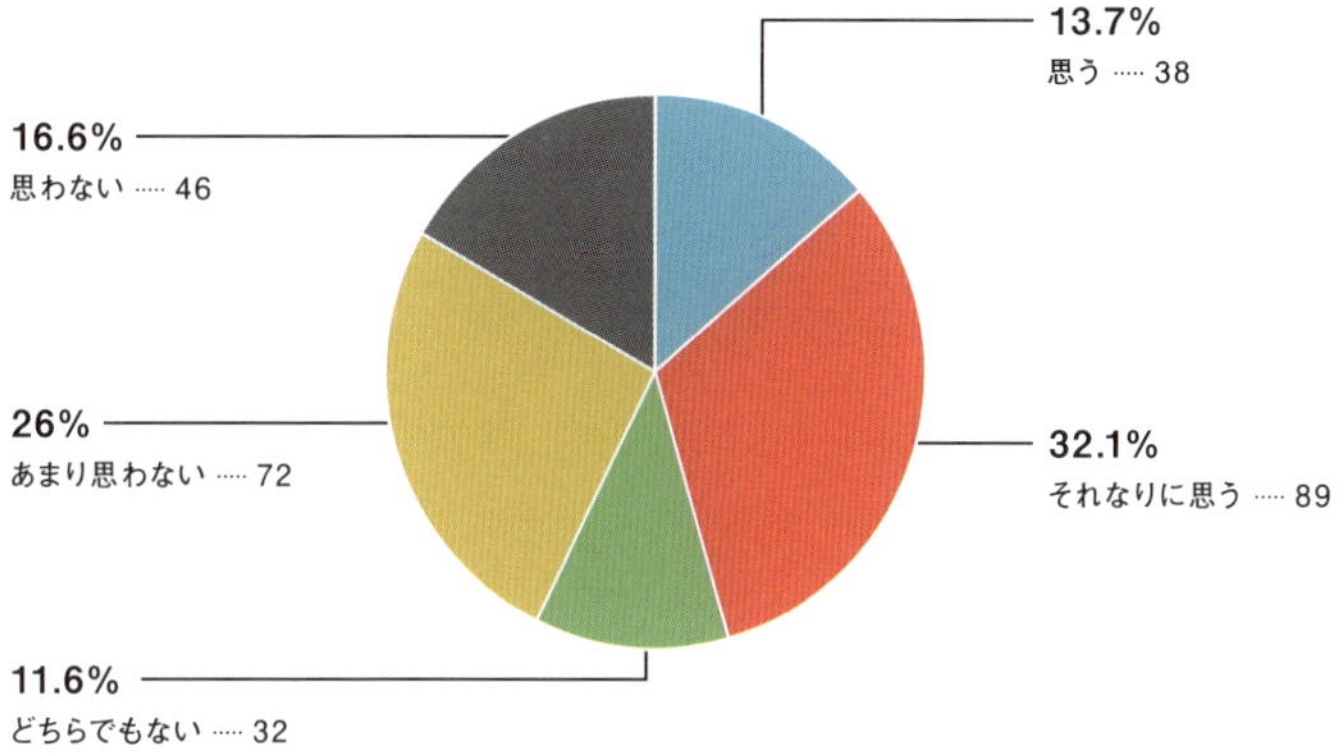

「情報が嘘くさいから」

そうは言っても、廃炉の状況は日々報道され、新たな動きも伝えられています。廃炉の進捗状況についてどう受け取られているのでしょうか。

問6 福島第一原発の「廃炉」は進んでいると思う？

この受け止め方は二極化しました。

「思う」「それなりに思う」が45・8％、「あまり思わない」「思わない」42・6％、「思う」13・7％、「それなりに思う」32・1％、「どちらでもない」11・6％、「あまり思わない」26％、「思わない」16・6％。

不安・心配があり、また危機的な状況になる危機感を抱く人も多い中、廃炉が進んでいないという思いを持つ人がいる一方、それと同じくらい廃炉が少しずつ進んでいると考える人も出てきているということが浮かび上がります。

では「廃炉」という言葉がいかなるイメージを連想させるのか、一言で述べてもらうとどうなるでしょう。

問7 「廃炉」と聞いて思いつくイメージを一言で言うと？

こちらもネガティブワードとポジティブワードに二極化しました。

ネガティブワードは、

「課題山積」「墓場」「イタチごっこ」「ダーク、じめじめ、人が寄り付かない」「姑息的な解決」「超長期戦」「後始末、お片づけ」「人間の愚かさ」

ポジティブワードは、

「新たな産業」「ホッとする」「未来への一歩」「早く！」「安心、新しい時代のスタート」「今回の廃炉は、単純な廃炉ではなく、パイオニアワーク」

です。

その上で、廃炉の何を知りたいのか問うといくつかの傾向が現れました。

問9 福島第一原発を見学できる機会があれば参加したいですか？

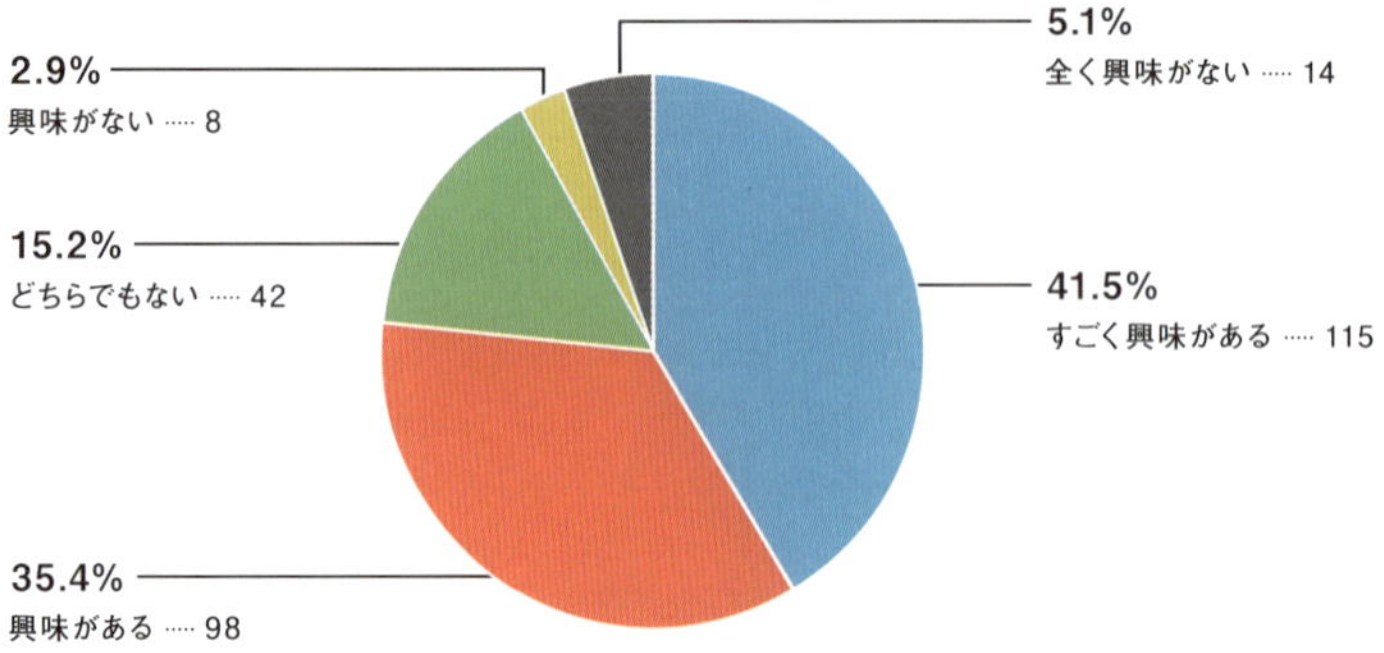

問8 福島第一原発やその廃炉についてどんな疑問がある？

・廃炉のスケジュール

「本当のところ一体何年かかるんだろう」「当初の予定から、現在、どのくらいズレがあるのか」「作業の進行状況をもっと一般市民に説明してほしい」

・廃炉の予算

「収支は？　廃炉の費用はどこから賄っている？」「廃炉はどのくらい時間とお金がかかるのか」

・廃炉の情報源

「追跡可能な情報提供がなされるべきだが、原子力産業にその意識改革はなされているのか？」「東京電力が、今もなお福島第一原発に関する情報公開に消極的な姿勢を崩さないのは、甚だ疑問！」「東京電力による情報の隠蔽」

・廃炉に携わる人材の確保

「廃炉作業専門職の育成は」「労働者の健康問題・使い捨てにならないか」「将来的にどのような方法で作業員の雇用を集めていくのか」

・廃炉の難易度

「そもそも可能なのか」「燃料デブリの取り出し作業とその後の処理の方法は確立されているのか」

・廃炉で発生した廃棄物の行く末

「汚染物質はどのように処理をする。県外に持ち出すことは不可能だ！」「廃炉にしても使用済核燃料の行き先がなく危険」

特に多かったのは情報が足りない、現場の状況がわからないといったものです。

では、実際に福島第一原発を見学できる機会があれば参加したいか聞いてみました。

問9 福島第一原発を見学できる機会があれば参加したいですか？

結果は、7割以上の人が「すごく興味がある」「興味がある」という反応でした。

「すごく興味がある」41・5％、「興味が

問11 福島第一原発で働く機会があれば参加したいですか?

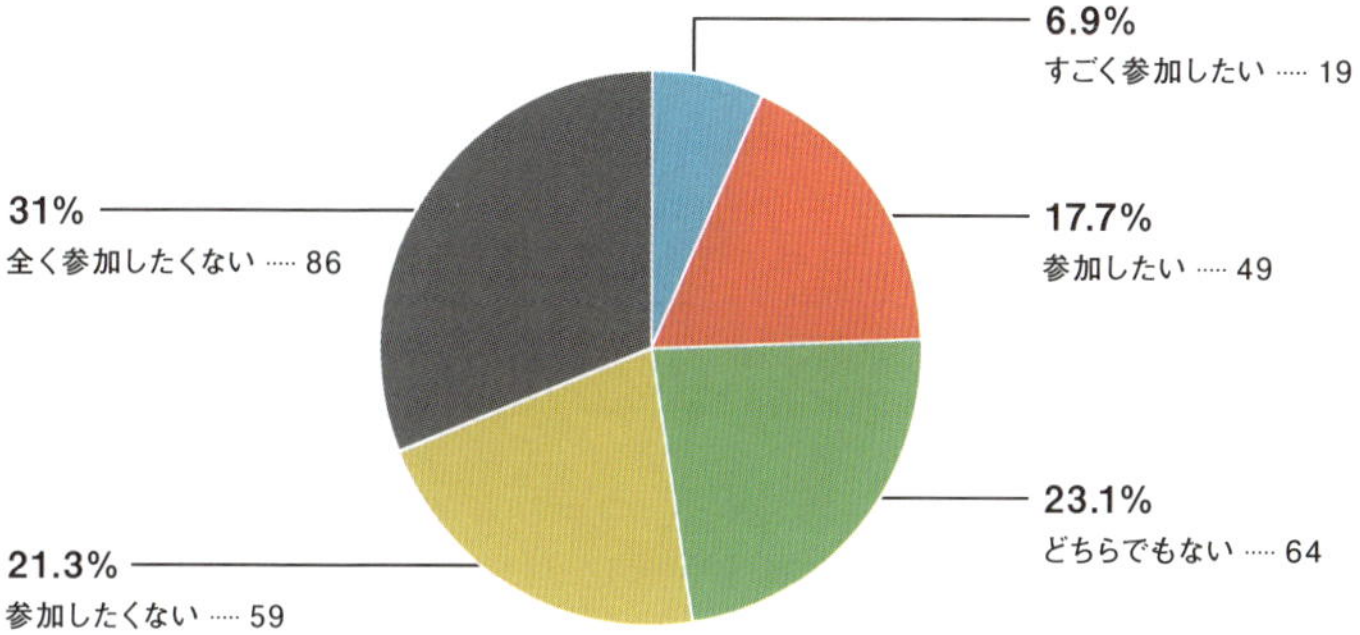

ある」35・4%、「どちらでもない」15・2%、「興味がない」2・9%、「全く興味がない」5・1%。

問10 福島第一原発を見学できる機会があったら何を見てみたいですか?

「現場の作業状況や、災害特有の特殊な状況に対応する技術や問題など」「作業を進めている現場の人たちの姿」「原子炉格納容器の様子、崩壊した建屋」「どんなしくみで動いていて、どんな風に「安全」と判断されていて、3・11のときに何がどうなって今の状態になっているのか」「立ち入れるところを時間や放射線量などの許す限り、網羅的に見てみたい」

といったものがありました。一方で

「原発そのものには近づきたくない。周辺の住民の住んでいた跡地、住民の声など知りたい」「放射能が怖いので行きたくはないです」「少しでも遠ざかっていたいので、近づきたくないです」

といったものもありました。

さらに踏み込んで働く機会があれば参加したいかどうかを聞きました。

問11 福島第一原発で働く機会があれば参加したいですか?

結果は2割ほどが「すごく参加したい」「参加したい」と答えた一方、過半数が「参加したくない」「全く参加したくない」と答えました。

「すごく参加したい」6・9%、「参加したい」17・7%、「どちらでもない」23・1%、「参加したくない」21・3%、「全く参加したくない」31%。

問12 問11の答えの理由はなんですか?

参加したい理由としては、義務感や内情を知りたい、地域貢献をしたいからといっ

問13 「福島第一原発の廃炉の現場」と聞いてイメージするものについて以下の中で該当するものがあれば選んでください。他にもあれば「その他」を選んで記述してください。

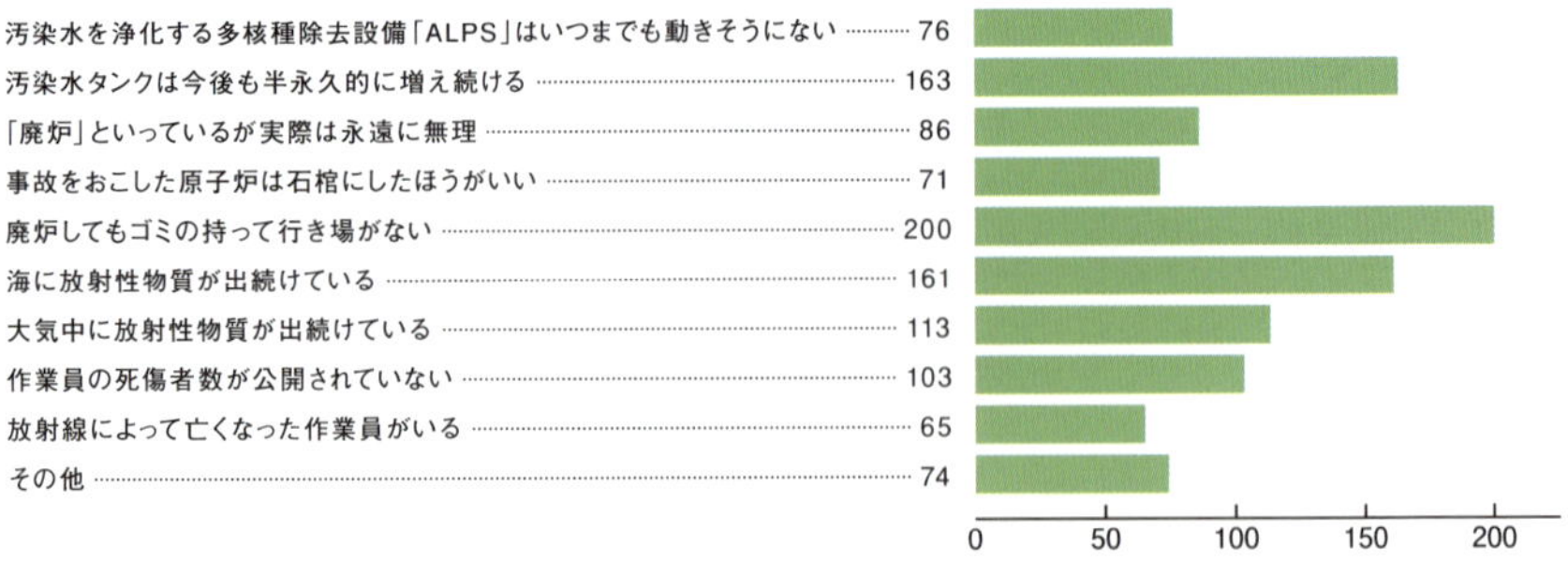

問14 福島第一原発で廃炉に従事する作業員と聞いてイメージするものについて以下の中で該当するものがあれば選んでください。他にもあれば「その他」を選んで記述してください。

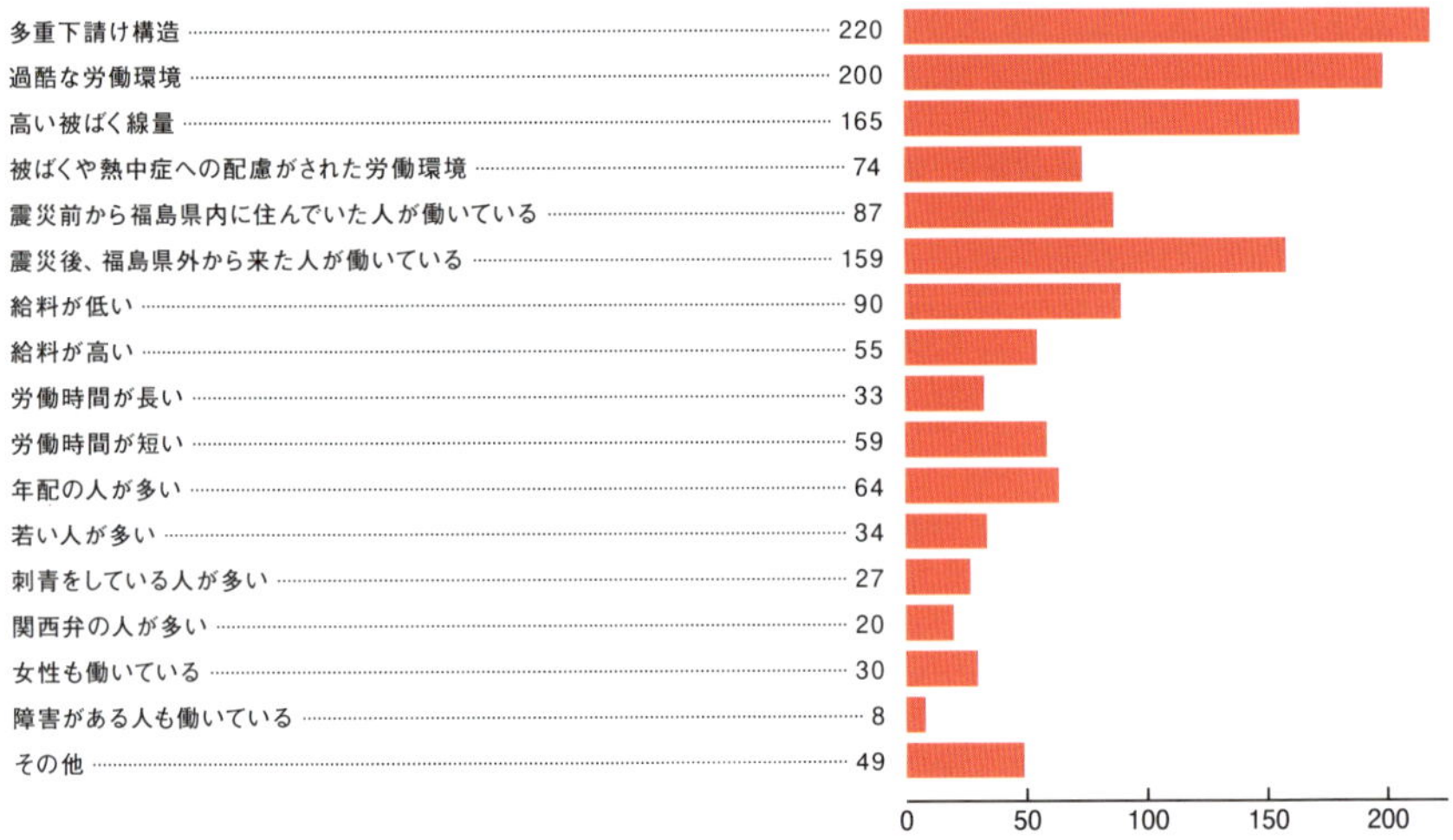

問15 福島第一原発や廃炉について自ら積極的に情報収集した経験はありますか？ある方は何から情報を得ていますか？

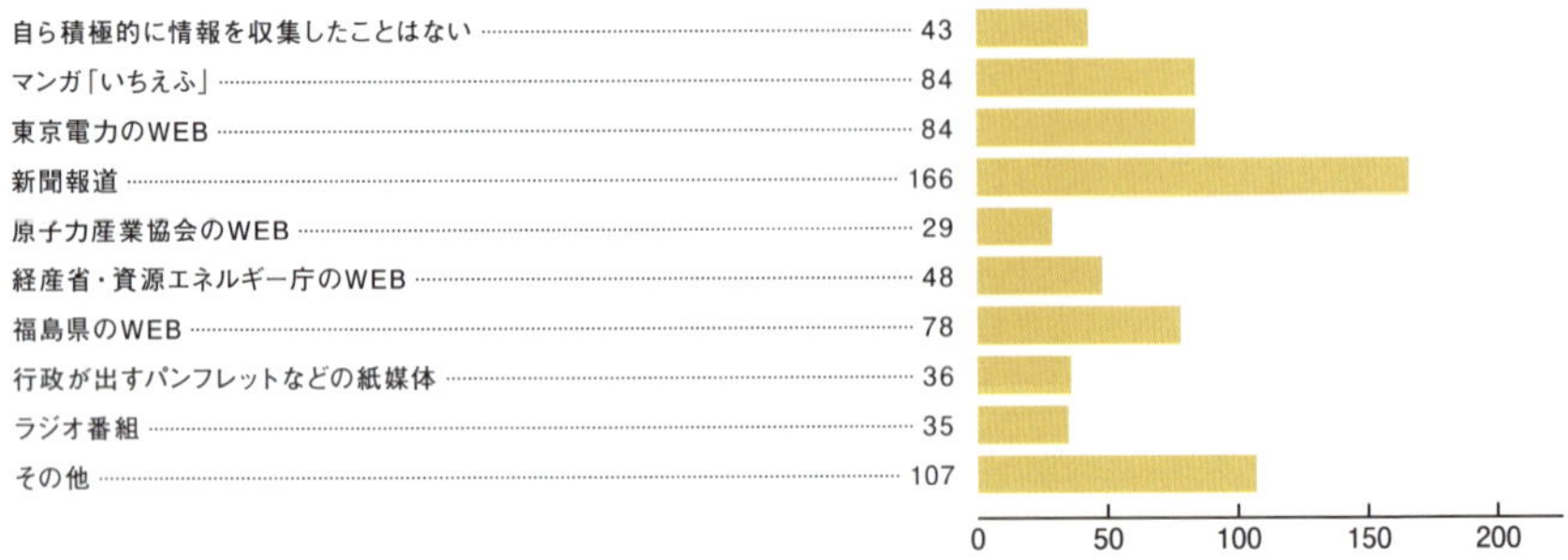

たものがありました。

「少しでも役に立ちたい」「したいというよりも、義務感はある」「多大な迷惑をかけている関東の人間がやるべきこと」「メディアだけではわからないことを学ぶことができる」「喜んで参加しようとは思わないものの、たとえば現職で入る仕事・タイミングがあれば、それをわざわざ断るほどでもない」「私の福島を守りたいです」「マンガ『いちえふ』を読んで興味が湧いた。実際の現場に携わらなければ、推進も批判もできないと思う」

参加したくない理由は、被ばくへの懸念、スキルや体力の不適合、職場環境への不安がありました。

「放射能による健康被害が懸念されるから」「年齢的にも体力的にもムリだしわざわざ危険なところに行きたくもない」「作業者がどのような立場の人なのか、わからない。地域の方なのか、他県から就業している方なのか、一緒に働くことに不安がある」

中には、

「原発自体に反対だから」「東京電力に関わりたくない」「人間はもう原子力発電から手を引くべきであると思うから」

といった反原発・反東電意識も見られました。

問13 「福島第一原発の廃炉の現場」と聞いてイメージするものについて以下の中で該当するものがあれば選んでください。

という問いを選択式で立てました。

この結果はグラフのとおりですが、特に高かった項目は「廃炉してもゴミの持って行き場がない」です。廃炉後への不安が大きいことがわかります。

次が「汚染水タンクは今後も半永久的に増え続ける」「海に放射性物質が出続けている」という汚染水に関する問題です。

一方、「ALPS《アルプス》はいつまでも動きそうにない」「作業員の死傷者数が公開されていない」という、後に検証しますが、事実とは異なる理解をしている人が3割ほどいることも注目すべきです。

問14 福島第一原発で廃炉に従事する作業員と聞いてイメージするものについて以下の中で該当するものがあれば選んでください。

という問いに対して、特に高かったのが「多重下請け構造」「過酷な労働環境」というイメージで7割を超えます。次が「高い被ばく線量」「震災後、福島県外から来た人が働いている」というイメージも5割を超えています。

問15 福島第一原発や廃炉について自ら積極的に情報収集した経験はありますか?ある方は何から情報を得ていますか?

最も多くの人が新聞報道で6割ほど。次が東電のWEBとマンガ『いちえふ』がほぼおなじ数字で3割であるというのも興味深いポイントです。他方で行政や業界団体が詳細に出している情報まで見に行く人はなかなか多くはないという現状も明らかになってきています。

私たちが廃炉の何を知りたいと思っているのか。ここまでの流れから見えてきたことは様々でした。

廃炉の科学的リスク、実現可能性、コスト、人材、汚染水や大気・海の状況、地域の現在、そこに生きる人々の声。そういったものだったと言えるでしょう。

本書を読み通した時、これらのテーマについて一定のイメージを持てるようにする。それが本書の目的です。

本書は、専門家、現場で働いたり生活をしたりしている人からしたら「不完全だ」「足りない部分がある」という指摘が入る部分があるかもしれません。それは確かにそうだと認めざるをえません。それは、本書が、専門性がない人、現場の状況を知らない人に廃炉を知ってもらいたいという考えのもとに作られているからです。

あらゆる社会課題は「課題を持つ人・課題を解決する人」「支援される人・する人」の二者の間のみで扱われがちです。

しかし、これには問題があります。支援する人と支援される人との間に依存関係ができ、その他の人々に対して排他的になること。そして、様々な知見や人間関係が固定されることで新たな見解、イノベーションなどが起こりにくくなることです。

重要なのはここに、いかに無関心層・無理解層を取り込んでいくかということです。常に、無関心層・無理解層を取り込んでいくことで、風通しよく透明性が確保され、新たな問題にも柔軟に対応し、関係する人の満足度の高い解決策が導きやすくなります。私はこれを「復興（課題解決）、三方よし」と呼んでいますが、「問題を持つ人・問題を解決する人」「支援される人・支援する人」のそれぞれに「無関心（無理解）層」という第三項が入ってくる。この状態を作ることが重要です。本書のゴールはそこにあります。

それは、専門家向けの情報や行政や事業者が作った説明資料では網羅し切ることができません。「広告代理店なども入っているんだから、わかりやすい情報発信をしてくれるのではないか」と期待して5年間見ていましたが、意外とそうでもないので、自分たちでやってしまうしかないのではないかと思ったところもあります。

福島を取り巻く課題は様々な領域に及びますが、すでに述べた通り、廃炉はその最もコアにある課題です。

本書では『はじめての福島学』で設定した以下の二つの原則を引き継ぎます。

①福島の問題はともすれば「過剰な政治問題化」、「過剰な科学問題化」されがちです。その結果多くの人に「福島のことは難しい・面倒くさい」と思われてしまいます。「福島、難しい・面倒くさい」という状況を解除するため、「根拠となるデータ（数字や言葉）」を基礎に、論理的に状況を描くことを重視します。

その上で、専門家の中だけで通じる説明の仕方（＝ハイコンテクスト）をあえて避け、ローコンテクストな言葉で状況を説明し直すことを目指します。

②そうは言っても、「複雑なことをわかりやすく説明する」のは簡単なことではありません。

　そこで、複雑な知識の受け皿となるシンプルな数字を提示して理解しやすくしたいと思います。

　本書を読み通して、次ページのQ&Aに答え、その背景についても説明できるようになった時に、状況への理解は大きく変わっているでしょう。

　いまの時点で何の知識もなくて大丈夫。必要なのは、知ろうとする気持ちだけです。

　改めて言うまでもなく、廃炉は3・11を考える最も核心部分にあります。

　知ろうとする気持ちがないのに無理に語ろうとする必要はありません。福島をめぐる議論について、多くの人が口に出さない問題があります。それは、「撤退すべき状況」なのに、そうできないで苦しんでいる人が多くいるということです。

　5年前、3・11で社会が変わる、これは時代の大きな転換点になるなどと大風呂敷を広げた言論人たちがいまいした。しかし、その結果はどうでしょうか。社会の何が変わったのか、あの時饒舌《じょうぜつ》に語った人たちはいま何をしているのか。

　多くの人が3・11を語る場から去って行きました。あれだけ前のめりになっていた過去をなかったコトにして去っていく。言い訳をするのは簡単です。誰かのせいにして自己正当化するのも楽なこと。そして、それは必ずしも悪いことではないですし、必然的なことでもあるでしょう。風化も忘却も時間の経過の中では当然のことです。

　ただ、知ろうとすることを諦めたくないという気持ちがある方のお手伝いを少しでもできればと思っています。本書はその一つの試みです。

　5年たった時、そこにある現実がどのようにあり、そこにいる人が何を語るのか。私は、3・11を考える上で、ここが最も言葉が生まれる場所だと思っています。

事故前のJヴィレッジ（上）。センターハウス前ロータリーには「J－VILLAGE」と書かれたバス（中）。なでしこリーグに存在した「TEPCOマリーゼ」のポスターより。選手は1Fなどで働いた後、バスに乗って練習に集まった。（撮影：開沼博）

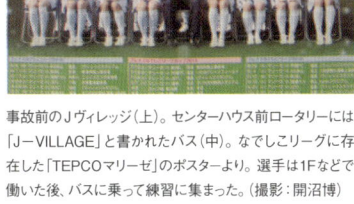

廃炉を知るための15の数字

Q1
▶▶p.75へ

福島第一原発の廃炉が完全に終わるまでにはどのくらいの時間がかかる?

Q2
▶▶p.91へ

凍土壁が完成するまで福島第一原発1～4号機建屋の地下に流入している地下水の量は1日あたり何m^3ほど?

Q3
▶▶p.107へ

1～4号機付近の港湾の中、放射性物質セシウム137の量が最も多い地点では、1Lあたり何ベクレルほど含まれている?

Q4
▶▶p.117へ

2016年2月現在、福島第一原発1～3号機の原子炉を冷却するために1時間あたり何m^3ほどの水が入れられている?

Q5
▶▶p.161へ

福島第一原発では1日あたり何人ぐらいの人が働いている?

Q6
▶▶p.165へ

福島第一原発の廃炉作業にはどのくらいの数の事業者が関わっている?

Q7
▶▶p.167へ

福島第一原発で廃炉作業に従事している人の被ばく量は1カ月平均でどのくらい?

Q8

▶▶p.169へ

1日のうち、福島第一原発構内に最も人がいるのは何時台?

Q9

▶▶p.241へ

2016年2月現在、福島第一原発周辺の避難指示を経験した地域に何人が生活(居住&仕事)している?

Q10

▶▶p.259へ

2014年度までに廃炉にかかったことがわかっている予算は全部でどれくらい?

Q11

▶▶p.265へ

2015年末時点で双葉郡に帰還して居住を再開した住民の数は?

Q12

▶▶p.271へ

福島第一原発で働く人を輸送するバスは1日何便走っている?

Q13

▶▶p.295へ

楢葉町に帰還した人が1年間で追加被ばくする線量(推測値)の平均値は?

Q14

▶▶p.299へ

国道6号線の旧避難指示区域(楢葉町から南相馬市小高区まで42.5km)を自動車で時速40kmで通行した場合の被ばく量は?

Q15

▶▶p.323へ

2015年度、汚染の度合いが高かった地域における除染(直轄除染地域)に従事した人がもっとも多かったときの人数は?

東京電力を辞めてでも伝えたかったこと

吉川彰浩

あれは２０１１年の夏ごろの出来事です。当時、福島第二原発で働いていた私は、協力企業の監督・Sさんと、喫煙所でタバコをふかしながら、「まだまだだけど少しずつ現場が良くなってきましたね」と、その日の作業工程などを話していました。口には出さないけれど、原発事故後の数週間を思い出しながら、少しずつ変わる現場に希望を感じることができる夏の日のひとこま。

憩いの場となっていた喫煙所に、慌てた様子で走りこんできた作業員の方の言葉は生涯忘れることができません。

「吉川さん、今日だけは作業中止にできませんか。Sさんの奥さんが見つかったんです」

当時津波で被災した設備は応急処置で動かしている状態。それを熟知している作業員の方から作業中止を願いでるのは、ありえない言葉。

「どういうことですか」

驚きとともに聞くと、

「今までSさんに頼まれていたから内緒にしていたけど、Sさんの奥さんは津波で流されて。今日ようやく見つかったんです。お願いですから、Sさんを奥さんに会わせてあげてください！」

それまでにこやかに談笑していたSさんの顔が、とても複雑な顔に変わり、発した言葉にただ茫然《ぼうぜん》とするほかありませんでした。

「吉川さん、作業を中止する必要はないよ。今やることは設備を直すことだから」

いつも泣き言ばかり言っていた私を支えてくれていたSさん。

「大丈夫だよ。やれることをやっていこう」

ただの一言も泣き言を言わない姿勢にどれだけ助けられたか、そして気づかされたのは、一緒に働く方々が、深い悲しみと責任感を持って仕事にあたっていた事実です。

それからだったと思います。自分にできることは何だろうか。このまま東京電力社員として、働いていくことが自分にとって正しいことなのか、と考えるようになったのは。

２０１１年、原発事故を防げなかった責任追及の声は、現場で働く人たちに重く辛くささりました。それは時に度を超したバッシングにもつながっていました。福島の原発で働いている。その理由だけで社会に居場所を感じられない日々。家族にまでそのバッシングが向けられていました。

その頃から、「今までお世話になりました」と毎月のように、協力企業の方が挨拶に来られるようになりました。辞める理由は様々です。ですが、共通していたのは「社会の目」と「原発事故により避難生活」を送っていることでした。

1F構内での移動用ミニクラ設置作業（2011年3月18日撮影）

別れの言葉はいつも「ごめんなさい」

「娘がさ、親父が原発で働いていることで結婚ができなくなったら申し訳ない」、「避難生活を送りながら、働くのは難しい。家族と一緒に暮らしたい」といった家族を守ることを理由にした退職、そしてそれが個人の力では解決できない苦しさ、何よりもその原因となった場所で働いている思い、原発事故により帰る場所を失い、家族を守るため、誇りある仕事を離れていく、いつもそこには悔し涙が浮かんでいました。

悔し涙は社会からの偏見に向けられたものではありません。原発事故により苦しまれている方々がどのような暮らしにあるか、それは一緒に働く方も避難生活を送っていたことから知っています。そして原発に通うため、通勤する道すがらは避難区域になり、その現状を一番知っていたのも働いている人たちです。何より原発事故で苦しむ方々への申し訳なさ、もっと言えば〝ふるさと〟へのやりきれない思いからくるものでした。

別れはいつも「ごめんなさい」。その一言にどれだけの意味があるか。それがわかっているからこそ、引き留めることなどできませんでした。

常時数千人が働く原発、会話を交わすことはなくても、顔は見知った人たちです。日々の作業で見せられる姿は、誇りにあふれ、技術、知識豊富な姿。言葉遣い、態度、見た目にも気を配り、素晴らしい方々が現場を支えてくれていました。それは地元で暮らし、原発で働くことが誇りだったからこそ、そうした人たちで成り立っていたのだと思います。原発事故当時、福島第一、第二原発合わせて数千人の方が、命がけの作業をしてくださいました。あの時、命をかけられた。その行為が、働く方の姿を雄弁に伝えるものだと思います。

２０１１年３月を境目とし、福島第一原

発で働く方は一変しました。事故前から働いていた地元出身の方々は、ぞくぞくと辞めていき、事故後発生したガレキの処理、汚染水対策の設備構築のため、新しく参入してきた方々が中心となる場所に変わりました。知っている顔がいなくなっていく、その姿は現場力の低下を意味していました。震災前後も仕事のルールは変わりません。ですが、トラブルが報じられ続けたのは、働く人たちが様変わりし、放射性物質を扱う作業者としての熟練者が激減したことが大きな理由です。

無人重機によるガレキの撤去（2011年5月6日撮影）

働く人たちの現状を伝えたい

それを当時、ただ眺めることしかできない日々、大きな危機感と憔悴《しょうすい》を感じました。廃炉を支える人たちを守ることができない苦しみは耐え難いものでした。避難生活を送る方々の顔が浮かぶたびに申し訳ない思いにさいなまれました。辞める人を引き留められない個人としての思いと、東電社員として引き留めなければいけないという思いが交錯し、どうすれば良いのかを考える毎日。そして働く人たちの現状をその背景も含めて社会に伝えることが、辞めていく人たちの問題解決につながり、廃炉を促進し、被災された方々の日常を一日も早く取り戻すことにつながるという結論にいたりました。それには「東京電力」を辞めることが必要でした。

その答えに行きついた時、とても悩みました。14年間働いてきた現場を辞める、現場への愛情と後ろ髪を引かれる思いがありました。それを乗り越えたとしても、事故を防げなかった側の声、元東電というだけで追及されるのではないかという恐怖感。現場の状況を「声」で変えられるか。生業《なりわい》を失うことへの不安感。社会に居場所が感じられなくなっていたのは私も同様です。東京電力を辞めても、福島第一原発の廃炉に関わっていくという選択をすることが、茨の道だということは、最初からわかっていたことです。

それでも辞められたのは、福島第一原発で働き、原発事故で避難区域となった町で暮らしてきた、私にとっては大切な思い出があるからです。様々な思いを抱いて東京電力を退職したのは２０１２年の7月でした。

退職した当初、私の福島第一原発の廃炉との関わりあい方は、同じ釜の飯を食べてきた仲間たちを救い、そして廃炉を進めて日常を一日も早く取り戻すために現状を伝えるといったごく単純なものでした。

　最初は試行錯誤の日々でした。

　劣悪な労働環境を感情的に訴える、働く方の素晴らしさを語る。バッシングの先に廃炉が進まぬ問題があることを伝える。

　確かにそれが聞く人の心を打つ手ごたえを感じることができましたが、そのうち自分自身の中に疑念が浮かぶようになりました。「今やっていることは現場で誇りを持つ方々にとって真の意味で良いことなのだろうか？　彼らは憐《あわ》れんでもらいたいなんて思っていない。大切なのは成しえてきた仕事を伝えることで、その仕事が正当に評価される環境を作ることではないか」と。

　いつしか私は、原発事故後のエピソードを語り、バッシングをやめて欲しいという切り口で働く方を語ることをやめていきました。

　大切なのは、なぜ廃炉が必要なのかを突き詰めていくことだと気づき始めたのは、東京電力を辞め、原発事故で避難生活を送る一人の人間として、避難元の町の未来を考えるようになった時からです。

今もまだ原子力依存の〝ふるさと〟

　2013年11月個人の活動から、「Appreciate FUKUSHIMA Workers」を立ち上げ、福島第一原発で働く人たちの現状を伝える傍ら、原発事故被災地の復興のお手伝いを始めたころに、それは一つの確信に変わっていきます。地域の人々にとって廃炉が安心できるものにならぬうちは、原発事故被災地の復興はありえない。だからこそ、現場で働く方を守る必要がある。それを社会に伝えるには「原発内で起きていることだけを語り続けること」が間違いであると考えるようになりました。

　福島第一原発とそれを取り巻く地域の在り方を考えた時、極端なことを言えば原発事故前も後も構図は変わりません。福島第一原発を中心に回っている。廃炉という言葉に変わっただけで、福島第一原発によって暮らしが成り立っていることには変わりありません。逆説的に言えば、原発事故で失われた〝ふるさと〟は、原子力に依存しなければ成り立っていかない〝ふるさと〟のままだということにも気がつきました。

　〝ふるさと〟は私にとって、大きなキーワードになりました。原発事故後、福島第

童謡『とんぼのめがね』の舞台になった広野町の田んぼで子どもたちと一緒に稲刈り体験。こういう風景を残していきたい（2015年10月4日撮影：吉川彰浩）

AFWのオンサイト視察では大学生の参加者も多い（2015年11月19日撮影：吉川彰浩）

一原発を離れていった方々は、ふるさとを守るために働いていました。私は今、一般社団法人ＡＦＷの活動理念に「廃炉と隣りあう暮らしの中で次世代に責任をもって〝ふるさと〟を創りあげていく」を掲げています。原発だけに頼らず、〝ふるさと〟が維持されていく姿を創り上げていくことが、原発事故被災地の本当の復興だと考えるようになったからです。それを成し遂げるためには数十年単位の時間がかかりますし、その傍らで同じように廃炉の工程は数十年の年月をかけて進んでいきます。

　福島第一原発の廃炉を理解することは〝ふるさと〟を守っていくためにも必要なことだと思っています。〝ふるさと〟を取り戻し、新しい形で創り上げていくには廃炉を一日も早く終わらなければなりません。そのために、福島第一原発を、働く方を含めて状況を熟知して語れる自分がすべきことは、福島第一原発の廃炉の現状を丁寧に伝えることだと思っています。時に放射性廃棄物を専門に扱うグループに在籍していた東京電力社員としての知識で、時に現場作業にあたる人たちの思いで、時に原発事故により被災された方の思いで。

　これまでの5年間を振り返れば、福島第一原発の世の中への伝わり方は、あまりにも丁寧さを欠いていたのではないかと思っています。

持ち帰ってほしいのは「気づき」

　ＡＦＷの活動として、他にない唯一無二の取り組みがあります。それは福島第一原発で働いてきた経験者が、福島第一原発に一般の方を視察にお連れする取り組みです。働く人たちの姿を正しく評価してもらうには、廃炉の現場で作り上げられたもの、そして働く姿を実際に見てもらうことが一番です。

　これまで福島第一原発の現状を誰かが世の中に伝える時、その方法はパターン化し偏っていたように思います。

　原発事故後の体験をことさら悲惨に伝えることや、放射線を浴びるという側面ばかりを強調することで、働く人に思いを寄せる。

　否定はしませんがそれは「憐み」では、と思います。仕事に誇りを持つ方々だからこそ、その仕事の成果で評価していく。そこで働く方の努力や苦労が正当に評価されるようになった時、社会全体で廃炉を進めることができると思っています。「福島第一原発はひどい状態で、そこで働く人は憐れな存在だ」とひたすら廃炉を忌避する対象としてばかり扱うのではなく。

この活動は参加された方々に大きな気づきを持ち帰っていただく取り組みにもなりました。その気づきは、福島第一原発が、原発の是非だけを問うものではないということです。誰もが匙を投げたくなった現場の移り変わりには、日本の技術の高さと現場で働く方への敬意を感じ、働く方の労働環境に目を移せば、放射性物質の扱いの難しさが実感できます。放射性物質で汚染したガレキの処理状況や、立ち並ぶ汚染水タンクに目を向ければ、次の世代に負の遺産を大量に作り上げていく様に気づきます。こうした気づきを持ち帰ってもらえているのには、視察前に行う事前レクチャーが大きく作用していると思います。「知れる環境+理解するためのアドバイス」があいまった時、福島第一原発の廃炉についての捉え方が変化するように思えます。

廃炉をとりまく地域の方向けの勉強会「暮らしの視点で学ぶ廃炉講座」を定期的に行っている。南相馬市での勉強会の風景（2015年12月24日撮影：吉川彰浩）

本書を作成するにあたって、なぜ私が協力させて頂いているか。それはこの本が、ただ単に「福島第一原発をアカデミックに解き明かすこと」を目的とするものではないからでしょう。そのような本を必要とするのは、現場で働く方々ですし、現場には技術図書があふれていますから必要としません。

世界史に残る福島第一原発事故を、そして廃炉をどのように捉えていくか。言い換えれば、教訓としてどのように活かすか。それは多様な捉え方を踏まえた議論の上に成り立つものだと思います。その多様な捉え方には、現場目線、被災された方の目線、その二つの目線で地域を語ることのできる、特殊な人間が必要だと思います。

この本を読み終えた時、福島第一原発に持っていたイメージが変わり、一人でも多くの方が、「廃炉と地域」、「福島第一原発の廃炉と私」という考え方のきっかけを持っていただくことにつながることを願っています。

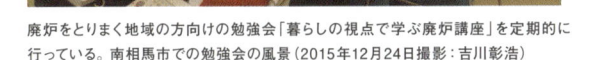

1～4号機を見下ろせる丘に向かう通路。プレス向けの視察でもよく使われるポイントだ（2016年1月14日撮影）

第2章

廃炉とは何か？

本章では、福島第一原発廃炉の実態を解説する。

そもそも「福島第一原発廃炉の実態」とはなんだろうか。私たちは何を「実態」と思っているのか。「実態」とはどこにあるのか。

たとえば、「福島第一原発廃炉とは何か」、そう問われたときに私たちが思い浮かべるのはステレオタイプないくつかのイメージだろう。

原子炉が爆発した瞬間の映像、無数に建ち並ぶ汚染水タンク、「潜入取材」などと称して線量計をピーピー鳴らしながら1F構内をレポートするような映像。他にもあるのかもしれないが、おそらく数種類のパターンに類型化できてしまうだろう。

しかし、実情はそれとは別のところに存在する。かつてガレキまみれだった原子炉建屋とその周辺は5年の月日の中で一定程度きれいに整備され、むしろ新たな建造物が所狭しと建ち並ぶことに驚かされる。汚染水問題は未解決であるが、一方で浄化技術も確立しイメージされるような「無限にタンクが増加し続け、そのうち原発構内をはみ出すシナリオしかない」というような認識は明確に間違いだと言わざるをえない。作業する人の被ばく線量は大幅に下がり、多くの場所に普段着で入れるようになった。防護服を着るべき場所でも口と鼻のみを覆う半面マスクで動き回れる場所が大部分だ。

そこにあるのは、「目に見えぬ放射能の恐怖」などと繰り返されてきたもの言いに回収されるような単純な風景ではない。事故直後のような切迫感は失せ、むしろ現場の労力は「ありありと目に見える課題」との対峙に費やされている。使わなくなったボルト型汚染水タンクの解体をはじめとする廃棄物の処理、原子炉内建屋内部の様々な部分の状況把握、そのための遠隔操作ロボットの開発、線量低下のための地面のフェーシングや止水のための凍土壁をはじめとする様々な土木工事。構内の空間線量や空気中を舞うダスト、かつて1〜4号機から大量の汚染水が排出された港湾の海水の線量はリアルタイムで計測・可視化されている。にもかかわらず、多くの人がそこを「目に見えぬ」と形容し、それを受け入れ続けるのは、そこが「目に見えぬ」わけではなく、そこを「目で見よう」とする意志が足りないからだ。実際は、多くの人が「見たくない、その必要もない」のだろうが、ならば、知ったふりをせずにただそうあればいい。

「福島第一原発廃炉の実情」とは、「いかんとも制御しがたい不可視で得体のしれない抽象的なイメージ」の中などにはない。無論、それは「すべてアンダーコントロールな状態にある」などという単純化された政治的メッセージに帰着されるべきものでもないことは確かだが、しかし、「可視化し、そこにある課題を洗い出し、具体的な解決策に落としこんでいくべき現実」の中にあることは間違いない。

私たちの頭の中の「福島第一原発廃炉の実情」が現場の現実と乖離《かいり》したところにしかないのならば、まずしなければならないのはそのイメージのアップデートだ。図・写真とともにその実態をとらえ直してみよう。

写真家・石井健の目 ②

水素爆発により建物が半壊した3号機建屋の横をバスでゆっくりと通過する。付近は放射線量が高いため私たちはバスから降りられず、窓越しに撮影する。いまだ破壊の跡が生々しく残り、むき出しになった鉄筋が事故を物語っている。

3号機を目の前にした緊張感の中でアングルは考えず、ただシャッターを切るだけだった。

2016年1月14日撮影

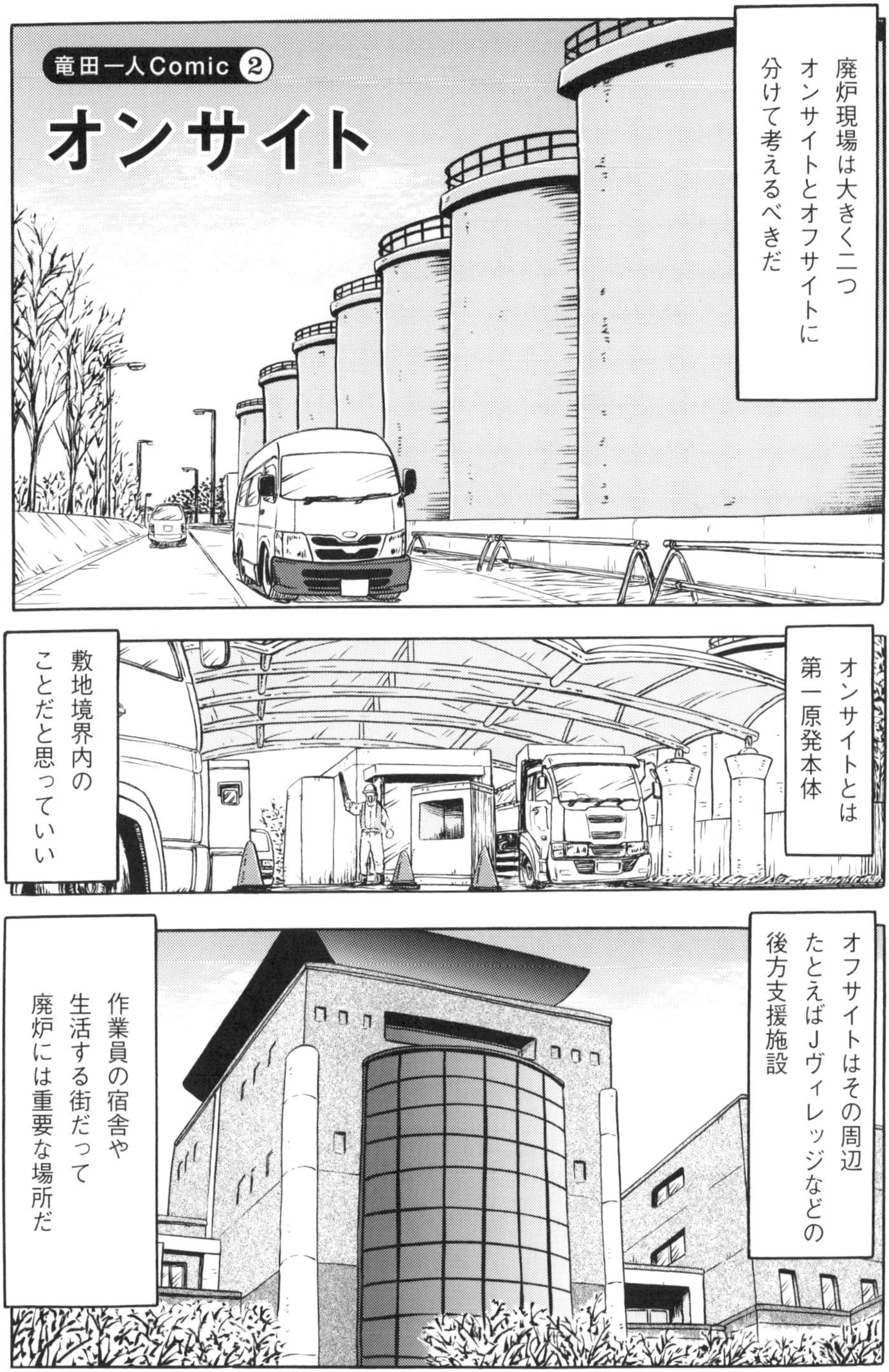
竜田一人Comic❷
オンサイト
廃炉現場は大きく二つオンサイトとオフサイトに分けて考えるべきだ
オンサイトとは第一原発本体
敷地境界内のことだと思っていい
オフサイトはその周辺たとえばJヴィレッジなどの後方支援施設
作業員の宿舎や生活する街だって廃炉には重要な場所だ

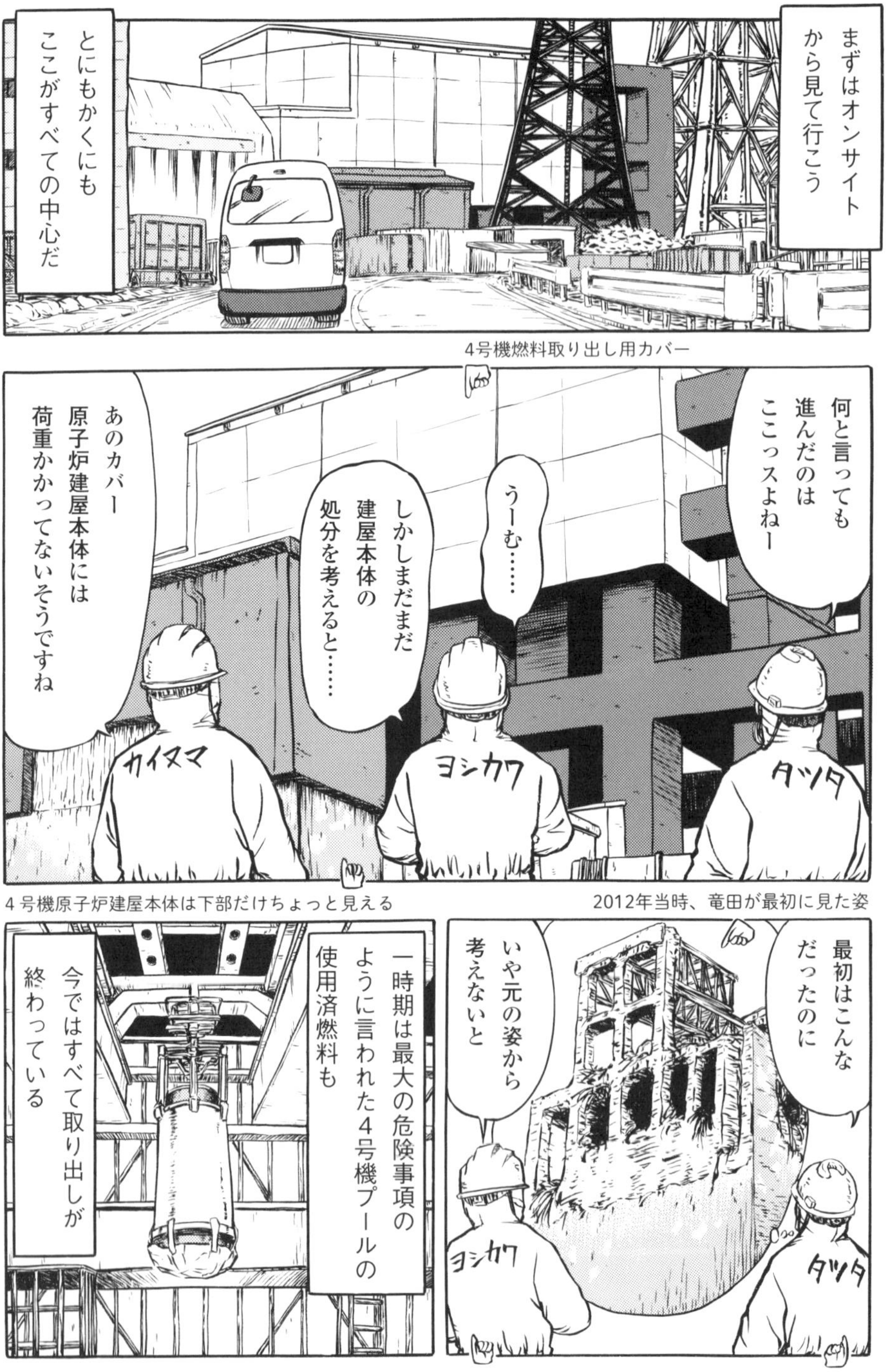
まずはオンサイトから見て行こう
とにもかくにもここがすべての中心だ
4号機燃料取り出し用カバー
何と言っても進んだのはここっスよねー
うーむ……
しかしまだまだ建屋本体の処分を考えると……
あのカバー原子炉建屋本体には荷重かかってないそうですね
タツタ
ヨシカワ
カイヌマ
4号機原子炉建屋本体は下部だけちょっと見える
2012年当時、竜田が最初に見た姿
最初はこんなだったのに
いや元の姿から考えないと
タツタ
ヨシカワ
事故後に来た男
事故前を知る男
一時期は最大の危険事項のように言われた4号機プールの使用済燃料も
今ではすべて取り出しが終わっている

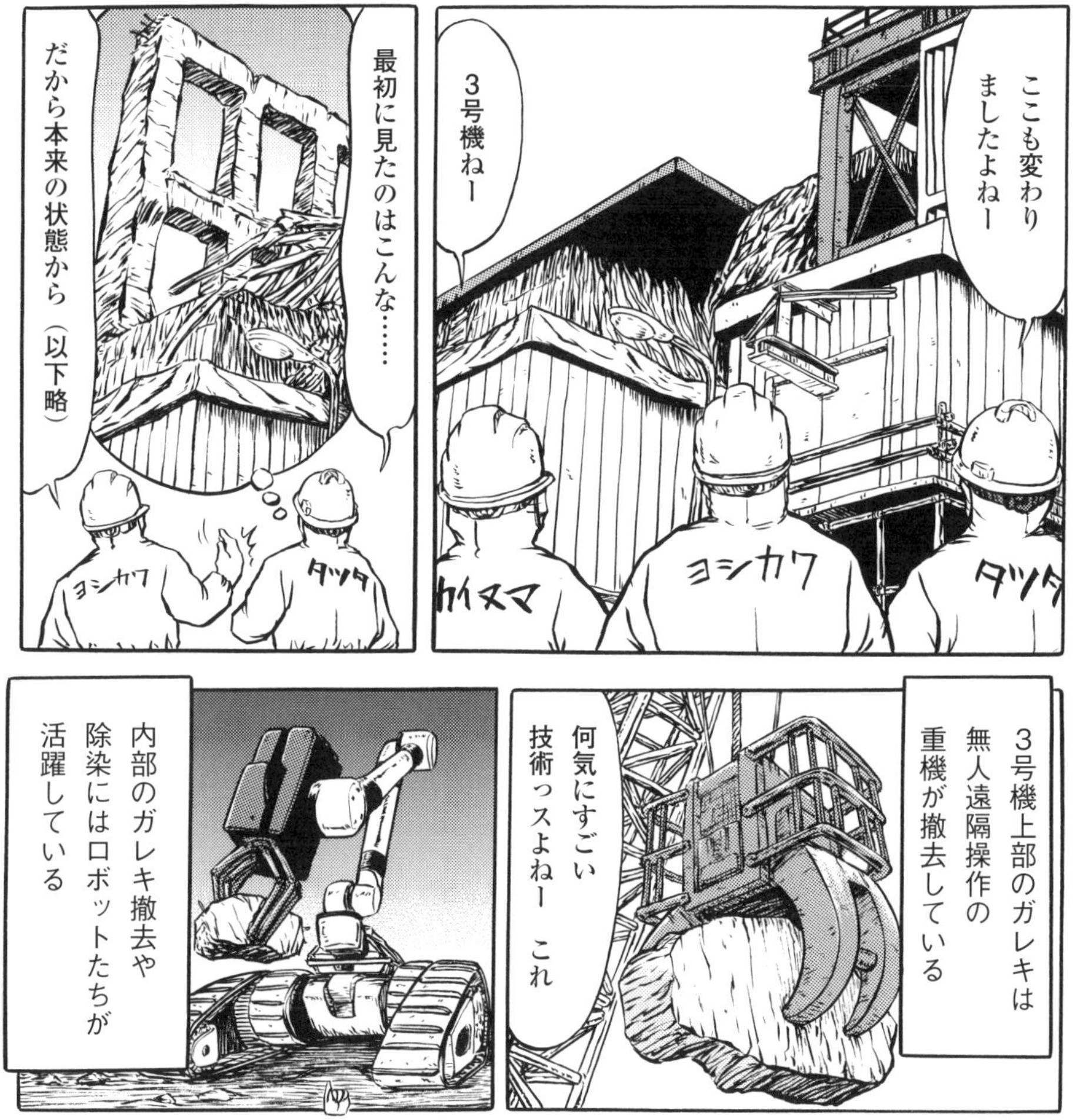
ここも変わりましたよねー
3号機ねー
カイヌマ
ヨシカワ
タツタ
最初に見たのはこんな……
だから本来の状態から（以下略）
ヨシカワ
タツタ
3号機上部のガレキは無人遠隔操作の重機が撤去している
何気にすごい技術っスよねー　これ
内部のガレキ撤去や除染にはロボットたちが活躍している

ウォリアー君

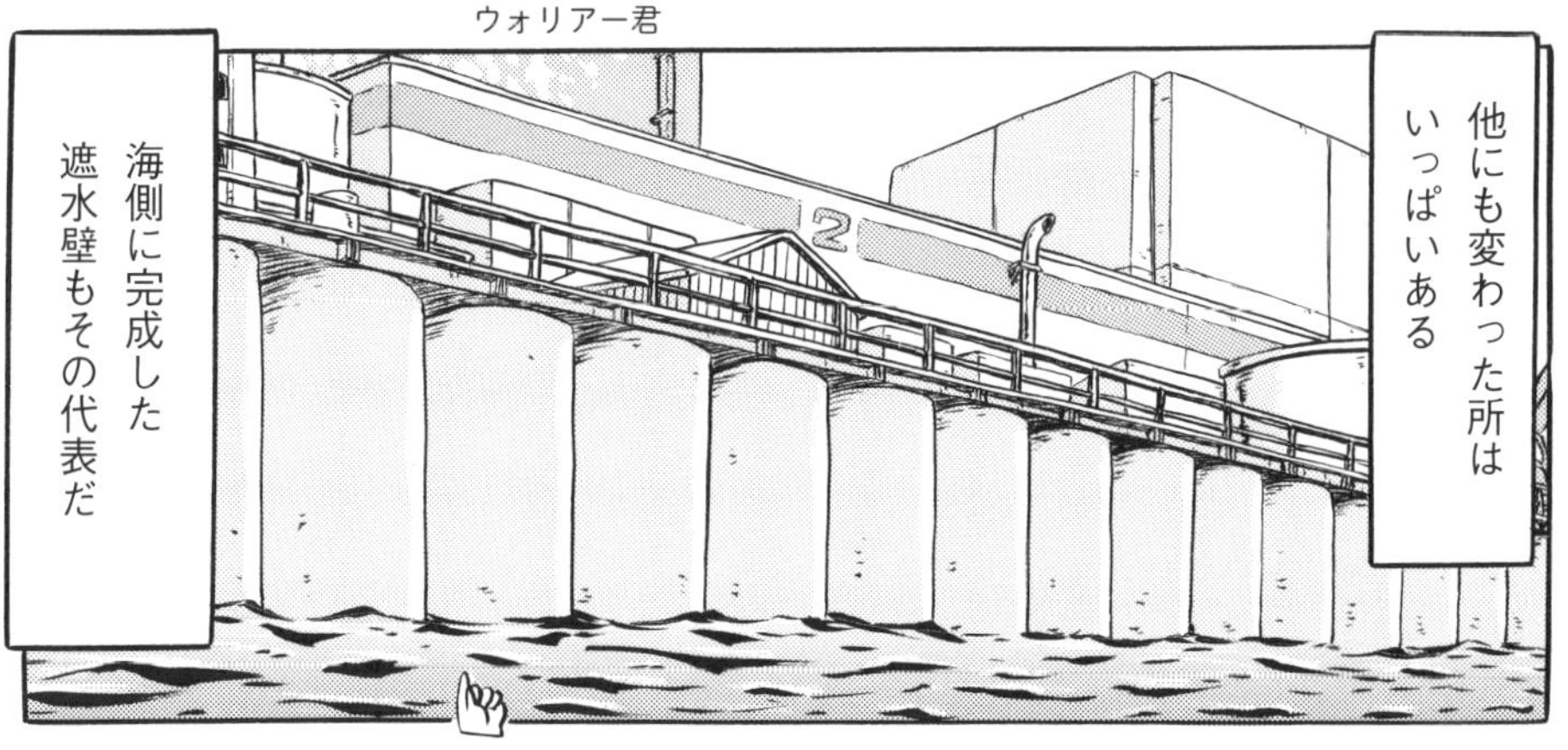
他にも変わった所はいっぱいある
海側に完成した遮水壁もその代表だ

鋼管を地中深く打ち込んで地下水の漏出を止める

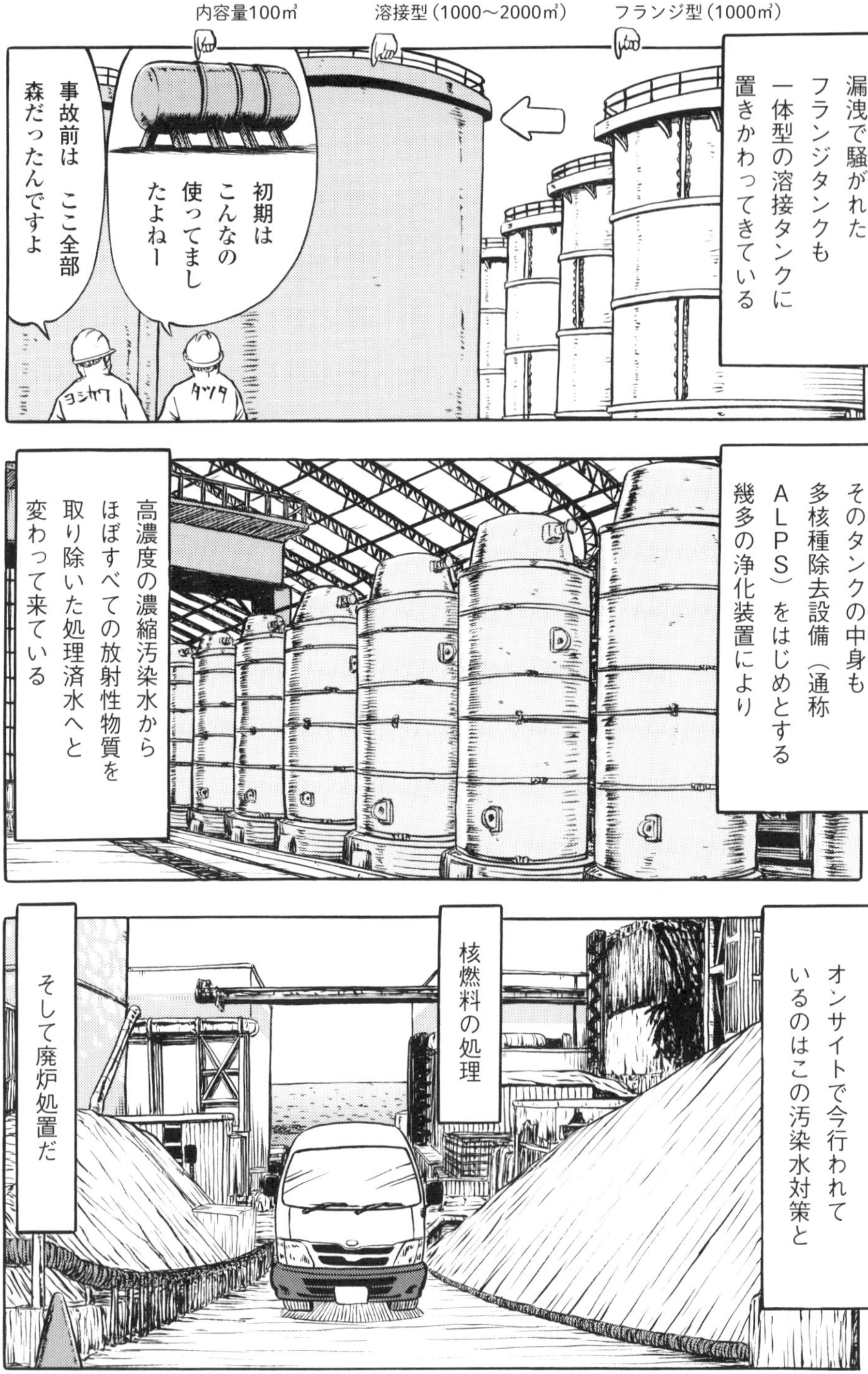
フランジ型（1000㎥）
溶接型（1000〜2000㎥）
内容量100㎥
漏洩で騒がれたフランジタンクも一体型の溶接タンクに置きかわってきている
初期はこんなの使ってましたよねー
事故前は　ここ全部森だったんですよ
タツタ
ヨシカワ
そのタンクの中身も多核種除去設備（通称ＡＬＰＳ）をはじめとする幾多の浄化装置により
高濃度の濃縮汚染水からほぼすべての放射性物質を取り除いた処理済水へと変わって来ている
オンサイトで今行われているのはこの汚染水対策と
核燃料の処理
そして廃炉処置だ

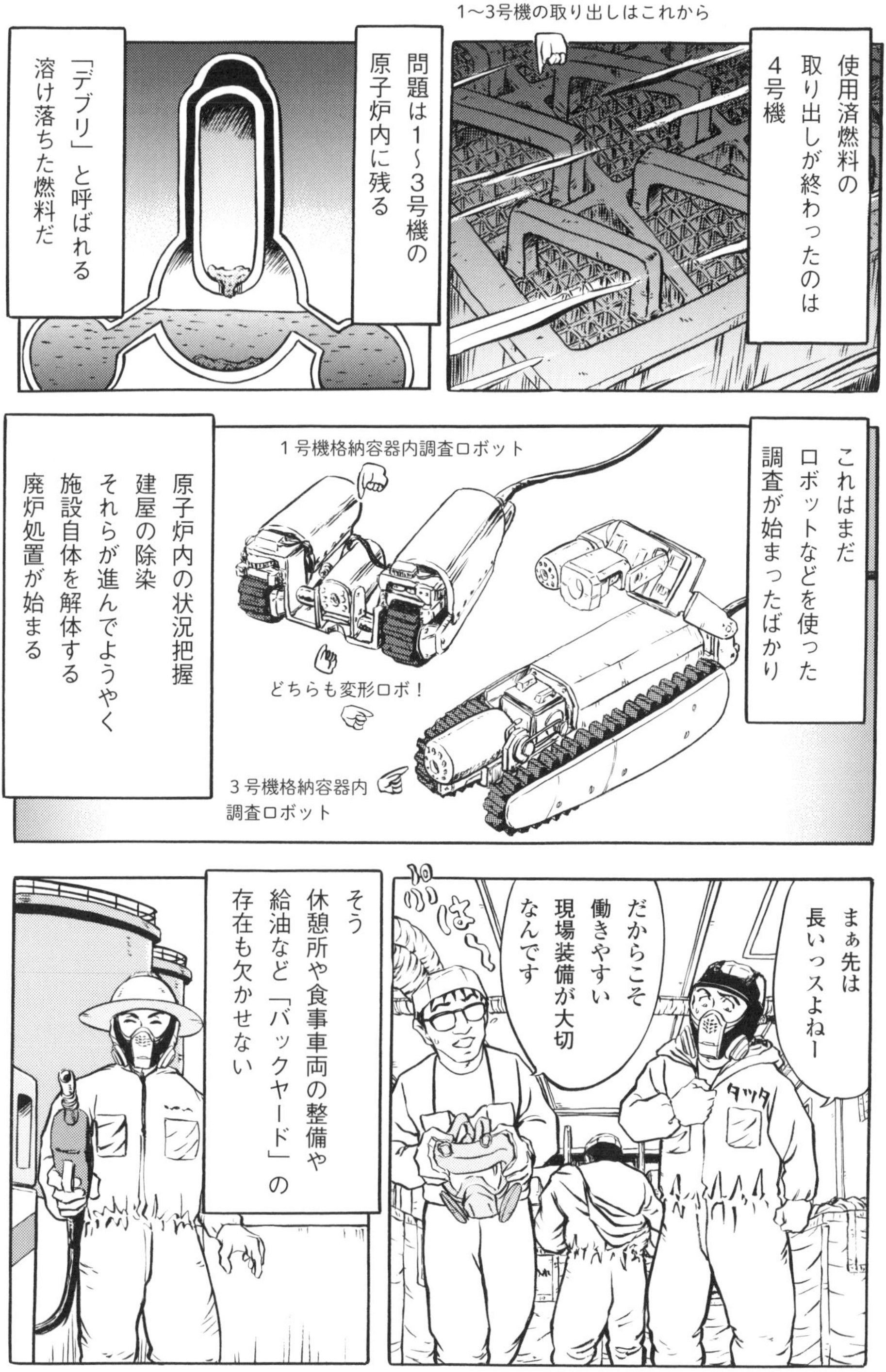
1〜3号機の取り出しはこれから
使用済燃料の取り出しが終わったのは4号機
問題は1〜3号機の原子炉内に残る
「デブリ」と呼ばれる溶け落ちた燃料だ
これはまだロボットなどを使った調査が始まったばかり
1号機格納容器内調査ロボット
どちらも変形ロボ！
3号機格納容器内調査ロボット
原子炉内の状況把握
建屋の除染
それらが進んでようやく
施設自体を解体する
廃炉処置が始まる
まぁ先は長いっスよねー
だからこそ働きやすい現場装備が大切なんです
ぷは〜
タッタ
そう
休憩所や食事車両の整備や給油など「バックヤード」の存在も欠かせない

中でも大きな進歩は この食堂の運用開始と
温かいメシが食えるだけでもありがたいっスよ
前は冷えたコンビニ弁当とかパンでしたから
作業や移動時の装備の軽減化だろう
なぜか毎年新年明けても減らない謎数字
構内でもこれでいいんですもんね
楽になりましたねー
「40年かかる」なんて決まり文句で遅々として進んでいないように思われがちな廃炉作業だが
低汚染エリアでは綿手袋と普通のマスクでOK
実は少しずつでも進展している部分も確実にある
そんなオンサイトの作業に対する理解が深まることを願っています

10分でわかる1F廃炉

福島第一原発廃炉とは何か。

本書はその問いに多様な側面から答えを出し、考えてもらうための材料を提供することを目指しています。とはいえ、一言で1F廃炉を説明するのは難しい。働いている人のこと、予算のこと、機材のこと、周辺地域のこと。いろいろな切り口があるからです。

ただ、それらを理解する上で、まず大前提となるのは、そこでいかなる作業が行われているかということ。この大きな流れをおさえることで、他の様々なテーマも一本の糸でつながるように理解しやすくなるはずです。

多くの人が、1F廃炉の情報をニュースを通して定期的に見聞きしてきたことでしょう。ただ、その結果、記憶に残っている情報はどんなものでしょう。「何か汚染水が漏れてるんでしょ」「ロボットが何かやっててうまくいったりうまくいかなかったりしてるみたい」。こんなところでしょうか。もちろん、興味をもって情報収集をしている詳しい人、その話を普段から聞いている人もいるでしょう。「海にも大気にも放射性物質を漏らしてるんだろ」「デブリがどこにあるのかってことすらまだよくわかってないんだ」とか。また、デマを信じてしまっている人もいるでしょう。「何か、カラスが増えてツバメが減ったらしい」「実は作業員がいっぱい死んでいるのに公表してないらしい」などなど。

最後のデマについては、別な原稿で検証・説明しますが、それ以外はいずれも正しいです。

ただ、こうやって断片的な情報をバラバラに投げつけられても、私たちはそれを理解しにくいのが実際のところです。必要なのは断片的な情報を体系化して知識にすること。たとえるならば、バラバラの「枝葉」(＝断片的な情報)をしっかりとした「木の幹」につけて「木全体」(＝知識)として理解することです。

大切なのは、まずこの「木の幹」の姿形をとらえること。この「木の幹」は意外とシンプルなものです。人はそれを「本質」と呼んだり「基礎」「フレームワーク」「プロトタイプ」「理念型」などと様々な呼び方をしますが、いずれにせよ、1F廃炉の理解のためにはこの「木の幹」をつかむことが大切です。いくつかの問いを通してこれをつかみ、1F廃炉とは何か、理解するための前提を身につけましょう。

結局、1F廃炉の現場で行われていることは何なのか。ものすごく多様なことが同時多発的に起こっているように感じている人も多いかもしれません。

ただ、実際は意外とシンプルな話です。大きくは三つしかありません。

廃炉とは

① 汚染水対策
② 燃料の取り出し
③ 解体・片づけ（廃止措置）

が最後まで終わること

この三つだけ、おさえておきましょう。

① 汚染水対策

汚染水に関してはこの5年間、一番ニュースのネタになってきたものなので多くの人が聞いたことはあるでしょう。理解の幅は人によって違うでしょうが、とりあえず「事故を起こした原発の下に地下水が流れていて、そこに放射性物質で汚染された水が混ざって海に流れ出すと困る」ということと「1～4号機の下に流れこんできてしまって発生した汚染水をできるだけ増やさない」ということだけ理解してもらえれば大丈夫です。

対応策は、

「地中に壁を作る」
「井戸を掘って水を汲み上げる」
「汚染水を循環させる」

という三つです。

「地中に壁を作る」と当然、地下水は1～4号機の下に流れて来にくくなりますし海にも漏れ出しにくくなります。

「井戸を掘って水を汲み上げる」というのは原発の下に流れてくる地下水を事前に汲み上げてしまい汚染されないようにする、ということと、原発の下を通ってしまった水を汲み上げて海に流れないようにすることがあります。

最後の「汚染水を循環させる」ということは、少しわかりにくいかもしれません。要は、今もあの爆発した原子炉の中には、上から水を入れ続けなければならないということです。「そんなことしたら、せっかく地下水が入ってこないようにしているのに、上から入った水で汚染水が増えるじゃないか」と思う人もいるでしょう。そのとおりです。しかし、なぜそんなことをするのかというと、核燃料がまだ熱をもっているため、それを冷やして温度調整をしなければならないからです。

そもそも、今回の原発事故がなぜ起こったのかというと、「全電源喪失」といって、原発の燃料を冷やすための水を循環させる電源が津波で壊れて使い物にならなくなったからです。その結果、水温が上昇して冷却するための水が蒸発し、燃料棒の周りの水がなくなってしまって水素が発生して爆発した。燃料を常に水で冷やしながら管理しなければならないのです。

さて、話を元に戻すと、新しい水を注ぎ続けていたらその分無尽蔵に汚染水が増えていきます。それを避けるために、「汚染水を循環させる」わけです。汚染水を一度外に汲み出して、それを冷やして一部は汚染水タンクに入れつつも、大部分をもう一度原子炉の中に注いで再利用するわけです。

汚染水に関しては、90ページからの項で詳しくふれているので、そちらを参考にしてみてください。

② 燃料取り出し

「燃料ってなんだ」という方も、「燃料といってもいろいろあるだろう」という方もいると思います。

ここでいう「燃料」とは、原子力発電のために使われていた核燃料のことです。見た目は、直径1cmで長さ約4mの「燃料棒」がまとめられて「燃料集合体」という柱のような形になっているものが1ユニットです。園芸用の支柱が4mぐらいあって、それが束ねられているイメージだと思ってください。

そして廃炉に関わる燃料は三つあります。「使用済燃料」「新燃料」「デブリ」です。そのうち使用済燃料と新燃料は1グループだと思ってください。それらは先ほど説明した燃料集合体の形をしていて「燃料プール」の中にあります。一方、デブリは「原子炉」の中にあります。どちらも入っているのは原子炉建屋の中です。

原子炉建屋というのは、原子炉の主な設備が格納されているコンクリート製の建物です。地下1階地上5階建てで、高さは約50mほど。なかなかイメージがわかないかもしれませんが、身近にあるものにたとえるとゲームやボウリングができる娯楽施設の「ラウンドワン」、あるいは大手スーパーの「イトーヨーカドー」のような立方体型の建物。地方都市に行くとよくある、あんな感じだと思ってください。窓がなく、それなりに大きいサイコロのような建物です。

その原子炉建屋の上のほうの階に天井の高い部屋――「オペレーティングフロア」と呼ばれます――があって、そこには大きく二つのものがあります。

一つが燃料プール、もう一つが原子炉の蓋です。

まず、燃料プール。ここには、発電に使ってあまり熱が出なくなるまで使い古し

2号機原子炉建屋外観(2012年8月15日撮影)

た「使用済燃料」や、原子炉の中にこれから入る予定だった未使用の「新燃料」が入っています。まず、この使用済燃料や新燃料を取り出さなければいけません。その次に、取り出す必要があるのが原子炉の中にある燃料。これが「デブリ」です。

「デブリ」の説明の前に、そもそも、原子炉とは何なのかということを説明しておきましょう。ざっくりいうと、原子炉というのは圧力鍋のようなものです。その中に燃料集合体をきれいに並べて核反応を起こし、出てきた熱エネルギーでお湯を沸かして蒸気でタービンを回して発電する。これが原子力発電の仕組みです。左の図が簡単な図解ですので、参考にしてみてください。

3・11の当日、このような形で発電をしていたのが1、2、3号機でした（4、5、6号機は定期点検のため発電していませんでした）。この三つの原子炉の中にあった燃料が、原発事故の際、溶けてしまいました。この溶けた燃料が「デブリ」です。

先に書いたとおり、冷却するための水が循環しなくなって全部水蒸気になり、燃料自体が高温になったためです。高温になって溶けた燃料は、そのまま圧力鍋の底も突き破ったようだ、というのがこれまでわかっていることです。

少しややこしい話をします。この圧力鍋、実は二重になっているんです。「鍋in鍋」、マトリョーシカ人形のような感じです。内側の圧力鍋を「圧力容器」、外側の圧力鍋を「格納容器」といいます。燃料は、この

原子力発電の仕組み

沸騰水型原子炉（BWR）

核分裂反応によって原子炉中の水を熱して沸騰させ、それによって生まれた高温高圧の蒸気でタービン（羽根車）を回して発電する。

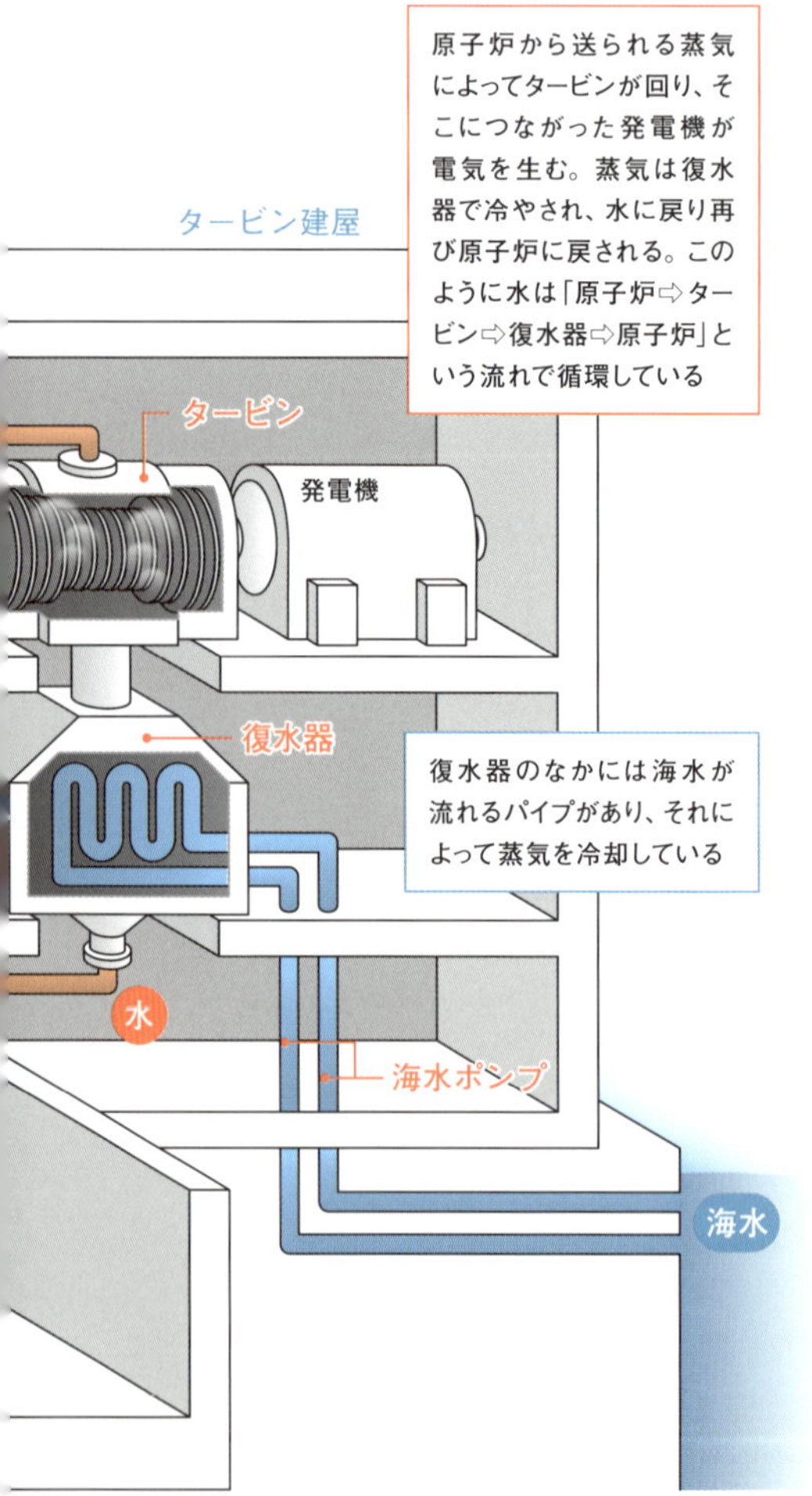

原子炉から送られる蒸気によってタービンが回り、そこにつながった発電機が電気を生む。蒸気は復水器で冷やされ、水に戻り再び原子炉に戻される。このように水は「原子炉⇨タービン⇨復水器⇨原子炉」という流れで循環している
タービン建屋
タービン
発電機
復水器
復水器のなかには海水が流れるパイプがあり、それによって蒸気を冷却している
水
海水ポンプ
海水

なぜ汚染水が海へ流れだしたのか

メルトダウンによって燃料が溶けて原子炉圧力容器下部に穴が空き、その後の水素爆発によって圧力抑制室と原子炉格納容器とのつなぎ目が壊れ、原子炉に注水された冷却水が、溶けた燃量に触れることにより汚染水となって原子炉建屋地下に溜まるようになってしまった。そこから管でつながっていたタービン建屋へ汚染水が流れ出し、さらにタービン建屋の地下と海を間接的につなげていた「海側トレンチ」から汚染水が海へ流失した。現在、この海側トレンチは塞がれている。

原子炉建屋

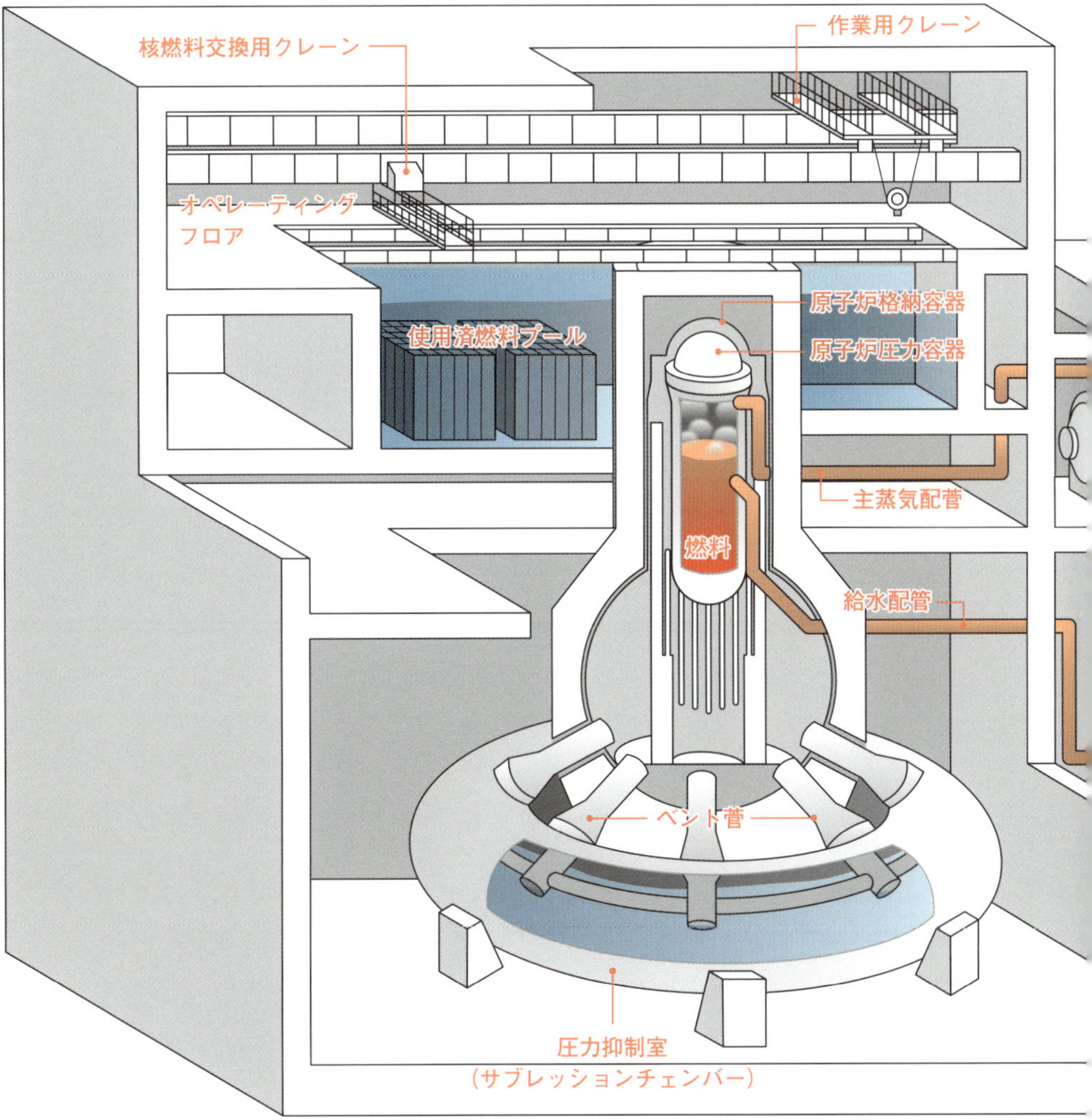

4号機原子炉建屋からのキャスク移動（2014年11月3日撮影）

内側の「圧力容器」を突き破って外側の「格納容器」に達している、というのが現状です。しかし、その詳細はわかっていない。つまり、どこにどんな形で「デブリ」が存在するのかわからない。なぜかというと放射線が強すぎて中を簡単には確認できないからです。当然人は入れない。だからロボットや内視鏡など様々な技術を駆使して内部を確認する。その上で、デブリを取り出すためにどの場所をどういう方法で攻めるのか戦略を練って作業をすることになります。

原子炉の中にデブリがあるのは1、2、3号機。では、燃料プールの中に燃料があるのは何号機かというと、1〜4号機すべてでした。すなわち1、2、3号機にはデブリと燃料プール内の燃料の両方があり、4号機には燃料プールの中の燃料のみが入っていたということです。しかし4号機の燃料に関しては、2014年末にすべての取り出しが終了しています。つまり現在、4号機の中には燃料はなく、今後の作業は1、2、3号機の燃料プール内の燃料と原子炉内のデブリ両方の取り出しというわけです。

なぜ、4号機だけ先に作業を進められたのか。それは、4号機の線量が相対的に低かったからです。1、2、3号機では原子炉内で燃料が溶けるほどの反応が起こり、放射性物質が発生していました。4号機はそれがなかった。結果、現在までの作業に大きな差が出ています。

1、2、3号機の作業を進めるためにはまず作業ができるように線量を下げる必要があります。そのために、オペレーティングフロアのガレキを取り除き、除染作業を進めていこうとしているのが現状です。

③解体・片づけ（廃止措置）

これは言葉通りの意味ですが、改めて前提の確認をしたいと思います。

まず、3・11以後、「ハイロ、ハイロ」と言葉は耳にするようになりましたが、そもそも廃炉とは何なのか。

たとえば、1F以外でも廃炉をしてきたり、現在廃炉をしている原発はあります。商業用原発で廃炉をしているのは、茨城県東海村にある日本原電・東海発電所と静岡県御前崎市にある中部電力・浜岡原子力発電所1・2号機です。これら「通常の廃炉」と「1Fの廃炉」と何が違うのか。

大雑把にまとめると、「1Fの廃炉」には、①汚染水対策、②燃料取り出しがあっ

廃炉を知るための15の数字

Q1 福島第一原発の廃炉が完全に終わるまでにはどのくらいの時間がかかる?

A1 **25～35年**

現時点での終了予定は2041～2051年

て、「通常の廃炉」にはそれがない。「通常の廃炉」の主作業は、③解体・片づけ（廃止措置）だけです。

もう少し、細かく正確にいいましょう。

1Fに限らず、〝動いていた原発を「もう使いませんよ」と止めてなくすこと〟を大きく「廃止措置」と呼ぶことがあります。

この「廃止措置」は通常、以下の五つのプロセスをたどります（1Fと同じ「BWR」と呼ばれる炉型の場合の話です）。

1 核燃料の搬出
2 系統除染
3 安全貯蔵
4 解体撤去（内部）
5 解体撤去（建屋）

これらはすべて、③解体・片づけの作業です。

1 核燃料の搬出は、大きく見れば1Fの②燃料取り出しと似ているかもしれませんが、作業のプロセス、大変さは当然全く違います。「通常の廃炉」は事故を起こしていろいろ壊れたりしていませんので、静かに燃料を取り出して、薬品で洗い流すなどして除染をする作業に移ります。1Fは、改めていうまでもなく、それほど簡単な話ではないわけです（あえていうならば、4号機はこのプロセスに一番近いといえるかもしれません）。

法的にも、「1Fの廃炉」は「通常の廃炉」と区別されています。1Fは、「原子炉等規制法」という法律に基づいて、原子力規制委員会が「特定原子力施設」と定めています。

以上、三点が1F廃炉の具体的な作業です。作業進捗状況でいえば、2016年前半の現在は、①汚染水対策のピークを越えて、徐々に②燃料取り出しに軸足が移っていく時期にさしかかっています。

現在発表されている中長期ロードマップによれば、デブリの取り出し開始が2021年前後、その後、10～15年ですべてのデブリの取り出しを完了。最終的にすべての作業が終わるのは2041年～2051年という予定です。

今後の廃炉作業の流れに関しては、86～87ページの廃炉工程表を参照してください。

ではここから、廃炉の現場の中心である1F構内＝オンサイトでいま、何がおこなわれているのかを見ていきましょう。

図解 オンサイト全景

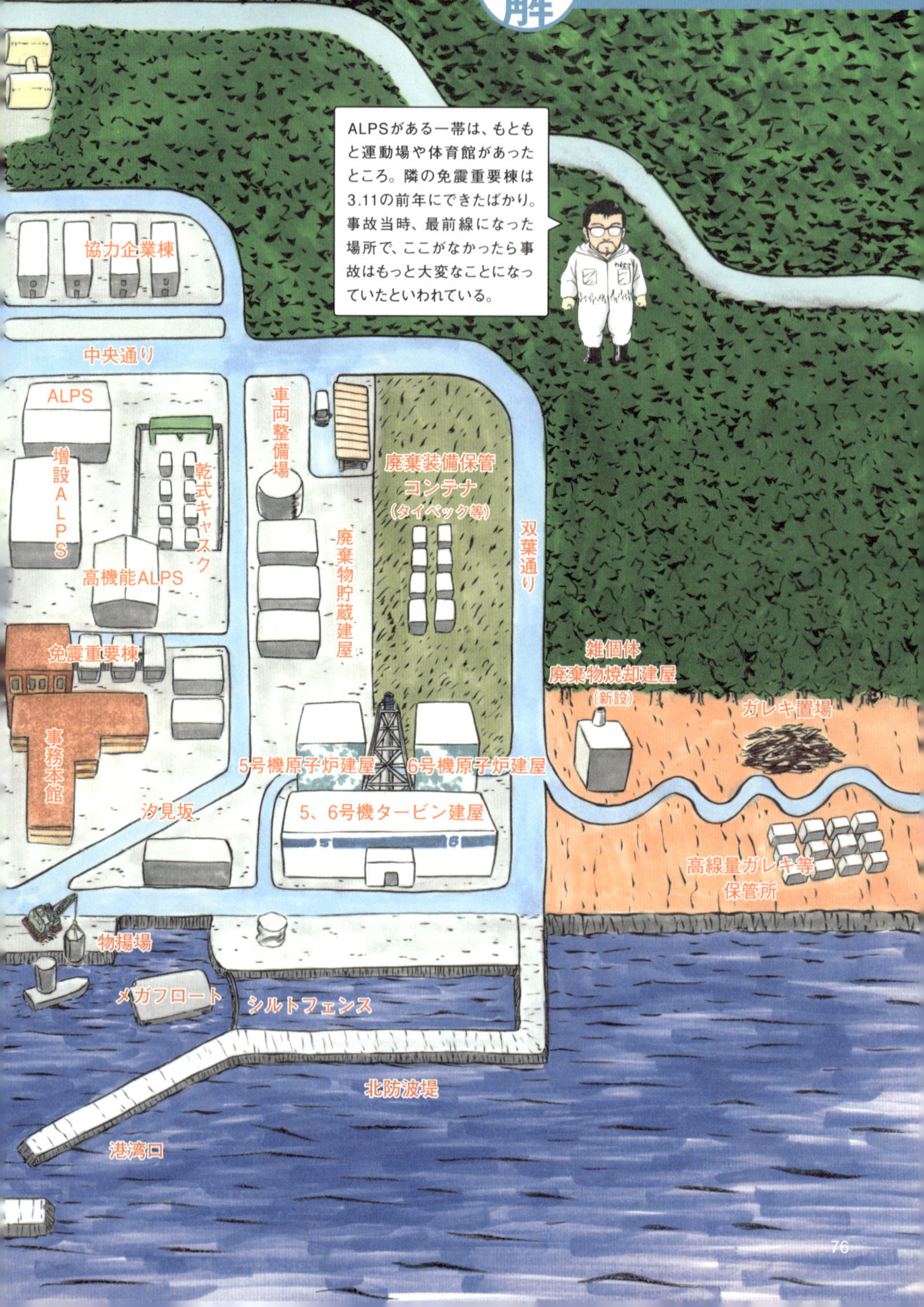
ALPSがある一帯は、もともと運動場や体育館があったところ。隣の免震重要棟は3.11の前年にできたばかり。事故当時、最前線になった場所で、ここがなかったら事故はもっと大変なことになっていたといわれている。
協力企業棟
中央通り
ALPS
増設ALPS
乾式キャスク
高機能ALPS
車両整備場
廃棄物貯蔵建屋
廃棄装備保管コンテナ（タイベック等）
双葉通り
免震重要棟
事務本館
汐見坂
5号機原子炉建屋
6号機原子炉建屋
5、6号機タービン建屋
雑個体廃棄物焼却建屋（新設）
ガレキ置場
高線量ガレキ等保管所
物揚場
メガフロート
シルトフェンス
北防波堤
港湾口

新事務棟は2011年の事故後に建てられたもの。さらに隣に新しい事務棟が建設されていて、2016年5月には運用が開始される予定だ。
この辺一帯は事故前は森だったのを汚染水タンクを置くために切り開きました。ちなみに1Fの広さは約350万㎡で、ディズニーランドとディズニーシーを合わせた面積の3.5倍！　これだけの広さがあったから、汚染水タンクを置く場所も確保できたんです。
車両サーベイ
大型休憩所
新事務棟
西門
入退域棟
車両サーベイ
協力企業棟
企業厚生棟
正門
ふれあい交差点
給油所
汚染水、処理済水タンク
ガレキ置場
4号機
原子炉建屋
3号機
原子炉建屋
2号機
原子炉建屋
1号機
原子炉建屋
3、4号機タービン建屋
1、2号機タービン建屋
プロセス建屋・焼却炉建屋等
(現在は汚染水処理システム)
海側遮水壁
シルトフェンス
南防波堤

1 号機

事故状況

- 水素爆発により最上階が大きく破損
- 核燃料が溶け落ちる

現状

- 水素爆発した原子炉建屋にカバーを設置（2011年10月）
- 使用済燃料プールからの燃料取り出しに向け、建屋カバー撤去を実施中

当面の課題

- 原子炉建屋上部およびプール内ガレキ状況の把握
- 建屋カバー撤去期間中の放射性物質の飛散防止
- 解体した建屋ガレキの処理

DATA

沸騰水型軽水炉（BWR）

格納容器形式	マークI
製造元	GE
着工	1967年9月
営業運転開始	1971年3月
熱出力（万kW）	138
電気出力（万kW）	46.0

現在の状態

［核燃料］

使用済燃料	292体
新燃料	100体
デブリ	状態不明

［原子炉内の温度］

圧力容器の底部	15.3℃
格納容器内	15.4℃
使用済燃料プール	16.0℃

（2016年3月31日現在）

爆発後の1号機原子炉建屋。最上階が大きく破損していることがわかる（2011年3月12日撮影）

現在は使用済燃料取り出しに向けて建屋カバーの撤去作業中（2016年1月14日撮影）

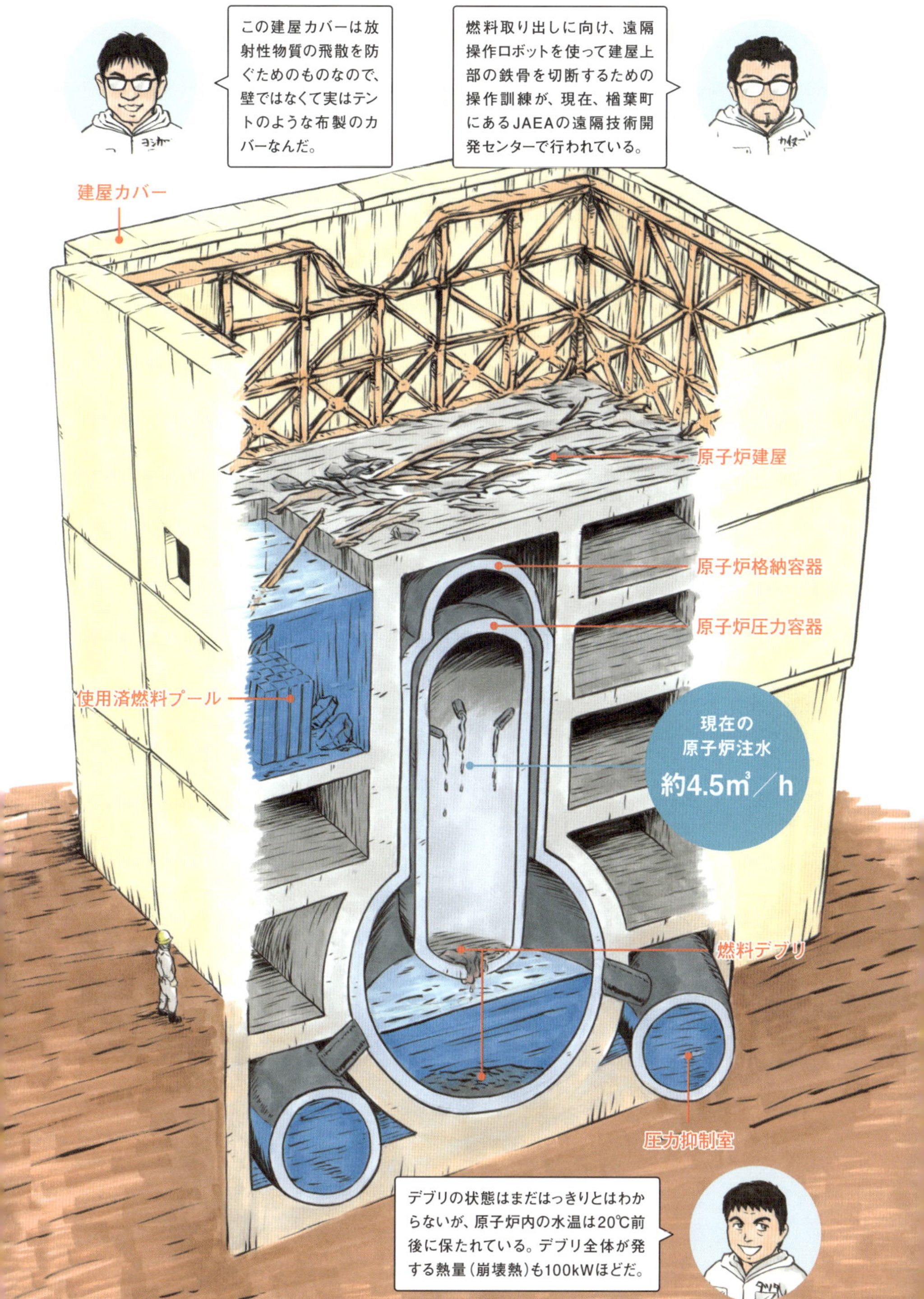
この建屋カバーは放射性物質の飛散を防ぐためのものなので、壁ではなくて実はテントのような布製のカバーなんだ。
燃料取り出しに向け、遠隔操作ロボットを使って建屋上部の鉄骨を切断するための操作訓練が、現在、楢葉町にあるJAEAの遠隔技術開発センターで行われている。
建屋カバー
原子炉建屋
原子炉格納容器
原子炉圧力容器
使用済燃料プール
現在の
原子炉注水
約4.5m³／h
燃料デブリ
圧力抑制室
デブリの状態はまだはっきりとはわからないが、原子炉内の水温は20℃前後に保たれている。デブリ全体が発する熱量（崩壊熱）も100kWほどだ。

2 号機

事故状況

- 1号機の水素爆発の影響によりブローアウトパネルの一部が破損。水素は発生したものの爆発は起きなかった
- 圧力容器が破損し核燃料が溶け落ちる

現状

- ブローアウトパネルを閉止し、放射性物質の飛散を抑制
- 原子炉建屋内の線量が高い

当面の課題

- 原子炉建屋内の線量低減対策
- 建屋解体に向けての放射性物質飛散防止対策の確立

DATA

沸騰水型軽水炉(BWR)

格納容器形式	マークI
製造元	GE・東芝
着工	1969年5月
営業運転開始	1974年7月
熱出力(万kW)	238.1
電気出力(万kW)	78.4

現在の状態

[核燃料]

使用済燃料	587体
新燃料	28体
デブリ	状態不明

[原子炉内の温度]

圧力容器の底部	20.3℃
格納容器内	21.3℃
使用済燃料プール	25.6℃

(2016年3月31日現在)

事故後の2号機原子炉建屋の外観。破損したブローアウトパネルから白い蒸気が噴き出している(2011年3月15日撮影)

現在、ブローアウトパネルは閉じられているが、建屋内の線量は非常に高い(2015年11月18日撮影:吉川彰浩)

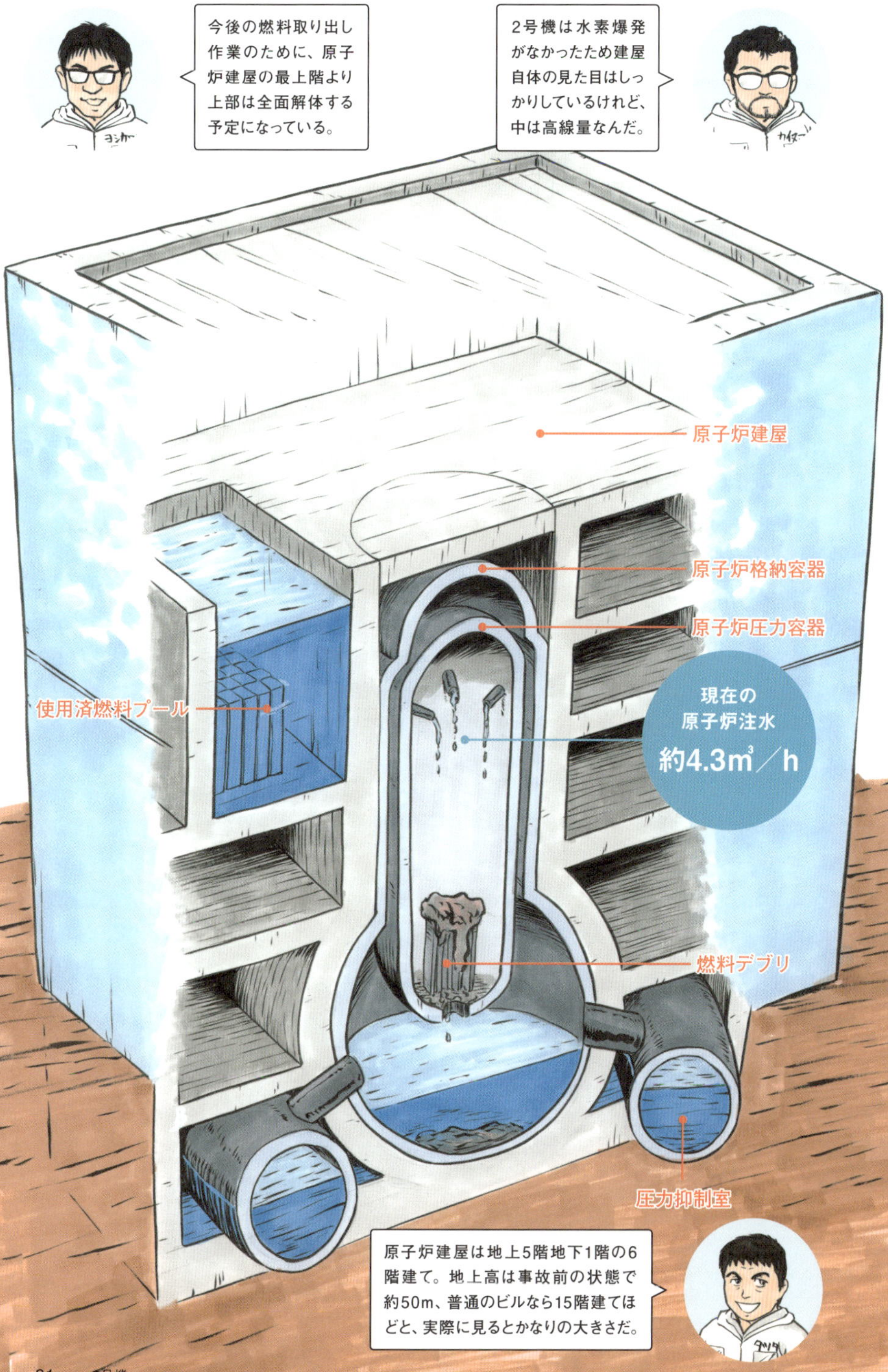
今後の燃料取り出し作業のために、原子炉建屋の最上階より上部は全面解体する予定になっている。
2号機は水素爆発がなかったため建屋自体の見た目はしっかりしているけれど、中は高線量なんだ。
原子炉建屋
原子炉格納容器
原子炉圧力容器
使用済燃料プール
現在の原子炉注水
約4.3㎥／h
燃料デブリ
圧力抑制室
原子炉建屋は地上5階地下1階の6階建て。地上高は事故前の状態で約50m、普通のビルなら15階建てほどと、実際に見るとかなりの大きさだ。

3 号機

事故状況

- 水素爆発により最上階が破損
- 圧力容器が破損し核燃料が溶け落ちる

現状

- 原子炉建屋上部のガレキ撤去が完了(2013年10月)
- 使用済燃料プール内のガレキ撤去中

当面の課題

- 線量が高いため、線量低減対策を遠隔操作重機で実施
- 燃料取り出し用カバーおよび燃料取扱設備設置

DATA

沸騰水型軽水炉(BWR)

格納容器形式	マークI
製造元	東芝
着工	1970年10月
営業運転開始	1976年3月
熱出力(万kW)	238.1
電気出力(万kW)	78.4

現在の状態

[核燃料]

使用済燃料	514体
新燃料	52体
デブリ	状態不明

[原子炉内の温度]

圧力容器の底部	17.8℃
格納容器内	17.6℃
使用済燃料プール	23.1℃

(2016年3月31日現在)

爆発後の3号機原子炉建屋の外観。爆発により大型のガレキが散乱している(2011年3月15日撮影)

現在、使用済燃料プール内のガレキ撤去を進めつつ、新しい燃料取り出し用カバーの設置準備中(2015年11月18日撮影:吉川彰浩)

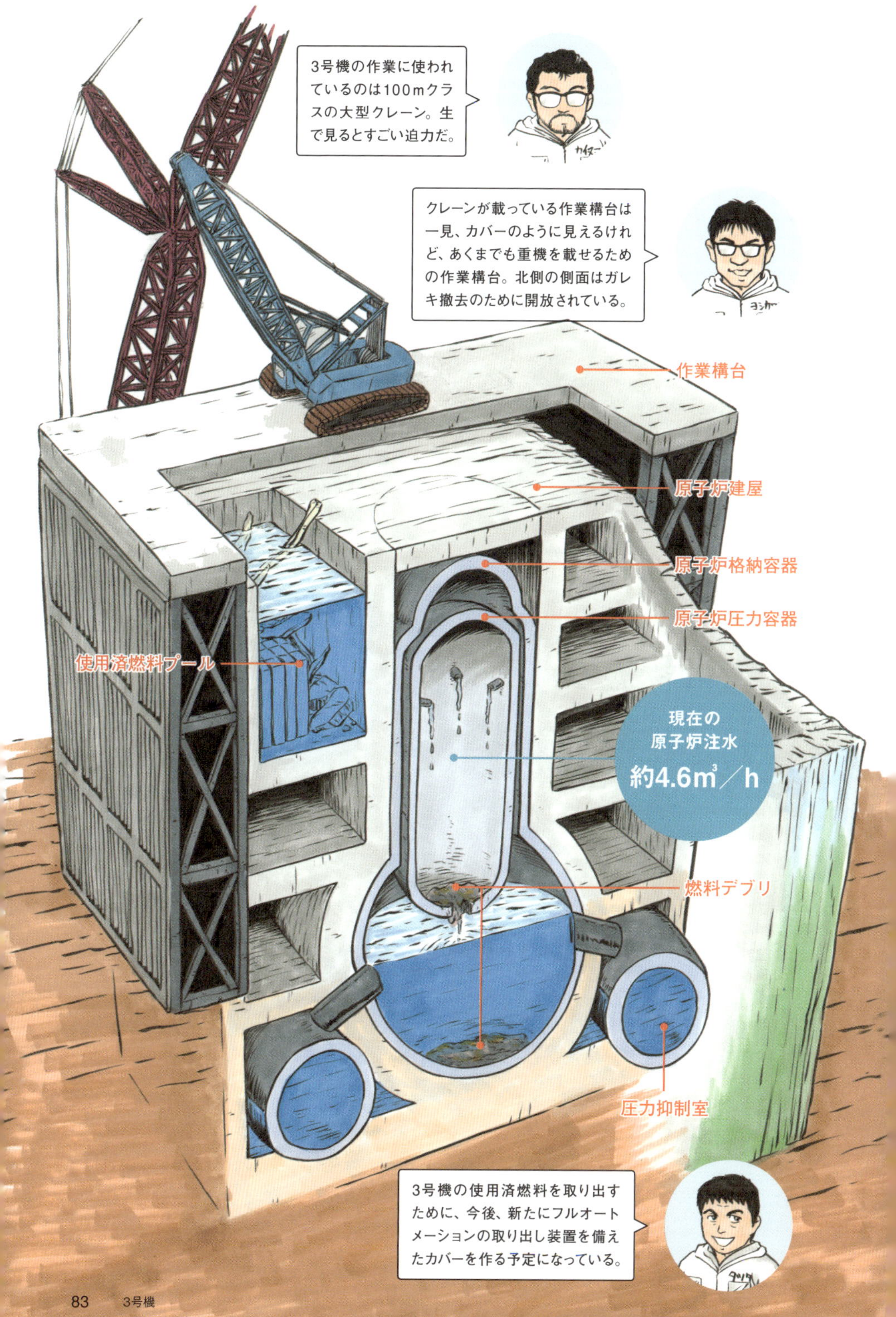
3号機の作業に使われているのは100mクラスの大型クレーン。生で見るとすごい迫力だ。
カイゾー
クレーンが載っている作業構台は一見、カバーのように見えるけれど、あくまでも重機を載せるための作業構台。北側の側面はガレキ撤去のために開放されている。
ヨシカワ
作業構台
原子炉建屋
原子炉格納容器
原子炉圧力容器
使用済燃料プール
現在の原子炉注水
約4.6m³／h
燃料デブリ
圧力抑制室
3号機の使用済燃料を取り出すために、今後、新たにフルオートメーションの取り出し装置を備えたカバーを作る予定になっている。

4号機

事故状況

- 3号機から流入した水素により爆発が起き、4・5階が破損
- 定期点検中で原子炉内に核燃料はなかった

現状

- 使用済燃料プールからの燃料取り出し完了
(2013年11月18日開始、2014年12月22日完了)

今後の課題

- 残された建物すべてを解体し、放射性廃棄物として処理する

DATA

沸騰水型軽水炉(BWR)

格納容器形式	マークI
製造元	日立
着工	1972年9月
営業運転開始	1978年10月
熱出力(万kW)	238.1
電気出力(万kW)	78.4

現在の状態

[核燃料]

使用済燃料	0体
新燃料	0体
デブリ	なし

[原子炉内の温度]

圧力容器の底部	--℃
格納容器内	--℃
使用済燃料プール	12.0℃

(2016年3月31日現在)

爆発後の4号機原子炉建屋の外観(2011年3月15日撮影)

使用済燃料の取り出しが完了し、現在は安定している
(2015年11月18日撮影:吉川彰浩)

燃料取り出しが終わってプールは空と思われているけれど、核燃料を納めていたラックが残っている。それも放射線量が高いから水で遮蔽しているんだ。

この燃料取り出し用カバー、建屋に乗っかってるように見えるけど、実は隙間が空いていて建屋に荷重はかかっていない！　事故後核燃料が取り出せたっていうのは、すごいことなんだよね。

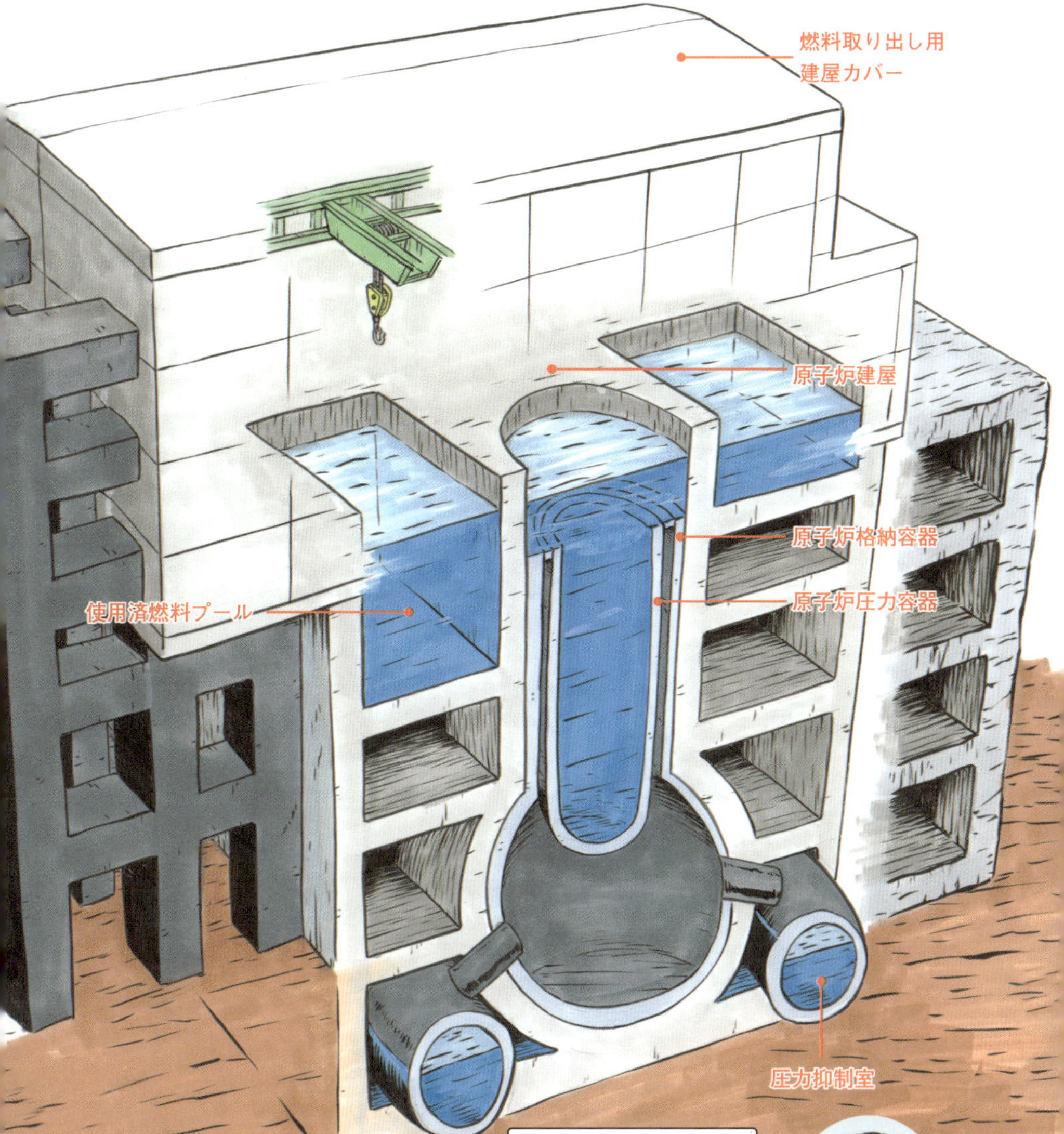

燃料取り出し用カバーに使われた鉄の量は東京タワー1個分。しかも東京タワーと同じ竹中工務店が施工している。

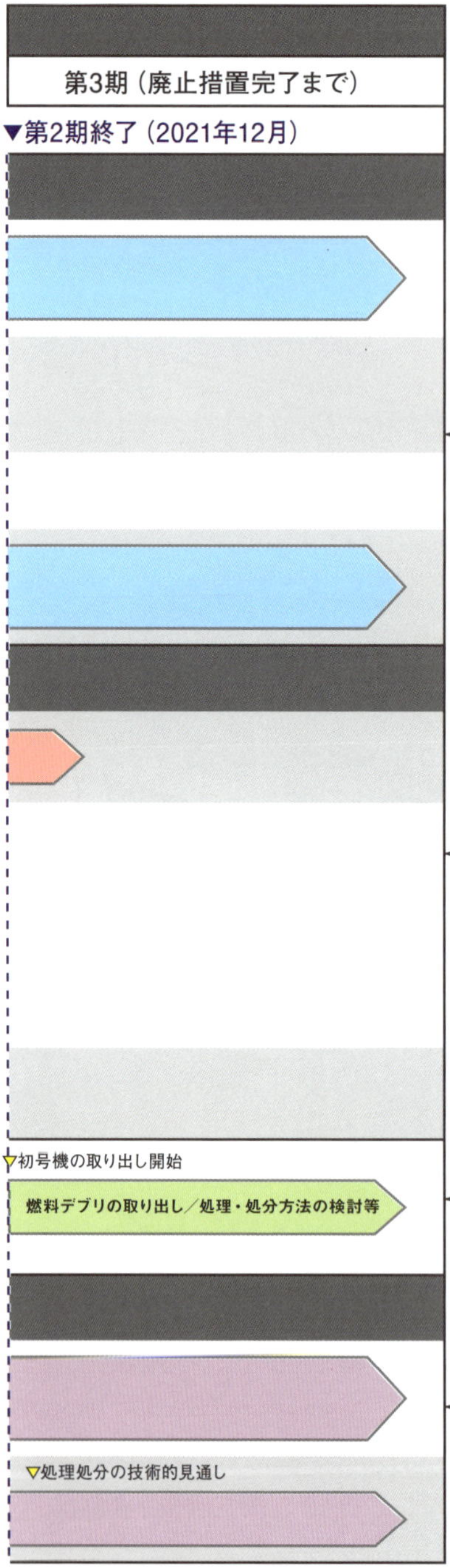

「東京電力(株)福島第一原子力発電所の廃止措置等に向けた主要な目標工程」(2015年6月)などより作成

「汚染水対策」

汚染水対策の中期目標は、増やさない対策の構築だ！　凍土壁の完成が一つの大きな節目になる。あわせて「減らす」を早期に達成しなければならないが、浄化した汚染水を海へ放出するには、風評被害を考え、周辺地域で暮らす人たちだけでなく、社会全体での合意形成が必要。最終目標は汚染水が完全になくなること。そのためには溶け落ちた燃料(汚染源)が取り出される必要がある。

「燃料取り出し」

4号機の使用済燃料プール内の燃料取り出しが2014年12月に完了。1～3号機についても、燃料取り出し用カバーの設置に向けて、ガレキ撤去、建屋上部階の解体が進められる。放射性物質飛散防止に注目していきたい。特に2号機については、初めての「爆発していない建物」の解体になる。

「燃料デブリ取り出し」

高い放射線による調査の壁を技術で超えていかなくてはならない。1～3号機のいずれかのデブリ取り出しが始まるのが2021年。すべてのデブリが取り出され、安定した状態で処理されることが最終ゴール。

「廃棄物対策」

廃炉で発生した放射性廃棄物から働く「人」を守り、安定した状態で一時保管することが中間の目標だ。最終的な処分方法は発電所構外になる。そのため廃棄物対策のなかには地域環境と周辺地域で暮らす「人」を守る仕組みが必要。そのためには地域の人々との対話の場が不可欠だ。

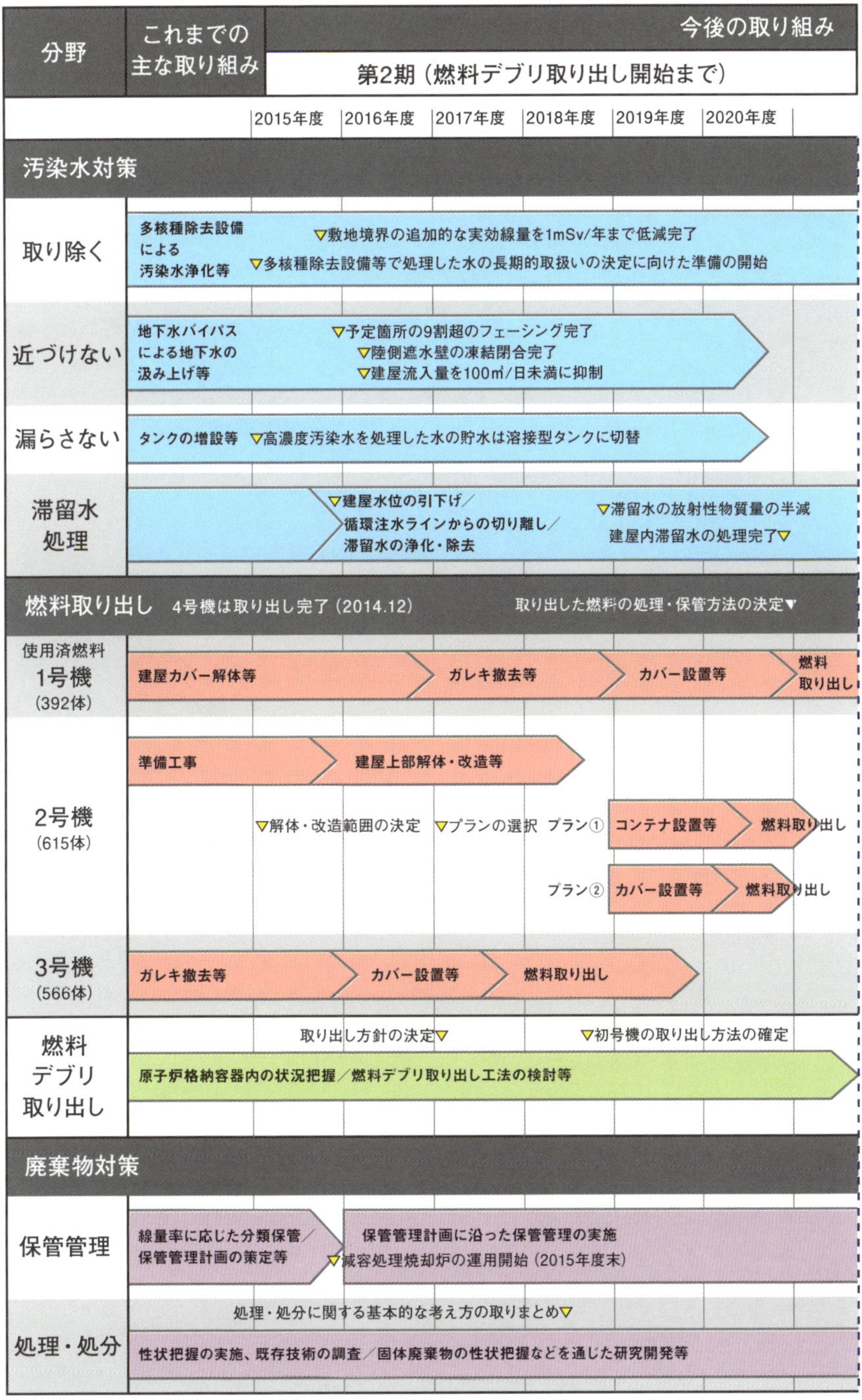
分野
これまでの主な取り組み
今後の取り組み
第2期（燃料デブリ取り出し開始まで）
2015年度
2016年度
2017年度
2018年度
2019年度
2020年度
汚染水対策
取り除く
多核種除去設備による汚染水浄化等
▽敷地境界の追加的な実効線量を1mSv/年まで低減完了
▽多核種除去設備等で処理した水の長期的取扱いの決定に向けた準備の開始
近づけない
地下水バイパスによる地下水の汲み上げ等
▽予定箇所の9割超のフェーシング完了
▽陸側遮水壁の凍結閉合完了
▽建屋流入量を100㎥/日未満に抑制
漏らさない
タンクの増設等
▽高濃度汚染水を処理した水の貯水は溶接型タンクに切替
滞留水処理
▽建屋水位の引下げ／循環注水ラインからの切り離し／滞留水の浄化・除去
▽滞留水の放射性物質量の半減
建屋内滞留水の処理完了▽
燃料取り出し
4号機は取り出し完了（2014.12）
取り出した燃料の処理・保管方法の決定▼
使用済燃料
1号機（392体）
建屋カバー解体等
ガレキ撤去等
カバー設置等
燃料取り出し
2号機（615体）
準備工事
建屋上部解体・改造等
▽解体・改造範囲の決定
▽プランの選択
プラン①
コンテナ設置等
燃料取り出し
プラン②
カバー設置等
燃料取り出し
3号機（566体）
ガレキ撤去等
カバー設置等
燃料取り出し
燃料デブリ取り出し
取り出し方針の決定▽
▽初号機の取り出し方法の確定
原子炉格納容器内の状況把握／燃料デブリ取り出し工法の検討等
廃棄物対策
保管管理
線量率に応じた分類保管／保管管理計画の策定等
保管管理計画に沿った保管管理の実施
▽減容処理焼却炉の運用開始（2015年度末）
処理・処分
処理・処分に関する基本的な考え方の取りまとめ▽
性状把握の実施、既存技術の調査／固体廃棄物の性状把握などを通じた研究開発等

図解 汚染水対策

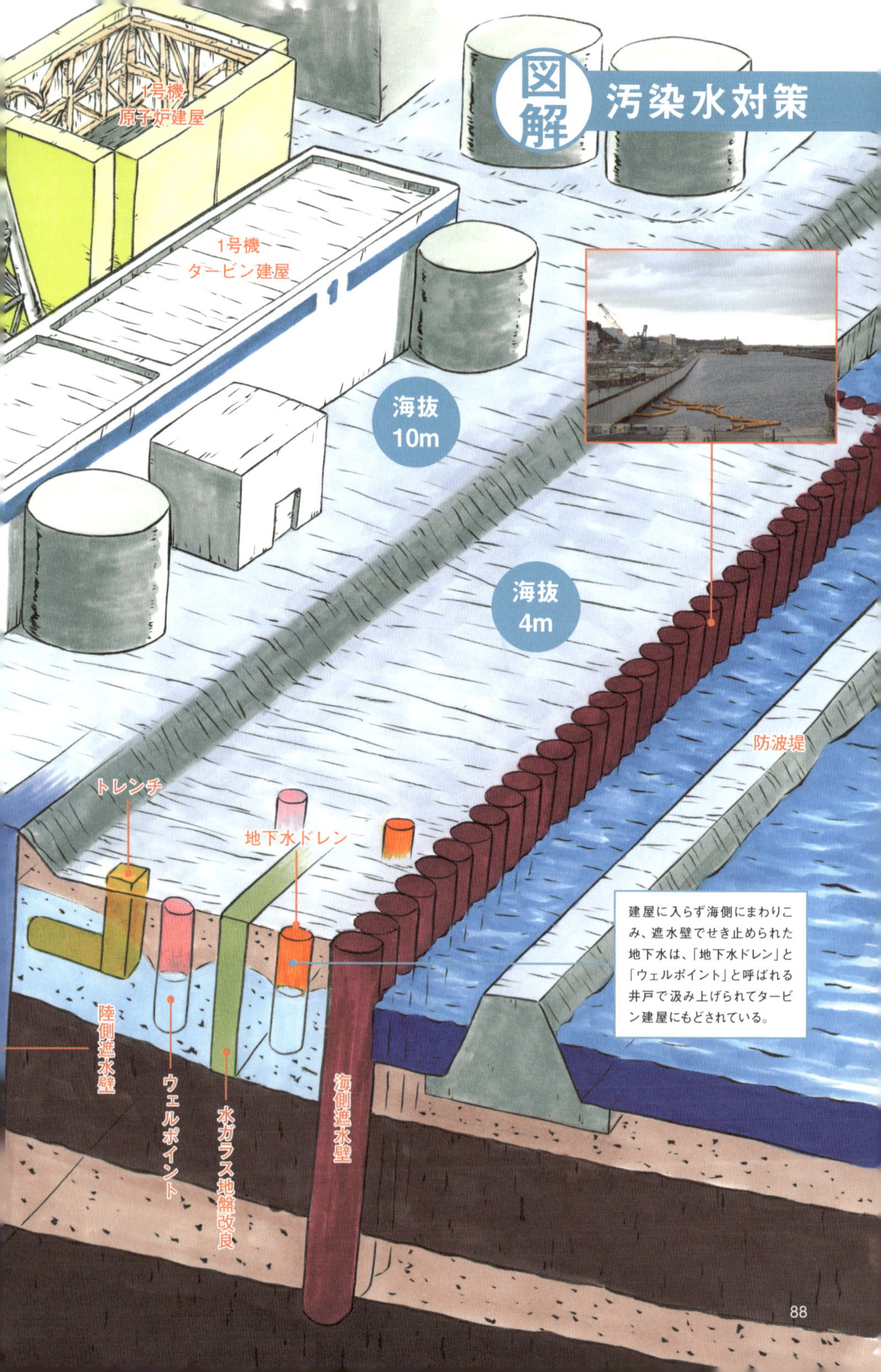

建屋に入らず海側にまわりこみ、遮水壁でせき止められた地下水は、「地下水ドレン」と「ウェルポイント」と呼ばれる井戸で汲み上げられてタービン建屋にもどされている。

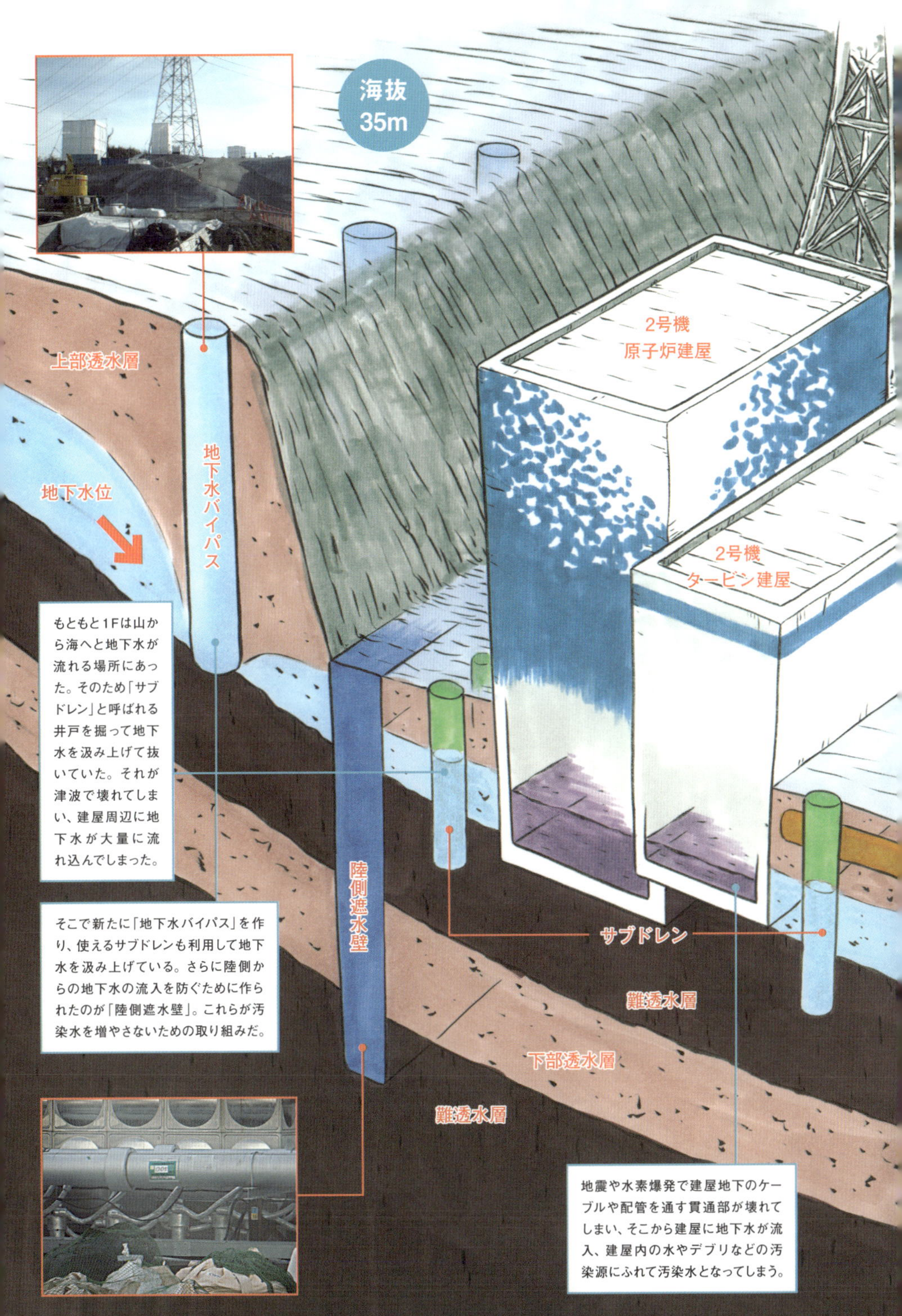
海抜
35m
上部透水層
地下水位
地下水バイパス
2号機
原子炉建屋
2号機
タービン建屋
もともと1Fは山から海へと地下水が流れる場所にあった。そのため「サブドレン」と呼ばれる井戸を掘って地下水を汲み上げて抜いていた。それが津波で壊れてしまい、建屋周辺に地下水が大量に流れ込んでしまった。
そこで新たに「地下水バイパス」を作り、使えるサブドレンも利用して地下水を汲み上げている。さらに陸側からの地下水の流入を防ぐために作られたのが「陸側遮水壁」。これらが汚染水を増やさないための取り組みだ。
陸側遮水壁
サブドレン
難透水層
下部透水層
難透水層
地震や水素爆発で建屋地下のケーブルや配管を通す貫通部が壊れてしまい、そこから建屋に地下水が流入、建屋内の水やデブリなどの汚染源にふれて汚染水となってしまう。

汚染水対策はどうなっている？

「汚染水」という言葉。1F廃炉のニュースでもっともよく聞いた言葉でしょうし、その内容を詳しく理解している人もいると思います。

この汚染水とは何なのか。なぜ増え続けるのか。たとえ話をするならば、こういうことです。

皆さんの身近にある川。この水は山のほうから海に向かって流れています。日本列島の背骨のような山々が分水嶺となって日本海側と太平洋側に雨水が流れていくわけですね。

実は、これと同じことが地下水でも起こっています。

福島第一原発オンサイトの地下はミルフィーユのように地層が積み重なっています。粘土のように水を通しにくい層とそうではなく土砂の粒子が粗くて水が流れやすい層とがあります。この「水が流れやすい層」が地表近くの部分にあってここを山側から海側に、方角でいうと西から東に向かって水が流れているのです（→88・89ページ）。

この水が事故を起こした建屋の下に入ると高濃度の放射性物質で汚染された水と触れます。触れるといっても、イメージがつかないかもしれませんが、建屋にはケーブルや配管などのための細かい穴が合計880箇所以上あります【図1】。

【図2】は、そうした貫通口のイメージを図解したものです。ここを通して地下水が建屋の中に入って、そこに溜まっている水

・地下水に常時又は降雨時に水没している貫通部が全体の約67%を占める。
・水没している貫通部のうち建屋間にある貫通部が約84%※1を占める。
・トレンチ、共通配管ダクト等に接続する貫通部が全体の約30%ある。

号機	総数（箇所）	高さによる分類※2（箇所）			部位による分類（箇所）	
		地下水レベル（下降時）	地下水レベル（上昇時）	地下水レベル以上	水没する貫通部のうち建屋間にある貫通部	
1号	218	95	36	87	88	98
2号	183	137	28	18	148	34
3号	225	126	17	82	132	43
4号	254	135	16	103	127	103
合計	880	493	97	290	495	278
		590				
全体比	-	67%		33%	56%	31%

【図1】1〜4号機本館地下外壁の貫通部について「高さ」と「部位」で分類
※1　水没する貫通部のうち建屋間にある貫通部合計（495箇所）÷水没している貫通部（590箇所）＝84%
※2　12月から7月までのサブドレン水位観測値の最大値と最小値を地下水位として分類
出典：http://www.tepco.co.jp/nu/fukushima-np/roadmap/images/c130516_05-j.pdf

に触れるわけです。そうするとどうなるか。二つのパターンがあります。汚染された水が外に漏れ出るパターンと、逆に建屋の中に水が入っていくパターンです。

　イメージとしては、針で細かい穴をあけたペットボトルをゆっくりと流れる川に突っこんでいるイメージです。ペットボトル内の水が川に溢れ出す場合があります。

廃炉を知るための15の数字

Q2 凍土壁が完成するまで福島第一原発1～4号機建屋の地下に流入している地下水の量は1日あたり何㎥ほど？

A2 1日あたり **150㎥**

　これは、ペットボトル内の水位が川の水位よりも高くなる場合です。ペットボトル内の水圧がまわりの水の水圧よりも高いわけです。逆に、ペットボトル内の水位が川の水位よりも低くなると、川の水がペットボトル内に入ってくる。ペットボトル内の水圧が相対的に下がるわけです。

　1Fの1～4号機の建屋がこのペットボトルだとすれば、その中の水は放射性物質が含まれている「汚染水」です。だから、川に流すわけにはいきません。一方で、建屋（ペットボトル）の中に一定の水が入る分にはいいけれど、入りすぎるのも困ります。「汚染水」がさらに増えるからです。

　そこでどうするかというと、水位を絶妙に調整します。川の水位を建屋（ペットボトル）の中の水位より若干高くし続けるわけです。具体的にどうしているかというと、建屋のまわりに井戸を掘ってそこから水を汲み上げながら、自動的に水位計で測りながら、ほどよい水位になるように汲み上げ量を調整しています。

　この井戸の一つが「サブドレン」です。

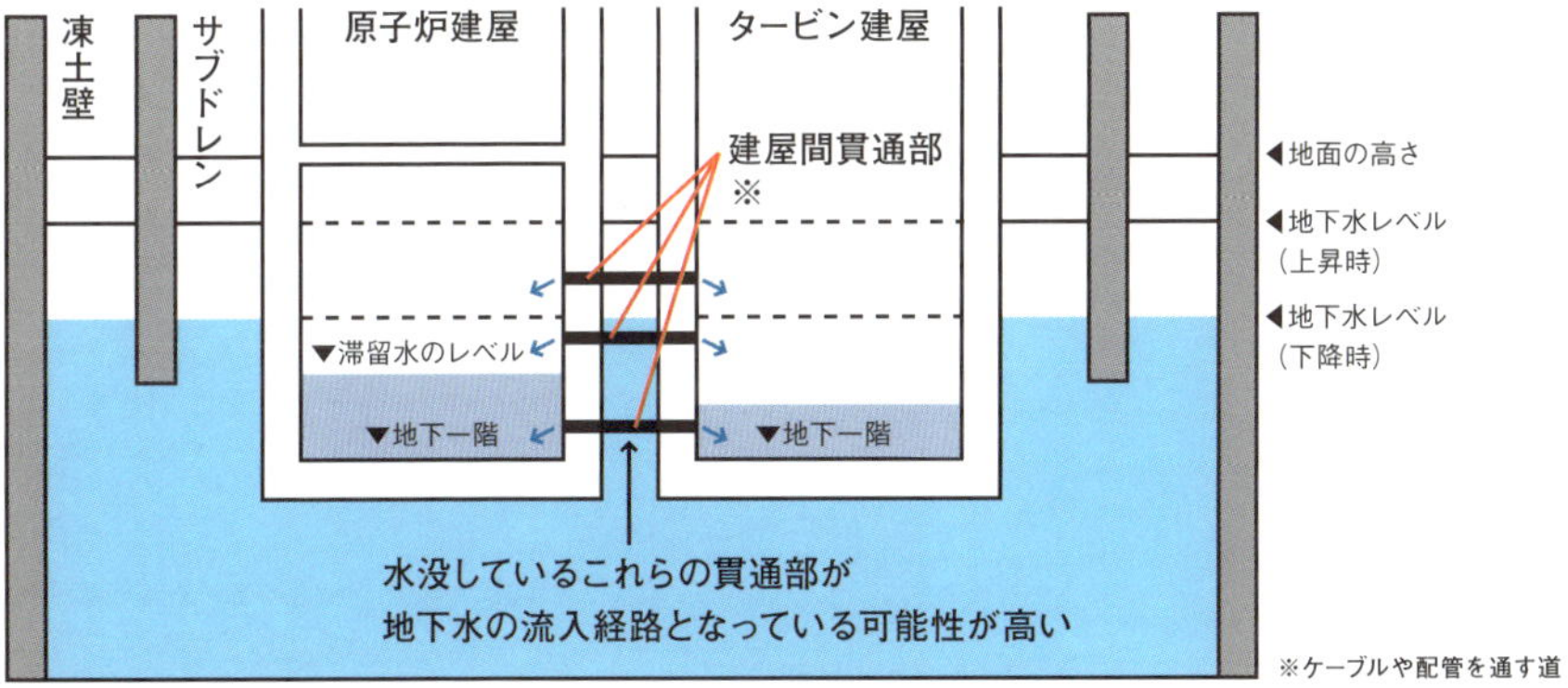

【図2】建屋貫通口イメージ

出典：http://www.tepco.co.jp/nu/fukushima-np/roadmap/images/c130516_05-j.pdf より作成

これは事故前から存在していました。当然、事故前から1Fの下には地下水が流れていて、1F全体で1日に約1500㎥、1〜4号機で約850㎥の水をサブドレンでくみだして海に捨てているほどでした。それは、この浮力によって建物が傾く可能性があったからです。何万㎥のタンカーだって水に浮く。ああいう現象が原子炉建屋にも起こる。それを防ぐために「サブドレン」は全国の原発に元々あります。

事故後も1〜4号機の建屋の下には1日400㎥の水が入ってきていました。この水の分だけ「汚染水が増え続ける」ことになります。

どういうことか。ここで理解しておくべき建屋には大きく二つあります。山側にあるのが「原子炉建屋」。原子炉が入っているいわば「本体」です。海側にあるのが「タービン建屋」。その名のとおり発電するためのタービンが入っています。

最初に地下水は原子炉建屋に入り、燃料デブリに触れた汚染水と混ざります。汚染された水の量が増えるわけです。さらに、原子炉建屋からタービン建屋に汚染水が流れこみます。原子炉建屋とタービン建屋との間には電源ケーブルを通す配管など細かい穴があり、そこから水が漏れ出してタービン建屋にも汚染水が入るわけです。

そのまま放置すると汚染水が建屋に溜まっていき、海側トレンチを通して外に溢れ出て海に漏れ出すことになる。そこで、どうするか対応しなければなりません。

これが汚染水問題です。

混乱した事故直後の現場

ただ、これは「ある程度落ち着いた状態」です。事故直後は大変でした。

そこでまずは事故直後から「ある程度落ち着いた状態」にいたるまでの流れを説明します。

事故直後、津波の影響で非常用電源も含めた電源設備が水没し、1〜4号機すべての電源が止まりました。その結果、燃料を水で冷却するシステムが使用できなくなり、原子炉の中の燃料が高温になって燃料自体が溶け出しました。できたのが「デブリ」と呼ばれるかたまりです。これは原子炉の中の「圧力容器」という金属でできた容器の底を溶かして突き抜けました。燃料デブリを冷やさないとさらに発熱してまわりのものを溶かし、放射性物質も発生してコントロールができなくなります。被害を拡大させないためにはこれを水で冷やさな

後ろにある壁は原子炉建屋で、その手前にあるのがサブドレンピット。1〜4号機周辺に全部で41基ある（2015年11月18日撮影：吉川彰浩）

ければならない。そこで原子炉の中や「使用済燃料プール」と呼ばれる使い終わった燃料やこれから使う新しい燃料が入っているプールを冷やすため、原子炉建屋に水を入れようという作業が始まりました。

はじめは前例のない事態を前に場当たり的な対応と想定外のトラブルが続きました。ヘリコプターに吊るされたバケツで使用済燃料プールに水を入れようとしてうまくいかなかった映像を覚えている人も多いでしょう。

すぐに海水を汲んでポンプで水圧をかけて水を注ぎ入れる流れができましたが、現場では細かいトラブルが発生します。たとえば、ホース一つとっても混乱しました。

最初、注水には消防車用のホースが使われました。消防車用のホースは一本50m、軽量で嵩張《かさば》らず、持ち運びやつなぎあわせての使用が便利なためです。しかし、使ううちにすぐに穴が開いてしまうことがわかりました。通常の火事で消防車がホースを使うのは火が消えるまでの間のみ。長時間、高い圧力で使うことを想定して作られていないためです。また、一定の強度のあるホースを調達したあとも、長いホースが必要になったときにホース同士を連結しようとしたところ、連結部がすべて（オス・メスの）オス同士で連結することができず、間にはめる「カプラー」と呼ばれる接続部品を「構内企業」と呼ばれるグループ会社がその場で作って間に合わせたこともあったといいます。

現場ではトラブルのたびにその場にあるものを使ってのギリギリの対応がとられました。もっとも大きなトラブルは、高濃度汚染水が建屋から海につながる管を通って海に流出してしまったことでした。そのときとられたのが「ビーバー作戦」でした。２０１４年に話題になった「吉田調書事件」で有名な当時の吉田所長が「ビーバーが巣を作るように、木のおが屑でも新聞紙でもなんでも突っこんで水を止める」といって始まった方策です。事故直後は物資調達ができず、あるものでふさぐしかなかった状態がありました。最終的には「水ガラス」と呼ばれる水中で固まる素材を管に注入する土木技術を用いて止水しました。このときに海に放出された水は1Sv／h（1時間で1Sv被ばくしてしまう）レベルの放射線量、簡単には人が直接扱えないレベルの高濃度の汚染水です。このような初期のトラブルの中で排出された高濃度の汚染水の中で泳いだり餌を食べたりしていた魚が、現在も稀に存在する放射性物質の基準値超えの魚になっています。詳細は小松理虔さんの原稿（→３０６〜３１０ページ）を参照してください。

想定できない水の動き

そういったトラブルを乗り越えながら原子炉への注水が始まりました。当初、この水がどこにいくのか、関係者も想像しきれずにいました。原子炉にできた穴から漏れて、サプレッションチェンバー（圧力制御室）にいくことまでは想像できる。ただ、その水が、さらにどこに流れていくのか、現場で作業していた人たちも予想できなかったんです。事故直後、「タービン建屋に電気工事で入った人の足が水に浸かって被ばくをした」というニュースがあったのを覚えている人もいるかもしれませんが、これは、そういった「水の動きが想定できない状態」の中で起こったことでした。

まもなく、原子炉に注入した水が汚染水となって、原子炉が入っている「原子炉建屋」の外にまで漏れ出はじめているのがわかりました。かといって水の注入をやめるわけにはいかない。水を注ぎ続けなければ再び燃料の温度が上がって大変なことになります。

そこで、応急処置的に（原子炉建屋ともタービン建屋とも違う）「プロセス建屋」の地下の部屋に止水工事をして汚染水を貯めることにしました【1】。「プロセス建屋」の地下には事故前、液体の放射性廃棄物を処理するためのタンクやポンプが置いてありました。ここに工事現場で使われる「カナフレックス」という耐圧ホースで汚染水を流してしのぎました。

その間に「金属製の貯蔵タンクを大量に用意してそこに汚染水を貯めていく」、さらに、「貯蔵タンクにすべての水を流すのではなく、一部を再び建屋に戻し、燃料冷却に使うことで汚染水発生量を減らす」という今に続く方法が確立されます。つまり、それまでは燃料を冷却するための水が「海⇩建屋⇩貯蔵タンク」と動き、汚染水が発生していました。ただ、この量を少しでも減らす必要があった。そこで「建屋⇩ポンプなどで外に出して放射性物質を除去する⇩再び建屋&貯蔵タンク」と水を「循環冷却」する仕組みを作りました。

この循環が確立して、燃料の温度上昇も穏やかになったところから、「ある程度落ち着いた状態」になったわけです。

汚染水を処理するしくみ

現在にも続く「ある程度落ち着いた状態」ですが、そこには大きな課題があります。それは「いかに汚染水から放射性物質などを取り除くか」ということです。

先に触れたとおり、事故直後の汚染水は１Ｓｖ／ｈほどのものもありました。これは高濃度の汚染水です。また、循環冷却が安定しているとしても、汚染水が循環しては原子炉建屋の汚染源に触れ続けると限りなく汚染の濃度が高まって危険です。さらに、当初はなるべく早く、多くの水を建屋に入れて冷却しなければならない、ということで海から直接海水を汲み上げていたため、金属を腐食させてしまう塩分やゴミも混ざっていました。はじめのころの建屋の中にはイワシやボラのような小魚が泳ぎ、海藻が浮いているような状況だったといいます。そういった意味での「汚れ」も取る必要がありました。

汚染水が循環する過程でこれらが浄化されるような仕組みになれば、貯蔵タンクの中の水が持つ放射性物質は減り、汚染水処理のシステム全体のリスクは下がります。たとえば、貯蔵タンクから水が漏れるような事故が起こった際にも危害が食い止められます。

実際に、貯蔵タンクから汚染水の水漏れがあったことを覚えている方も多くいるでしょう。これは、汚染水が急増していた事

現在、汚染水タンクや廃棄物が置かれるエリアの多くは、事故前、草木が生え、自然が残る場所だった。余裕を持った土地利用をしていたことが事故対応に幸いした部分も大きい

故直後に、とにかく貯蔵量を確保するため、調達や組み立ての容易さから採用された「フランジ型タンク」ゆえの問題でした。これは部品をボルトで締めながら組み立てるタイプの汚染水タンクで、部品ごとの隙間が開きやすくて水が漏れてしまったのです。その後、長期保管を見通して汚染水漏れのリスクを下げるために、溶接して組み立てるタイプの貯蔵タンクに切り替えられました。

事故直後、汚染水から放射性物質を取り除く仕組みをとにかく早く用意しなければならない状況がありました。それは、現場での言い方を借りれば「通常、設計・調達・許認可手続きなどで4年ほどかかる規模の設備を実質、2カ月で用意しなければならない状態だった」とも言われます。

これが実現できた背景には二つのポイントがありました。一つは海外のノウハウ。事故後、汚染水から放射性物質を取り除く技術を世界中に求めた中で採用されたのが米国のスリーマイル島原発事故のときに汚染水対策をしたキュリオン社とフランスの原子力関連大手のアレバ社の技術でした【2】。国内には大規模なトラブル・事故の経験がなかったため、これらの技術が役に立ちました。

もう一つが、国内に蓄積されてきた施工技術です。汚染水への対策・対応は、いわば「最新鋭の化学プラントを開発・設置する作業」といってもよいようなものでした。既成品ではなく、オーダーメイドでその場の環境にあわせてパイプや汚染水タンクを組み合わせて巨大な汚染水処理のシステムを作る。

液体が漏れないように正確に、耐久性があるように金属同士をつなぎ合わせる必要がある。高度な溶接を迅速に行っていく必要がありました。東芝、IHI、日揮といった日本を代表するプラントメーカーが日本中から腕の立つ溶接士を集めました。京浜から、北九州からと集まった職人たちはタイベックに全面マスクで、今とは比較にならないほど放射線量が高い中、3交代・24時間休むことなく作業を続けました。彼らの仕事は丁寧で素早く柔軟性もあり、彼らが溶接した部分は今も漏洩《ろうえい》・故障はないと言われています。

ALPS導入で進んだ汚染水対策

「国内技術の活用」という点では、淡水化装置も重要です。当初、燃料冷却のため、

新聞・テレビで度々報じられてきた多核種除去設備（ALPS）だが、実際に建物の前に立ってみると倉庫のような地味な見た目。しかし、ここに高度な技術が結集されている

建屋には海水が注入されていましたが、海水は機器を傷めやすいため塩分を取り除く必要がありました。そこで循環冷却システムの中に淡水化装置も挟みこまれましたが、これに活かされた技術は本来、中東や東南アジアなどで飲み水などの確保のために使われてきたものでした。そこに使われる「逆浸透膜」と呼ばれる部品は東レや日東電工が世界シェアの大きな部分を担ってきたもの。こういった原子力と関係なさそうな技術も活用されていました。

ただいずれも、これだけ大量の塩分を含んだ汚染水を中長期にわたって処理することを前提にしていないため、常に故障などトラブルが発生し、メンテナンスを繰り返しながら使用されてきたのが実状です。

そんな中、２０１３年3月、転換点が訪れます。「ＡＬＰＳ（アルプス）」と呼ばれる「多核種除去設備」での処理の開始です。この開発がうまくいくまでは何度もトラブルがありました。「ＡＬＰＳ、また動かず」という切り口のニュースが繰り返し駆け巡ったのを覚えている人もいるでしょう。新設備を作るとき、通常は工場で実験を重ね、現場で問題が起きないことを確認してから納入されます。しかし当時はそのような時間的余裕はなく、初めて作ることもあり、「トラブルは起きて当然」の特殊環境下でした。要は現場で試行錯誤しながら作るしかないほど、追い込まれていたということです。

ＡＬＰＳが動いた意義は大きいものでした。これが出てくるまでは汚染水の中のセシウムしか除去できませんでした。他の放射性物質は水の中に残ってしまい、リスクが高い状態が続いていました。しかし、ＡＬＰＳ導入によって62種類もの核種・放射性物質を除去できるようになりました。

現在では、処理能力を高めるため既設の多核種除去設備のグレードアップ版が増設され「増設多核種除去設備」「高性能多核種除去設備」も含めた3種類が存在します。「既設」「増設」は各々、1日７５０㎥／日の処理能力なのに対して、「高性能」の処理能力は５００㎥／日で廃棄物の発生量が20分の1になっています。これは、「高性能」がシンプルな「フィルタ方式」であるのに対して、「既設」「増設」が「凝縮沈殿方式」という少し複雑な方法で処理をしていたためです。常に改善がなされてきた一例と言えるでしょう。

トリチウム水の問題

循環冷却と汚染水の関係

詳しくは88〜89ページ参照

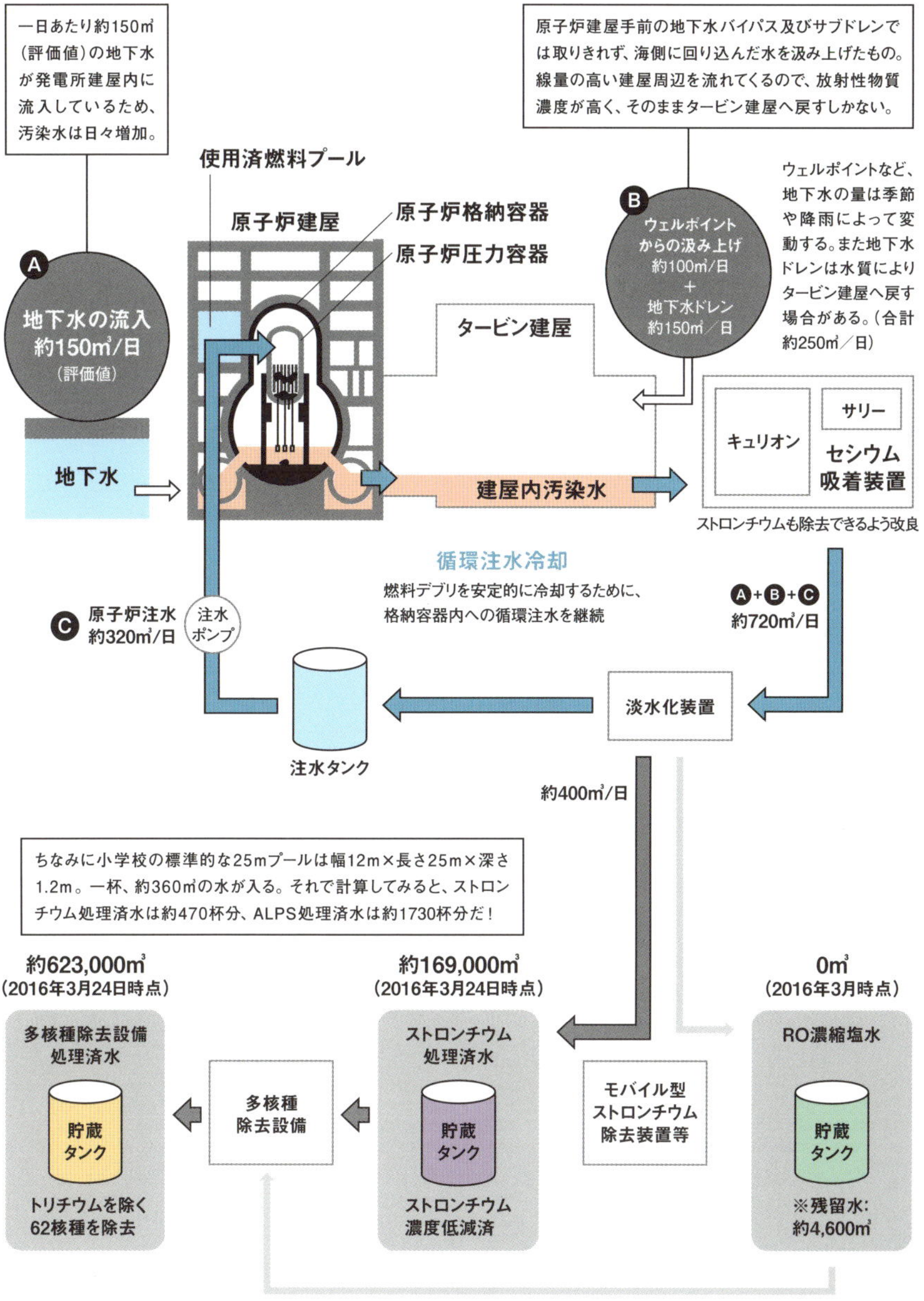

一日あたり約150㎥（評価値）の地下水が発電所建屋内に流入しているため、汚染水は日々増加。
A
地下水の流入
約150㎥/日
（評価値）
地下水
使用済燃料プール
原子炉建屋
原子炉格納容器
原子炉圧力容器
タービン建屋
建屋内汚染水
原子炉建屋手前の地下水バイパス及びサブドレンでは取りきれず、海側に回り込んだ水を汲み上げたもの。線量の高い建屋周辺を流れてくるので、放射性物質濃度が高く、そのままタービン建屋へ戻すしかない。
B
ウェルポイントからの汲み上げ
約100㎥/日
+
地下水ドレン
約150㎥／日
ウェルポイントなど、地下水の量は季節や降雨によって変動する。また地下水ドレンは水質によりタービン建屋へ戻す場合がある。（合計約250㎥／日）
キュリオン
サリー
セシウム吸着装置
ストロンチウムも除去できるよう改良
循環注水冷却
燃料デブリを安定的に冷却するために、格納容器内への循環注水を継続
C
原子炉注水
約320㎥/日
注水ポンプ
A+B+C
約720㎥/日
淡水化装置
注水タンク
約400㎥/日
ちなみに小学校の標準的な25mプールは幅12m×長さ25m×深さ1.2m。一杯、約360㎥の水が入る。それで計算してみると、ストロンチウム処理済水は約470杯分、ALPS処理済水は約1730杯分だ！
約623,000㎥
（2016年3月24日時点）
多核種除去設備処理済水
貯蔵タンク
トリチウムを除く62核種を除去
多核種除去設備
約169,000㎥
（2016年3月24日時点）
ストロンチウム処理済水
貯蔵タンク
ストロンチウム濃度低減済
モバイル型ストロンチウム除去装置等
0㎥
（2016年3月時点）
RO濃縮塩水
貯蔵タンク
※残留水：約4,600㎥

東京電力ホールディングス（株）視察者向け資料「福島第一原子力発電所の現状と今後の対応について」（2016年4月）より

62種類の核種・放射性物質を除去することができるようになったものの、それでもどうしても残る放射性物質があります。「トリチウム」です。このトリチウムは、「三重水素」と呼ばれる水素（の一種）で、元々地球上では年間1京ベクレルほど自然に生成されていますし、通常の原発の運転や核実験によっても生成されるもので、原発事故とは関係なく、海や川、雨に一定割合で含まれています。また、水とほぼ同じ性質で同じような挙動をするため、体内に入っても蓄積されることはほとんどありません。そして、1Bqのセシウム１３７と1Bqのトリチウムとが人体に与える影響を比べると、トリチウムはセシウム１３７の１０００分の1以下の被ばく量にあたります。ですから「自然界に存在しているが濃度が薄ければ大きな問題はないことがわかっている物質」だと言えます。その点、現在、貯蔵タンクに保管されている「トリチウムが含まれた水」について、それが浄化される以前の汚染水と同様に「放射性物質が残っているから危険だ」と見るのは誤りだと言えます。

とはいえ、そういう認識ができている人は多くはないでしょう。認識できたとしても、「放射性物質が残っているっていうことは危ないんじゃないか」と思う人も多いでしょう。

この水をどうするかが今後の汚染水問題の重要な論点となっていきます。

一方には「希釈などして安全性を確保すれば問題は起こらないんだから海や空気中に排出するなどしても問題ないのではないか」という意見があり、他方には「それでも、放射性物質であることは間違いないんだから、排出するのには十分な議論を尽くすべきではないか」「安全だとしても、海に流したりしたら風評被害問題が再燃する」「タンクに貯めていくことを続けて１Fオンサイトの外にタンクを置くことまで検討すべきだ」といった意見もありえます。周囲で暮らす地域住民や風評の直接的な被害者となる漁業者、さらには消費者も交えてこの議論を積み重ね、その中で一定の社会的合意ができて、具体的な方策が打たれたときに、汚染水問題はほぼ「決着がついた」と言ってよいでしょう。

以上の話を押さえておけば、汚染水問題についての大きな流れはある程度理解できたと言えると思います。

史上最大の凍土壁

残る課題は明確です。スピードこそ落ちたものの、「結局、汚染水の増加は続いている」ということです。

その課題を理解するうえでの最大のポイントは、陸側遮水壁（凍土方式）の凍結完了です。「陸側遮水壁（凍土方式）」は「凍土遮水壁」とも呼ばれますが、以下「凍土壁」といいます。

この凍土壁は２０１６年2月に設備の工事は完了し「あとは東電が凍らせるスイッチを入れるだけ」の状態になりましたが、その「スイッチを入れて凍らせる許可」が原子力規制委員会からすぐには出ませんでした。

なぜか。これによって、冒頭に触れた

トリチウムって何？

トリチウム（水素-3、^{3}H、T）

半減期……12.3年

非常に低いエネルギーのベータ線を放出して、ヘリウム-3（^{3}He）となる

トリチウムは水素の同位体で、水とほぼ同じ性質を持っているので、水に混じるとフィルターなどでは除去することができません。原子力発電所では通常、トリチウムは希釈して海洋放出されています。その放出基準値は原発ごとに異なりますが、福島第一原発の事故前の海中への放出基準は22兆（2.2×10^{13}）Bq/年。濃度限度は6万Bq／Lでした。現在は漁協との議論の結果、サブドレンや地下水バイパスの水に関してはWHOの飲料水水質基準1万Bq／Lより低い、1500Bq／L未満のトリチウム水は海洋放出してもいいことになっています。

COLUMN

トリチウム水を減らせない問題

現在のところ、トリチウム水を減らすめどは立っていません。それは手法の問題というよりもむしろ、社会がこの問題を許容できていないと言ったほうが正しいでしょう。

「原子炉・タービン建屋地下の高濃度放射性汚染水が浄化設備を通り、トリチウムだけを含む水として保管されている。これを減らすためには、海への放出もしくは大気中への放出が検討されている」

この文章だけを読めば、原子力を知らない、ましてやトリチウムという言葉を3.11以降に初めて知った人が、とてつもなく恐ろしいことではないか、と思ってしまうのは仕方がないことです。原発事故で初めて原子力を意識した人たちにとって、汚染水とは「放射性物質を含むすべての水」といった考えが一般的だからです。ですが長らく原発業界に携わってきた人にとって、トリチウムは自然に元々存在していて、これまでも発電所から濃度と量を守り放出していた物。そういった意味でトリチウムは安全な物として語られます。

現在、トリチウム水は地域漁業関係者の了解が得られないため放出はできないとされ、1F構内の汚染水タンクに蓄えられています。

この増え続けるトリチウム水問題で一番の課題は、地域対話の上で決めていくことの難しさです。漁業関係者の方々だけが決める問題、負担する問題ではありませんし、もちろん規制側・電力会社のみでも決められない問題です。そして消費者である私たちにとっても大切な問題です。

この問題は廃炉で発生した廃棄物処理が、地域・人、規制当局、東京電力が一体となって対話をしなければ進まないことを如実に伝えています。それがトリチウム水を減らせない問題の本質といえるでしょう。（吉川彰浩）

「地下水の水位を建屋の中の水位より若干高くし続ける」という汚染水対策の大前提が崩れかねないからです。つまり、建屋の中の高濃度の汚染水が建屋の外に出てくるのではないかと原子力規制委員会は懸念しているわけです。

そもそも、「凍土壁とは何なのか」という点から理解する必要があるでしょう。

1Fの1～4号機の建屋の中には、毎日平均300㎥ほどの地下水が流入しています。これを、地下水バイパス（2014年5月より排水開始）やサブドレン（2015年9月から山側サブドレンが24時間稼働）などによって150㎥ほどにまで減らすことができるようになってきました。要は、建屋の中に入る水を事前に汲み上げてしまって建屋に入らないようにするという策です。

ただ、それ以上減らすには、水の汲み上げとはまた別の策が必要です。具体的には1～4号機建屋がすっぽりと入るような「囲い」を地中に作って建屋の中に地下水が流入しないようにする。底と側面とがあ

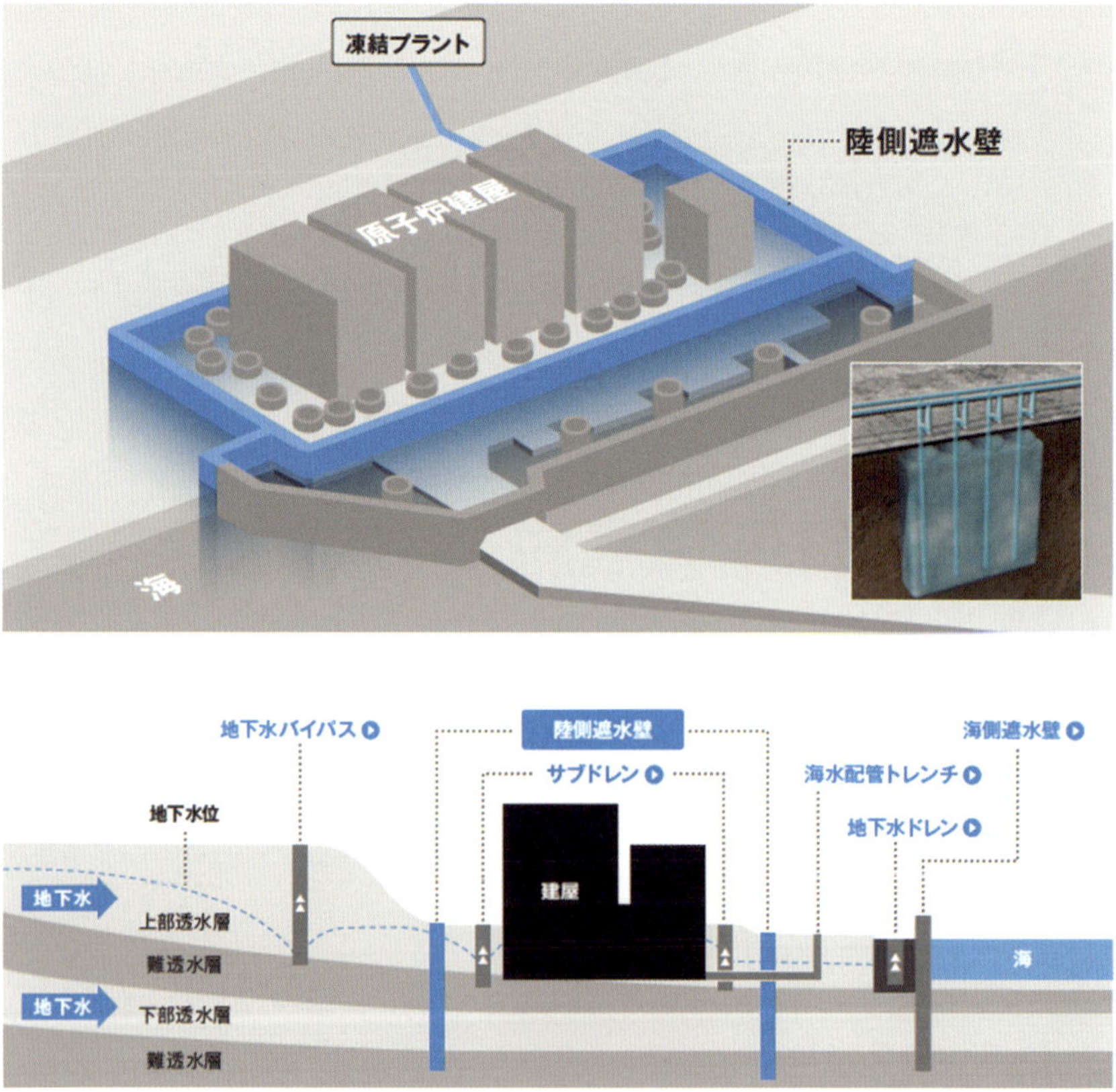

【図3】陸側遮水壁のイメージ図（東京電力ホールディングス（株）HPより）

る「囲い」で、底は水が通りにくい粘土のような地層、側面が「凍土壁」というわけです。また、海側遮水壁とつながることで、地下水を汚すことなく海へ流せることも凍土壁の狙いです。これは海への放射性物質の漏えいを防ぐという意味では、とても重要なことです。

凍土壁（陸側遮水壁）の工事現場（2016年4月21日撮影：吉川彰浩）

凍土壁は大丈夫かの議論

原子力規制委員会は、1～4号機建屋を囲むと、建屋のまわりの水位がコントロールできなくなって、水位が下がった場合には建屋から汚染水が外に出てしまうだろうと気にしています。

もちろん東電はそうはならないと思っているから凍土壁を凍らせたいと主張しています。「凍土壁を凍らせて、地下水が減っても、サブドレンで汲み上げる水の量を減らしたり、もし足りなくなったら水を注いだり調整しながら水位をうまく調整し続けて、建屋の中の高濃度の汚染水が外に出るようなことはないようにします」と言っている。一方、規制委員会は「まだ信頼できない」と言っている。東電はそれならばと凍土壁のうち、建屋よりも海の側にあるものから凍らせることで様子を見る、これならば一気に地下水の水位が下がることはないだろうという妥協案を出している。しかし、それでも……というような根深い対立がある。これが議論の構図です。

一つの見方として、この対立はリスクの対立ともいえるでしょう。つまり、「このまま貯蔵タンクが増え続けることで発生する様々なリスク」と「建屋内の汚染水が建屋外に漏れて、汚染水がさらに増えかねないリスク」とのどちらを重んじるかという対立です。もちろん、どちらのリスクにも配慮しなければなりません。

また、田中俊一委員長は「東電には凍土壁ができたら汚染水がなくなるかのような錯覚がある」「処理した水（トリチウムが含まれる浄化水）を海に捨てるという持続性のあるスタイルを作らないと廃炉は進まない。少しばかり減らしても問題解決にはならない」という旨の発言も行っています。つまり、「凍土壁をやろうがやるまいが、結局は海に放出する流れにしなければ持続性がない」というわけです。これは、それぞれの立場での海洋放出についての社会的合意のハードルの高さへのスタンスの違いとも言えるでしょう。これまでも規制委員会は「科学的に見れば浄化した水はもう安全なんだから海洋放出をすべき」という態度をとってきています。他方で、実際に海洋放出をするとして、その説明、風評対策などの調整をどうするのか。当然、東電と行政の負担であり責任にもなります。その

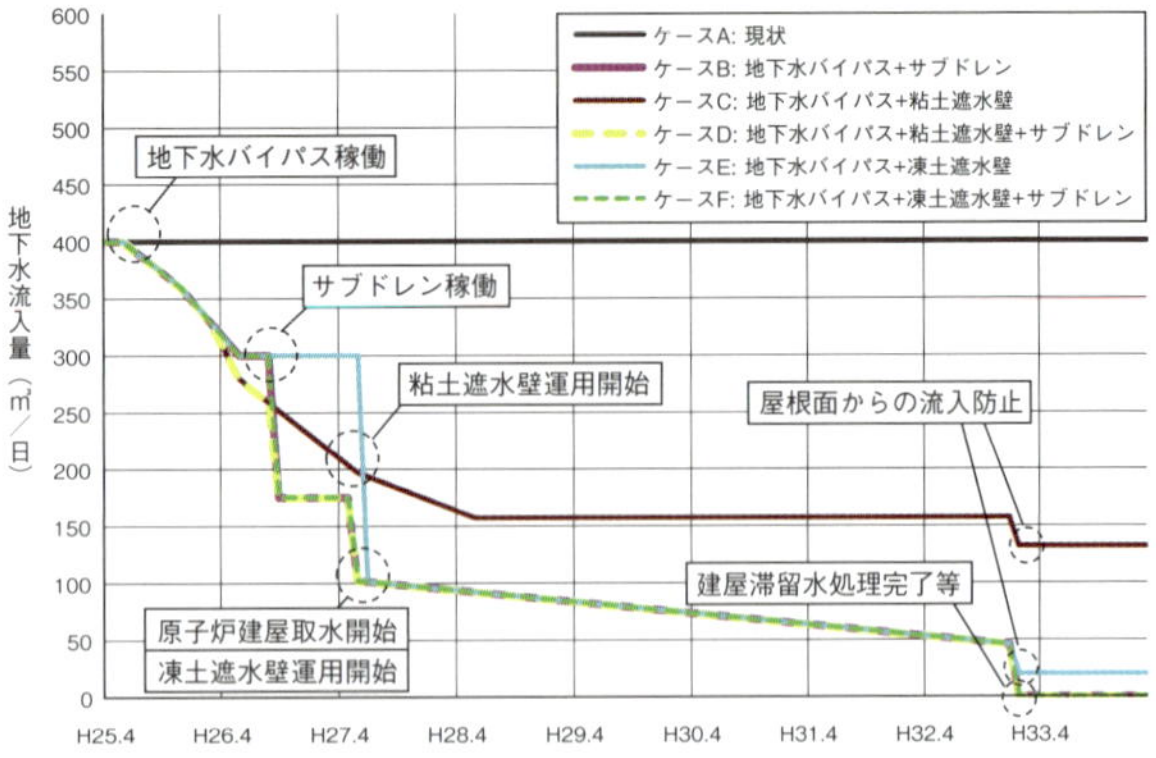

【図4】各組み合わせにおける地下水流入量の変化

出典：http://www.meti.go.jp/earthquake/nuclear/pdf/130531/130531_01c.pdf

中での駆け引きが事態を膠着《こうちゃく》させたと見ることもできます。

結果的に2016年3月30日に規制委が「海側から段階的に凍結させる」という東電の計画を認可し、翌31日から凍結が開始されました。予定通りに進めば8カ月後には凍結が完了することになります。

こうしたことも含めて、汚染水の今後の話は実務家・専門家同士の議論で難しいと思う人も多いでしょうが、少しでも多くの人が議論についていき、様々なリスクの中でバランスある判断とは何なのか考え、少しでも意思決定に参画できるような状態になることが理想でしょう。

なぜ「氷の壁」を選択したのか？

なお、「凍土壁」と初めて聞いたときに、他の工法ではなくなぜ凍土壁が選ばれたのか、ということに疑問を持つ人もいるでしょう。金属やコンクリートの壁を埋めこんだりしたほうが確実に水を止められるのではないかと思ったりもするわけです。

理由はいくつかあります。燃料デブリ取り出しまで長期間にわたって水を遮断し続ける必要がある中で、錆びたり老朽化したりすると困ります。その点、氷の壁ならば随時メンテナンスができます。また、1Fの建屋周辺の地下には配管、ケーブルが複雑に入り組みながら埋設されています。現場で起こるトラブルの中で多いものの一つに、それをのこぎりや掘削機で切ってしまったり、杭を打っているときにショートさせてしまったりといったものがあります。固定的な壁を作ろうとするのではなく、地下の障害物も含めて凍土にすることで、そういった予期せぬリスクも減らせます。あるいは、工事を建屋の近くで行う必要がある以上、工事をする人の被ばく量も下げなければなりません。あまり大掛かりすぎる工事は避けたい。大型の重機ではなく小型のボーリングマシンを中心に工事を進められる。掘り起こした土の量なども減らしたい。そういった点を配慮したうえで、「粘土壁方式」（大成建設）、「グラベル（砕石）連壁方式」（安藤・ハザマ）など他の工法

と併せて検討した結果、「凍土壁方式」（鹿島）が選ばれました。

　ただ、これはもう少し深い背景を指摘する意見もあります。そもそも、いずれの工法にせよ「陸側の遮水壁が必要だ」という話は民主党政権時にアイディアとして出ていました。政権が自民党になったあとの２０１３年になってその話が復活したのは、夏の参議院選挙後に汚染水問題が取り沙汰され、国が「前面に立つ」、具体的にいえば国が廃炉に関わる予算を負担する可能性もありえる状態になったからだという指摘があります。それまでは、東電は予算面で負担を増やしたくないため膨大な予算がかかる遮水壁の設置自体を先延ばしにしたいという思惑があったともいわれます。また、原子力規制委員会は、地下水を減らすにはサブドレンなどでの水の汲み取りの強化で十分だろうし、建屋の近くで工事をして作業する人の被ばく量を増やさないという観点から遮水壁を作ること自体に疑問を示していました。そんな中で、遮水壁が作られることになった背景には汚染水問題を根本的に解決に向かわせようという政治的な判断があったのは確かでしょう。

　この「凍土壁」は元々トンネル工事などで利用された止水技術として一定の実績もあるということで鹿島建設が提案したものです。２０１３年8月に現場にて凍結するのか試験をし、２０１４年6月に施工、２０１６年2月に設備の設置を完了しています。スイッチは入ってないものの冷媒が入っているため２０１６年2月3日に視察した際には陸上に凍っている部位も見られました。これを今後少なくとも5年以上にわたって安定的に運用できるのか、現時点ではわかりません。約1ｍごとに長さ30ｍの凍結管を１５６８本埋めて、マイナス30度の冷媒を循環させ続けることでできるこの「世界一大きな地下冷凍庫」。これは世界的に見ても前例がない。慎重な運用が必要になってくることは間違いありません。

　これが安定的に運用できれば、当初1日４００㎥ほど発生していた汚染水が当面１００㎥程度に減るというのが東電の見解です。当初は、最終的には1日数十㎥規模になるという見解もありました。たとえば、２０１３年5月時点の経産省の試算によれば【図4】のように、地下水バイパスとサブドレンを動かしたうえで、凍土壁凍結後、5年ほどかけながら1日50㎥ほどに建屋地下への地下水流入量を下げていくということになっていました。今後、それが実現できれば状況は大きく変わるでしょう。貯蔵タンクは1個あたりの容量が１０００㎥なので、これまでは数日で1個埋まっていたのが1カ月ほどもつようになります。仮に凍土壁が安定的に運用されていくのならば、それで時間を稼ぐ間に、トリチウムが含まれる水をいかに処分するのか議論することが課題になるでしょう。

地下水の海への流出をどう防ぐ？

　他の大きな問題として、「海側遮水壁の完成によって増加した新たな汚染水」の問題を指摘する人もいるでしょう。

　この問題を知らない方向けに説明をします。２０１５年10月26日「海側遮水壁」ができました。これは、「陸側遮水壁＝凍土壁」とは全く別の壁で、こちらは「凍土壁」ではなく金属・モルタルなどを使って岸の部分の深いところまで水が通らないように作った壁です。目的は、この壁によって山側から流れてきた地下水が海に流れこまないようにすることです。

と説明すると、ここまでの話をご理解いただいている方からは「なぜ『地下水が海に流れこむこと』が良くないのか。建屋の中の高濃度の汚染水は建屋から外に出ていない、地下水とは混ざってはいないと言ったではないか」という疑問も出るでしょう。つまり、「なんできれいなはずの地下水が海に流れ出ては駄目なのか」と。

こういうことです。まず「地下水には放射性物質が含まれていること」は事実です。ただし、それは1～4号機建屋の中の汚染水に含まれる放射性物質ではありません。

では放射性物質はどこから来たのか。

まず、大部分は1Fのオンサイトの地面、特に1～4号機と海の間の部分から流れて来たものです。そこに残っている放射性

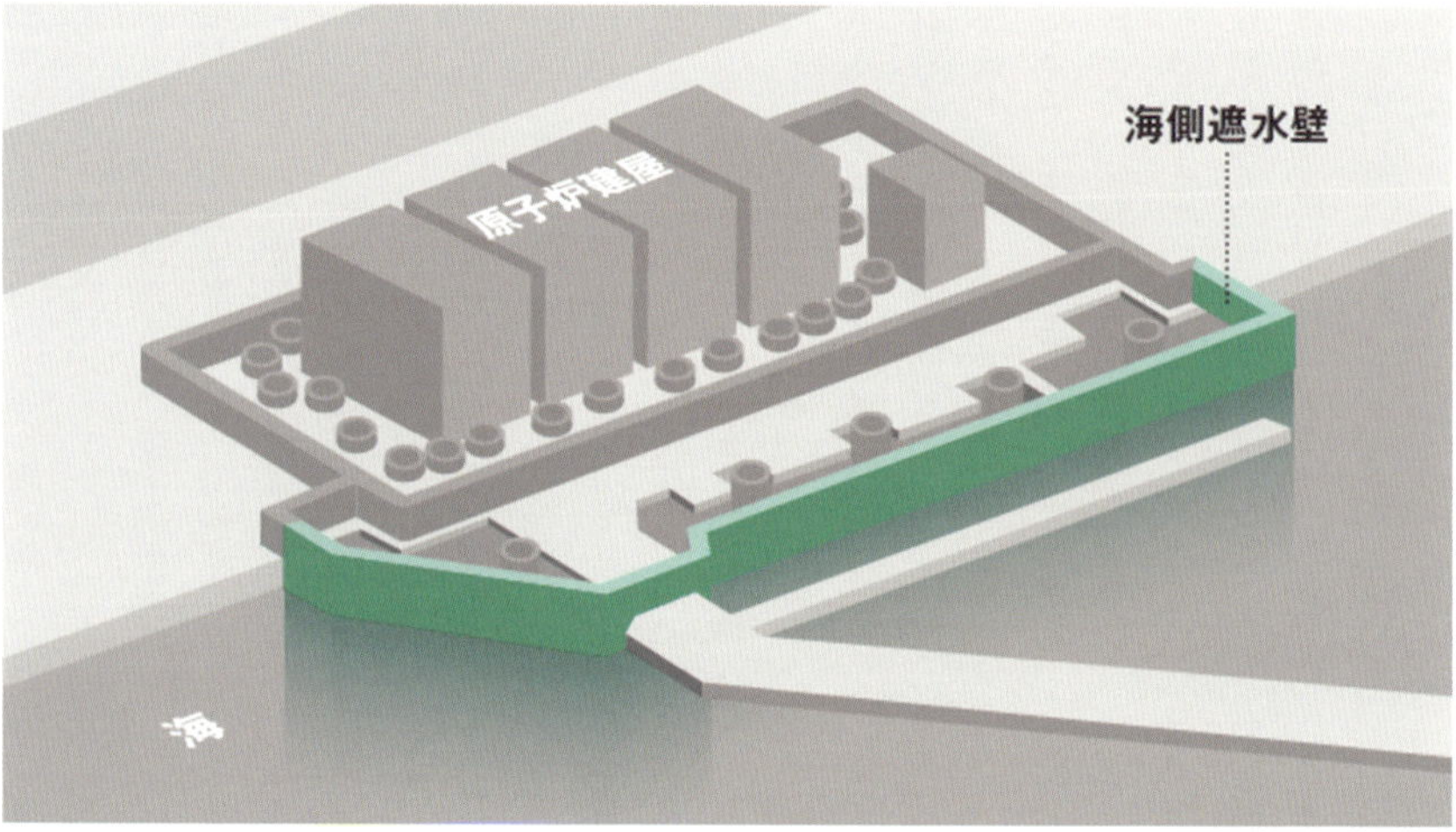

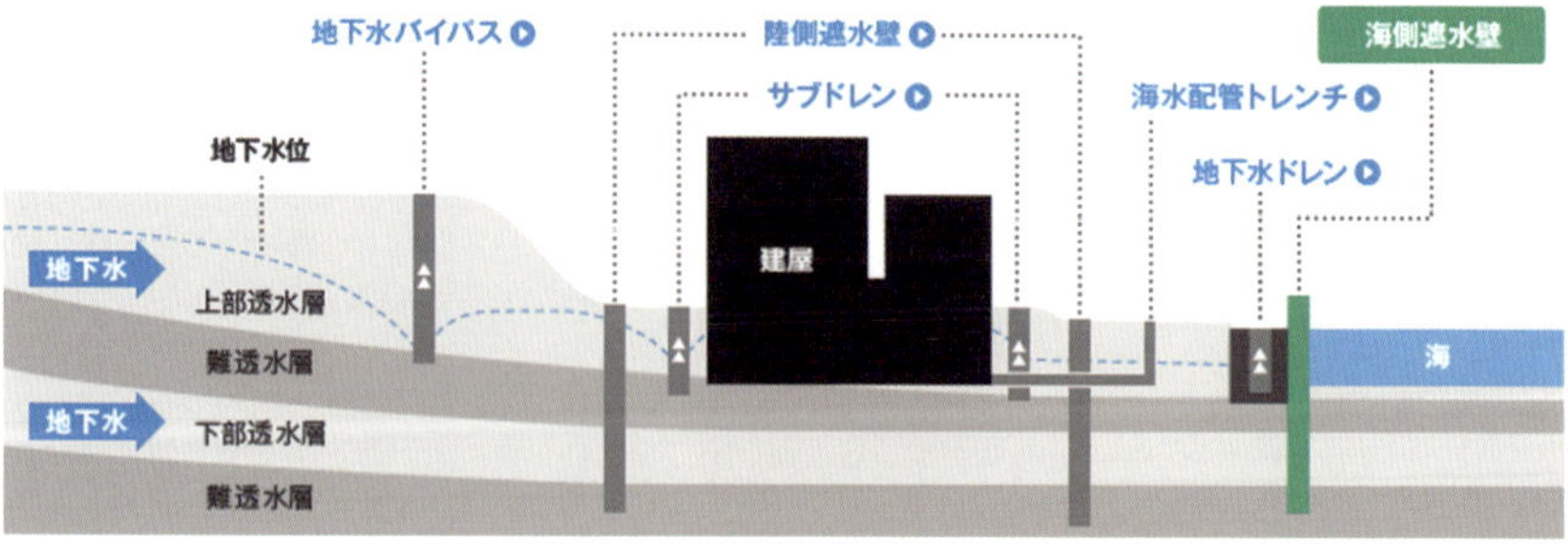

【図5】海側遮水壁のイメージ図（東京電力ホールディングス（株）HPより）

物質が雨などで地下に染みこんで地下水となって海に向かって流れているわけです。

「今でも放射性物質で汚染された水が海に流れ続けているのではないか」という不安を持つ方は多くいらっしゃいます。確かに、それは事実です。ただし、その汚染水の正体は、建屋内の水ではなく、汚染された土や草木についていた放射性物質によって汚染された水だということです。

この汚染を増やさないためにはどうするべきか。オンサイトでは、草木を切り、土の表面に「フェーシング」と呼ばれる舗装をしています。この効果もあって、海に流れ出す地下水の汚染は改善しつつあります。さらに、「とどめの一撃」として「陸側遮水壁」を閉じたことで完全に地下水の流出を止める。そのことを意図したわけです。

想定外の新たな汚染水

問題は、その結果です。地下水が海に流れ出る直前に、壁で止められた結果、汚染水が増えました。これはどういうことか。

陸側遮水壁の近くには、「地下水ドレン」「ウェルポイント」と呼ばれる「海に出る直前の地下水を汲み上げる井戸」があらかじめ用意されています。本来、陸側遮水壁を閉じたあと、ここから汲み上げた水は浄化をしたうえで海に流す予定でした。ところが、実際に汲み上げた水を検査したら、予測していたよりも高い濃度のトリチウムが検出されて、海に流せないことがわかり、とりあえず建屋に戻して対応することになりました。

ではなぜ急にこんなことになったのか。

陸側遮水壁を閉じて海と岸との間に壁ができることで、これまで海に自然に流れ出していた水は行き場を失います。行き場を失った水は横に広がったり、地上に浮き出てきたりします。すると、これまでは地下水が通っていなかった部分にまで地下水が広がることになり「汚染源」と接触することになります。

この汚染源とは何か。事故直後、1～4号機の建屋と海との間には大量の高濃度の汚染水が、地上に地下に流れていました。このときの放射性物質は今も地下に残留しています。ここに水が触れると、今になってもそれが地下水となって出てくるわけです。

海側遮水壁を閉じた直後の2015年11月、地下水ドレン・ウェルポイントから汲み上げた水の量は1日400㎥に及ぶこともありました。当初は「確かに汲み上げる水の量は増えるだろうが数十～百㎥程度ではないか」と、ここまでの量になることは想定されていませんでした。汚染もここまで出るとは思われていなかった。想定外に「新たな汚染水」が増えたわけです。

具体的にどの程度の水が地下水ドレン・ウェルポイントから建屋に戻って「新たな汚染水」となってきたのか。

その経緯は【図6】の「建屋への地下水ドレン移送量・地下水流入量等の推移」を見れば一目瞭然です。やはり、海側遮水壁を閉じたあと、その量が急増しています。また、これは降雨量とも強く比例していることにも気づくでしょう。

対策としては、フェーシングが徹底され

てきました。今後もサブドレンをはじめとする水の汲み上げをより安定的、計画的に行うべきでしょう。貯蔵タンクの確保も重要です。２０１６年１月末時点でタンクの容量は約95万㎥、実際に貯蔵されている水の量は80万㎥。つまり、１日５００㎥増えるとしても、15万㎥分が満たされるためには３００日かかります。現在、この余裕度を崩さないペースでタンクを作ることはできていますので、今後もタンクの増設を進め、発生する汚染水を減らしていくことで「汚染水の行き場がない」という問題が起こることは避けられるでしょう。

海洋放出される汚染水はきわめて微量

最後に、「現在も放射性物質で汚染された水が海に流れ続けているのではないか」という疑

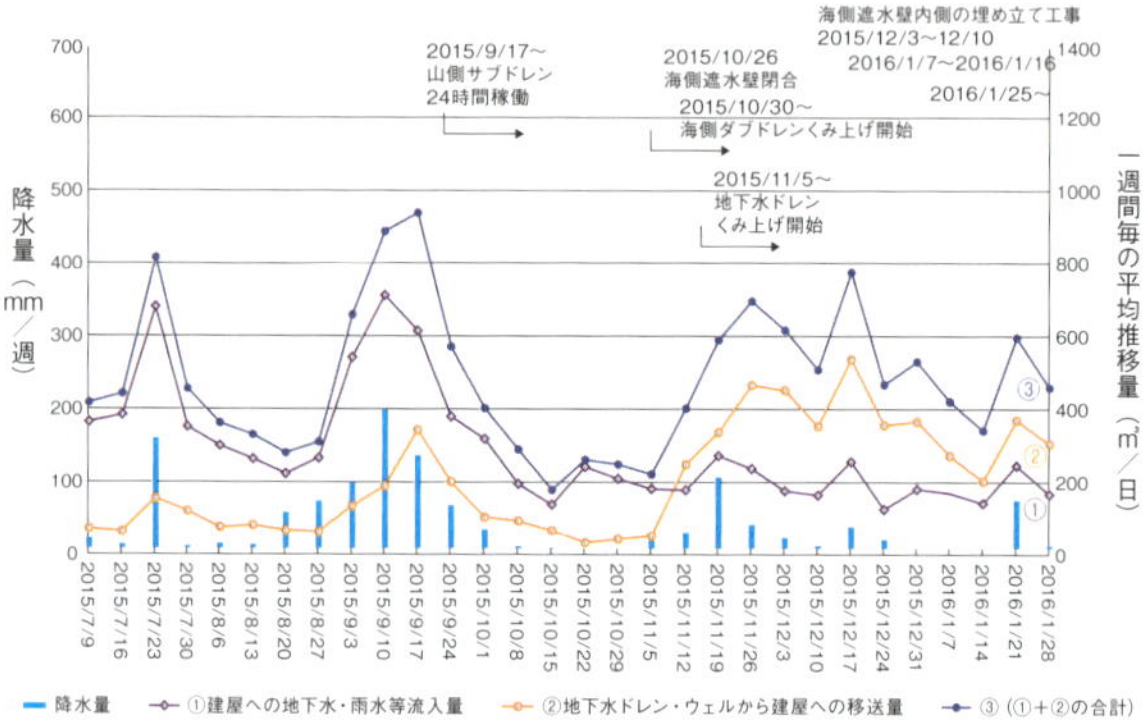

【図6】建屋への地下水ドレン移送量・地下水流入量等の推移

出典：http://www.tepco.co.jp/nu/fukushima-np/handouts/2016/images1/handouts_160201_03-j.pdf

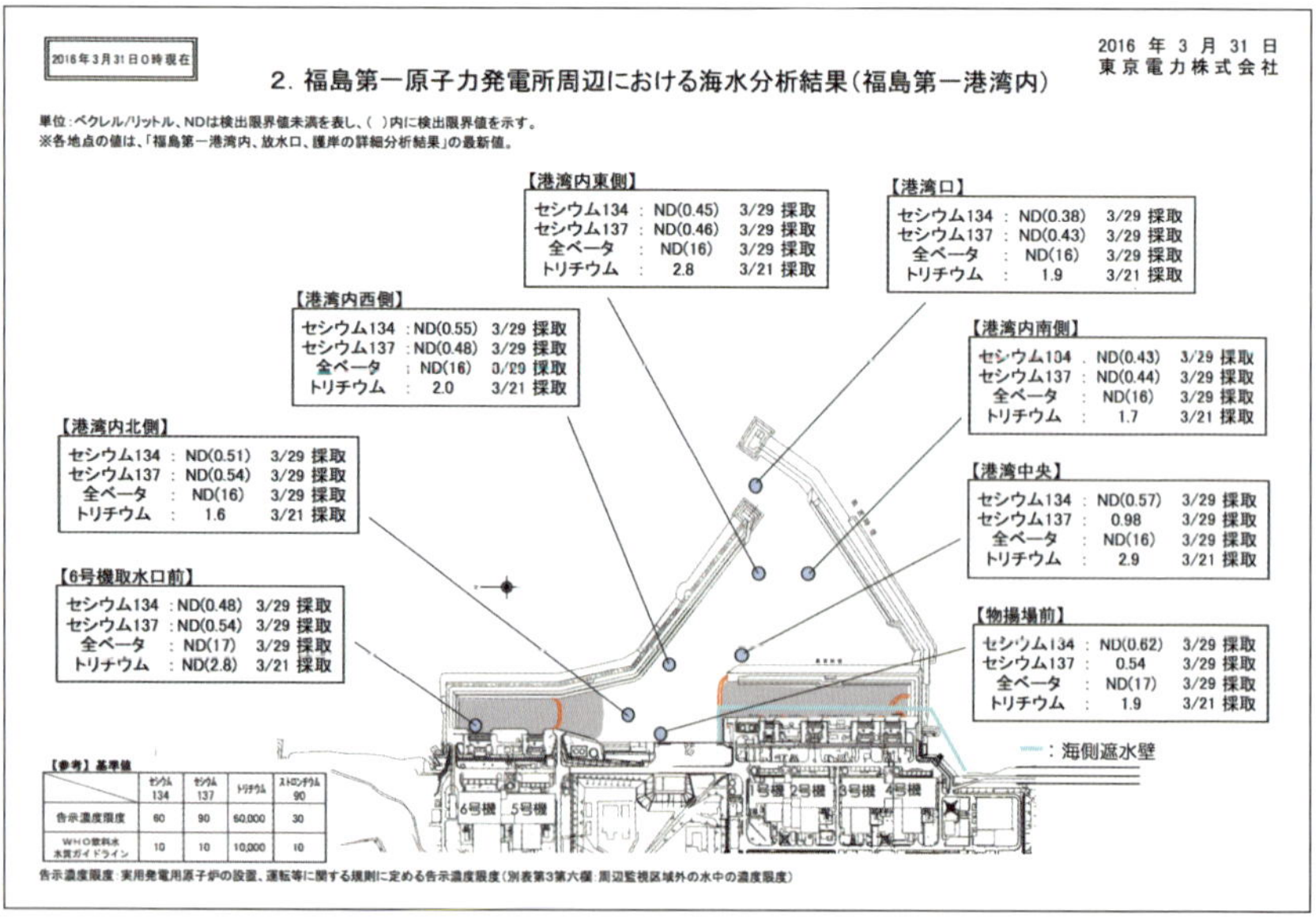

【図7】海水分析結果（港湾内）（東京電力ホールディングス（株）HPより）

Q3 1～4号機付近の港湾の中、放射性物質セシウム137の量が最も多い地点では、1Lあたり何ベクレルほど含まれている？

A3 **0.98Bq／L**
（2016年3月31日発表データ）

問について補足します。この不安を持つ人は今でも多くいるでしょう。

実際のところどうなのか。結論からいえば、「確かに放射性物質で汚染された水は海側に出ているが、その量は微量」だと言えます。

まず、2016年3月末の港湾内の海水の状況【図7】を見れば、港湾内でセシウム137やトリチウムが検出されることはあるが検出限界値前後であることがわかります。さらに港湾外ではほぼ検出限界値未満。ちなみにＷＨＯ（世界保健機構）のトリチウムの飲料水基準は1万Bq／L未満、セシウムは10Bq／L未満です。

重要なのは、検出限界値前後、具体的にいうと1Bq／Lの微量の放射性物質をどうとらえるべきか、ということです。

たとえば、私たちの体内には放射性カリウムが4000Bqほど常に存在しています。つまり、「1Lの水」≒1kgですから、4000Bq集めるためには、4000Lほど必要だということになります。

仮に、セシウム137を体内にあるカリウムと同等の量だけ、摂取するのには1日4L、この水を飲み続けるとして1000日かかりますし、仮にそれが実現したとしても、セシウム137は尿・汗で体外に流れ出るのでそのまま蓄積されることはありえません。

という話は、「この港湾内の水を毎日4L飲み続けること」を仮定した場合の話であって、実際飲む必要はありませんし、飲もうと思っても無理な話です。

「いや、飲んだら即死するような、もっと汚染度の高い水があるはずだろう」と思う方もいるでしょう。もちろんそれはそうです。ここまで述べてきているとおり、建屋内に残っている水など、オンサイトには何億Bq／L以上と人が扱えるレベルではなく危険な汚染水もあります。しかし、海に出ている水についてはそのようなレベルのものは存在しません。

そのうえで、海に出ている水でも、港湾内外よりももう少し高いところがあります。それは「1～4号機取水路開渠《かいきょ》」といいますが、要は、1～4号機の目の前の港湾に接続している部分のことです。この部分と港湾とは「シルトフェンス」という網状のフェンスで区切られています。これは魚の出入りを防ぐためのものです。

ここは値が大きくなります【図8】。

トリチウムが9～17Bq／Lぐらい、セシウム137が1.3～2.0Bq／Lぐらい。さらに、今は海側遮水壁ができた結果陸地になってしまった「4号機スクリーン」という場所ではその4.5倍ぐらいの値が出ています。ただ、海の最高値を採用したとしても、「毎日4L飲み続ける」仮定のもとで「500日にわたって水を飲み続ければ元から体内にある放射性カリウムと同じ量を摂取できるし、かといってそこまで体内に蓄積するわけでもない」というレベルの話です。

なぜこのような状況になったのか。

一つは、ここまで説明してきたとおり、建屋内部の高濃度の汚染水が外に漏れ出ないように対応が進められてきたからです。もう一つが、海側遮水壁の完成の効果もありました。もちろん、先に触れた「新たな汚染水」問題のような弊害もありますが、当初の目的も達成されつつあります。

【図9】には海側遮水壁を閉じる前後5日間の海水中放射線量が並んでいます。ここにあるとおり、海側遮水壁を閉じたことで、開渠内の放射線量が大幅に下がったことがわかるでしょう。

付け加えて確認するならば、こうやって

		前5日間平均	後5日間平均	至近平均値
全β	開渠内	150	26	17
	開渠外	27	16	17
Sr-90	開渠内	140	4.2	0.37
	開渠外	16	-	0.11
Cs-137	開渠内	16	3.8	2.1
	開渠外	2.7	1.1	0.83
H-3	開渠内	220	110	25
	開渠外	1.9	9.4	1.8

【図9】1〜4号機取水路開渠内及び開渠外の測定地点における海水中放射性物質濃度平均値

出典：http://www.meti.go.jp/earthquake/nuclear/osensuitaisaku/committtee/genchicyousei/2015/pdf/1217_01d.pdf

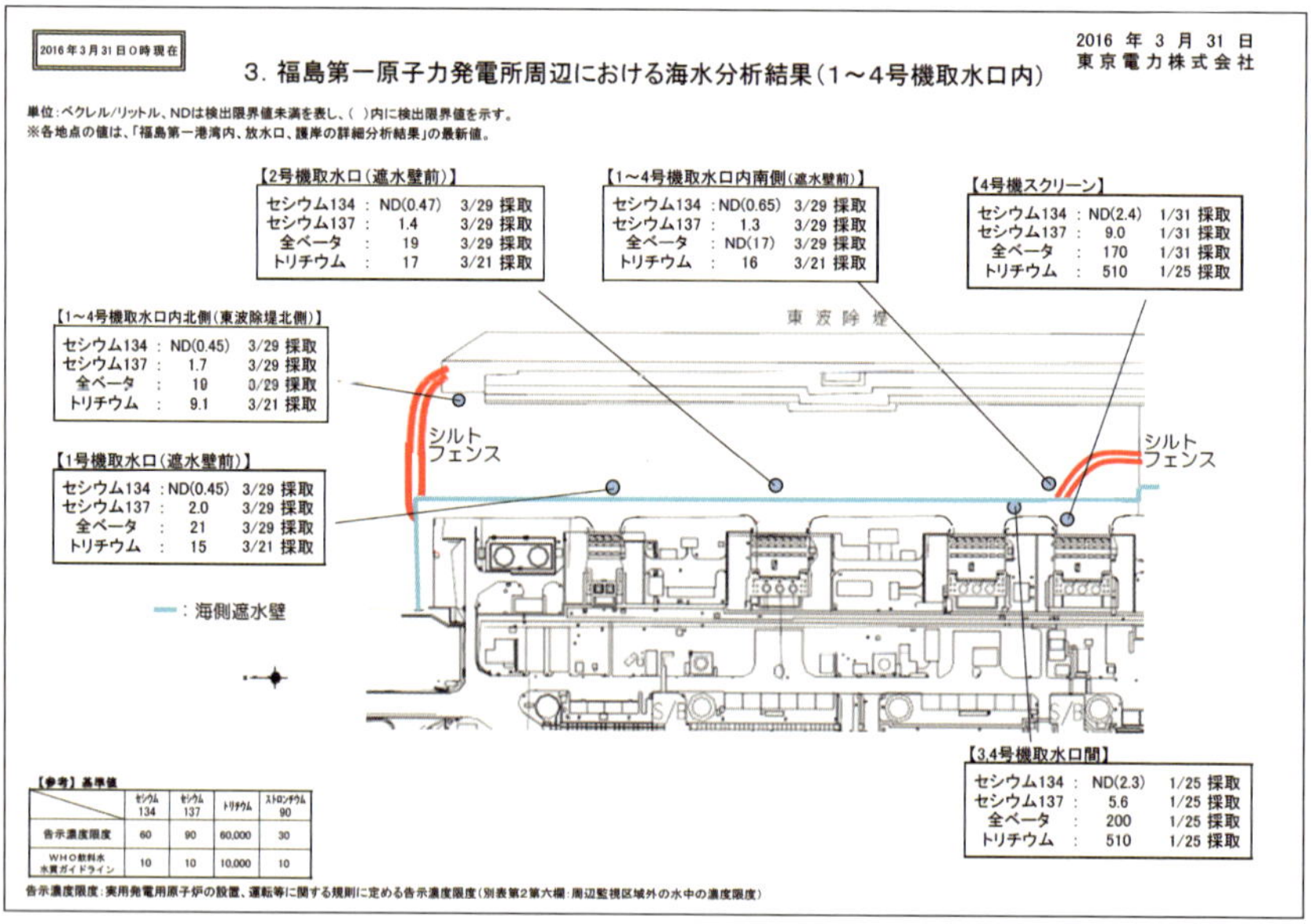

【図8】海水分析結果(1〜4号機取水口内)(東京電力ホールディングス(株)HPより)

データを見ていく中で海の持つ希釈力にも気づくでしょう。農地や山林に降った放射性物質は時間の経過の中で固定化しているのが現状ですが、海の場合は、放射性物質は大量の海水によって時間の経過とともに希釈されます。

もちろん、だからといって安全だという話ではありません。陸側には、今も建屋や貯蔵タンクがあり、それらの中には高濃度の汚染水があることは間違いありません。意図しない流出などがないように引き続き対策が求められます。

ただ、「なぜ今でも放射性物質で汚染された水が海に流れ続けているのに、魚から放射性物質が検出されなくなってきたのだろう」などと疑問に思う方は現状を理解するためにここまで述べてきた事実は事実としておさえておくとよいでしょう。

政府の試算によればトリチウム濃度を自然界と同レベルまで希釈して海に放出すると最長7〜8年、最大35〜45億円かかるとされる（2015年11月19日撮影：吉川彰浩）

汚染水問題の未来

今後の汚染水問題。遮水壁の凍結完了や貯蔵タンクの処理などのあとには、汚染水のループをよりコンパクトにすることが大きな課題となっていくでしょう。たとえば、「原子炉建屋」については今後も水の循環を続けながら冷却をしていかなければなりませんが、「タービン建屋」については、原子炉建屋からの水の流入を止めたうえで、中に溜まった水を抜いて空にする「ドライアップ」という作業をそう遠くない未来に目指すことになります。実際2016年4月には1号機のタービン建屋への水の流入を止めることができました。

タービン建屋のドライアップを行い、除染をしたうえで解体・片づけに進む。一方で、原子炉建屋の中の汚染や燃料の熱も減ってきているので、水の循環システムを縮小していく。場合によっては空気を循環させることで燃料を冷やす「空冷」に移行する部分も出てくるかもしれません。その中で、デブリの取り出しや廃棄物処理などに集中して取り組む作業環境を作っていくことになります。最終的には建屋の中に滞留するすべての水を取り出して、デブリを含む放射性物質を取り除いたときに汚染水はなくなります。

【1】
プロセス建屋とは、別名「集中廃棄物処理建屋」。1〜4号機の原子力発電所の運営で出た放射性廃液を集中処理する建物のことです。

【2】
パッケージ型だったため即納してもらえました。緊急時対策として融通を効かせてくれたのです。

福島第一原発にある様々な「水」の放射性物質濃度の違い

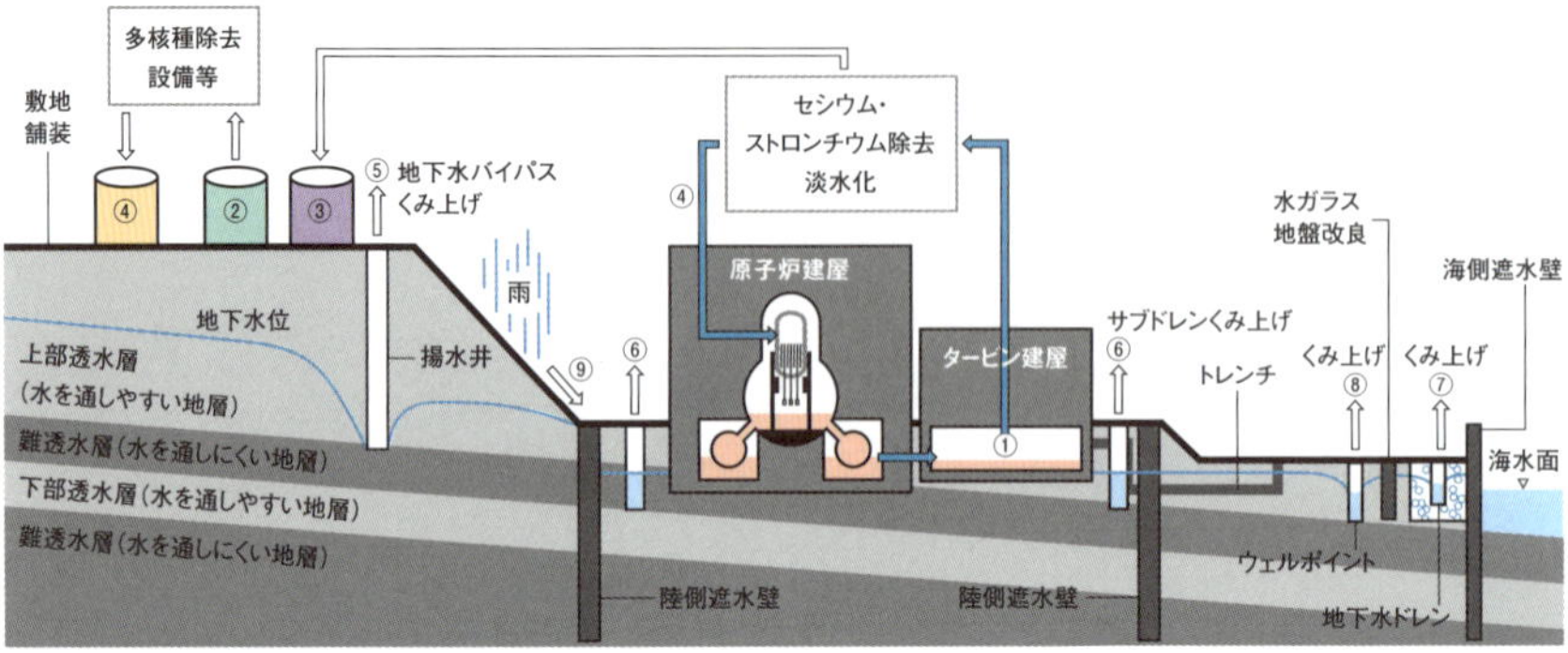

	福島第一の主な水の種類		濃度のイメージ　（濃さの程度）ベクレル／リットル			
			セシウム134	セシウム137	セシウム137	トリチウム
	①建屋滞留水 燃料によって汚染された冷却水と、建屋に流入した地下水が混じり合った水		数10万〜数100万	数100万〜数1000万	数100万〜数1000万	〜数100万
タンク	②濃縮塩水　※2015年5月27日 処理完了 建屋滞留水からセシウム除去装置によってセシウムを除去した水（津波・海水注入による塩分を含む）		〜数万	〜数万	〜数億	〜数100万
タンク	③ストロンチウム処理水等 濃縮塩水からストロンチウム除去装置によりストロンチウムを除去した水		〜数1000	〜数1000	〜数100万	〜数100万
タンク	④多核種除去設備（ALPS）等処理水（代表） 濃縮塩水やストロンチウム処理水から多核種除去設備によりトリチウムを除くほとんどの放射性物質を除去した水		ND〜数10	ND〜数10	ND〜数10	〜数100万
地下水	⑤地下水バイパス 建屋に流入する地下水を減らすため、敷地の山側からくみ上げた地下水		ND	ND	ND	数100
地下水	⑥サブドレン 建屋に流入する地下水を減らすため、建屋近傍からくみ上げた地下水（「ND」は、検出限界未満を示す）	処理前	ND〜数100	ND〜数100	ND〜数1000	ND〜数1000
地下水		処理後	ND	ND	ND	1500未満を確認
地下水	⑦地下水ドレン 海側遮水壁によってせき止められる（た）地下水を海側遮水壁の陸側からくみ上げた水（「ND」は、検出限界未満を示す）	処理前	ND〜数10	ND〜数10	数10〜数1000	数100〜数1000
地下水		処理後	ND	ND	ND	1500未満を確認
地下水	⑧ウェルポイント水 発災当時に流出した汚染水の影響により現在も汚染レベルの高い地下水（流出防止対策を講じポンプにより建屋に回収中）		〜数100	〜数1000	〜数100万	〜数100万
雨水	⑨排水路水（K排水路） 敷地内に降った雨水やしみ出す地下水を排水するために設けられた排水路を流れている水		ND〜数100	ND〜数100	ND〜数100	ND〜数100

（参考）告示濃度限度 核種ごとに告示濃度の水を毎日約2リットル飲み続けた場合、年間被ばく量が約1ミリシーベルトとなる	60	90	30 ストロンチウム90	6万

東京電力ホールディングス（株）報道資料「福島第一原子力発電所の汚染水の状況と対策について」（2015年12月3日版）より

燃料デブリとは何か？

1Fの解体・片づけをして最終的な廃止措置を終える前にやらなければならないことが、燃料取り出しです。

ここでいう燃料には、「本来の形状のままの燃料（使用済燃料プールの中にある燃料）」と「溶けてしまってデブリになった燃料（原子炉の中にある燃料）」の2種類が存在します。

事故直後、原子炉が爆発した映像とともに多くの人の脳裏に焼き付いているのが自衛隊のヘリコプターで建屋の上から水をかけた映像です。あれが何なのかといえば「燃料を冷やす」という目的のための作業だったことは多くの人が理解していることでしょう。

1〜3号機と4号機では、事故があった際に建屋の中に存在した燃料の状況が全く違っていたことが、まず理解すべきことです。1〜3号機の使用済燃料プールにも燃料はあったのですが、4号機に比べてその数はかなり少ない状態でした（4号機に1535本なのに対して、1号機が392本、2号機が615本、3号機が566本）【1】。というのは、ちょうど4号機は定期検査中で、原子炉の中に入っていた燃料を使用済燃料プールに移していたところだったからです。なので、温度上昇はじめリスクが高い4号機をまずケアする必要があったわけです。

水素爆発で原子炉建屋の天井や壁が吹き飛んだ結果、露出した部分（＝ガレキなどが乗っている部分）を「オペレーティングフロア」といいます。事故直後、このオペレーティングフロアにある使用済燃料プールが干上がって燃料が溶け出しそうになっていたのでそこに水を入れなければならない状態にありました。もし、この燃料が実際に溶け出してしまっていたら、きわめて放射線量の高いデブリが空気中に露出して二度と近づけない、止められない状態になっていてもおかしくありませんでした。それを避けるための方法が模索されていたわけです。最終的には、内部では「キリンプロジェクト」と呼ばれる、高いところまでコンクリートなどを汲み上げて注ぎ込むための重機＝「コンクリートポンプ車」で水を注ぎ入れることに成功しました。また、4号機以外の使用済燃料プールに対しても、消防車のポンプで建屋の配管に管をつなぐなどして、水を注ぐことで冷却できました。

頼みの綱は地元出身の高卒社員たち

　ただ、これはあくまで応急措置でした。何年にもわたってコンクリートポンプ車や消防用車のポンプを使って水を注ぎ続けるわけにはいきません。既存の設備に新たに作った循環冷却装置を取りつけて冷却をはじめる必要がありました。

福島第一原子力発電所4号機注水車からの放水の様子（2011年3月22日撮影）

　しかしこのとき、現場ですべての機材の組み立て工事をすることはできませんでした。建屋近くの放射線量があまりに高かったからです。現在ではそのようなことはありませんが、当時は1カ月で100mSvの被ばくをする人もいて、そういった人は線量の問題で、いくら技術や知識があっても1F以外のところでの屋内作業にまわらざるをえない状態がありました。そういう事態を避けるために、1号機・4号機は日立、2号機・3号機は東芝と各プラントを担当するメーカーが外部の工場でコンテナの上に機材を組み立て、それをトレーラーにつけて現場まで運び、設置を完了したらコンテナごと現場に置いてくる、という形での作業が行われました。

　現場に近づけないことの弊害は様々な形で起きました。たとえば、現場を確認しないと水没して壊れた電源に代わる電源をとれる場所もわからない。現場での溶接作業もできないため、溶接しなくてもつなげる管の受け口を探す必要があるが、その場所を見つけるのも簡単ではない。そのような事態が積み重なりました。

　そんな中で「あそこのボルトは6本じめだった」「このバルブは電動式だから開かないだろう」と現場を熟知している東電社員が1Fの現場から東電本社に集められます。作業の詳細な検討は東電本社で行われていました。現場ではそんな余裕などなかったためです。本社でメーカーや政府・行政の関係者を交えて、いかなる対処策があるか検討されていました。

　現場から呼ばれた社員というのは、いわば、「高卒の社員たち」でした。大卒で本社と現場を往復しながらマネジメントをする人材となっていく社員とは違い、高校を卒業してすぐに採用されて地元で長年1Fや2Fの現場をくまなく見てきた人たちです。彼らの記憶、経験を頼りにしてメーカーが持っていた図面と照らし合わせながら対応策がとられていきました。

　使用済燃料プールに関する冷却系統は5

月31日に2号機、6月30日に3号機、7月31日に4号機、8月10日に1号機と次々に完成していきます。それにより安定的に使用済燃料プールの冷却がはじまる一方で、トラブルも相次ぎました。たとえば、当初は冷却するための水に海から汲み上げたままの海水を使っていたため、海藻やヘドロのようなゴミが詰まって機械が止まりました。平時にはありえない細かいトラブルを繰り返す中で「本来の形状のままの燃料（使用済燃料プールの中にある燃料）」の状況は徐々に改善されていったのです。

水に浸かっているデブリ燃料

「溶けてしまってデブリになった燃料（原子炉の中にある燃料）」の冷却についても見ていきましょう。こちらは、1〜3号機に入っているものです。

その前に、1〜3号機と違ってデブリが入っていない4号機についても確認します。先に触れたとおり、4号機は定期検査中で原子炉の中には燃料がなかったため、デブリは発生していません。

定期検査とは、簡単にいえば、発電を止めて古くなった燃料を原子炉から全部取り出して使用済燃料プールに移し、炉の中でトラブルなどが起こらないか検査をすることです【2】。そのため4号機の原子炉（原子炉圧力容器とそれを格納する格納容器）には燃料が入っておらず、その状態で事故が起こりました。

ただ、この4号機、現在も水の循環を行っています。それは、一定程度の線量を持った「制御棒」と呼ばれる原子炉圧力容器内で使われていた構造物などがプールの中に入っているためです。事故当時、燃料を取り出した原子炉の中ではシュラウドの交換作業が行われていました。事故によって定期検査が途中で止まってしまったわけですが、事故後、その状態のまま置かれています。これは燃料ではないので今から勝手に発熱するというようなリスクはありませんが、露出しないように水に沈めておく必要があります。それは水の持つ放射線を遮蔽する力がとても強いためです。強い放射能があるものでも、水の中に入れておけば放射線を遮蔽できます。当然、4号機での他の作業もしやすくなるわけです。また、水を循環しながら水質を管理することで錆び、腐食を防ぐこともできます。

このように、4号機の原子炉には水と炉内構造物などは入っていますが、デブリは入っていません。一方で、1〜3号機の原子炉には事故時に燃料が入っていたためそれがデブリになって、今でも発熱し、とても強い放射線を発しています。

このデブリは今いかなる状態にあるのでしょう。

一言でいうならば、水に浸かっています。本書の各建屋のイラスト図解（→78〜85ページ）を見ていただくのが一番早いと思いますが、おおまかにいえば、フラスコに似た形の原子炉格納容器の底が水たまりのようになっていて、底の部分にデブリが落ちている状態です。そして、このデブリが入っている水が高温にならないように上から水をかけて、それをタービン建屋のほうから抜き出し、外で浄化し循環させながら

共用プールへの使用済燃料(変形燃料)の格納(2014年11月4日撮影)

冷却している。これは「汚染水対策」とつながってくる話ですので、詳しくはそちらをご覧ください。

臨界の有無を示す「希ガス」

では次に、水たまりの上の空間はどうなっているのか、ということに目を向けてみましょう。ここには継続的に窒素が供給されています。なぜ窒素が供給され続けているかというと「再度、水素爆発が起こらないようにするため」です。

1、3、4号機の原子炉建屋が爆発して現在のような状態になったのは「水素爆発」によるものであることは多くの人が知っているでしょう。水素は酸素と触れて急激に反応すると爆発的な燃焼が起こる性質を持っている。このことも中学の理科の授業で聞いたことがあるでしょう。

1、2、3号機では燃料が溶けてデブリになっていく中で水素が発生しました。この水素がどこから生まれたかというと、水ジルコニウム反応と呼ばれる現象が起こったからです。ジルコニウムとは、「燃料被覆管」という燃料を覆っているカバーの部分に使われている金属です。これが高温になって水・水蒸気と反応すると水素が発生します。

$$Zr+2H_2O \rightarrow ZrO_2+2H_2$$

これが水ジルコニウム反応です。この反応が起こって、水素が建屋の中に充満。それが酸素と触れて爆発したわけです。

今後も、もし何らかの危機的な状況が起こって再び水素が大量に発生することになれば、水素爆発が起こりかねません。それを防ぐために、格納容器の中には窒素が入れられています。窒素は空気の8割を占める気体です。水素のように爆発したり、酸素のように燃焼を促したりしない安定した性質を持っていて、原子炉から外に漏れても何の問題もありません。

実際、事故後の原子炉には、常に外部から窒素を入れ、それをまた外部に出す、という流れができています。窒素を空気から生成する装置を使って窒素を作り、原子炉の中に送り込む。それをフィルターを通して外部に排出する。こうやって、あえて空気の流れを作ることで、水素が発生しても一カ所にたまらず外に流れ出ていくようにするためです。

格納容器からの気体の出入りは、タービン建屋にあるガス管理システムで管理しています。

このガス管理システムでは、格納容器か

1F廃炉の「心臓」と言ってもいい集中監視施設を視察すると、狭い部屋に多くの機材と人が入っている故の身動きの取りづらさが印象に残る。ただ意外に落ち着いた雰囲気が流れてもいる

ら出入りするガスの量、成分を測定しています。特に成分の中では「希ガス」の発生量も見ていて、常に公開されていますが、これはとても重要な点です。それは、「希ガス」が臨界の有無を示す指標になるからです。臨界とは核分裂が続いて、大量の放射線・熱が発生することですが、多くの人は臨界する＝もう一度爆発する、と思っているようです。「1Fが再臨界するのではないか」と心配している方もいますが、仮に臨界に達した場合、必ず希ガス【3】が発生します。当然、現在まで特異に希ガスが発生したことはないので臨界状態にはなってこなかったことがわかります。このデータはWEBで公表されているので確認してみるのもいいでしょう（↓127ページ）。

　実際にプラントを管理する仕事をしている人たちは、この値を免震重要棟にある大型のモニタで確認しています。当初はWEBカメラでメーターを映していました。途中から「データを蓄積して分析できたほうがいい」と建屋にデータをデジタル化する機材を置いてから、そのデータを送るようになってきました。そのデータをLANケーブルで免震重要棟の集中監視施設まで送ってそれをリアルタイムに見ているわけです。もし異常値が出た場合は警報（現場ではANN（アナン）と呼ぶ）がでるようにもなっています。

　集中監視施設では、オンサイトで起こっているあらゆることをチェックできるようになっています。多核種除去設備や地下水バイパスの状況、建屋の滞留水の水位などを網羅的に一覧できます。たとえば、電源の状況も、ショートなどトラブルがあったらそれがわかるようになっています。元々は、電源が落ちても現場に行って確認する必要がありました。事故直後は電源が落ちるトラブルも頻発し、その都度、何人もの人で免震重要棟から現場に行ってどこに原因があるのか確認していた、というのが実情です。装備をつけて動くので、距離的には数百メートルでも現場到着まで30分かかっていたといいます。2011年9月ぐらいから簡単な遠隔監視がはじまり、個別のデータのデジタル化や整理を進め、2015年2月には現在にいたる集中監視システムの設置が完了しました。

現在は安定している燃料の冷却

　さて、ここまで「本来の形状のままの燃料（使用済燃料プールの中にある燃料）」

と「溶けてしまってデブリになった燃料（原子炉の中にある燃料）」の2種類がいかに冷却されてきたのか説明しました。

ただ、その結果、どの程度「冷却」されているのか、まだ不安に思う人もいるでしょう。今にも沸騰しそうなくらい熱いのか、そうではなくてもこれからまた温度が上がる可能性があるのか。どんな状態にあるのか確認しましょう。

【図1】にある数字を見れば大枠は把握できるでしょう。

使用済燃料プールについては、10℃～30℃程度に保たれています。ほぼ常温ということです。デブリが存在する原子炉内部の温度も同様。さらに、これを保つために注がれている水は1～3号機それぞれで1時間あたり5㎥未満。一杯約200Lの家庭用の風呂なら2杯半ほど、小さめの銭湯の風呂1杯分ほど。家庭用の水道料金でいえば数千円もしない程度の量であるということもわかります。2号機の温度が比較的高いのは、建屋の上部が水素爆発で吹き飛んでいないために残っていることが理由の一つです。他は外気と直接接しているためその温度の影響を受けやすいのです。

それでも、「今は冷却できているけど、もしまた地震・津波などで電源が止まったら前と同じようなことになるのでは」と思う方もいるでしょう。

確かに、燃料には熱があるので、その仮説自体は正しい。では、具体的にどのくらいの期間がかかるのか。

使用済燃料プールで考えてみます。プールの水温が25℃だと仮定して、そこから「65℃になるまで」「100℃になるまで」「沸騰が続いて燃料の頂部から水面までの高さが2mになるまで」、それぞれどのくらいかかるのか2015年末時点での試算があります【図2】。

つまり、100℃になるまで最低でも20日ほど、「燃料棒がそろそろ露出して大変だ」というタイミングまでは最低でも3カ月ほどかかるということです。

	圧力容器底部温度	格納容器内温度	燃料プール温度	原子炉注水状況
1号機	約15℃	約15℃	約16℃	4.5㎥/h
2号機	約20℃	約21℃	約26℃	4.3㎥/h
3号機	約18℃	約18℃	約23℃	4.6㎥/h
4号機	--	--	約12℃	--

2016年3月31日11：00時点の値

【図1】1～4号機原子炉の状態
（東京電力ホールディングス（株）HPより作成）

	65℃（1号機は60℃）	100℃	頂部2m
1号機	26日	56日	230日
2号機	12日	23日	108日
3号機	16日	30日	128日

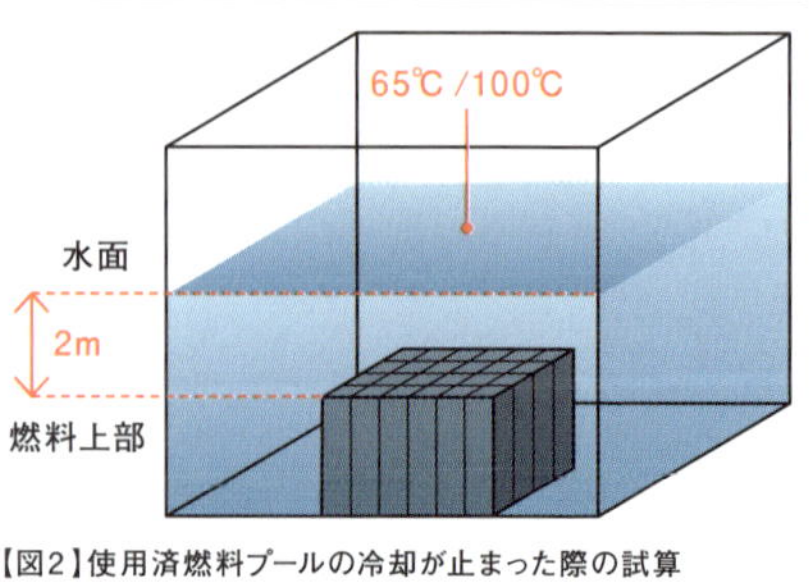

【図2】使用済燃料プールの冷却が止まった際の試算

事故当初は、冷却をせずに放っておけば、すぐに燃料の持つ強い熱エネルギーによって水が沸騰し、水素爆発を起こすことも十分ありえました。それが5年たつ中で、すでに燃料が発するエネルギーはごくわずかなものになっているということが伺えます。そもそも建屋が水素爆発で壊れているので水素が密封されないため、爆発する環境が整わないともいえます。

　燃料冷却における現在の問題は、もはや「また地震や津波が来たら爆発するんじゃないか」「暴走するほどの再臨界が起きて手がつけられなくなるんじゃないか」ということではありません【4】。すでに燃料のもつ熱エネルギーは相当弱まっている。その上で、「使用済燃料プール内の燃料をどうスムーズに取り出すのか」「燃料デブリがどこにどのような形で存在するのか把握していかに取り出すのか」「建屋内に存在する高い濃度の放射性物質で汚染された水をどうするのか」といったことにこそ問題の中心は移ってきているというべきでしょう。

廃炉を知るための15の数字

Q4 2016年2月現在、福島第一原発1～3号機の原子炉を冷却するために1時間あたり何㎥ほどの水が入れられている？

A4 **15㎥未満**

1～3号機の合計

東京タワー1個分の鉄骨を使った燃料取り出しカバー

　では、今後進めなければならない「使用済燃料プール内の燃料」と「原子炉内のデブリ化した燃料」の取り出しがどうなっていくか。

　順番としては、まず「使用済燃料プール内の燃料」から取り出すことになります。

　これは本来の形状をとどめていて、プールは露出しているので扱いやすいからです。実際に4号機に入っていた「使用済燃料プール内の燃料」１５３５体（使用済燃料１３３１体／新燃料２０４体）の取り出しは、２０１４年12月22日に完了しています。取り出した燃料は建屋の外にある共用プールや6号機の使用済燃料プールに保管されています。

　現在の4号機を見ると、もとの建屋に覆い被さるように逆L字型の構造物「燃料取り出し用カバー」が増設されているのがわかると思います。これは、脆《もろ》くなっているもとの建屋に荷重をかけないようにしつつ、燃料を取り出すためのクレーンなどの設備を使うためについているものです。

　工事は、東京タワー1個分以上の鉄骨が使われる大規模なものでした。どうしても建屋の近くで作業をしなければならず、被ばく量の低減策を講じなければなりません。そこで、可能な限り組み立ては１Ｆ構外で

4号機の燃料取り出し用カバー(2013年5月29日撮影)

行ったり、現場で作業をしなければならない部分も特殊な工法を組み合わせて行われました。たとえば、鉄骨の組立は、鉄骨の内側に人が入ってボルト締めを行う「ワンサイドボルト」という工法が採用されました。そうすることで被ばく量を下げてスムーズに作業を進めることを可能にしたわけです。このカバーができて、燃料取り出しが完了したことは現場にとっては大きな一歩でした。4号機の燃料取り出しの前後を比較して「それまで先も見えないまま火の粉を振り払い続ける作業だった雰囲気が大きく変わり、一気に明るくなった」などと表現する人も多くいます。

30人超の作業者チームが24時間体制で作業

手順としてはこうでした。

まず、２０１１年9月からオペレーティングフロアにのったガレキや原子炉圧力容器の蓋、損傷したクレーンなどを撤去しました。これが２０１２年12月の話です。

次に、「燃料取り出し用カバー」の建設がはじまります。２０１２年4月から地盤改良、基礎工事を開始しました。地震や津波が来ても、時間がたっても、東京タワー並みの重さの鉄骨が倒れないように建設しなければならないため重要な作業でした。

２０１３年1月から7月にかけてカバーを作り、使用済燃料プールの中の細かいガレキの撤去がはじまります。その作業が２０１３年8月から２０１４年3月までのこと。プール内の水の汚濁があると中の様子がよくわからない。視界をクリアにするという意味でもこの作業は重要でした。そして、実際の燃料取り出しがはじまったわけです。

取り出した燃料は、除熱・密閉・遮蔽・臨界防止を配慮して作られた輸送容器の中に入れられます。それを吊り下げる際のワイヤーや吊具本体は「二重化」が施されていました。二重化とは、仮に片方が壊れたり、電源が止まったりしても落下しないように設計することです。さらに、それでも万一落下した場合、周辺環境にどれぐらいの影響があるのか、その被ばく量もシミュレーションされていました。その結果、問題ない値、具体的にいうと、オンサイトとオフサイトの敷地の境界線上で5・3μSvになるレベルであることを確認した上で行われました。

燃料取り出しだけでも30人ほどの作業者チームが1日最大6班、1班あたり2時間

4号機の使用済燃料（変形燃料）取り出し作業風景（2014年10月31日撮影）

交替で行いました。他にもその周りで作業を支えた人が多数いましたが、いずれも原発での燃料取り出しなどの仕事を10年、20年単位で経験してきたベテラン技術者が中心でした。燃料をつかむ機材の先の部分は1cm程度しかありません。事前に実物大模型と実際に使う機械と同様のものを使っての技術研修を長時間行い、避難訓練なども行った上で作業がはじまりました。それが2013年11月のこと。そこから1年と少したった2014年12月に完了したわけですが、それだけ長い時間がかかる作業を4号機の中で行うためには、被ばく低減策が一つの課題でした。3号機方面から飛んで来る放射線を減らすため、作業をする部屋の壁には鉛やタングステンのシートがはられていました。

取り出した燃料の大部分が入っている共用プール。これは事故前からある施設ですが、事故が起こったときには、6840体分のスペース中465体分しか空きスペースが残っていませんでした。ほぼ満杯だったわけです。そこで事故後に、プールではなく地上に保管・管理できる「乾式キャスク」という容器と、それを保管できる施設を1Fの建屋の山側、標高40mの高台に、100m×80mの敷地を確保して作りました。ここには4000体ほどの使用済燃料を保管できます。事故前から共用プールに入っていた燃料はほとんど熱エネルギーを失っているものだったので、2013年6月から2014年3月にかけて1004体分が共用プールから保管施設に搬出され、空いたスペースに取り出した燃料が入れられました。

遠隔操作での燃料取り出しに向けた取り組み

今後、1～3号機についても同様に「使用済燃料プール内の燃料」の取り出しが行われることになります。もっとも早いのが3号機です。水素爆発で屋根が吹き飛び、オペレーティングフロアが露出している3号機は、まず、オペレーティングフロアにのっているガレキを取り、除染をし、放射性物質がついたダストが飛ばないようにする必要があります。

その次が1号機で、同様の作業をします。2号機は水素爆発していないので、壊れずに残っているオペレーティングフロアの上の天井・壁を取り除いてから同様の作業に進むことになっています。

ニュースなどで「1Fは燃料取り出しの

見通しも立たないままだ」と聞いたことがある人もいるでしょうが、それは「原子炉内のデブリ化した燃料」の話で、「使用済燃料プール内の燃料」をどうするのか、その見通しは、細かい工法・工期を除けば、ほぼ固まっているのが現時点での状況だといえるでしょう。

ただ、すでに作業が終わった4号機と、これから本格的な作業に入る1~3号機には大きな違いもあります。それは、おそらく1~3号機は遠隔操作での燃料取り出し作業になるということです。

4号機は4号機の中に作業部屋を作って作業していました。やはり近いほうが何かあったとき直接確認しに行けるなど、作業がしやすいからです。その点、1~3号機は線量が高すぎて建屋内に作業部屋を作れないのではないかといわれています。直接見れば奥行がわかるものも、モニタを通すと平面に見える。遠隔操作をするためには、その映像を頭の中で3Dにしなければならず、難易度が大きく上がります。3号機の取り出し作業をする人は、東芝の京浜工場にある模擬施設を使ってモニタ越しにプールの中を見ながら取り出し作業をする訓練を1年近くしてきました。このように、高度な技術と豊富な経験が現場を支えているのです。

企業ごとの役割分担で効率アップ

ちなみに、これらの作業は様々な企業が役割分担をしながら進めています。その点のイメージを持ちながら、廃炉を理解することも重要でしょう。

たとえば、4号機の使用済燃料プールからの燃料取り出しは、燃料取り出し用カバーの設置を竹中工務店が、取り出し設備を日立GEニュークリアエナジーが、燃料の取り出し作業を東京パワーテクノロジーが担ってきました。

同様に、ダスト飛散抑制の白いカバーがかかる1号機は清水が、すでにガレキ取り出しなどが進む3号機は鹿島が土木建設関係の工事を担当しています。また、2号機、3号機の建設をした東芝、4号機の建設をした日立、1号機はGEがとりまとめて国内メーカーが入る形で建設されたわけですが、それらの建設時から建屋を見てきた企業や関連会社がロボットを使った内部の調査などを進めています。

それだけ多くの企業が技術と人材を持ち寄っている現状は心強く見えますが、一方では「なぜこんなにバラバラなんだ！　効率が悪いのではないか！」と思う人もいるでしょう。

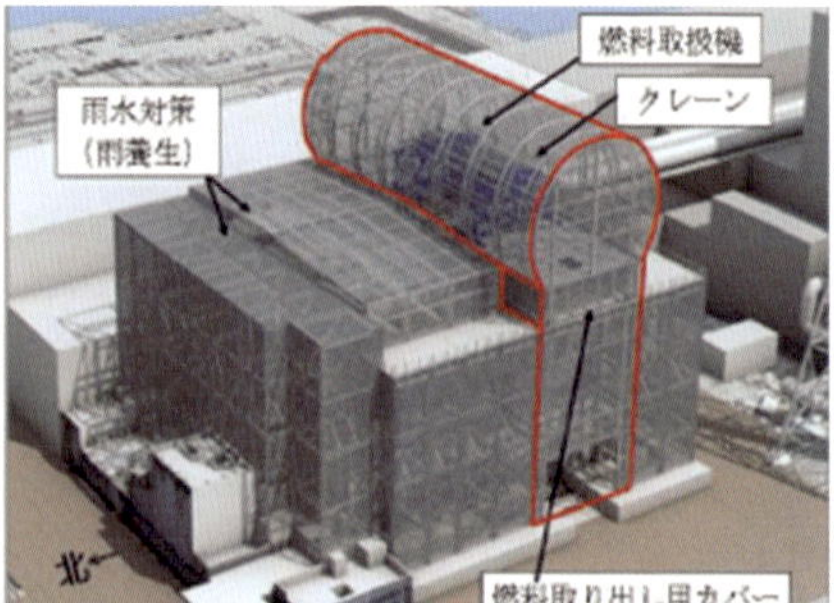

3号機燃料取り出し用カバーのイメージ図。3号機の周囲には4号機ほど広いスペースがないため、このような形になっている
「東京電力福島第一原子力発電所の現状と今後の対応について」(2016年3月版)より

実情は逆で「効率が良いからこうしている」側面が大きいのです。

事故当初より、発注者の東電とそれを受注するゼネコン、プラントメーカーは、工事の全体像を共有しながら作業を進めています。事故直後から、東電本社と現場、ゼネコン、メーカーをときにはテレビ会議システムでつなぎながらアイディアを出しあい、経営幹部も交えて判断を進め、経産省資源エネルギー庁、原子力規制委員会と調整してから作業をはじめてきました。その中で、もとから自社で扱ってきた経験がある建屋とそうではない建屋とどちらをやるのか、といわれれば、もとから扱ってきたものをやったほうがいろいろはかどるという話です。あるいは、すでに他の作業で手一杯だということなら、他社と分担したいという話もあります。マスメディアで原発での労働問題がとりあげられる際によく批判される「多重下請け構造」ですが、必要な技術や人材の確保に有利だから多重下請けが発展してきたという側面もあります。それぞれの企業の下には、ある程度の規模の人材がついているし、ある程度を超えるとキャパオーバーにもなります。そういったことを踏まえて調整してきた結果が現状の形だといえるでしょう【5】。

事故直後の最大の懸案事項は4号機の燃料取り出しでしたが、その作業の段階からこの形はできていました。

ただ、そういったチーム作業は予算や期間が見えない中ではじまったものでもありました。たとえば、東芝・鹿島が中心になって扱う3号機と、日立GE・竹中が中心になって扱う4号機。これらがスタートを切った時期はほとんど同じでしたし、大きなトラブルもなく進んできましたが、2014年末までに大きな山（使用済燃料プールからの燃料取り出し）を乗り越えた4号機と、2016年になって、いよいよこれから大きな山だという3号機との差が出ています。もちろん、これは技術力などの問題ではなく、主に放射線量の多寡の問題なわけですが、それだけ「ちょっとした障害物」の有無で作業の難易度に大きな差が出てくるのが1F廃炉の現場でもあるということを象徴的に示した事例だといえるでしょう。

デブリ取り出しは「冠水工法」か「気中工法」で

このように「使用済燃料プール内の燃料」の取り出しは現在進行中。

一方で「原子炉内のデブリ化した燃料」の取り出しはどうでしょうか。

これは、現時点ではどうなるかわからない部分だらけといってしまっていいでしょう。それこそ、たくさんある「ちょっとした障害物」が無数に存在し、それがどこにあるかわからないのが現状ですから、先行きはきわめて不透明です。

まず、スケジュール。86〜87ページの「廃炉工程表」にあるようにデブリの取り出しは2021年のスタートが目標とされているものの、これが本当に実現可能なのか、それは不透明です。

しかし、「不透明だ」と言ってばかりで時間がたつのを待っていても何も前に進みません。実際に、先行きを照らすような作業を進めなければならない。

その点でいえば、実は現在も日々、1～3号機の建屋の内部で様々な調査が進んでいます。これは、デブリの取り出しについて何がどう実現可能なのか、それを調べる作業だといっていいでしょう。

何をしているのかといえば、「とにかく測る」ということです。建屋の内部の状況や水の高さや放射線量や内部の構造やもの同士の位置関係の3Dデータを測っている。これをすることなしに見通しは立ちませんし、内部の状況が詳細にわかればそれだけ作業は順調に進みます。この作業に関しては、ロボットや研究開発についての記事を参照してください。

その上で、今後の大きな方針が出るタイミングが2年以内に設定されています。2018年を目安にデブリ取り出しの工法が定まることになっているからです。

検討されている工法は、大きくわけるとデブリを取り出すのに原子炉の中に水を入れて行う「冠水工法」と、水を抜いて行う「気中工法」との二つ。さらにどこから工具を突っ込むかという点で「上アクセス」と「横アクセス」という二つの作業方法があります。この組み合わせで作業は進む前提です。

まず水を入れるのか抜くのかという話で、四つにパターンわけしたのが【図3】、どう工具を突っ込むのか、どの工法がありえるのかというところも含めたのが【図4】【図5】です。

見れば大体のイメージがつくと思いますが、デブリ取り出しの工法を理解するうえでの最大のポイントは「水とどうつきあうか」ということです。そしてそれは「放射能とどうつきあうか」ということでもあります。

「冠水工法」のメリットとは

基本的には、デブリのような放射線量の高いものを扱う際には、水が入っている中で作業をしたほうが良いのです。「水がないほうが作業しやすいんじゃないの。視界も悪いだろうし、電源や錆など考えなければならないし」「汚染水が増えたり、変なところに穴開けたら汚染水が漏れちゃったりしそう」と思う方もいるでしょう。確かにそうです。にもかかわらず水の中で作業するメリットとはなんなのか。

まず、冷却効果。デブリは今後も一定の熱を発し続けるので冷却が必要です。

次に、先にも少し触れた、水による放射線の遮蔽効果です。水を挟むことで放射線は大きく下がります。平常運転時の原発でも、実際に直近まで発電をしていた線量の高い燃料を交換する際には、水の中で作業を行うことによる被ばく低減で安全を確保していました。使用済燃料プールの中の燃料の回収についても作業の大部分を水の中で進めたのは、水が放射線を遮蔽して作業者の被ばく量を下げられるからです。

もう一つ大きなメリットがダストの飛散防止です。燃料デブリは、いわば溶けた金属やコンクリートが混ざりながら固着したものです。多少引っ掻いたり叩いたりしてどうにかなるようなものではありません。

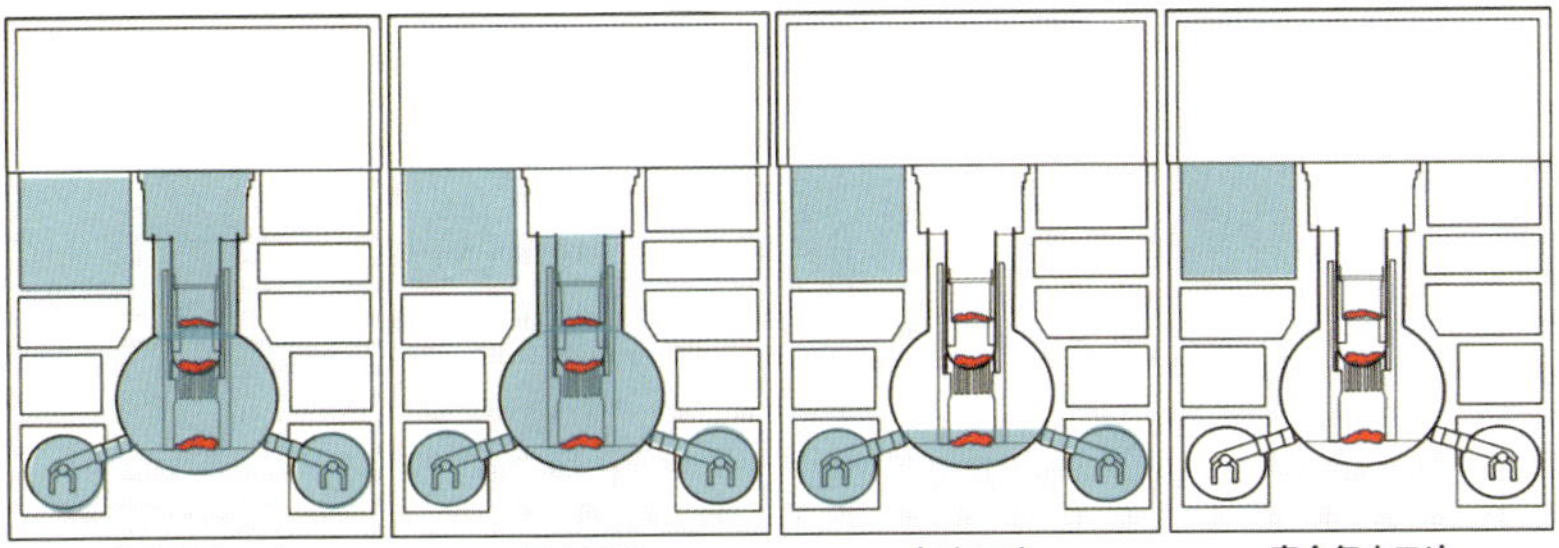
完全冠水工法
原子炉ウエル上部までの水張りを行う工法
冠水工法
燃料デブリ分布位置より上部までの水張りを行う工法
気中工法
燃料デブリ分布位置最上部より低いレベルまで水張りを行う工法
完全気中工法
燃料デブリ分布全範囲を気中とし、水冷、散水を全く行わない工法

【図3】PCV(格納容器)内水位ごとの工法の種類

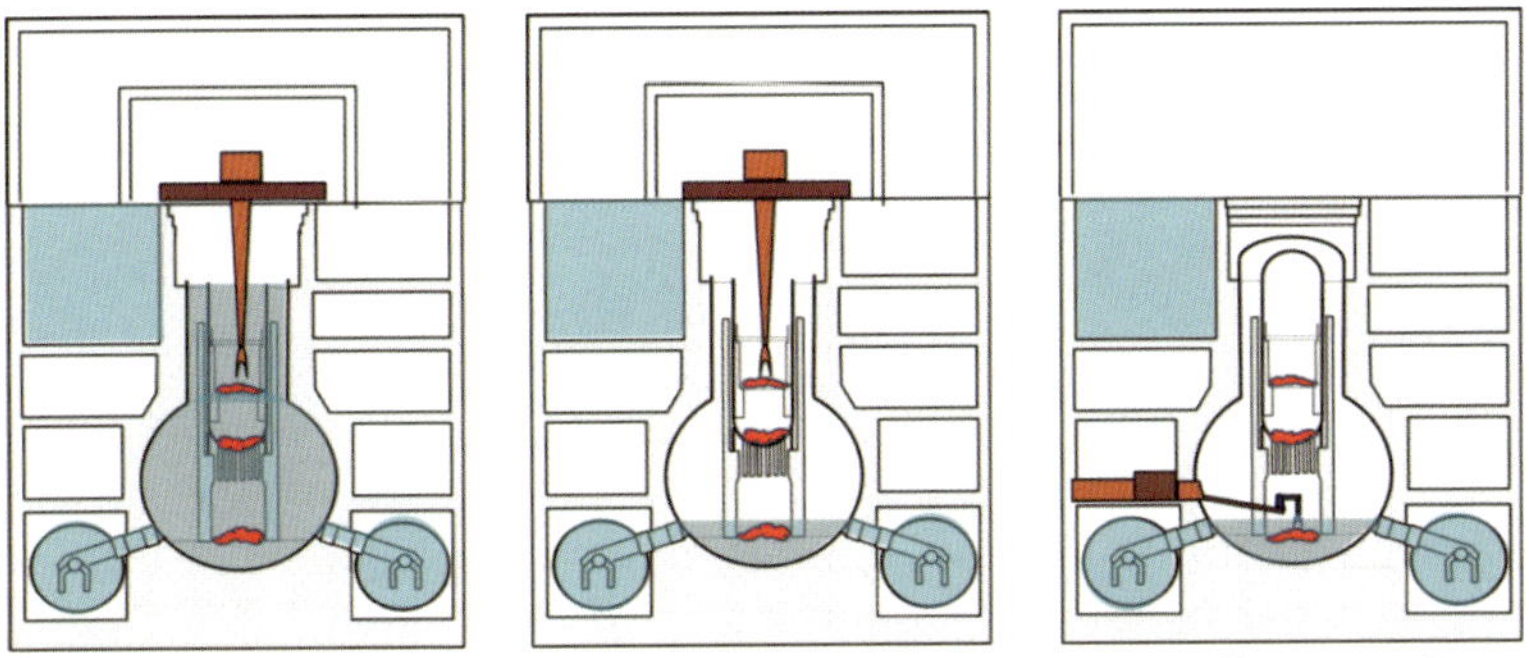
冠水-上アクセス工法
燃料デブリ上方の炉内構造物取り出しが完了していることを前提としたイメージ
気中-上アクセス工法
燃料デブリ上方の炉内構造物取り出しが完了していることを前提としたイメージ
気中-横アクセス工法
PCV内RPVペデスタル外側の機器、干渉物撤去が完了していることを前提としたイメージ

【図4】重点的に取り組む3つの燃料デブリ取り出し工法(イメージ)

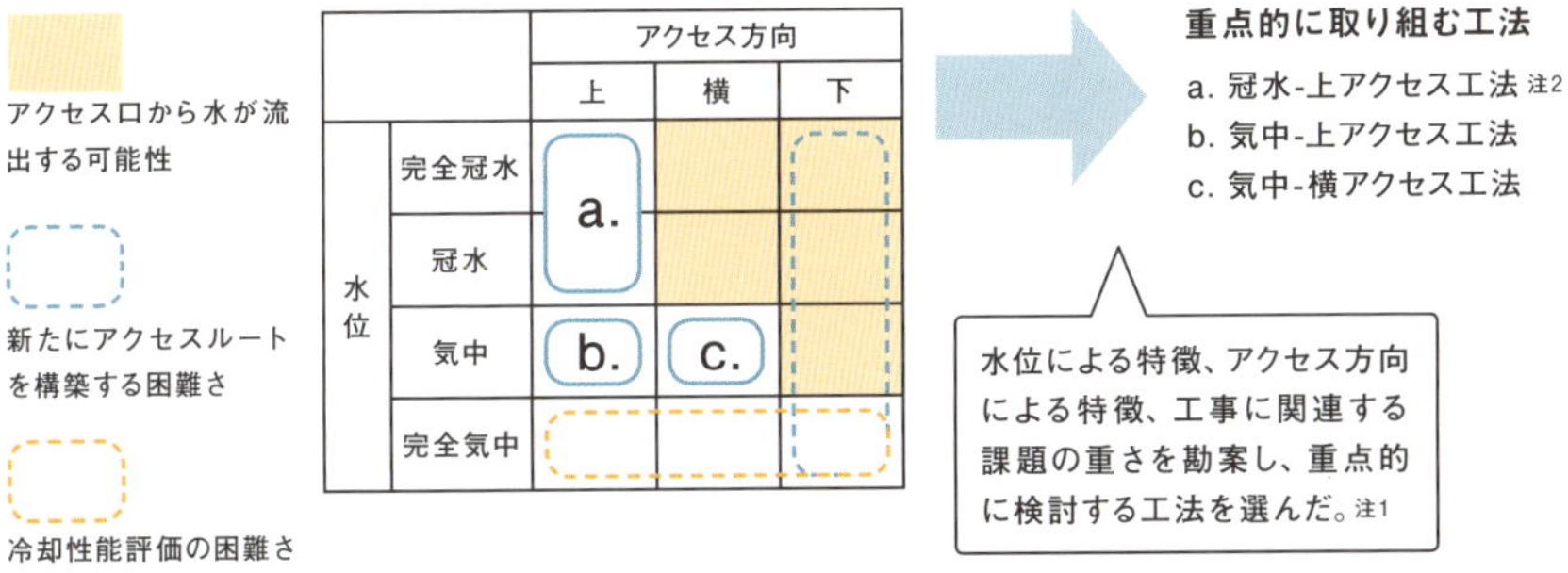
アクセス口から水が流出する可能性
新たにアクセスルートを構築する困難さ
冷却性能評価の困難さ
アクセス方向
上
横
下
水位
完全冠水
冠水
気中
完全気中
a.
b.
c.
重点的に取り組む工法
a. 冠水-上アクセス工法 注2
b. 気中-上アクセス工法
c. 気中-横アクセス工法
水位による特徴、アクセス方向による特徴、工事に関連する課題の重さを勘案し、重点的に検討する工法を選んだ。注1

注1：水位はアクセス口より低いことを前提とする。
注2：冠水には完全冠水を含む。
出典(図3、4、5)：http://www.aesj.net/document/(1-4)福田.pdf

【図5】燃料デブリ取り出し工法オプションの絞り込み

ドリルやのこぎりで切り出していく、しかし、あまりチリやホコリを出すわけにはいかないから最低限の作業で行いたい。これがデブリ取り出しのイメージです。しかし、それでもチリ、ホコリは発生します。これが空中に飛散すると、場合によってはそれが風にのってオンサイトのみならず、オフサイトにまで広がることもありえます。それは科学的にも社会的にも大変なことになります。一方、水の中で作業を進めればダストが飛び散ることはありませんし、汚染水は増えても浄化することができます。

廃止措置のゴールはどこにおくべきか

「冠水工法」には、この「冷却効果」「放射線遮蔽効果」と「ダスト飛散防止」という、かなり重要なメリットがある。にもかかわらず、「気中工法」も検討するのはなぜでしょうか。

その大きな理由の一つは「上アクセス」だけではデブリを物理的に取りきれない可能性があるということです。原子炉の圧力容器には「ペデスタル」と呼ばれる台座のようなものがありますが、今回の事故ではこの台座の外にまでデブリが溶け落ちてしまったといわれています。このデブリを「上アクセス」だけでは取れない可能性があるわけです。一方、「横アクセス」をすればその部分にも機材を持っていくことができる。ただ、横からアクセスするには、ある程度水を抜かなければなりません。機材を入れる管から水が漏れ出ることになるからです。可能な限り水を残しつつ、できるだけデブリに近いところからアクセスして作業を進められるかがポイントです。

ただ、その前提として、そもそも、どこにデブリがあり、原子炉のどの部分にどんな損傷があるのか。その判断をする必要があります。そのために、現在は「とにかく測る」段階にあるのです。

判断のあとに何が待ち構えているのか。既存の計画によれば、廃止措置のゴールは1〜4号機の建屋すべてを解体・片づけまで持っていくこととなっています。一方で、2016年2月に規制委員会の更田委員が視察した際に、チェルノブイリのような建屋ごとコンクリートで覆う「石棺」化は条件が全く違うのでありえないとしながらも、もはや熱量もなく放射性物質も新たに放出しない状況になっているデブリについて取れるものは取るが、取れないものは取るのをあきらめて、そこに置いたままにして管理をするという選択肢もあるのではないかという旨、発言しました。同時に、現状の30〜40年という時間的なゴール設定を越えて、さらにその倍の時間がかかるような事態になるならば、現実的には他の選択肢も検討すべき、という言及もありました。

現時点では、いずれの結果になるのかわかりませんが、「すべてを取り出せない」ということもないし、かといって、「すべてを取り出せる確証もない」という条件の中で、取り出した燃料をいかに減容化と安定保管に持っていくのか、取り出せない燃料をいかに長期管理できるのかということが重要になってきます。

「廃炉」＝「廃棄物の処理」

最後に、「その後」の話です。「使用済燃料プール内の燃料」「原子炉内のデブリ化した燃料」、両方とも取り出しが進んでいって、容器に入れるなどして安定的に保管できるようになったとして、その後、どうするのか、何が問題になるのか。

調査用の水中カメラで撮影された3号機使用済燃料プール内の燃料集合体。ハンドル部分がわずかに変形していることが確認された（2015年10月16日撮影）

まず、「どうするのか」ということですが、今は建屋の中に燃料が入っています。これが建屋と燃料とにわけられるわけです。4号機はすでにその状態になったといってよいでしょう。これをどうするのかということです。

「使用済燃料プール内の燃料」は、4号機がそうであるように、共用プールをはじめとする保管設備に置きながら管理するということになります。これは一定の安定性を持っているといえるでしょう。これ自体、いうならば、事故前からやっていたことです。

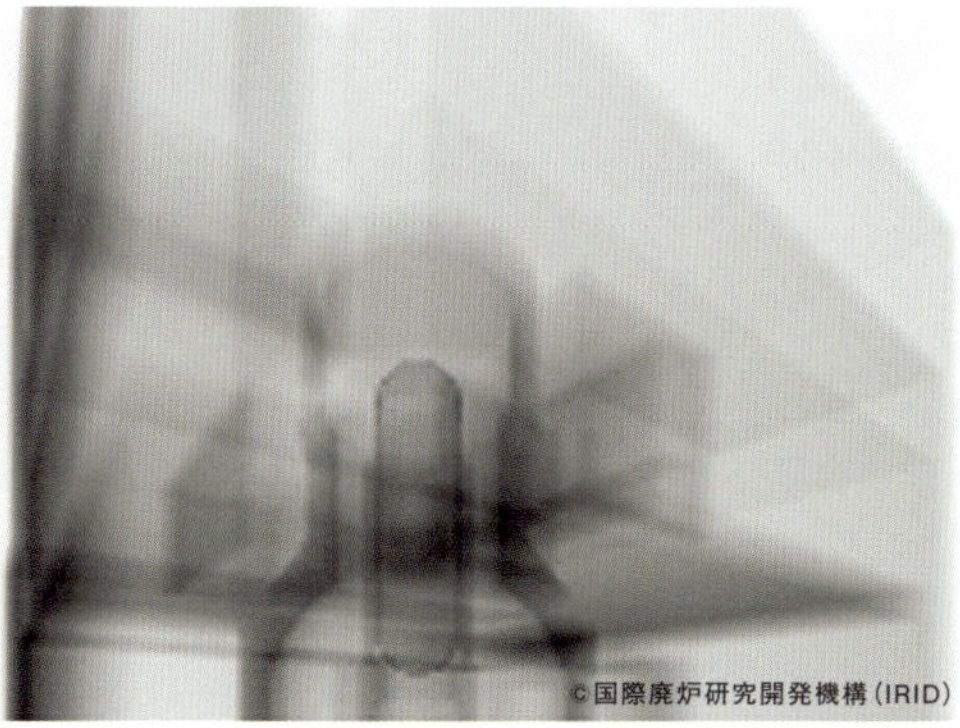

宇宙からふりそそぐ粒子・ミュオンが原子炉を透過する数や軌跡を測定することで原子炉格納容器内部の状態を推測する実験も進められている。図は2015年2月から3月にかけて1号機で行われた測定結果から作成されたもの。正常な状態では燃料が配置されていた炉心部分に燃料は確認できないことがわかる

一方、「原子炉内のデブリ化した燃料」のほうはややこしい。通常の使用済燃料は、どのような元素の物質がどのくらい入っているか、どう処理していけばいいのか、一定の科学的・社会的な見当がついているわけです。たとえば、ウランの量、プルトニウムの量がこのぐらいだから、再処理したり、貯蔵したりという方法が、国内的にも国際的にも制度・政策として決められていて様々な前例がある。

しかし、デブリは、実際のところ、取り出してみないとそこに何がどのくらい入っていて、どのように処理していけばいいのか、見当がついていないのが実情です。なので、その分析をして、安全に処分する方法を模索するところからはじめなければならない。そのためもあって、ＪＡＥＡ（日本原子力研究開発機構）は「大熊分析・研

究センター」という研究施設を作っています。この施設では、燃料を取り出したあとに残る建屋についても、同様に安全性の評価や廃棄物として処理するための方法などの検討もされる予定です。2017年度内にガレキなど低放射性物質について、2020年度にデブリなど高放射性物質に関する研究施設の運用が開始されます。

そのうえで、「何が問題になるのか」ということですが、それはシンプルに「廃棄物の処理」です。これは、減容化してできるだけゴミの量を減らしたり、放射線の害が出ないようにしたりという自然科学的・工学的な側面での「廃棄物の処理」の問題であると同時に、この処理をどんなプロセスで、どうやって私たちが合意をしながら意思決定していくのか、それをどう捉えるのかという社会科学的・人文学的な「廃棄物の処理」の問題でもあります。

この両方の問題に長期的に向き合いながらいかなる答えを出していけるのか。安易に「福島を忘れない」「今でも苦しみ続ける被災者の声を聞け」「原子力に頼るような文明社会を反省し」などというステレオタイプ化された定型句を繰り返していても、この問題は解決しません。それを誰が解決できるのか。お上がトップダウンで解決するのか、テクノロジーの進歩が解決するのか、あるいは、私たちの民主主義が解決できるのか。技術の進展に委ねざるをえない部分も当然大きいですが、それ以上に「廃炉」の未来は私たち自身の議論と選択に委ねられている部分が大きいことを理解すべきでしょう。

【1】
現場サイドでは、他は燃料が少ないから大丈夫といった論調よりも、4号機には冷却期間の短い使用済燃料が入っていたことと、使用中の燃料（定期点検後、発電に使う予定だった）が入っていたことを重要視していました。本来はすべて危険ですが、4号機はリスクが圧倒的に高かったので先に着手したのです。また、先行調査のため新燃料2体を取り出したため、カバー設置後に取り出した燃料は1533本でしたが、震災時、4号機の使用済燃料プールに貯蔵中だった燃料は1535本です。

【2】
定期検査とは、13カ月に1回、法令で定められた総点検です。運転を止めなければできない点検をするためのもので、13カ月以上は点検しないと運転してはいけない、いわば車検のようなイメージです。原子炉の中もこのときに点検します。そのため燃料を使用済燃料プールに移送するのです。

【3】
臨界に達すると「Xe（キセノン）」という揮発性の放射性ガスが発生します。空気よりも重いのですが、格納容器内は常に対流しているため、検出可能です。

【4】
現在、溶け落ちた燃料デブリは、燃料周辺の不純物と混ざり合い、形状が変わっています。また「水の量」とのバランスも崩れ、再臨界を起こすための条件を満たした状態とは程遠い状況です。もちろん燃料を「臨界が起こりやすい配置」に並べ、「適切な水の量」にするといった特殊な条件を満たすような偶然が重なり、臨界が起こる可能性は完全には否定できませんが、現状では臨界状態を抑えられるよう、ホウ酸水タンクを設置していつでも対応できるように備えているので、臨界リスクは限りなく低くなっているといえるでしょう。

【5】
仕事量の均等分配を保つため、多くの企業を分担制にしています。一年中、作業員の仕事量を均等分配し、雇用を守ることが最大の狙いです。

CHECK 原子炉の状態はここでチェック！

本文でも説明したように、原子炉や使用済燃料が安定しているのか、再臨界していないのか。それを判断するための大きなポイントは「温度」と「希ガス」だ。これらは東京電力のWebで誰でも簡単に確認できる。まずはトップページから「報道配布資料」のページへアクセス。

東京電力ホールディングスHP　tepco.co.jp

＞福島への責任　＞廃炉プロジェクト　＞報道・データ　＞報道配布資料

http://www.tepco.co.jp/decommision/news/handouts/index-j.html

原子炉の温度　＞福島第一原子力発電所の状況

福島第一原子力発電所の状況

2016 年 4 月 5 日
東京電力ホールディングス株式会社

＜1. 原子炉および原子炉格納容器の状況＞（4/5 11:00 時点）

号機	注水状況		原子炉圧力容器下部温度	原子炉格納容器圧力	原子炉格納容器水素濃度
1号機	淡水注入中	給水系：約2.5 ㎥/h 炉心スプレイ系：約1.9 ㎥/h	15.2 ℃	0.45 kPa g	A系： 0.00 vol% B系： 0.00 vol%
2号機	淡水注入中	給水系：約1.9 ㎥/h 炉心スプレイ系：約2.5 ㎥/h	19.9 ℃	4.34 kPa g	A系： 0.06 vol% B系： 0.06 vol%
3号機	淡水注入中	給水系：約1.9 ㎥/h 炉心スプレイ系：約2.5 ㎥/h	17.7 ℃	0.27 kPa g	A系： 0.09 vol% B系： 0.08 vol%

＜2. 使用済燃料プール（SFP）の状況＞（4/5 11:00 時点）

号機	冷却方法	冷却状況	SFP 水温度
1号機	循環冷却システム	運転中	16.8 ℃
2号機	循環冷却システム	運転中	26.4 ℃
3号機	循環冷却システム	運転中	23.8 ℃
4号機	循環冷却システム	運転中	12.7 ℃

※ 各号機 SFP および原子炉ウェルへヒドラジンの注入を適宜実施。

希ガス　＞原子炉建屋からの追加的放出量の評価結果

1. 放出量評価について

■放出量評価値（2月評価分）

単位：Bq/時

	原子炉建屋上部		PCVガス管理システム			Cs-134,Cs-137合計値		
	Cs-134	Cs-137	Cs-134	Cs-137	希ガス	Cs-134	Cs-137	合計
1号機	4.4E2未満	6.3E2未満	1.7E1未満	1.8E1未満	2.2E7	4.6E2未満	6.5E2未満	1.1E3未満
2号機	2.8E4未満	1.2E5未満	3.7E0未満	1.1E1	1.1E9	2.8E4未満	1.2E5未満	1.5E5未満
3号機	9.4E3	4.9E4	1.3E1未満	3.5E1	1.4E9	9.4E3未満	4.9E4	5.8E4未満
4号機	5.4E3未満	5.1E3未満	―	―	―	5.4E3未満	5.1E3未満	1.1E4未満
合計	―					4.3E4未満	1.7E5未満	2.2E5未満

■放出量評価値（1月評価分）

単位：Bq/時

	原子炉建屋上部		PCVガス管理システム			Cs-134,Cs-137合計値		
	Cs-134	Cs-137	Cs-134	Cs-137	希ガス	Cs-134	Cs-137	合計
1号機	1.5E3未満	3.1E3未満	1.2E1未満	1.2E1未満	2.6E7	1.5E3未満	3.1E3未満	4.6E3未満
2号機	8.4E4未満	3.5E5未満	1.3E1未満	2.3E1未満	1.1E9	8.4E4未満	3.5E5未満	4.4E5未満
3号機	7.9E3	4.5E4	2.0E1未満	3.3E1未満	1.6E9	8.0E3未満	3.3E4未満	4.1E4未満
4号機	1.5E4未満	2.7E4未満	―	―	―	1.5E4未満	2.7E4未満	4.1E4未満
合計	―					1.1E5未満	4.2E5未満	5.3E5未満

※2.2E7＝2.2×10^{7}＝2200万Bq/h
※通常運転時の原発が放出する希ガスは年間で数十億～数千億Bq

廃炉で出たゴミはどこへいくのか?

放射性廃棄物は「燃料」だけじゃない

固体

- 使用済燃料
- デブリ(溶けた核燃料)
- 使用済装備品(防護服、手袋、マスクなど)
- 使用済吸着塔(汚染水浄化設備のフィルター)
- 使わなくなった汚染水タンク
- ガレキ類(コンクリと金属に分けてある)
- タンクを作る場所を確保するため切られた伐採木
- 入退域管理施設、大型休憩所などの建物に使われている換気系フィルター
- 上記施設内で発生した日常のゴミ(特に飲料容器関係)

液体

- 汚染水
- 廃スラッジ(汚染水浄化設備の樹脂関連吸着材)

気体

建屋排気
(原子炉の状態を調べるために抜き出したガス。浄化処理して大気へ放出)

「放射性廃棄物」と聞くと、多くの人は「使用済核燃料」「デブリ」などを思い浮かべるだろう。しかし事故で構内が汚染されてしまった1Fでは、敷地内に存在するものはすべて放射性物質に汚染されているため外部へは持ち出せない。使われなくなった時点ですべてのものが放射性廃棄物になってしまうのだ。たとえば事故当時、1F構内にあった車は汚染がひどく、現在は構内専用車両として使われている。これらが故障したり、古くなって動かなくなれば、また新たな「放射性廃棄物」になるわけだ。

このように「なくすことができない」のが放射性廃棄物のやっかいなところ。放射性物質を処理するには、ひたすら半減期を待つしかない。安全かつ安定して保管しておくことのみが、唯一の処理法なのだ。そのためゴミをなるべく増やさないことも、廃炉作業の重要なポイントである。しかし「廃炉」が進む限り、放射性廃棄物は生まれ続ける。これから先、それとどうつきあっていくのか。誰もが他人事ではなく身近な問題として考えなければいけないだろう。

廃炉作業が続く限り、使用済みの装備品などのゴミは増え続けて置き場がなくなる。そこで可燃物は構内の焼却炉で燃やすといった減容化をすることも大切だ。

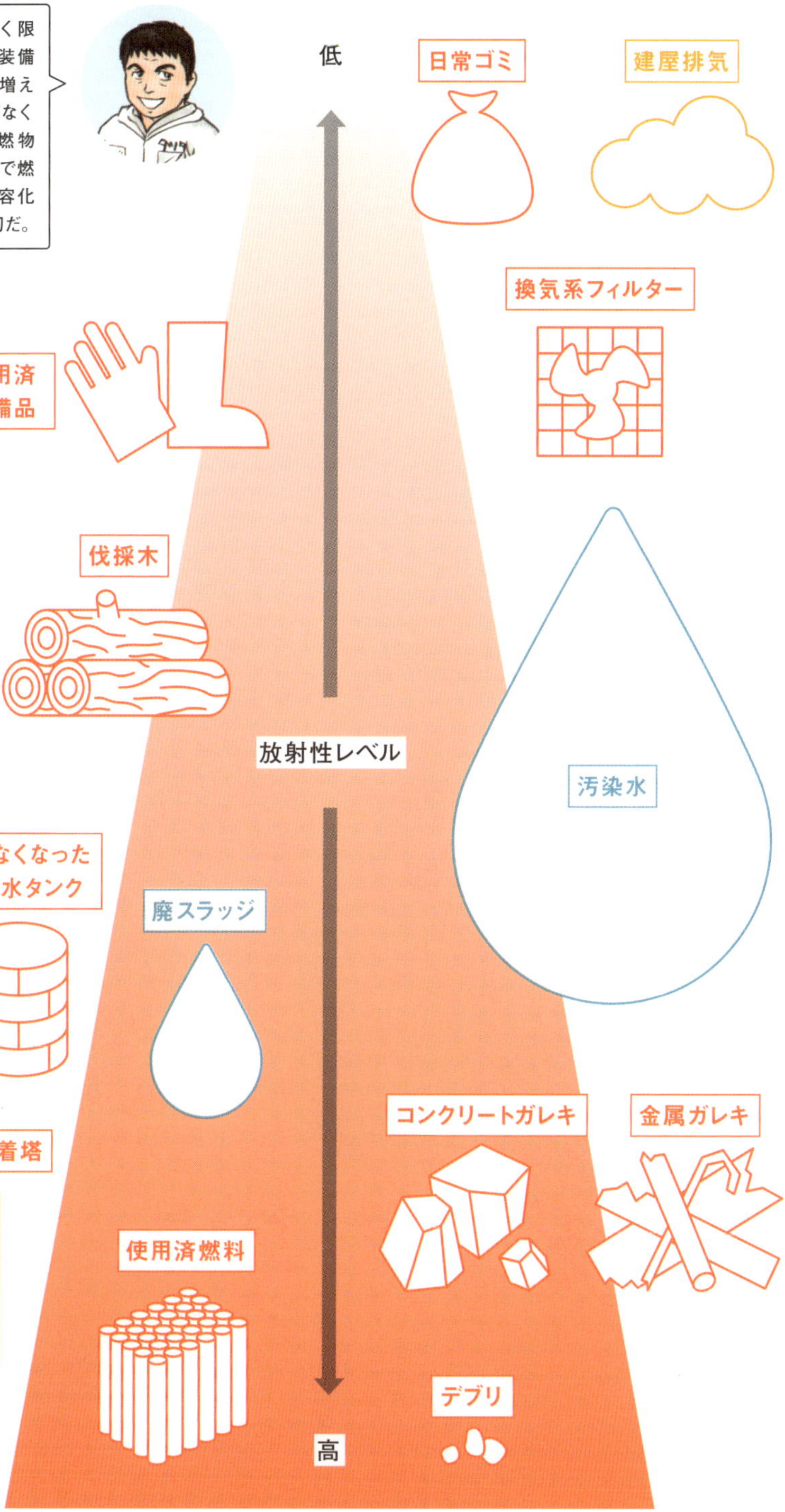

ゴミの行先MAP

1F構内で出たゴミは、種類によって分別され、広い構内のさまざまなところで保管されている。

浄化された建屋滞留水（＝トリチウム水）はタンクに入れて保管されている

表面線量が1～30mSvのガレキなどは一部、覆土式一時保管施設で保管される

新たに建設された雑個体廃棄物焼却設備。ここで防護服などが焼却される

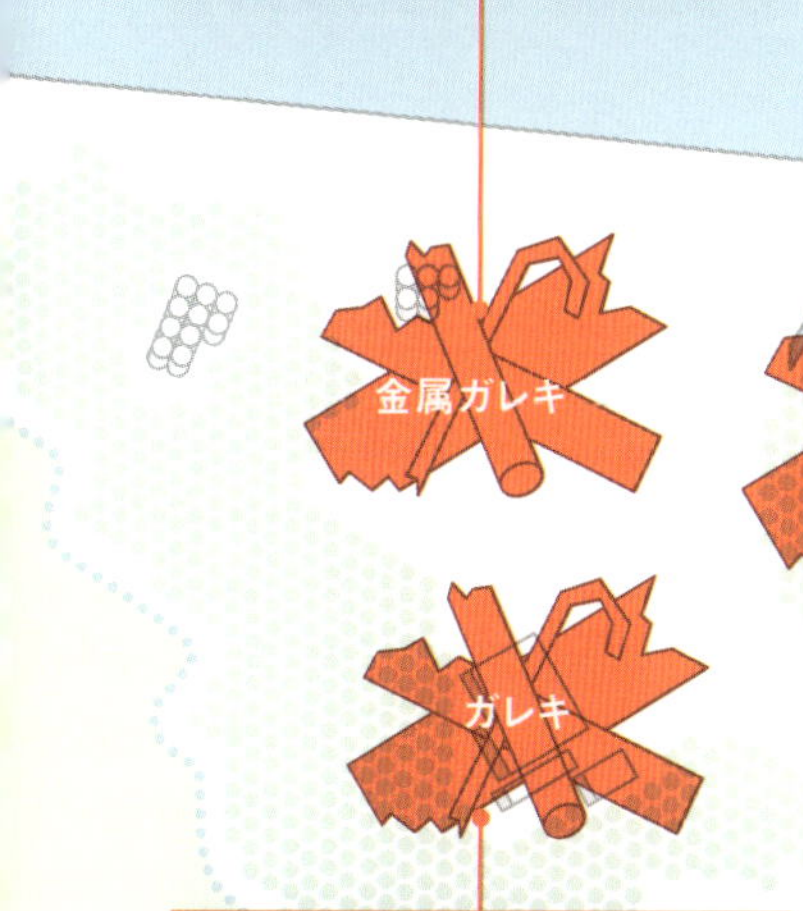

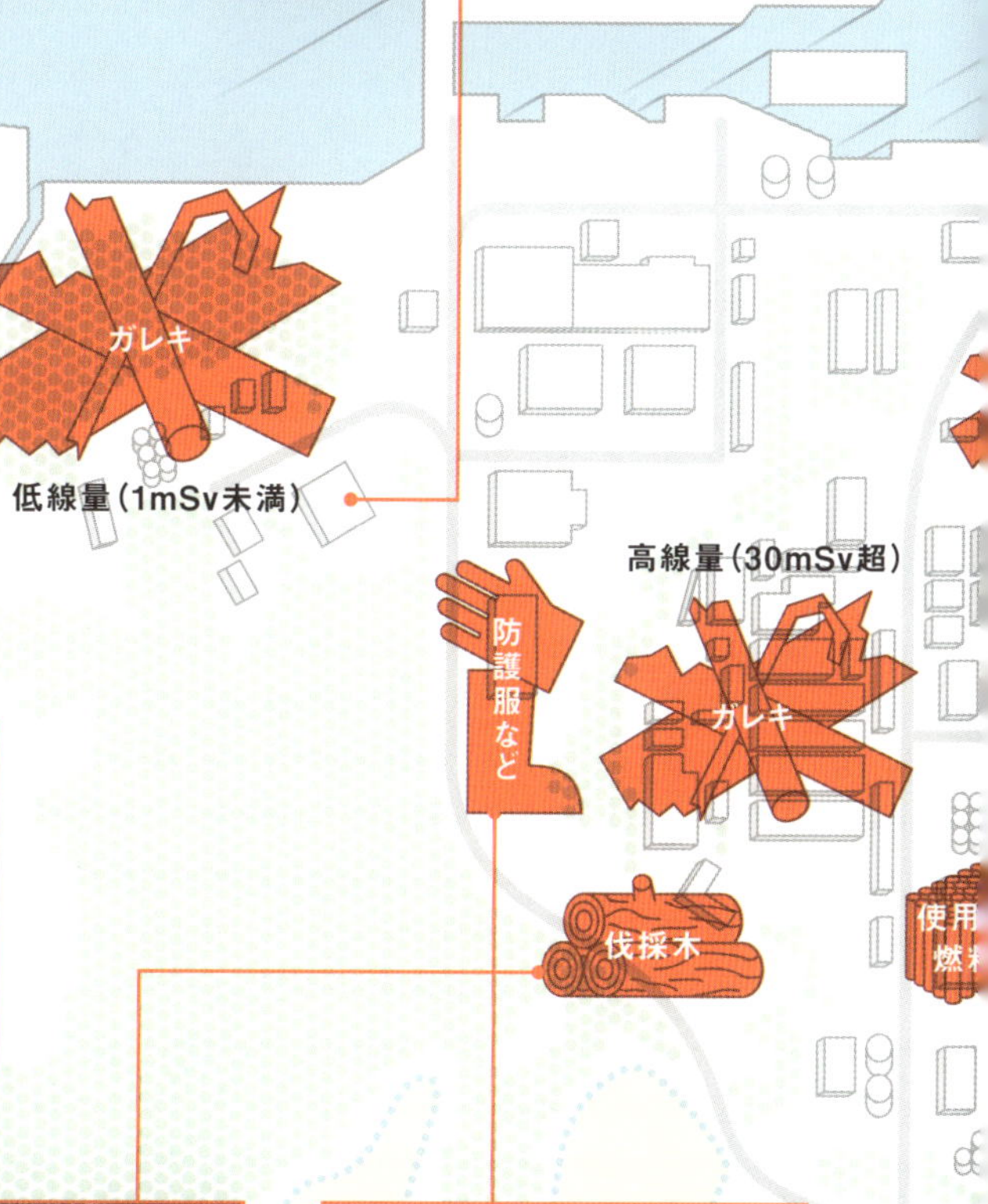

低線量のガレキが保管されているテント

汚染水タンクを置くために切られた伐採木も放射性廃棄物として構内に保管されている

使用済みの防護服などが保管されているコンテナ

COLUMN

放射性廃棄物は身近な問題

廃炉はみんなで考えるもの

吉川彰浩

50年以上も続く廃棄物の問題

放射性物質は危険なもの。これは誰もが共通とする認識で、私たちはそこから遠ざかるという選択をしました。放射性物質とはできれば関わりたくない。そのため放射性廃棄物を片づける＝廃炉に、後ろ向きなイメージしか持てない。それが現在、誰もが抱いている感覚ではないでしょうか。

原発事故によって、こうした思いを初めて持った方も多いと思います。ですが歴史を遡ると今に始まった話ではありません。

日本で初の原子力発電所は、１９６３年10月26日に、茨城県東海村に作られたＪＲＤＲ（Japan Power Demonstration Reactor）です。この原発の運転開始とともに、放射性廃棄物をどのように処理していくかという問題も、同時に始まったのです。50年以上前から考えていかなくてはならない問題だったと言えます。

放射性廃棄物は処理などできない。これはよく聞く言葉です。

放射性物質は種類によって、それぞれ異なる時間（＝半減期）がたつと、数が半分になる性質を持っています。そして最終的には放射線を出さない安定状態になり、無害化します。

放っておけば無害化する性質とはいえ、半減期が種類ごとに違うことをおさえておかなければなりません。たとえば、ヨウ素１３１の半減期は約８日、セシウム１３７は約30年、プルトニウム２３９は約２・４万年、ウラン２３８は約45億年。プルトニウムやウランは無害化するまでに途方もない時間がかかります。一番厄介な廃棄物が核燃料といわれるのも、半減期が長いプルトニウムとウランで構成されているからです。

無害化の方法が時間。そう捉えるならば「高レベル放射性廃棄物は処理などできない」という表現は正しいといえます。しかし「本当の無害化は難しいが、対策をして限りなく無害に近い状態で保管しよう」さらに「厄介な物だからこそ、これ以上増やさない対策を取っていこう」。これが原子力発電所の廃棄物処理の考え方として進んでいたものです。

無害化した状態で保管する技術は確立できている

青森県六ヶ所村には、高レベル放射性廃棄物管理センターと低レベル放射性廃棄物管理センターという、放射性廃棄物を最終処分する施設があります。

前者には使用済燃料を安定保管する施設があります。ガラス固化体と呼ばれる容器で長期間にわたり安定した状態で保管するというもので、貯蔵量はガラス固化体で２８８０本です。

後者では、高レベル放射性廃棄物以外をドラム缶に入れ保管しています。貯蔵量は200Lのドラム缶で40万本分、将来的には60万本となっています。

最終処分場もできているし、技術的にも保管できるなら問題はないじゃないかと思われるかもしれません。ですが「貯蔵はしますが、受け入れられる形にしてから持ってきてください」という条件が大きなネックとなっています。

皆さんもゴミは自分で分別し、袋に入れて出しますよね。これは捨てる側に課せられたルールです。同様に原子力発電所にも放射性廃棄物をゴミとして出すためのルールがあります。使用済燃料ならキャスクと呼ばれる容器に、それ以外はドラム缶に入れて出すことが課せられているのです。

ドラム缶に入れて送るといっても単純なことではありません。放射性物質を輸送するのですから、安定した状態で運ばなければなりません。たとえば高濃度汚染水ならば、水と放射性物質に分け、放射性物質は乾燥処理をして体積を減らし（減容化）、粉状のものをセメントやプラスチックで固めて安定化（固化）して、ドラム缶に入れた状態で送る。そういった処理が必要です。

ここで問題になるのが加工の難しさです。なかでも人が近づけないレベルの放射性物質は容易にはいきません。そこで考え方を変えて、発電所内で一時保管するという方法が取られてきました。

福島第一原発の廃炉で発生した放射性廃棄物が構内保管され続けているのは、構内から安全な状態で外に持ち出す加工ができていないことが大きな理由です。現在もどのような状態で持ち出すか、どこに持ち出し、どのように保管するか議論が進められています。

それは東京電力や原子力業界の問題ではないか。そんな声も聞こえてきそうですが、半減期のことを考えれば、放射性廃棄物は確実に次の世代に残してしまう問題でもあります。

次の世代に引き継ぐ遺産という考え

海外の原子力関連施設の廃炉ではレガシーという言葉が使われます。その意味は「遺産」です。

冒頭で約50年前からの問題だと書いたように、今を暮らす私たちはなんて厄介な物を残してくれたのかと思います。そして私たちの次の世代も同じ様に思うでしょう。

また最終処分場として青森県六ヶ所村を紹介しましたが、それを六ヶ所村の方は喜んで引き受けているでしょうか。

原発事故で行われている除染事業。除染廃棄物は福島第一原発の廃棄物よりも、放射線のレベルはぐっと低い物ですが、最終保管も含め大変な議論が起きています。廃炉を放射性廃棄物の処理と位置づけ、その処分方法まで裾野を広げると、それは私たちにとっては「身近な問題」です。しかし、身近な問題であるはずなのに、私たちはそれを遠ざけ続けています。同時に、廃炉の現場も私たちとは距離を取っています。

この問題解決のために必要とされるのは技術ではありません。廃炉を支える人たち、その周辺で暮らす私たち、地域行政、原子力関連の規制当局、みんなで対話をしながら、納得のいく放射性廃棄物の処理が確立していくことが本当に必要なことではないでしょうか。廃炉の方法について「みんな」で考え、進めていくことをレガシーとして残していかなくてはなりません。

INTERVIEW

東京大学工学系研究科
精密工学専攻
淺間一教授インタビュー

廃炉の現場とロボットテクノロジー

放射線量が高く、人が近づくことが困難な環境下で様々な調査や作業を行うことができるロボットや遠隔操作機器の導入は、廃炉の現場にとって不可欠だ。その技術開発の中心を担っているのが国際廃炉研究開発機構（IRID）である。その技術委員としてロボット開発に取り組む東京大学工学系研究科の淺間一教授。震災後には政府と東京電力による福島第一原発「事故対策統合本部」で、ロボットや無人重機の導入検討を担当するリモートコントロール化プロジェクトチームにも参加した淺間教授に、廃炉の現場でロボットがどのように働いているのか、そしてそこにある課題や将来への展望を聞いた。

ロボットができることは限られている

――福島第一原発廃炉の現場で活躍するロボットが現在やっていることについて、一つが建屋の中の線量計測や調査。もう一つが今後の作業を進めるためのガレキの除去。そういった、これからはじまる重要な作業の前段階の作業を進めている。そういう理解でよろしいでしょうか。

淺間　そうですね、廃止措置という長いミッションからいえば、一番のイベントは、やはり燃料デブリの取り出しです。現状はまだその手前にいるということですね。

――もちろんデブリ取り出しも大変でしょうけれども、ここまでの5年間にわたる作業も困難な作業の連続だったのではないかと思います。1F廃炉におけるロボットの活用という点で、技術的な困難さのポイントはどこにあるんでしょうか。

淺間　建屋の内部の状況が「Unknown」というのが一番大きいですね。ロボットが一番苦手なのは、わからない状況で何かをやることです。そこは人間とロボットが最も違う点ですね。

人間は適応性が非常に高いので、新しい環境に行っても普通に動いたり作業することができます。一方、ロボットは少し環境が変わるだけで安定して動かすことが難しくなります。歩行ロボットでも、少し環境が変化するだけですぐ倒れます。環境がよくわかっていればすべてプログラムしておけばいいわけです。ただ、廃炉の現場のUnknownな環境で使うには、予測していない状況に遭遇してもなんとか動かないといけない。それを見越してどうやってシステムを設計するのかが、一番の大きな問題ですね。

――そうなんですね。

淺間　そういう意味で、まずはロボットを現場に入れて、部分的にでも内部の状況を調べて、その情報に基づいて次のロボットを設計する。それを使って更に状況を詳細に調べながら次の設計をする。そうやってより確実に目的の仕事を遂行できるロボットを作っていく。一歩ずつ前進していくしかない、というのが現状ですね。

一般の方には、ロボットの知能がすでにかなり高度化していると思う方もいるかもしれませんが、実際は必ずしもそうではない。ロボットにできることは、まだ限られている。環境に適応して動けるようにするのは、やはり難しい技術だと思います。

――なるほど。一般の方の中には、「線量が高いからロボット開発は難しいんだ」という見方もあるかと思いますが、その点はいかがでしょうか。当初、きわめて高い放射線の影響で半導体などがすぐに壊れるのではないかということが懸念されたが、それなりに耐放射線性があるということがわかってきたともうかがいました。思ったよりは大丈夫だったということですか。

浅間　そうですね。これまでは比較的線量の低い場所で使われていたので何とかなりましたが、今後はもちろん高線量環境下でも動けるようなロボット技術の開発というところは重要なポイントになります。これまでは半導体を用いたカメラやコントローラを載せたロボットが主流でした。今後は、半導体は線量の低いところに置いておいて、線量が高いところにメカだけを投入するという発想が必要になる。この点は従来とは違う作業です。

「サクセスストーリー」以外の機能を持つことが重要

――半導体以外で放射線の影響を受けるものは？

浅間　シーリングしているところなどにはゴムを使いますよね、ああいったものも弱いですね。劣化します。

――劣化するんですか。ただ、放射線が高いところで機械を長期にわたって動かすという技術は他の分野でもありえますよね。たとえば医療機器とか、人工衛星など宇宙で動く機械とか。そこである程度、耐久性のある材料の開発など進んでいたんじゃないのかなと想像するんですけれども。

浅間　そうですね。医療にしても宇宙にしてもみんな実用化する上で耐久性・頑健性は求められます。ただ、それもある程度環境が限定されていれば対処しやすいんですが、まさに小惑星探査機はやぶさのケースのように実際何が起こるかわからない時に、本来だったら他の用途のために備わっていた機能が役に立ったりすることがあるわけです。

一つ一つの要素を丁寧に作りこむことは重要ですがそれだけでは足りません。様々な状況を見越して、あらかじめ何を組み込んでおくのか。そういうデザインセンスが要求される問題だと思いますね。

たとえば今回も、建屋の中でロボットが倒れたときにも起き上がれるか、回収できるか。そこまで考えておかないといけないわけです。理想のシナリオでは不要な機能が、いざというときにはこれが役に立つということまで考えておかないと恐くて使えない。

――建屋内はコンクリートの分厚い壁で覆われているため通信機器が使いづらく、有線でデータを飛ばさなければならないことも状況をより難しくしているようですね。

浅間　そうです。ロボットは何百mというケーブルを繰り出しながら進んでいきます。そうすると、どこかに引っかかって、ケーブルが断線するケースも出てきます。いくら訓練をしても、現場にどういう障害物があるかわかりません。ケーブルがどこかに引っかかっていないかを全部モニタするというのも到底難しい。

――廃炉だからといって問題なのは放射線だけではなく、むしろ移動範囲に制約があるところをどう移動するか、電波が飛ばないところでどう通信するのかといったことが今回の廃炉についてのロボットの特殊性ということですかね。

淺間　そうですね。たとえば、ロボットが溝に嵌《はま》って動かなくなったというのは空間認知の問題なんですね。我々、人間がその場にいれば簡単に気がつくところが、ロボットに乗っているカメラの映像を遠隔から見ただけではわからない。モニタを見れば現場の臨場感を把握できるかというと、それは必ずしも容易じゃないわけです。前に進むからといって前の方ばかり見ていればいいということではありません。照明もそういうことまで考えて設計されているのだけれども、意外に足元が見えていなかったっていうことですよね。

「3歩進んで2歩下がる」の繰り返し

――なるほど。とはいえ、相対的に見てスタティックな環境だと思えてですね。たとえば、現場は3・11の時に壊れた状態でずっとあるわけですよね。時間を掛ければ必要な状況の把握はできるんではないかと想像しています。

なかなか表しがたいでしょうけれども、道のりでいうと100までのうちでどのぐらいまでこの5年間進んできたと言えるでしょうか。当然、100％把握するのは線量や物理的な制約があって難しいのかもしれないですが、とはいえゼロではないわけですよね。

淺間　それは難しいですね。私にも何とも判断できないですね。これはあくまでも個人的な感覚ですが、まだ10％も行っていないんじゃないですかね。

――なるほど。でもそこの感覚が、一般の人はわからないと思うんです。もちろん楽観もできませんが、「ロボットが回収不能」のようなニュースを聞きかじって「もう絶望だ、何も進んでいないんだ」と思っている人も多いと思うんですよね。感覚値だとしてもそれはとても大切なことをうかがいました。

淺間　いや漠然とした感想です。

――まあ、仮に、そのぐらいの感覚だとして、やっぱり未知な部分が相当多いということですよね。

淺間　ええ。まあ燃料デブリの取り出しが始まれば、もう少し、20％ぐらいまで上げてもいいのかなあという気はしていますが。

――なるほど。

淺間　とにかく燃料デブリを見た人さえ、まだ誰もいないわけですから。

――原子炉建屋の地下階にあるサプレッションチェンバーなどは見ることはできていますよね。

淺間　見られている部分もあるんですけれどもまだわかっていない部分も多々あ

る。一階の部分は結構わかっていますけれど、地下は汚染水があるので、水中やその下がどうなっているかというのはなかなかわかっていないですね。

――ここまでの進捗具合は順調だったのかそうじゃなかったのかでいうとどちらでしょうか。想定の範囲内で動いてきたのか否か。

淺間　どうでしょうかねえ。そもそもどこまで想定できていたのかっていう話ですよね。マイルストーンは決めているものの、その時マイルストーンも「スリーマイル島原発事故の時はこのくらいかかったから、それよりも過酷な1Fの状況ならこれくらいかかるだろう」という程度の根拠なわけです。一つ一つのプロセスを積み上げて「だから何年何か月かかります」という計算しているわけではないんですね。

そういう意味では3歩進んじゃ2歩下がり、みたいなのを繰り返しながら、廃炉作業は進んでいくんだと思います。もちろん前に進んではいるけれども。思ったより手こずっているというふうに思っている人が大多数だと思うんですよね。

「廃炉」は、後ろ向きの技術開発ではない

――事故直後、雲仙普賢岳の噴火の収束作業で遠隔操作型のロボットが役に立ったという話もうかがいました。そういった意味では、工学の世界ではああいうのも使える、こういうのも使えるという「転用可能な先行事例」の発見と転用のための努力の連続だったと思うんですけれどもいかがでしょうか。

淺間　先行事例はやっぱりある程度は参考にしますが、1Fの廃炉はいずれの場合とも全然違うので他で使われた技術だけではまったく不十分ですね。

そういう意味で言うと、海外の研究者と話していると「非常に日本が羨ましい」といわれることがあります。不謹慎な言い方かもしれませんが、事故が起こったために具体的なニーズと現場がうまれて、そのための技術開発をしなければならなくなる。そこに大きな開発費が投じられ、ビジネスチャンスも生まれると、その海外の研究者は言うんです。

技術はやはり競争力ですから、その競争力を生み出す機会がこの事故によって生まれたという言い方もできるんですね。ただ廃炉のため、事故を収束させるためという目的だけじゃなく、この廃炉をむしろバネにして競争力のある技術力の強化につなげていくという考え方が、きわめて重要だと思いますね。

――その現状認識は科学技術以外のあらゆるテーマについても重要だと思います。様々なリソースが集まっている状況は、人々のためになるものを作る機会ですから。

淺間　その点、今回の福島の原発に関するロボット開発についてやはり非常に難しいなと思うのは、良い技術だから適用しよう、というシンプルな考えでは通用しない。何か失敗した時に放射線物質が外に漏れないかとか、いろんなリスクがある中で、安全を担保しながらことを進める手段を見つけなければならない。使えそうな技術はある

し、いろんなアイディアも出てくるけど、これは本当に安全が担保できるのかと常に問われるわけですね。失敗が許されないという点で、一般のケースとは全く違います。とりあえずやってみればいいじゃない、というふうにいかないんですよね。

——なるほど。宇宙開発が、人々の夢の後押しがあってすごい勢いで進んでいた時代のような科学技術の社会的位置づけはもはやないわけですよね。今のお話を聞くと、そういう社会の後押しとは違った、あるいは逆の力学が働く中で技術開発するのは大変なのではと想像するんですがいかがでしょうか。

浅間　新たな創造ではなく、後始末という後ろ向きの技術開発と考えられがちですが、福島のこういった取り組みを授業などで話すと、若い人は割と興味を持ってくれるんです。これはやはり単なる後ろ向きの技術開発ではなく、廃炉といえどもワクワク感があるんだと思います。しかもその宇宙開発よりもよほど人類に直接貢献するような部分ですから。なんとか廃炉を進めて社会の役に立つというところに学生もやりがいを感じるんだと思いますね。

おっしゃるように、科学技術は大きな転換期に来ていると思います。これまで科学技術を推し進めてきたのは、探究心や好奇心、何か面白い、これをやってみたいというものが主流でしたが、今は、もちろん原発事故だけに限らず、高齢化も進み温暖化も進みいろんな社会的な問題が出てきている。そこで何らかの社会問題の解決をやらなきゃならないという感覚が研究のモチベーションになっているような研究者が増えるべきだし、実際そうなりつつあると思うんですよね。

そういう意味で、研究者の位置づけが象牙の塔の中に閉じこもって好きなことをやっているという時代から、社会とつながった存在になっていくという大きな転換期なんだと思うんです。そのきっかけの一つが、この福島の原発事故だったんじゃないかと。

これからは、ディシジョンメイキングが求められる

——よくわかります。そういった意味で、世代を交代しながら見ていかなければならない現場であろうし、あるいはそこに行政も企業も様々な形で絡んでくる。それをどうマネージメントするかという役割を研究者が担わなければならない。繰り返しになってしまいますけれども、じゃあ宇宙開発だったら、政府が予算をつけて関連省庁が旗をふってそれに研究者が乗っかって、社会もそれを応援して、それで勢い良くことが進んだ時代もあったのかもしれない。でも今は、これやって失敗したらどうだ、そんなに予算かけられるのか、これが足りないあれを入れろといったバッシングを受けながら、常にそういうマネージメントを求められる。そういう中でことを進めるポイント、難しさってどういうところでしょう。

浅間　いやもうおっしゃる通りだと思いますね。今まではやっぱり縦割り行政だっ

た。それは仕事を効率的にやろうとした時の、最適な一つの形だったのかもしれない。ただ、それは社会問題の解決というその目的に関しては非常に脆弱《ぜいじゃく》だったわけです。

しかし、問題解決をしようとすれば、一つの観点だけでは当然解決できない。非常に多様な知識と技術とプレイヤーが必要になる。そのようなプロジェクトというのはこれまではあまり取り上げられていなかったわけですよね。。今回の事故でその必要性を思い知らされたわけです。

ですから今回も、原子力という非常に限定された分野の中だけでこの問題が取り扱われているわけではないんですよね。当然、電気・機械・土木、そういう工学的な専門家もいるし、社会科学的なリスクコミュニケーションや、ご指摘されたマネージメントや、システムの安全を確保するシステム工学的な技術といったものもきわめて重要になってくると思いますね。

――その通りですよね。

浅間　国際協力のあり方も大きく変化してきています。いま、だいたい国際学会でもファンディング（資金集め）の話が議論されることが多くなりました。国際協力で何か進めようという議論は日本だけではなくあらゆる国で行われていて、みんなパートナーを求めている。私も海外から「一緒に研究やりませんか」と、いろいろな形で声をかけてもらっています。

それから実用化のレベルも変わってきていますね。今まで我々は授業をやって論文を書いていればよかったのに、そういう状況ではなくなってきています。企業と共同で開発をしたり、関係する省庁の人と話をする機会も増えてきました。

そういった国際的学際的な中でのマネージメント、いわゆるディシジョンメイキング（意思決定）が必要になってきている。昔は乗り越えるべき問題が小さかったのでそれを全部見わたせる人が「これでやろう」と意思決定できていたのが、今はそうではない。多様な組織や技術が問題を解くための意思決定をするために、境界を越えて手を組む必要が出てきています。

――廃炉におけるロボットの開発に、社会における科学技術の位置づけの変化が象徴的に現れているように思いました。ありがとうございました。

浅間 一
（あさま・はじめ）
1959年生まれ。1984年東京大学大学院工学系研究科修士課程を修了後、理化学研究所研究員補、同副主任研究員などを経て、2002年に東京大学人工物工学研究センター教授、2009年には同大学院工学系研究科教授に就任。主に自律分散型ロボットシステム、空間知能化、サービス工学、移動知、サービスロボティクスの研究に従事している。

1F構内で働くロボット

現在、1F構内で働いているさまざまなロボットたち。三菱重工、東芝、日立GEなどが、それぞれの知恵と工夫の限りを尽くして、チャレンジを続けている。

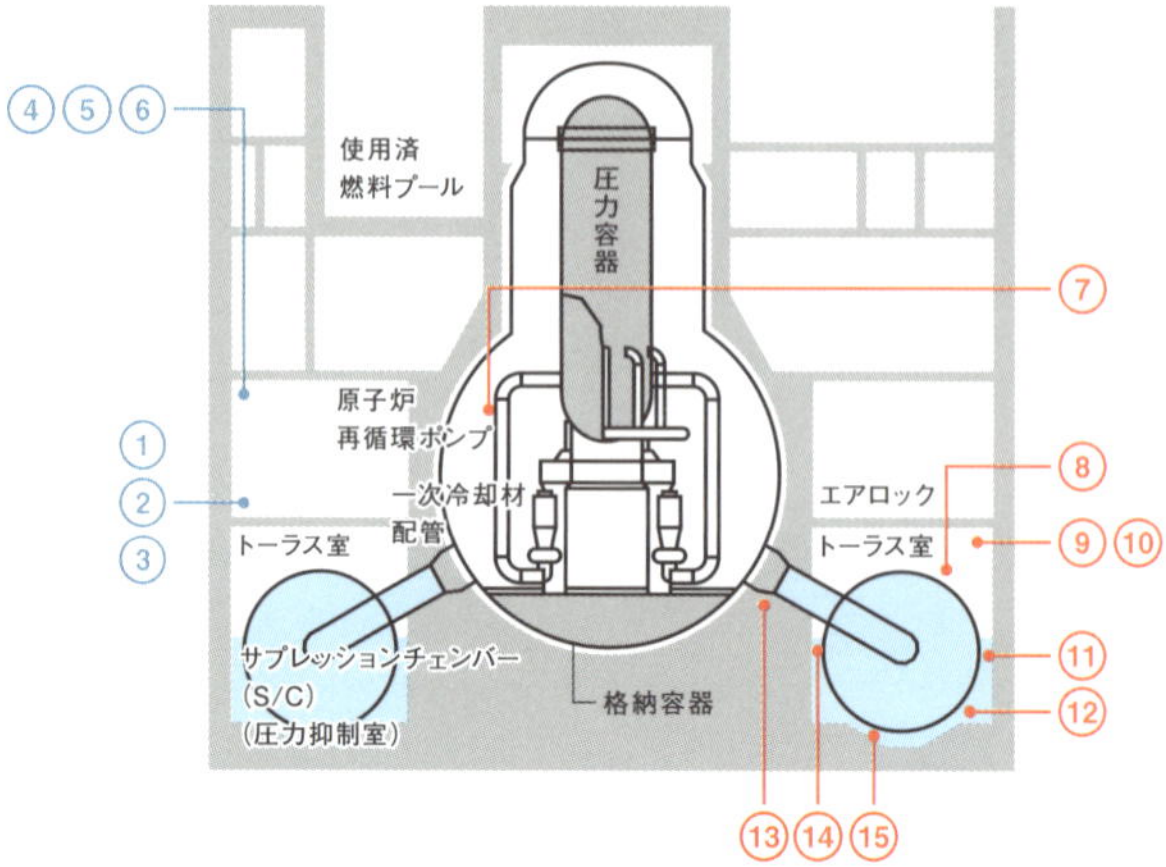

作業用ロボット

①吸引・ブラスト除染装置(マイスター)

[作業内容]ショットブラストによる除染
[作業場所]1号～3号 原子炉建屋内1階の床面及び低部壁面
[開発担当]三菱重工
本体サイズ:W700㎜×D1250㎜×H1300㎜
重量:約500kg

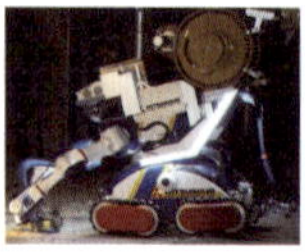

②ドライアイスブラスト除染装置

[作業内容]ドライアイスブラストによる除染
[作業場所]1号～3号原子炉建屋内1階の床面及び低部壁面
[開発担当]東芝
除染台車サイズ:W920㎜×D1460㎜×H1840㎜
支援台車サイズ:W786㎜×D2333㎜×H1990㎜
重量:除染台車730kg、支援台車980kg

③高圧水除染装置(Arounder)

[作業内容]ウォータージェットによる除染
[作業場所]1号～3号原子炉建屋内1階の床面及び低部壁面
[開発担当]日立GE
本体サイズ:W600㎜×D1600㎜×H1300㎜
重量:台車約850kg

④高所用高圧水ジェット除染装置

[作業内容]ウォータージェットによる除染
[作業場所]1号～3号原子炉建屋内1階の2m以上の高所壁面及び構造物
[開発担当]日立GE
本体サイズ:W7000㎜×D1800㎜×H1500㎜(アーム格納時)
重量:約1200kg

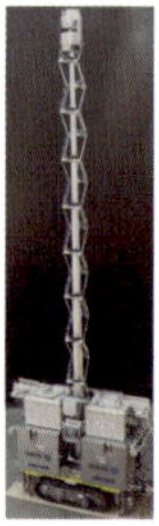

⑤高所用ドライアイスブラスト除染装置

[作業内容]原子炉建屋の高所への除染用ノズルの移送(除染方法はドライアイスブラストを基本)
[作業場所]1号～3号原子炉建屋内1階の5～8m高さの壁面、天井及びダクト、ケーブルトレー等
[開発担当]東芝
本体サイズ:W930㎜×L2069㎜×H1961㎜
装置最大到達高さ:8000㎜以上

⑥高所用吸引・ブラスト除染装置(スーパージラフ)

[作業内容]ショットブラストによる除染
[作業場所]1号～3号 原子炉建屋内1階の高所部
[開発担当]三菱重工
本体サイズ:約W1300㎜×D2350㎜×H1700㎜
重量:約4000kg

⑪トーラス室壁面調査装置（げんごROV：水中遊泳ロボット）

[調査内容]水中の壁面貫通部の調査
[調査場所]トーラス室とタービン建屋の貫通部（水中部）
[開発担当]日立GE
寸法：L500㎜×W400㎜×H400㎜
質量：約22kg（気中）、中性浮力（水中）

⑫トーラス室壁面調査装置（トライダイバー：床面走行ロボット）

[調査内容]濁水中の壁面貫通部の流れの調査
[調査場所]トーラス室とタービン建屋の貫通部（水中部）
[開発担当]日立GE
寸法：L600㎜×W500㎜×H400㎜
質量：約40kg（気中）、約1.5kg（水中）
耐水圧：10m

⑬ベント管-ドライウェル（D/W）接合部調査装置（VT-ROV）

[調査内容]ベント管外面に吸着し、ベント管とD/Wシェル接合部点検位置まで自走し、照明とカメラにてベント管とD/Wとの接合部からの漏えい水、及びコンクリート壁開口内面下部の流水有無を調査する

[調査場所]トーラス室内のベント管とPCVシェル接合部（気中部）（実機工事での使用は未定）
[開発担当]東芝
寸法：L280㎜ xW280㎜ xH90㎜
重量：10kg

※開発はされたがまだ実用はされていない。

⑭サンドクッションドレン管調査装置（DL-ROV）

[調査内容]トーラス室水中を遊泳して水没したサンドクッションドレン管開口まで移動し、照明とカメラ、トレーサ放出機構にて水没したサンドクッションドレン管開口からの1リットル/min以上の漏えいを検出する

[調査場所]トーラス室サンドクッションドレン管出口（水中部）（実機工事での使用は未定）
[開発担当]東芝
寸法：L530㎜ xW290㎜ xH300㎜
重量：14kg

※開発はされたがまだ実用はされていない。

⑮サプレッションチェンバー（S/C）下部外面調査装置（SC-ROV）

[調査内容]S/C外面に吸着し、S/C下部外面調査位置まで自走移動し、照明とカメラ（前後左右に4台）にてS/C下部外面の直径30㎜を超える穴の有無を確認する

[調査場所]2号機トーラス室S/C外面（気中及び水中部）
[開発担当]東芝
寸法：L280㎜×W280㎜×H140㎜
重量：10kg

写真提供：IRID

調査用ロボット

⑦1号機原子炉格納容器（PCV）内部調査装置（形状変化型ロボット：クローラタイプ）

[調査内容]①1号機PCV内のペデスタル外側1階グレーチング上の映像、線量、温度を測定　② PCV内のCRDレールの状況確認
[調査場所]1号機 PCV内のペデスタル外側1階グレーチング上
[開発担当]日立GE
ガイドパイプ走行時：約L600㎜×W70㎜×H100㎜
グレーチング走行時：約L200㎜×W300㎜×H100㎜
重量：約10kg（ケーブル重量除く）

⑧1号用サプレッションチェンバー（S/C）上部調査装置（テレランナー：S/C上部調査）

[調査内容]C/W上からS/C上部構造物からの漏洩の調査
[調査場所]1号トーラス室S/C上部（気中部）
[開発担当]日立GE
寸法：L600㎜×W500㎜×H800㎜
質量：約70kg

⑨1号用サプレッションチェンバー（S/C）上部調査装置（テレランナー：トーラス室壁面調査（ソナー））

[調査内容]C/W上からソナーを吊り下げて壁面貫通部の流れの調査
[調査場所]1号トーラス室とタービン建屋の貫通部（水中）
[開発担当]日立GE
寸法：L600㎜×W500㎜×H1200㎜
質量：約100kg

⑩1号用サプレッションチェンバー（S/C）上部調査装置（テレランナー：トーラス室壁面調査（カメラ））

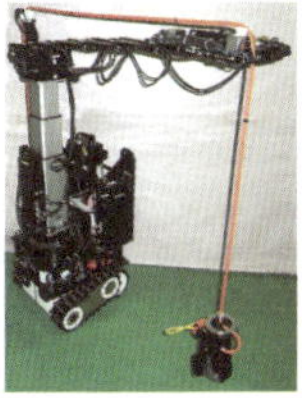

[調査内容]C/W上からカメラを吊り下げて壁面貫通部漏洩の調査
[調査場所]1号トーラス室とタービン建屋の貫通部（水中）
[開発担当]日立GE
寸法：L600㎜×W500㎜×H1200㎜
質量：約100kg

JAEA　福島研究開発部門
福島環境安全センター
石田順一郎特任参与インタビュー

「研究機関の役割」の来し方行く末

福島第一原発事故の被害は、東電だけ、行政だけで対応できる範囲を超え、平常時以上に、研究機関・研究者らとの連携が欠かせない状況を生み出した。その間、研究機関・研究者はいかに動き、いかなる役割を果たしてきたのか。
JAEA（国立研究開発法人日本原子力研究開発機構）は、発災直後から測定と除染において、様々な技術開発に関わり、今後は廃炉に関する研究の拠点も作っていく。JAEAが福島に拠点を置いた最初期から現場活動の陣頭指揮をとり、福島県の除染アドバイザーも務める石田順一郎特任参与に話を聞いた。

遠くから人を送るのでは間に合わない

――石田さんはＪＡＥＡ（国立研究開発法人日本原子力研究開発機構）が事故直後に立ちあげた機構災害対策本部において理事長補佐として活動の陣頭指揮をとっていらっしゃいます。これまでの福島におけるＪＡＥＡの役割と３・11後の活動の大まかな経緯を教えてください。

石田　ＪＡＥＡは原子力に関わる国の専門機関という立場で、事故直後から、国や東電が困っていることや、機構への数々の要求への対応をしてきました。

当初は、茨城県ひたちなか市にある原子力緊急時支援・研修センターを中心に、全事業所・全部門の職員の協力を得て、福島の現場や国の事故対策本部などへ職員を派遣していましたが、福島県内に拠点が必要との判断から、事故発生３カ月後の６月30日に福島市に事務所を設置しました。

現在、福島にいるスタッフ数は１３０人。ただ、私が最初に福島に来た６月30日当初は９人から始まりました。

事故発災当時は安全統括部長という立場で機構全体の安全の元締めをしていました。その前は、原子力緊急時支援・研修センター長をしていました。これは事故時にディスパッチ、つまり、人を現地に送り出して手助けしたり、事故がないときにはいろいろな発電所に出かけて緊急時の対応をレッスンしたりするところです。

――いずれも茨城県東海村に拠点があったんですね。

石田　そうです。３月11日、東海村などにあるＪＡＥＡの施設も地震で被害を受けたのでその点検結果を集約していました。ところが、３月12日に福島第一原発１号機建屋での爆発が起こって、これは福島が大変だということになりました。まず、原子力緊急時支援・研修センターに行って福島の対応を始めました。基本的には私の後任である緊急時支援・研修センター長が対応していたのですが、一人、二人でできる状況ではありません。

ＪＡＥＡをあげてどう福島の支援をす

るか。すでに、3月12日早朝にモニタリングのために5、6人を、自衛隊のヘリコプターで霞ヶ浦駐屯地から福島のオフサイトセンターへ送っていました。そのあとも、あちこちの拠点から人を集めて、一班何人という形で車で送りこみました。そのときの福島は混沌とした状態で、行ったはいいけれども寝るところも布団も、食べ物も、トイレもない。かなり叱られました。

そういうことを2、3カ月している中、「遠くから人を送る形での福島支援では時間も手間もかかる」と事務所を作ることになりました。そのころ国、県、市町村の方は、福島県庁を拠点にして情報を集約し対応していましたので、まず福島市に事務所を置くことになり、福島駅前のビルにまず一部屋借りて事務所を開きました。そのときはモニタリング要員も連日入れ替わりで来ていて、毎朝・毎晩、皆で集まり情報を共有しました。一時は一部屋に50人くらい入って座る場所もないような状況の中で、その日の予定を話し、帰ってきたら総括をしていました。それが福島での活動の始まりです。

田んぼの肥料計測技術がモニタリングで役立った!

——JAEAは後に、航空機モニタリングを担当するようになって、広い範囲での放射線のマップ化に力を発揮しましたね。

石田　はい。最初はアメリカのDOE(Department of Energy：エネルギー省)がアメリカの飛行機で福島第一原発の上を飛びました。当時、我々は航空機モニタリングという技術は必ずしも十分にもっていませんでしたが、それに近いことをしているチームがいたので、DOEの調査に参加することで技術を学びながらモニタリング技術を開発していきました。狭いエリアを詳細に測る方法や、広いエリアをまんべんなく測る方法の開発は、DOEとの共同作業がきっかけになっています。

——「それに近いこと」というのは。

石田　担当者がこちらに来る10年ぐらい前、田んぼの真ん中に肥料を積み上げてそこにヘリコプターを飛ばして肥料に含まれる放射性物質を測ってマップが描けるか、調べている研究者がいたんです。きっかけは、2000年に北海道で有珠山が噴火したとき、ヘリコプターで火砕流のデータをとっていたのを見て、これは放射線を測るのにも有力なツールになるのではないかと考えたことでした。

当然、10年前は3・11のような事故が起きるとは想定していませんでした。我々は4000人の研究者がいる研究開発集団なので、いろいろな分野の技術を開発していたんですね。その成果があって、3・11のあとにDOEの技術を受け継げるぐらいのレベルになっていたということです。

——なるほど。

石田　今なぜその研究をしているかということが一般の人には必ずしも理解できなくても、機構の中にはコツコツ研究している人がいます。10年前は「あいつは田んぼの肥料を測って何をしているんだ」という話でした。その担当者は変わり者でしたが、昔からしていたことがうまく花開いて役に立った。事故がなければ、何の役にも立たなかったかもしれない。ＪＡＥＡには、そういう人がいることを許しているカルチャーがあります。

マップは様々なところで参照されています。空から全体的に見ることで、避難指示をどう解除するかなどの検討ができるわけです。地上でも、何キロ平方に一地点などと定めて一点ずつ測定しています。そのデータと空からのデータを突きあわせることによって、より精度の高い結果を国や地元に提供できます。

モニタリングから除染技術の研究へ

――それは、国、東電、メーカー等々ではなく、研究機関として人材や知見を蓄積してきたＪＡＥＡの立場だからこそできることですね。最初の、混乱が落ち着いていく中で活動の内容や組織体制も変わっていきましたか。

石田　最初の半年から1年は、どこにどれだけの放射性物質が落ちているのかがわからなかったので、とにかくモニタリングを進めました。続いて出てきたのが、我々は予定していませんでしたが除染です。事故前、たとえば実験室で放射性物質が出てきて汚れたときに除染したというような経験はあります。ただ、環境中に出た放射性物質を除染することは、これまで経験がありませんでした。

チェルノブイリ原発事故が同じレベル7の大きな事故でしたが、彼らはほとんど除染せずにその土地を放棄して、周りの住民は遠方に集団で移住させました。

――環境の除染の研究は手つかずだったのですか。

石田　手つかずというよりは、そもそも、そのようなことをしようという認識がなかったんですね。放射性物質のレベルが高い室内においてある実験機器が老朽化したから、新しいものに取り換えるときにどう除染して解体するかというような経験はあったわけです。でも、農作物があるところや上水など、人の口に入るものが汚染されたときにどうしたらいいかという知見は、当時、ありませんでした。私自身、最初、福島駅前で放射線量を測ったときに80マイクロシーベルト／毎時の数字が出て、70㎞も離れているのになぜ福島市の線量がこんなに高いのかということがわかりませんでしたから。そういう、想定がなかったんです。

除染の試験を始めたのは２０１１年11月ごろでした。それから半年ほどかけて、どうすれば農地や住宅などの放射線のレベルが下がるかを検討しました。当初、モニタリングをしているときは、そもそも除染をする必要があるかどうかすら考えずに作業を進めていましたから、効率的な除染のあり方の体系化が次の大きなミッションでした。当時は、今除染を担当している環境省ではなく、内閣府が担当で、除染のガイドライン策定などを情報交換しながら一緒にやっていきました。

２０１２年3月、その成果報告会を開くとき、最初はこぢんまりとした会場を考えていましたが、聞きたいという声が多くて、１２００人ぐらい入る市民公会堂に途中で切り替えました。国、自治体、除染に携わろうかという人に来ていただいて、そこも満杯。そういう機会を通して、どう除染するかということを水平展開していきました。

――モニタリングが進み、除染が実行段階になってくると、今度は汚染水の話や廃炉で使うロボット技術などの話題も出てくる時期になるかと思います。他にもいろいろな研究のニーズが出てきたと思います。

石田　当初から福島に入っている我々のチームはオフサイト、つまり発電所の外の状況が今どうなっているか、その状況をできるだけもとの状況に戻すにはどうしたらいいかという一回りの仕事をしてきました。

今おっしゃったオンサイトは、もう放射線のレベルが桁違いで、人が勝手に入って何かできる状況ではありませんが、まずはオンサイトについても線量マップを細かく作る。特に使用済燃料、デブリ化している燃料をどう取り出すかというところは、オフサイトの技術とは全く違った技術が求められるので別なグループの対応が必要だということになりました。現在、オンサイトのグループはいわき市と楢葉町にあります。当初いわき市の事務所に120人ほどいましたが、現在は70~80人。残りは楢葉に移っています。今後、富岡町や大熊町に拠点を作りながら新しい知見を生み出していきます。

10年かかることを1年で

――1Fの近くに拠点を置く意味はどういった点にあるんでしょうか。楢葉町にできた楢葉町遠隔技術開発センター、いわゆる「モックアップ施設」では大規模な研究開発ができるようにもなりますね。

石田　現場近くであれば東電やメーカーの方ともよくコミュニケーションが取れるようになるでしょう。現場近くにモックアップ施設などを持つことに大きな意味があると思います。メーカー同士はビジネスの競合同士なのでオープンにできないこともあります。そこは、研究機関として場を用意し、メーカーや東電に来てもらって一緒にどうするか考えていただく。必要に応じて、我々も技術開発をしていきます。

――なるほど。JAEAとして、廃炉に関する研究・開発というのは、なかなか素人としてイメージしにくいんですが、元々ある程度は進んでいたんでしょうか。

石田　廃炉、特に爆発してしまった原子炉に対してどう取り組むかということは、うちの研究者でも関係する研究をやっていた人はいたと思いますが、それをエンジニアリング的にどう攻めていくかということは、この事故が起こるまではそれほど深刻には考えていなかったと思います。

――今おっしゃったエンジニアリングの部分。事故への対応という課題の前では、それまで研究者としては前提にしていなかった、一定の数や一定の製品基準を満たすものの開発を急に求められるようになったことがあると思います。きわめて実践的に、何かをすぐ実現しなければならないということ、これはメーカーなどの時間感覚であって、平時のアカデミックな研究・開発の時間感覚とは全然別なレベルで様々なことを求められたのではないかと思います。

石田　おっしゃるとおりです。本当に猫の手も借りたいような状況。使える技術があるなら現場に適用して、彼らが困っていることへの解決の糸口がつかめれば次のステップにいけます。アカデミックな研究が現場にすぐ適用できるかどうかには疑問がありますが、今の状況は常にジャンプを要求してきます。時間的には今までは10年かかったものを1年で仕上げるようなことをしているのではないかと思います。当然安全第一が前提ですが、今の状況をいかに早く収めて、家に戻りたい方ができるだけ早く自分の家に戻れるように支援するか。

——具体的に何が必要でしょうか。

石田　今までは組織の中で研究成果がとどまっていたきらいがありますが、今は「こういうのがあるよ」と発信していくことが重要だと思っています。

たとえばプラスチックシンチレーションファイバーというのがありまして、これはファイバーを張ると、放射線がそのファイバーのどの位置に飛んできたかがわかります。そのファイバーを張って床面などを動かすことで、汚染のレベルが高いところがわかります。うちのグループのものは、最初は5ｍくらいでしたが、今は50ｍぐらいまで長く伸ばしても使えるようになっています。たとえば、それを汚染水タンクの周りにぐるっと巻くと、もし漏れがあれば反応し、漏れた位置もわかります。

アカデミックな状態での仕掛品はあちこちにあります。現場のリクエストに合わせてうまくピックアップすると、対応が加速化すると思います。研究ってやっている当人も「どう使えるかはわからないけれどもメカニズムが面白い」というような理由でやっていたりします。そこに第三者が入って「こういう使い方はできないの」と言うと「あっ、じゃあ」ということで応用が始まる。今回はそういうことがかなり多いと思います。無人ヘリコプターも、プラスチックシンチレーションファイバーもそうです。

——研究者が細かく育ててきたシーズと現場のニーズを近づけていく役割が重要なんですね。オフサイトの環境回復もまだ途中ではありますが、オンサイトはこれからますます技術や知見を結集しなければなりません。

石田　現場から具体的な要求を出すことによって、今研究しているものがその解決策として使われるということが大事です。

放射線への不安は千差万別

——今、国がまとめている「イノベーションコースト構想」などでは、双葉郡を廃炉技術を軸にした研究開発拠点にするという言い方が飛び交っています。ただ、地域住民からすると、なんとなく明るい話だけど、具体的に何が起こるのかわからない状態が続いているとも思っています。

一方で、ＪＡＥＡの拠点もある、東海村や福井県は、すでに研究開発拠点として地域が長年営まれてきている先行事例だとも捉えられます。研究が地域に対して果たしていく役割や、地域のイメージを変える可能性について、石田さんご自身も福島とのつながりが5年になるわけですが、お考えはありますか。

石田　地域とのつながりという点では、一般の方が「放射線、放射性物質って何？」とわからなくて不安を抱えていらっしゃる状態があったので2011年7月ごろからリスクコミュニケーション活動を始めて、現在までずっと継続しこれまで合計で2万人ほどの方に話をしてきています。

基本的なプレゼンを30分から1時間程度して、参加者の話を聞くという形式で、これまで合計2万人ほどの方と話してきました。10人でも100人でも対応をします。6人だけを相手に、ほぼマンツーマンで3時間、4時間と話を聞くこともあります。

数は重要ではありません。何万人を対象にやりましたと言うと普通はかっこいいですが、ではその何万人が、我々が言ったことに本当に納得してくれたかどうかは、わかりませんよね。1対1とか、1対5とか、MAX20人ぐらいまでの集団であれば、本当にわかって聞いてくれているのか、わからなくて何だろうと思っているのか、話しているときに顔色でわかります。小さい集団でも繰り返しやっていくことが、特に今回のように一般の人から遠い存在だった原子力、あるいは放射性物質を理解してもらうためには非常に大事だと思います。地元でコアになって活動してくださる方が、いかにバランス感覚のいい情報を持っているか、それがとても重要です。

我々から見れば些細《ささい》なことが心に引っかかっていて悩んでいる方もいらっしゃいます。ある放射線の説明会で、一人の老夫婦が「北の窓が少し開いていて閉まらないのですが、どうしたらいいでしょう」と言う。これは我々が答える必要はないとも思うのですが、その人が何を悩んでいるのかという1対1でのコミュニケーションの中で千差万別の悩みに触れることは大切です。相手が言いたいこと聞きたいことを踏まえて我々がいかにちゃんとしたことを言うかが問われると思います。それがないと、相手に「この人はいい加減にやっている」と思われてしまいます。

――JAEAの中で、ただ研究をするだけではなくて、社会や現場のニーズと研究とを実際につないでいく作業の蓄積が、この5年間で必然的に分厚くなってきましたか。

石田　研究者自身のモチベーションが変わってきました。「現場にこれがない」というリクエストが見えたら、これまでの技術を改善あるいは新技術を開発することで、即、現場に適用できるのではないかとマッチングする。そういうことは今まであまり多くなかったですからね。

――なるほど。今後も研究機関の役割は大きいですね。ありがとうございました。

石田順一郎
（いしだ・じゅんいちろう）
1951年生まれ。1974年に動力炉・核燃料開発事業団に入社し、主に、再処理施設などの放射線管理や環境監視に従事。核燃料サイクル開発機構、日本原子力研究開発機構への組織変遷の間、品質保証部長、原子力緊急時支援・研修センター長、安全統括部長を歴任。1F事故対応のため福島に移り、福島環境安全センター長を務め、現在、同センター特任参与（平成28年3月時点）。

ルポ

JAEA楢葉町遠隔技術開発センター

VR設備でリアルな映像を見て訓練することで線量の高い原子炉建屋内での迅速な作業を目指す

「楢葉町遠隔技術開発センター（モックアップ試験施設）」が建設されたのは、広野町と楢葉町との境界線と常磐自動車道とが交差するポイントの近く。

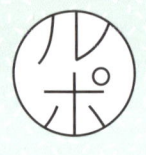

はじめに案内されたのは「研究管理棟」と呼ばれる建物です。会議室や研究者用の部屋の他にＶＲ（バーチャルリアリティ）の設備がある。実際に原子炉建屋の中に入った際の放射線量、障害物の位置、明るさなどをシミュレーションできます。建屋内部を３Ｄスキャンして得たデータと、メーカー保有の設計図とを組み合わせて再現したという内部の映像はリアリティに溢れ、その体験は普段、１Ｆに無関心な人にも感動的ですらあるでしょう。

次が「試験棟」。幅80ｍ×奥行60ｍ×高さ40ｍの巨大な建物の内部に原子炉格納容器の一部を実寸大で再現した試験設備や、

①幅7.4（m）×奥行5.8（m）×高さ7.5（m）のモックアップ階段。ロボットの実証試験に必要な1F施設内の階段を模擬する。多様なニーズに対応できるよう組み立てパーツはモジュール化されている　②手前が幅8.0（m）×奥行7.7（m）×高さ8.5（m）の試験用水槽。水中ロボットの実証試験に必要な1F炉内の 水中環境を模擬する円筒型水槽で、昇温装置、水中カメラ、水中照明等の設備も付帯している　③ロボットを使った遠隔技術開発のために使われる標準試験場　④試験棟は2016年4月から本格運用が開始された

水中ロボットの実証実験のための試験用水槽、ロボット開発用の障害物などのいずれも迫力があります。

試験用水槽は水の濁りや淡水と塩水、水温などを調整できます。今後はここが廃炉の完遂に不可欠な、いろいろな環境の中での「ロボットの遠隔操作技術」の開発拠点となっていきます。

線量の高い建屋内での作業計画の事前検証や、現場スタッフの作業訓練などが行えるバーチャルリアリティ室

1Fの重機・機材紹介

大型クレーンや放射線管理に不可欠な機材、緊急車両など、廃炉の現場を支える重機・機材を写真で紹介します。

左：ゲートモニター。管理区域に出入りした人は、放射性物質による汚染がないか、ゲートモニターで全身を測る。放射性物質を持ち出さないための措置。汚染があった場合出口側の扉は開かない。
右：ホールボディカウンター（whole body counter　通称WBC）。内部被ばくがないかを測るための装置。座席に座り1分計測をする。原子力発電所で働く人は、毎月測定し、測定データが保管され、配布される。

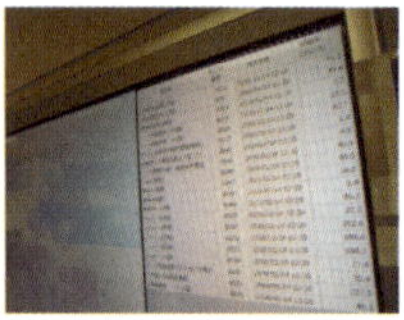

左：免震重要棟等に掲示されているモニター。作業エリアの放射線量を作業者に伝えるもの。タッチパネル式になっており、誰でも操作できる。構内86カ所の線量を表示。
右：可搬式の線量率モニター。太陽光パネルも併用して駆動している。ここから建物内にあるモニターパネルへ情報を転送している。

原子炉建屋内のガレキ撤去に使われる大型クレーン。最大の物は全長100m以上に達し、原子炉建屋の約50m（15階建ビル相当）を超える高さになる。人が乗って操縦しているのではなく、免震重要棟内にあるオペレーション室から、遠隔操作している。これは建屋近傍が高線量区域であるため。

原発事故後、発電所構内に作られたガソリンスタンド。原発事故による放射性物質の飛散は、構内車両、重機の持ち出しができない状態を生み出し、廃炉作業を効率良く進めるためにガソリンスタンドが作られた。ガソリンだけでなく、軽油も発電機用に備えている。マンガにある麦わら帽は、作業服専門店やホームセンターに売っているもの。ヘルメットの上から着用でき、夏場の暑さよけのちょっとした工夫が垣間見える。

『いちえふ』第1巻より©竜田一人／講談社

物揚場と呼ばれる海上輸送物資を荷上げする場所にある、タンク運搬車両。トリチウムだけに浄化された汚染水を貯蔵するタンクは、現地製造だけではなく工場で作られ海上輸送される。運搬車両に載せ、設置場所まで運ばれる。

原発事故当時、復旧に必要な設備を現場で作り上げることは、被ばくの観点から困難だった。そこで発電所の外で設備を作り上げトレーラーで運びこみ、そのまま設置することで被ばく低減を図った名残り。現在、除染が進み本設化に向けて作業が進んでいる。

事故当時、構内にあった車両は放射性物質により汚染され、構外に持ち出せないため、構内車両整備場で点検修理し構内専用車両として使われている。整備場には技術者が待機し、一般と同じ整備ができる。ナンバープレートがないのが構内専用車両。

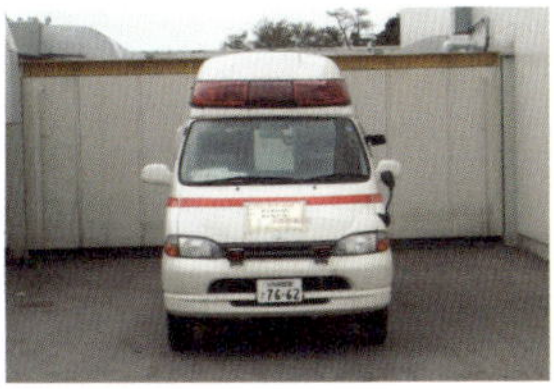

構内緊急用車両。ER(緊急治療)室のそばに、負傷者向けの車両が常駐している。緊急時の備えの一つ。

構内に配置された消防車。津波の襲来に備え35mの高台に駐車している。万が一の際、消防車両による給水を行う。

手前からシマウマ1号、ゾウさん1号、2号。他にもキリンさんやマンモスなど、ユニークな名前がつけられた、冷却水散布、放射性物質飛散防止剤散布などに使われたコンクリートポンプ車。関係者の名前のついた機材も。愛称をつけることで、一体感を持ち、操作や指示の間違いを防ぐことが狙い。役目を終え、非常時でも使えるよう今は静かに現場に待機している。

放射線とは何か？

放射性物質

とは**放射線**を出す物質のこと。

放射性物質が放射線を出す能力を**放射能**といいます。

もう少し詳しく説明すると、放射性物質は
原子核が不安定で壊れやすい状態にある元素のこと。
放射性物質は崩壊を繰り返しながら安定した状態になります。
そのときに**放出するエネルギーが放射線**です。
放射性物質の種類によって放射線の種類も異なります。

福島第一原発事故で多く拡散した放射性物質　※(　)内は半減期
・ヨウ素131（約8日）
・セシウム134（約2年）
・セシウム137（約30年）
・ストロンチウム90（約29年）

半減期とは
放射性物質が余分なエネルギー（放射線）を出しながら安定した物質に変化し、元の放射性物質が半分の量になるまでの時間。

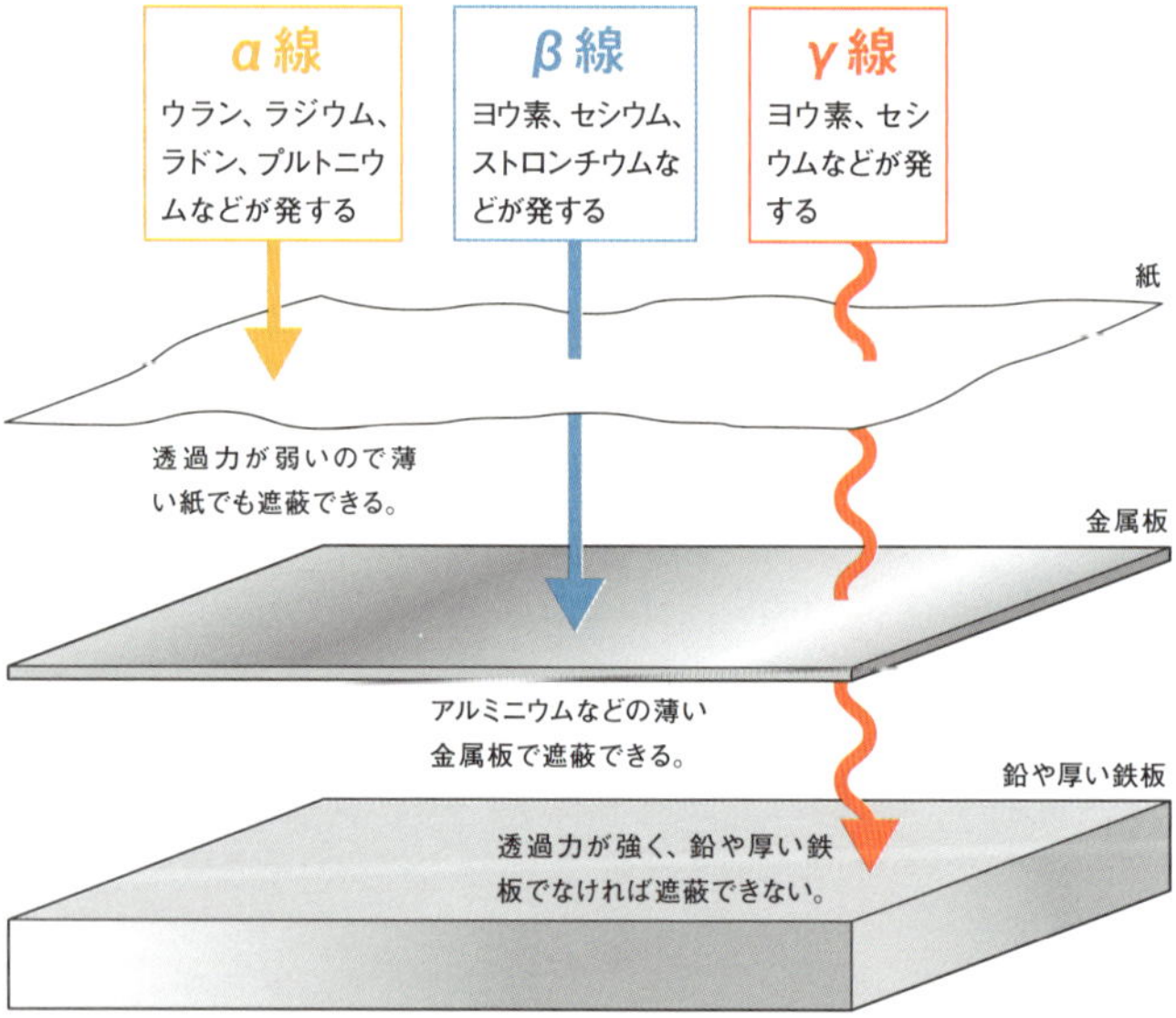

α線
ウラン、ラジウム、ラドン、プルトニウムなどが発する
β線
ヨウ素、セシウム、ストロンチウムなどが発する
γ線
ヨウ素、セシウムなどが発する
紙
透過力が弱いので薄い紙でも遮蔽できる。
金属板
アルミニウムなどの薄い金属板で遮蔽できる。
鉛や厚い鉄板
透過力が強く、鉛や厚い鉄板でなければ遮蔽できない。

放射線の種類

α線、β線は透過力が弱いため洋服などで簡単にストップできるが、γ線は透過力が強いため、外部被ばくで気をつけなければいけない。一方、α線とβ線は体内に取り込むと、透過力の低さゆえに、排出されるまで体組織に放射線が照射され続けるため、内部被ばくに注意しなければいけない。

被ばくと汚染の違い

外部被ばく

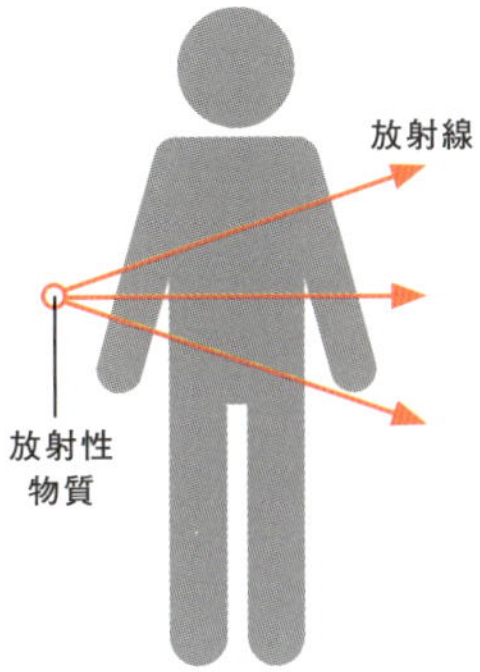

体の外側から放射線を受けること。

天然の花崗岩などが発する放射線、レントゲンなどの医療機器から出る放射線、宇宙線（宇宙から降り注ぐ放射線）など、人工／天然にかかわらず放射線の影響は同じ。

内部被ばく

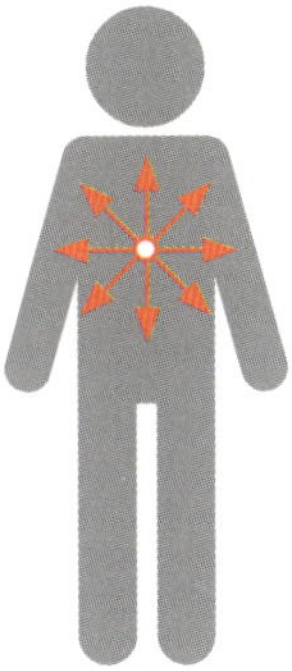

体内に取り込まれた放射性物質が出す放射線を体の内側で受けること。

取り込んだ放射性物質は基本的に代謝機能で体外へ排出されるが、ヨウ素131は甲状腺に、カルシウムに似たストロンチウム90は骨に溜まりやすいなど、種類によって体に蓄積されやすいものもある。

汚染

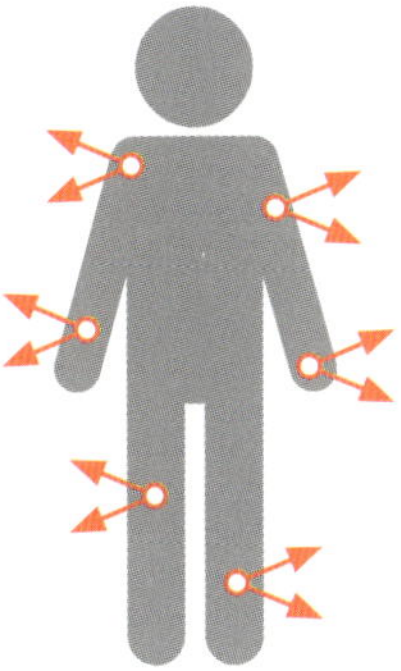

放射性物質が皮膚や衣服に付着した状態のこと。

付着した放射性物質を除去するまで、そこから発生する放射線を受けることになるので、汚染した場合は拭いたり洗い流すことで放射性物質を取り除く（＝除染）必要がある。

単位について

シーベルト（Sv）

放射線によって体が受ける影響の大きさを表す単位

放射線の種類やエネルギー量、体の部位ごとの影響の受けやすさなどの違いを換算したもの。放射線防護の基準として使われる。

ベクレル（Bq）

放射性物質が放射線を出す能力の強さを表す単位

放射性物質の原子核が1秒間に壊れる個数が基準となる。1キロあたり何ベクレル、というように食品にどのくらいの量の放射性物質が含まれるか表す場合などに使われる。

1シーベルト（Sv）＝1,000ミリシーベルト（mSv）＝1,000,000マイクロシーベルト（μSv）

空間線量率Sv／hについて

空間線量率

何の遮蔽もなくその場所に1時間いるときに被ばくする量を表す。単位はSv/h。空間線量率0.01mSv/hの場所に1時間いると0.01mSvの被ばく量となる。たとえば0.01mSv/hの場所に30分いたときの被ばく量は0.005mSvと滞在時間が短くなるほど積算での線量は低くなる。

身のまわりの放射線

3・11後の国内外の1年間での外部被ばく線量の推計値

	最小値	中央値	最大値
安積	0.71	0.85	0.99
いわき	0.61	0.70	0.84
会津	0.57	0.63	0.75
田村	0.70	0.76	1.08
安達	0.75	0.97	1.18
福島	0.57	0.86	1.11
福山（広島県）	0.67	0.80	0.90
灘（兵庫県）	0.54	0.73	1.06
奈良	0.52	0.55	0.71
神奈川	0.49	0.60	0.68
Poitiers（フランス）	0.62	0.78	0.98
ブローニュ（フランス）	0.44	0.51	1.81
バスティア（フランス）	0.72	1.10	1.33
ベラルーシ	0.65	0.79	1.06
ポーランド	0.52	0.69	1.15
楢葉※	0.78	1.01	1.34

個人が実際に受けた外部被ばく量を「Dシャトル」という線量計で一定期間測定し、「自然放射線の寄与を含む年間外部被ばく線量」を算出。
※のみ「楢葉」は2015年7〜8月のデータ。
http://www.town.naraha.lg.jp/information/files/27.9.1%E2%91%A8.pdfより
それ以外は、福島の高校生らによる「日本、フランス、ポーランド、ベラルーシの高校生による外部被ばく個人線量の測定と比較－D-シャトル プロジェクト－)」（Journal of Radiological Protection "Measurement and comparison of individual external doses of high-school students living in Japan, France, Poland and Belarus - the 'D-shuttle' project -"）より

2.1 日本で暮らして自然に受ける年間線量平均値

▼内訳

- 0.3 宇宙から
- 0.33 大地から
- 0.99 食物から
- 0.48 大気中のラドンから

放射線の量 ミリシーベルト（mSv）

目盛	線量	内容
300	365	宇宙ステーションに1年間滞在
200		
100	100	緊急作業時の放射線作業従事者の年間線量限度
	50	放射線作業従事者の年間線量限度
	20	原発事故後の年間追加被ばく線量の上限（一般）
10	17.5	イラン・ラムサールで自然に存在する放射線量（外部被ばくのみ）
	6.9	CTスキャン（1回）
	4.5	アメリカ・ボルダーで自然に存在する放射線量（外部被ばくのみ）
1	2.4	地球上で暮らして自然に受ける年間放射線量平均値
	0.6	胃のX線検査（1回）
0.1	0.47	1Fオンサイトで1カ月働いた際の被ばく量
	0.19	東京〜NY間を航空機で往復
	0.05	胸のX線検査（1回）
0.01	0.01	2時間程度の1F視察 歯のX線検査（1回）
0.001	0.001	国道6号線を45.5km（楢葉町〜南相馬市小高区）自動車で通行

出典：独立法人放射線医学総合研究所「放射線被ばくに関するQ&A」、「原子力・エネルギー図面集2015」、UNSCE R報告書（2008年、1993年）など

CHECK 放射線のデータはここでチェック！

放射線に関してはネット上でさまざまなリアルタイムデータを得ることができます。放射性物質の種類や単位、用語などを理解したうえで実際にデータを見てみましょう。

東京電力ホールディングスHP　tepco.co.jp

福島への責任 ＞廃炉プロジェクト

＞実施作業と計画

＞福島第一原子力発電所における
日々の放射性物質の分析結果

＞放射線データの概要（○月分）

1F付近の空間

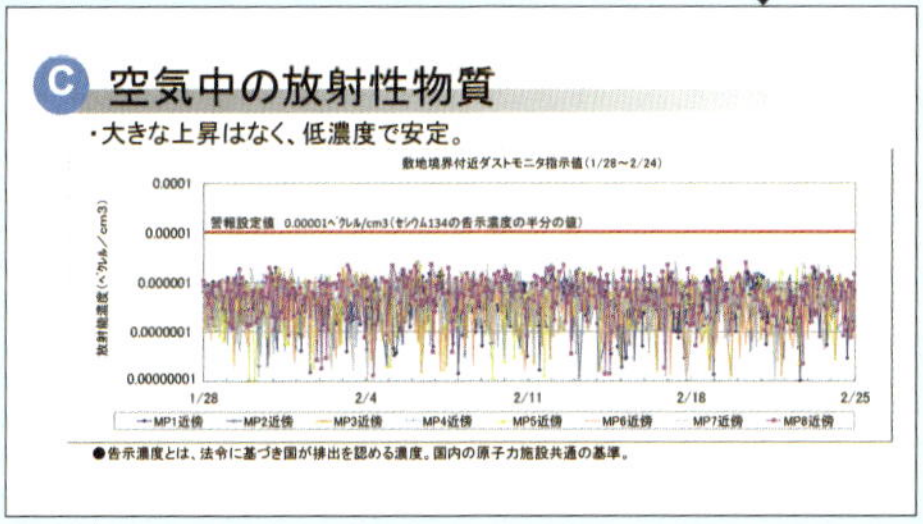

「敷地境界付近ダストモニタ指示値」は、敷地内の空気中に存在する放射性物質の量を計ったデータ。ここで放射性物質がほとんど見られなければ、周辺地域にも飛散していないということになる。

1F付近の海

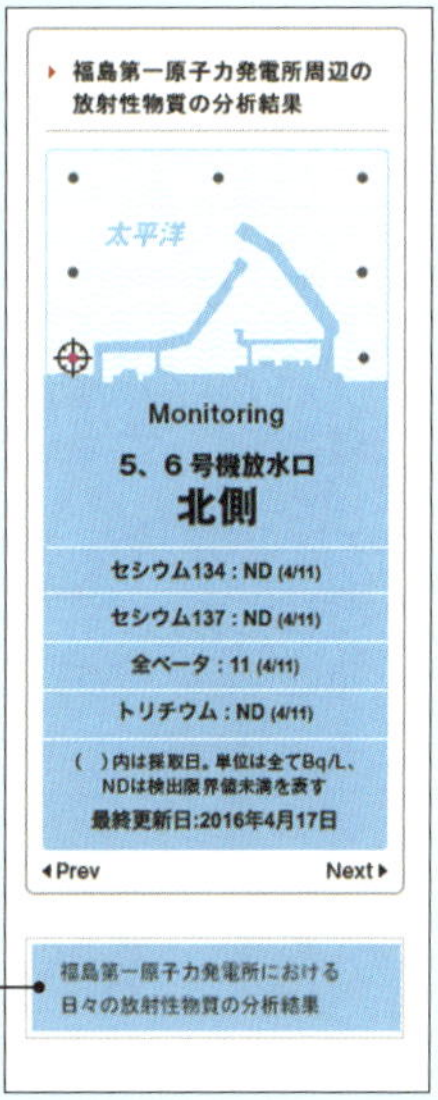

「廃炉プロジェクト」トップページ右側には、毎日、海水中の放射性物質の分析結果が表示されている。

原子力規制委員会放射線モニタリング情報　radioactivity.nsr.go.jp

モニタリング結果 ＞リアルタイム空間線量測定結果

全国の空間

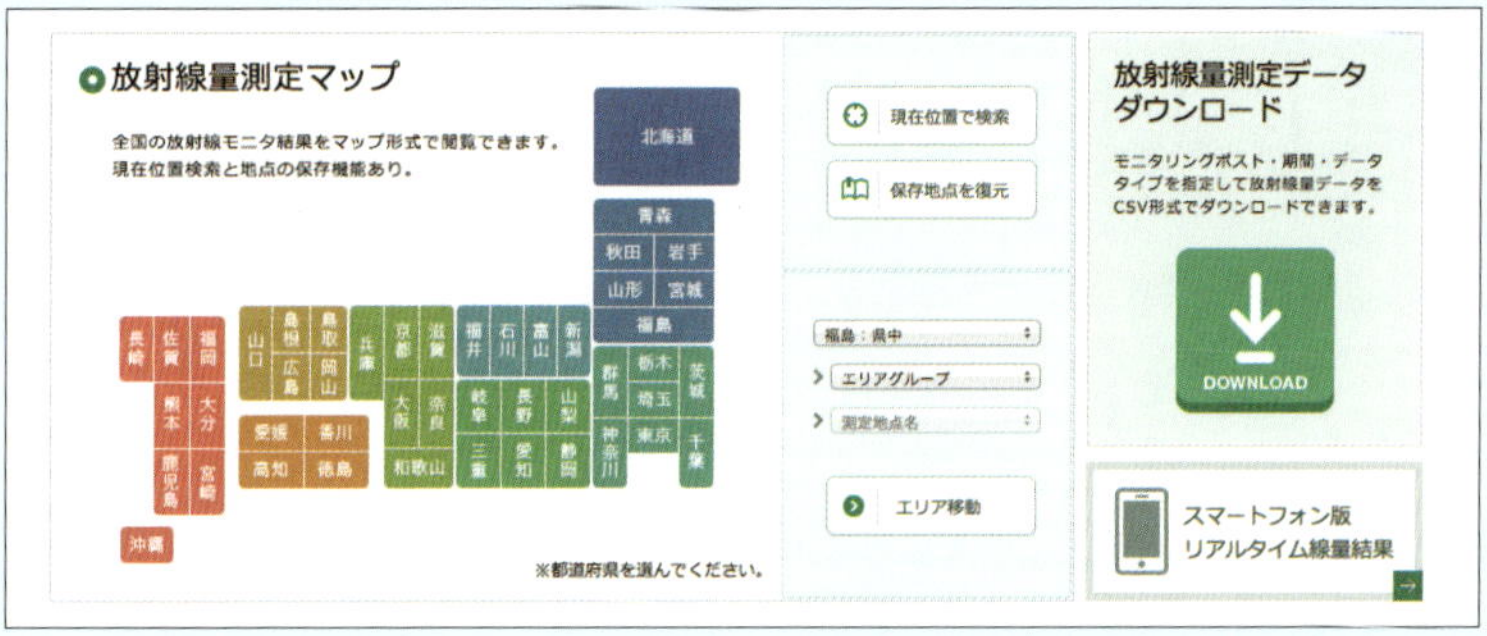

ここでは全国各地に設置されたモニタリングポストの測定値が検索できる。測定データのダウンロードも可能

1F構内の放射線対策

現場用装備

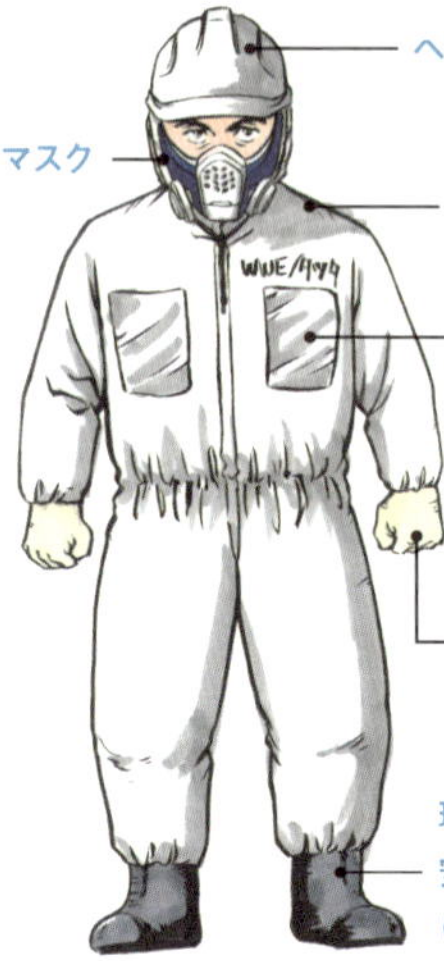

構内移動用装備

中はこうなってます

低汚染エリアや
バス移動は
タイベックなしでもOK

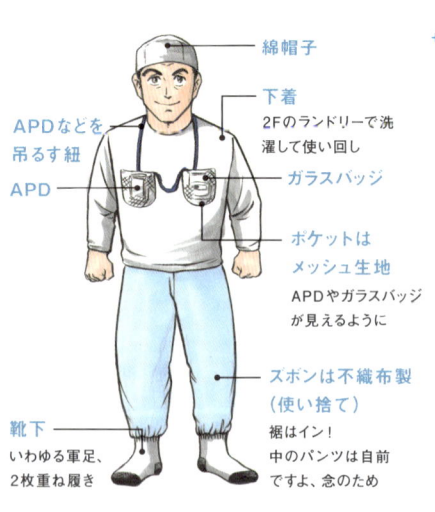

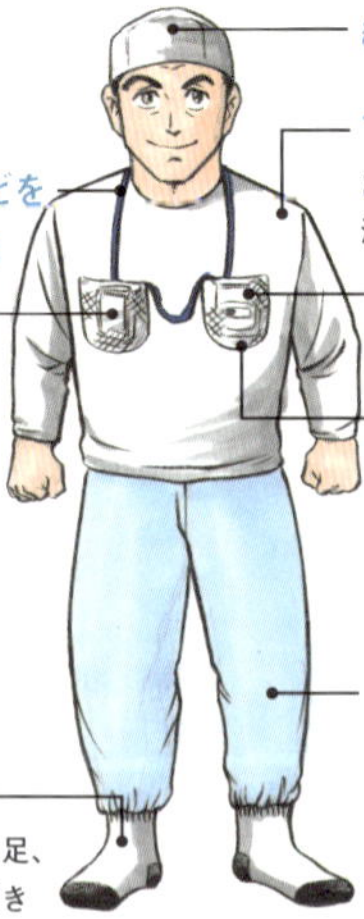

ちなみに2016年3月8日から、線量の低いエリアでは防護服やゴム手袋を着けずに一般的な作業服だけで作業ができるようになりました！

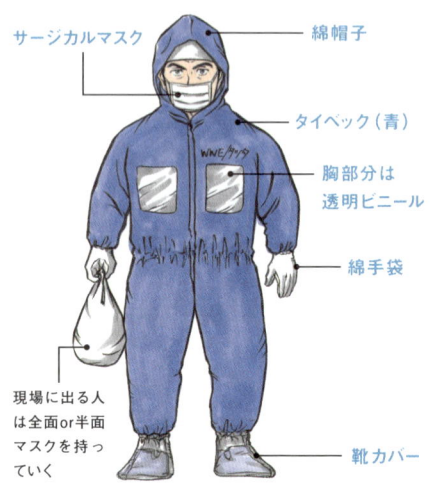

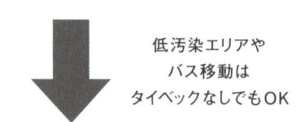

放射線は「防ぐ」
放射性物質は「持ち出さない」

　原子力発電所での作業は放射性物質による汚染が起きることが前提ですから、放射性物質を持ち出さないために防護服（通称：タイベック）に着替えます。誤解している人もいるようですが、防護服は放射性物質による汚染を防ぐためのもので、放射線を防ぐ役割はもっていません。現在、防護服も下着以外は使い捨て。それはそのままゴミとなって構内に溜まっていきます。

　一方、放射線防護の基本は「さえぎる」「離れる」「あたる時間を短くする」こと。そのために事前サーベイによる作業場所の線量把握、それに応じた防護対策（タングステンベスト、現場での鉛遮蔽）、被ばく線量から逆算した作業時間の設定、時間だけを測定する作業員配置などが行われています。

　マスクは内部被ばくをしないための対策です。

雨の日や水仕事、高汚染の現場用にはアノラック（合羽）もあります

特に線量の高いところではタングステンベスト（10kg）を着用

事故前は主にナイロン製の防護服を洗濯して再利用していました。ではなぜ今は使われないのか、それは洗濯設備が原発事故により使えなくなったからです。あわせて、原発事故前後で汚染の程度も変わり、洗濯に適さない汚染をしていることもあげられます。発電所構内の除染が進んだ際には、ゴミになる使いすての防護服を減らすため、洗濯設備を導入し使い回しの防護服を導入することが必要となってくるでしょう。（吉川彰浩）

現場用装備品（共用）

ヘルメット

事故前は「東電社員は白」「現場作業員は赤か黄色」と使い分けていたが、今は何色でもOK

汚染靴

構内の放射性物質を外に持ち出さないため、靴をはきかえます

長靴

水回りの仕事にどうぞ

半長靴

主流はコレ。サイズは数字でわかる。これは26㎝。2桁目は省略

全面マスク

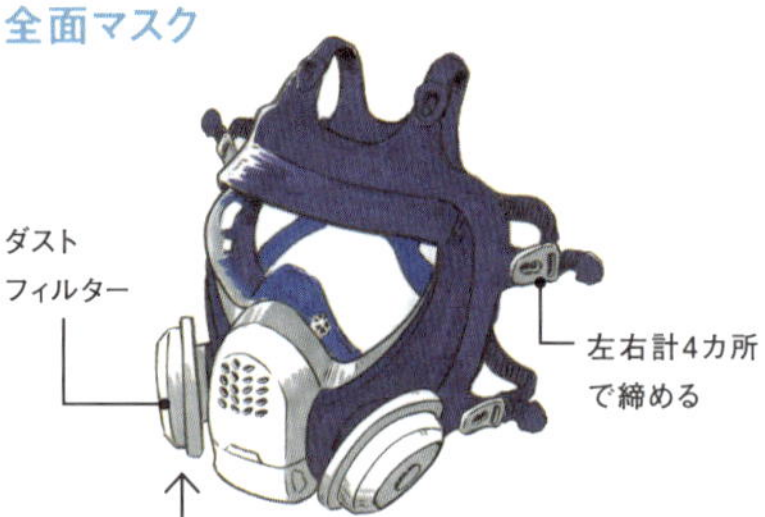

現在の主流シゲマツ製
（サイズMとLがある）

交換可能

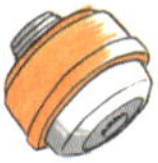

チャコールフィルター

ヨウ素ガスも大丈夫
だが現在は不要

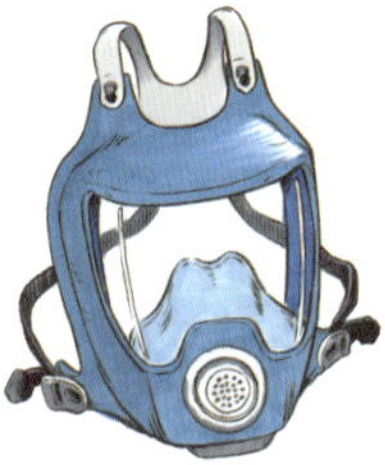

シゲマツ製は2カ所締めのものもある

中が広いので眼鏡着用者に人気

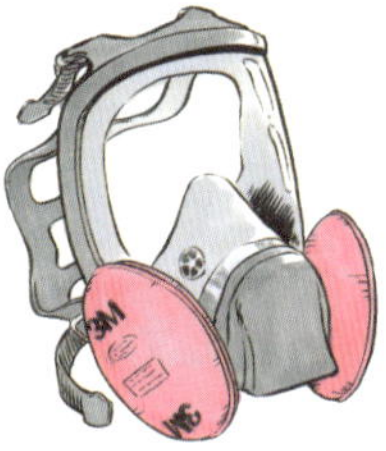

住友3M製

ダストフィルターが不織布製。ピンクでカワイイ。一部に根強い人気

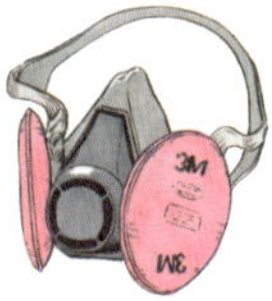

半面マスク住友3M製

同じフィルター

使い捨て装備品

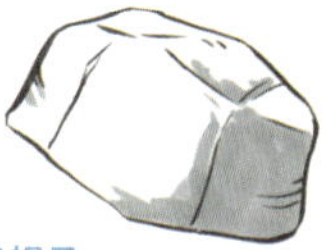

綿帽子

サージカルマスク

風邪や花粉症のときに使うのと同じもの

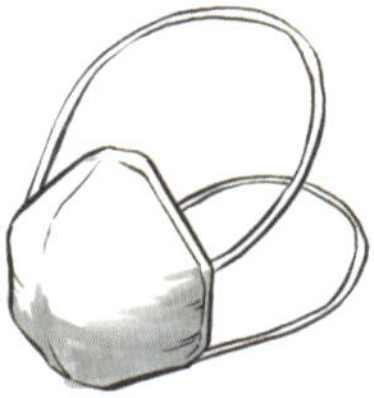

N95マスク

サージカルじゃ不安という人のために

綿手袋

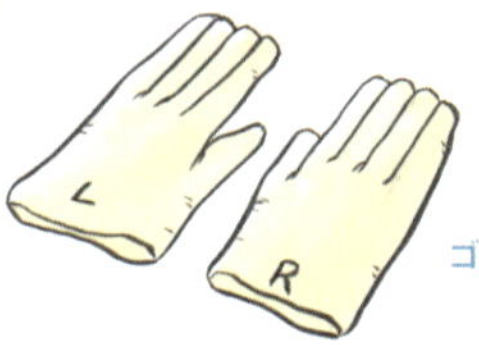

ゴム手袋

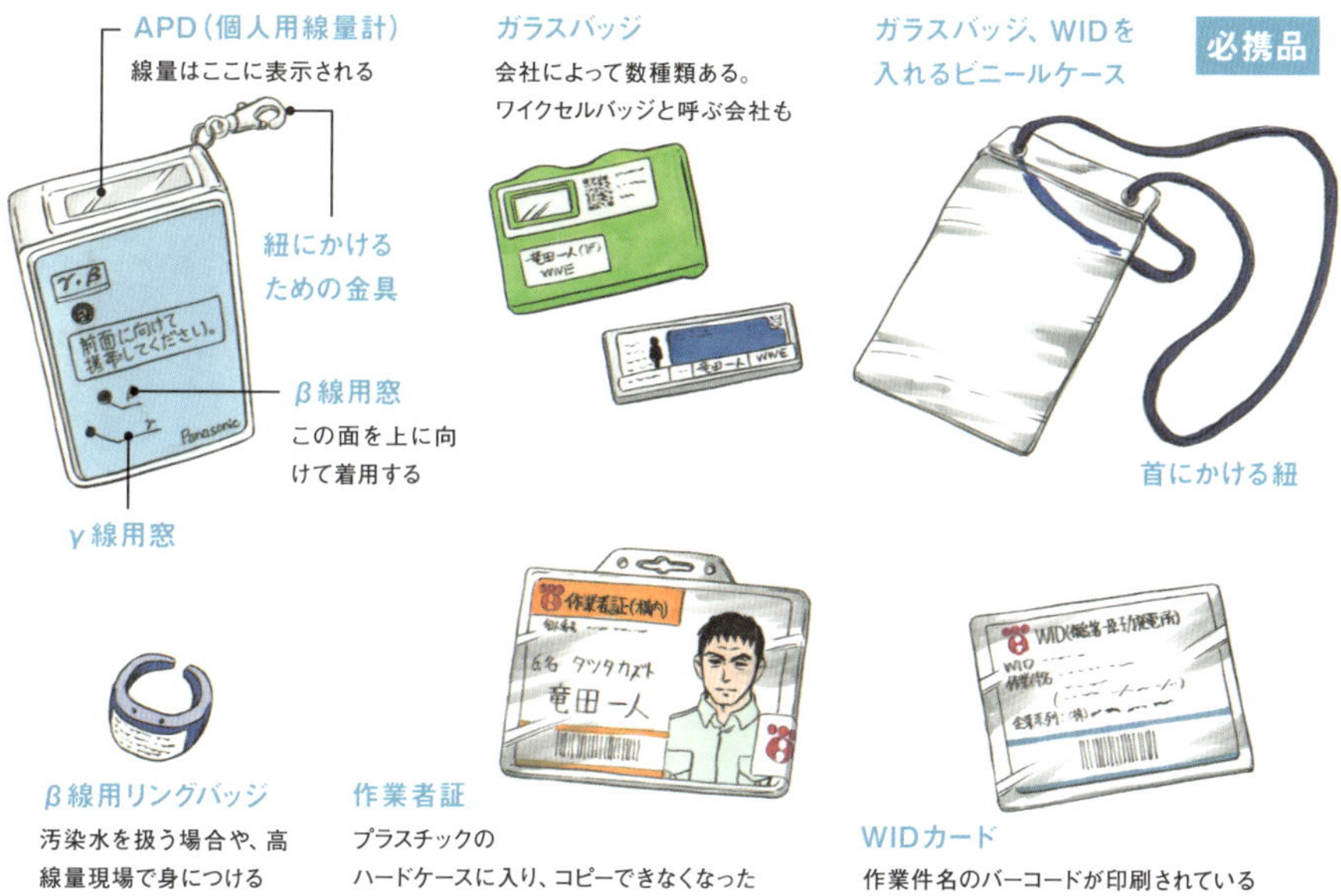
必携品
APD(個人用線量計)
線量はここに表示される
紐にかけるための金具
β線用窓
この面を上に向けて着用する
γ線用窓
ガラスバッジ
会社によって数種類ある。
ワイクセルバッジと呼ぶ会社も
ガラスバッジ、WIDを入れるビニールケース
首にかける紐
β線用リングバッジ
汚染水を扱う場合や、高線量現場で身につける
作業者証
プラスチックのハードケースに入り、コピーできなくなった
WIDカード
作業件名のバーコードが印刷されている

そしてもうひとつの
この休憩所の生命線
燃料補給の任務がある
屋外で重い物を持つこの作業は
とにかく汗をかくので
装備品の下着に着替えて行く
平常時でも「原発は
着替えるのが仕事」と
いわれるらしいが
1F《いちえふ》の仕事では俺も
やたらと着替えて
ばかりいた印象だ
綿手
ゴム手
なので
下着に限らず
タイベックや手袋
靴下・帽子・
靴カバーに至るまで
右
全ての装備品を充分に
確保しておくのは
現場への出撃基地としての
休憩所の至上命題なのだ

『いちえふ』第1巻より©竜田一人／講談社

労働環境はどうなっている？

「過酷で劣悪な労働環境におかれる廃炉作業員」

1Fオンサイトで働くことはしばしばこのような言い方をされてきました。果たして、実態はいかなるものなのでしょうか。

作業する人の数と年齢・経験年数

そもそも、1Fのオンサイトではどのくらいの数の人が働いているのか。

正解は6500~7000人ほど。これは、2015年度の平日1日あたりの作業員数です。放射線を測るために着用を義務づけられる「APD（個人用線量計）」を借りた人の数をカウントしています。出入りする人はAPDを1日何度も借りて返すことを繰り返すこともありますが、そういったダブルカウントは排除したうえでの数字です。

「あれ、意外と多くないか」と思う人もいるでしょう。

この数字がどんな変遷を経てきたのか、2013年度以降の推移が【図1】にあります。2013年度は3000人台を滑らかに上昇し、2014年度には急激にそれが伸びて7000人台にまで達して2015年度にいたります。

当初、オンサイトには（1）大型休憩所など休憩や打ち合わせするスペースが不足し、（2）多くのエリアが放射線量が高くて長時間の作業がしにくく、それゆえ（3）大きな土木工事などの前に除染や

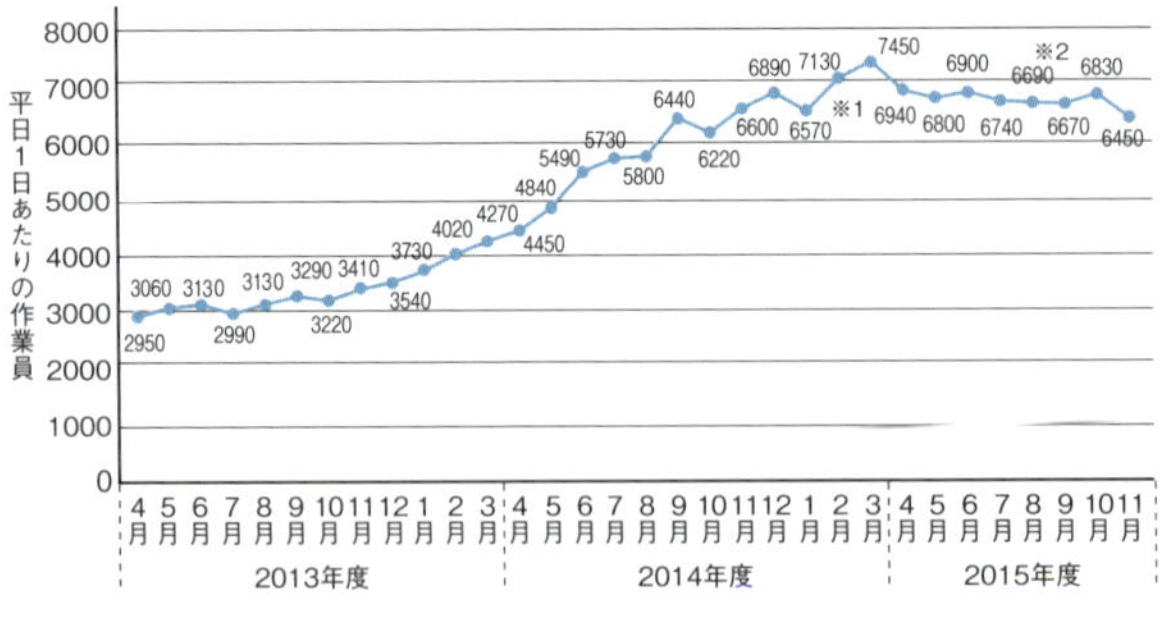

※1 1/20までの作業員数より算定（1/21より安全点検実施のため）

※2 8/3~7、24~28、31の作業員数より算定（重機総点検のため）

【図1】2013年度以降各月の平日1日あたりの平均作業員数（実績値）の推移

出典：廃炉・汚染水対策チーム会合／事務局会議資料「廃炉・汚染水対策の概要」（2015年12月24日）より

フェーシング、施設の増強などの作業環境の整備が中心になっていました。作業する人の数が相対的に制限される必要がある状況が2013年にあった。それが2014年から2015年頭にかけて改善され、その裏側では汚染水対策のタンクや浄化設備の設置工事が急ピッチで進んでいった結果、このようなグラフになったわけです。除染が進み、セシウム134が半減期（2年ほど）を迎えるなど放射線は自然に大幅に下がっていく。一方で大型休憩所や新事務棟ができ、Jヴィレッジから1Fへの移動もスムーズになっていきました。

2014年度以降、平日1日あたりの平均作業員数は3000〜7500人規模です。この中には「必ずしも毎日オンサイトに入るわけではない」人もいます。たとえば、週に2、3回だけ入る人もいる。その数も合わせると実際に現場に入って業務に従事した人は1カ月あたり平均10800人ほどになります。これは、1日でも放射線管理区域に入るためには「従事者登録」が必要で、2015年8〜10月のその平均値をカウントしたものです。「従事者登録」だけをしている人も含めると、同時期、全体で毎月平均13800人ほどが確保されてもいます。

まだ、作業員数が3000人ぐらいの2013年頃、マスメディアでは盛んに「作業員の確保がままならない」と言われ、そのイメージが固定化してきたところもありますが、実際はその倍以上の人が今も現場に入っている状況が成立しているということです。

一方で、これは単純に良い話であるというわけでもありません。当初はここまで人が必要ないという見通しもありましたが、汚染水問題が長引いたがゆえにこうなったという背景もあるからです。

では、その内訳はどうでしょうか。「福島の外のドヤ街から連れて来られた、自分は被ばくをしてもいいと諦めた高齢者ばかり」「カネに目がくらんで集まってきた」なんていう人もいます。果たして本当か。

1Fオンサイトでは、そこで働く人を対象とした「福島第一原子力発電所の労働環境に係わるアンケート」が2011年10月から定期的に実施されています。これは1Fに出入りしている関連企業すべてを対象とした調査で、大型休憩所・Jヴィレッジに置いた回収箱や元請け企業を通して回収しているものです。直近の第6回調査は2015年8月末から10月頭にかけて行わ

廃炉を知るための15の数字

Q5 福島第一原発では1日あたり何人ぐらいの人が働いている？

A5 6500人〜7000人

れ、6527人からの回答が集計されています（回収率は86・4％）。

ここに様々なデータが反映されています。

まず年齢構成。

10代……………0・2％
20代……………11・7％
30代……………21・1％
40代……………28・3％
50代……………26・7％
60代以上…9・4％
無回答……2・6％

ここからわかるのは、40代＋50代で55％、20代＋30代で32・8％。40、50代が中心で残りのほとんどが20、30代の職場だということです。つまり、職場としては40、50代が多いものの、日本の年齢構成を反映した、いわば「今の日本ならどんな業種でもありえる年齢構成」といえるでしょう。

ただ、「40、50代が多い」というところは気になります。60代以上が9・4％いるのもどういうことなのか。端的にいえば、この年配層が「行き場がなくて1Fに来ざるをえなかった人」なのか、「長年原発で働いてきて、それゆえ、1Fで働いてきている人」なのか。

「現在の職種での作業経験年数」にこの実態が現れます。

10年以上……46・6％
5〜10年……13・5％
1〜5年……24・6％
1年未満……12・1％

つまり、6割ほどが5年以上、事故前から今の仕事に近いことをやってきた人たちだということです。

一部にまだ勘違いしている人が残っていて「原発作業員は、経験者はもう被ばく線量が限界に達して誰もいない。いるのは素人ばかり」「単純で楽な仕事なのに、線量を浴びるから短い時間で稼げる」、もっといえば「技術や経験がない人も覚悟だけあればできる」という誤解があります。しかし、事実は全く違います。1Fでの仕事の多くは専門性が高く、経験がものをいう作業です。確かに、掃除や装備のメンテナンスなど、比較的経験が少なくても可能な仕事があるのは事実ですが、それもまた十分な研修などを行った上で成立する作業です。

私たちは、10年、20年と技術を磨き、多様な経験を持つベテランの熟練工が中心になって1F廃炉を支えている現状があることを理解する必要があるでしょう。

地元雇用率とやりがい

あわせて、地元雇用率もおさえておく必要があります。2013年度以降45〜50％の間にあります。ここで地元とは「福島県内に住民票がある」ということですが、1Fオンサイトで働く人の半分程度は地元の人間なわけです。

先はどのアンケートには「あなたは福島第一原発で働くことにやりがいを感じていますか？」という問いに「感じている」「まあ感じている」と答えたのが計52・7％。そのうち、「やりがいを感じている理由」として68・3％の人が「福島復興・廃炉のため」、25・1％の人が「昔から福島第一で働いているから」という意識があります。

まとめると、「熟練工のベテランを中心に成り立つ職場で、半分が地元、半分が県外から来ていて、一定の福島復興への意識がある」ということになるでしょう。

もちろん1Fで働く人たちの中からは、「求人を出しても若い人が集まりにくい」という話を聞くのも事実です。ベテランを中心にというのは「年配の人が無理して現場に出なければならない」、半分が県外というのも「地元では賄いきれない」という側面もある。これもまた厳しい現実です。メディアが煽ったほどの「今すぐ作業が止まる」かのようなイメージは誤りですが、一方で、10年後、20年後に熟練工を育成していくという点では先行きが不透明であるということも認識しなければなりません。

そこで目を向けるべきなのは「働くうえでの不安」です。

アンケートでは「福島第一原発で働くことに不安を感じていますか?」という問いに「不安を感じていない」53・2%、「不安を感じている」37・3%という数字が出ています。

「不安を感じている」人に理由を聞くと「被ばくによる健康への影響」が63・3%とトップ、続いて、「現場での事故やけが」が36・0%、「先の工事量が見えないためいつまでも働けるかわからない」が35・4%、「福島第一で働くことに対する世間からの評判」が29・0%、「賃金が安い」が24・5%となっています。

放射線への不安を全体の2割ぐらい(「不安を感じている」37・3%のうちの「被ばくによる健康への影響」63・3%)の人が感じていることになり、これは当然のことでしょう。ただ、むしろ重要なのは、1Fで働くことによる放射線への不安に隠れる形で、現場での事故やけがが、仕事の継続性への見通し、1Fで働くこと自体への世間からの誤解や誹謗《ひぼう》中傷など多様な不安が存在しているということです。

それは実際に働く人以上に、その家族にとってこそ大きな問題でもあります。

同様に、「家族の方は、あなたが福島第一原発で働くことに不安を感じていますか?」という問いには、「不安に思われていない」41・0%、「不安に思われている」47・8%と逆転します。

理由は「被ばくによる健康への影響」が85・5%、「現場での事故やけが」が50・9%、「福島第一で働くことに対する世間からの評判」が33・8%となっています。

いずれも、本人以上に、家族が心配し心を痛めていることがわかります。この

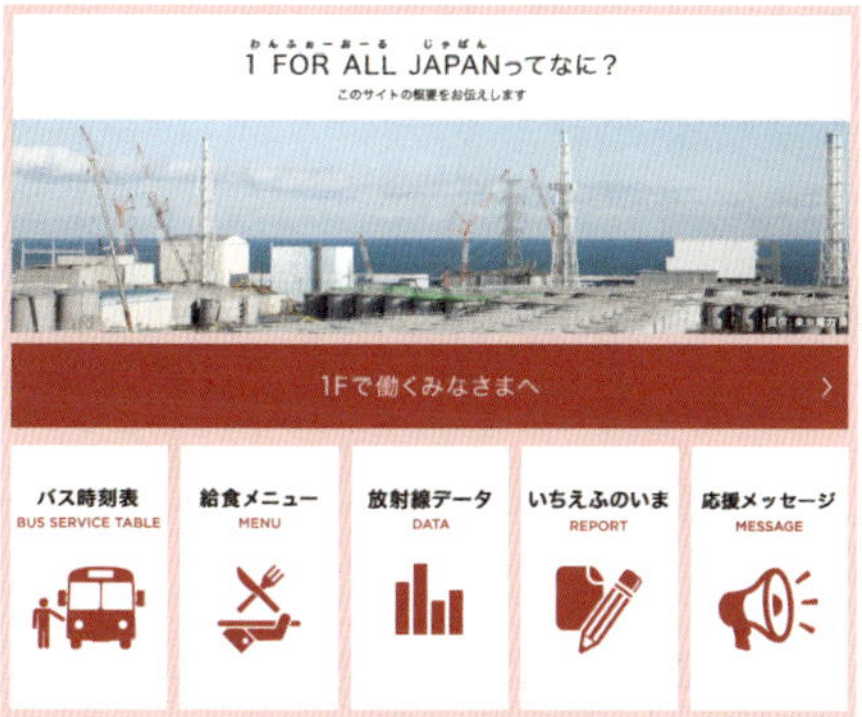

「1 FOR ALL JAPAN－廃炉のいま、あした」(http://1f-all.jp/)より
家族向けに可視化されたサイトには1カ月9000件のアクセスがある

ような状況を改善するために東京電力は2015年10月に「1 FOR ALL JAPAN―廃炉のいま、あした」(http://1f-all.jp/) というサイトを作ったり、同11月に「月刊いちえふ。」というフリーペーパーを作ったりして、作業の状況、バス時刻表、給食メニュー、放射線データなどを働く人と家族向けに可視化したりしています。また、今後、廃炉の進捗具合や作業の内容をわかりやすく解説したパンフレットと動画を元請けを通して配布して家族の安心にもつながるようにする予定があるそうです。この効果がどう現れてくるのかは今後注目すべきでしょう。

収入と企業数、種類と割合、どこで何をやっているのか

収入面も見てみましょう。

「1Fで働くのはカネがいい」という俗説がある一方で、「1Fは賃金が悪いから作業員が集まらなくて危機的だ」というマスメディアが繰り返してきた全く逆の説もあります。果たしてそれは、現時点でどうなっているんでしょうか。具体的な収入は作業や所属企業によって違うので「平均年収はこのぐらい」などと言うのは簡単ではありません。ただ、実感値としてどのくらいかというのはある程度読み解くことができます。

先ほどの「やりがいを感じている理由」として、実は「福島復興・廃炉のため」の次に多い答えが「他より賃金が良い」という意識で35・7%ほどありました。

収入面については、東電が世間の批判を意識し改善策をいくつか打ってきたのが奏効しているのが見受けられます。たとえば、「賃金割増や新規手当について雇用企業などから説明を受けましたか?」という問いに対して「説明を受けた」と答えたのが80・2%、そのうち「割増される時期から説明通り割増されている」と答えたのが89・7%います。この問いは、前回の第5回アンケート(2015年8~9月)から加えられた問いですが、前者の数字は53・2%、後者の数字は59・7%と、それぞれ3割ほど数字が伸びていることも重要です。

つまり、これが何を指すかというと、いわゆる「1F廃炉の作業では、多重下請け構造が蔓延《はびこ》り、6次請け、7次請けの企業がピンはねして労働者から搾取している」というような見方。確かに、6次請け、7次請けがあるのは事実で、これは原子力産業にかぎった問題ではなく製造業・土木建設業にひろく見られることですので、これ自体に学者・記者が大きな問題を見出そうとするのは、いささか世間知らずな視点かと思いますが、問題は、この中で過度な賃金搾取があるのかということです。そして、実際に過度な賃金搾取があったのも事実でしょう。これに対して、「実際に働いている人の手元に危険なところで働いてくれたとか、特別な作業をしてくれたという意味での割増手当を行っているのか、もし行っていないなら困るから賃金明細など確認しますよ」という問いかけを通じて、適正な額が払われるように改善がなされてきたということです。もちろん、まだ「問題がすべて解決した」とはいえない状況があるこ

Q6 福島第一原発の廃炉作業にはどのくらいの数の事業者が関わっているか？

A6 約1500社

とには注意すべきですが、不満を持つ人が残りつつも「収入が安定して長期的に働いてもいいかなと思える職場」に変えようとしてきた、変わってきたことは評価すべき変化でしょう。

他にも、働く人の収入面の安定化のために東電が行った改善策として、競争入札ではなく随意契約にしたということもあります。「競争入札」にすると、企業はいかに自分は安く作業ができるのか、という競争をすることになります。すると、人件費で無理をするようになり、結果賃金を下げざるをえなくなる。もちろん、競争入札にすればコスト削減にとどまらない競争によるメリットはあるわけですが、「まずは作業員確保だ」と競争せずに実績のある会社と契約する随意契約にしました。随意契約にすると、2、3年先まで見据えてこの仕事が続くという感覚の中で企業は作業のスケジュールや人件費の計算をするようになり、過度なコストカット意識は減っていくことになるわけです。

そのうえで気になるのは「どのくらいの企業が1Fオンサイトに入っているのか」ということです。

年に4回、労働基準監督署に元請け企業数と元請け企業が使っている会社数が報告されています。試しに、年度の真ん中、9月の経年変化を見ると以下のようになります。

	元請け企業数	全企業数
2011年9月	27社	約 500社
2012年9月	30社	約 800社
2013年9月	31社	約1000社
2014年9月	39社	約1600社
2015年9月	40社	約1500社

注意すべきなのは、「全企業数」のほうにダブりがあるということです。たとえば、4次下請け企業の「開沼工業」は東芝系の会社の仕事をメインで請けてきたが、どうしても人出が足りないから手伝ってくれないかと日立系の会社の仕事を受けるということが現場ではある。こうすると、東芝も日立も下請け企業リストの中に「開沼工業」を含めて届け出をするので開沼工業が「全企業数」の中で2社分カウントされてしまうということです。なので、実態はこれよりも若干少ないと見ても良いでしょう。

そのうえで、変化は明確にわかります。

やはり一番大きな変化は2013年から2014年の1年間で元請けが8社、下請けを含む全企業数が600社ほど急増しているということです。ここから、汚染水対策や4号機の燃料取り出しをはじめとする建屋での工事が本格化したということです。

ただ、この内訳はどうなっているのでしょうか。「東電だけじゃないの」「東芝とか日立とかゼネコンもいると聞く」といった感覚の人が多いでしょう。

大きくわければ4種類です。

①東電とグループ会社

②プラントメーカー

③建設会社

④その他

だいたい以下のようなイメージです。

①東電とグループ会社は作業の全体像を設計し、管理をする。現場のあらゆる作業やトラブルに目配せをしスケジュールや予算管理をする。それに付随する、現場が円滑に回るようにするための様々な業務をする。②プラントメーカーは、元々発電所やまわりの様々な機材・建物を作っていて、今もそれらに関する工事や、汚染水対策によって発生した「新たな化学プラント」とも呼べるような機器を作りメンテナンスしている。たとえば、「高性能多核種除去設備」については主に日立GEニュークリア・エナジーが担当。③建設会社は、ガレキ撤去や凍土壁、フェーシング、大型休憩所の建設など様々な土木・建設関係の工事を行っている。たとえば、凍土壁は鹿島建設が担当。④その他は、入退域のセキュリティを守る警備会社や防護装備などの廃棄物の処理、1F構内を走る車のメンテナンスなどを担う。

それぞれにいくつもの企業が入っているわけですが、具体的な割合はどうなのか。

これも先ほどのアンケートから一定の想定ができます。

直近の結果はこうです。東京電力グループ会社31%、プラントメーカー12・4%、建設会社26・5%、上記以外23・2%。

建設会社の割合が意外と大きいことがわかります。汚染水対策関連の土木工事と新事務本館などの建設工事が発生していることが大きな原因です。この点は震災前と大きく変わったことでしょう。以前はグループ会社やプラントメーカーが担当する機械・電気が中心で、8割以上が地元の電気・配管工事店、建設会社がメインの現場

1Fオンサイトにある自動車整備場。事故当時オンサイトにあった車両は、放射性物質による汚染から外へ持ち出せないため、ここでメンテナンスしている。かなり先まで点検や修理の予約が埋まっている

でした。現在は作業の内容が変わり、ゼネコンの割合が増え、県外から来る人も増えているわけです。

そして、意外と多いのが「上記以外」＝「その他」です。「１Ｆ廃炉作業員」というと、「白い服着て工事をしている人」というイメージが強いかもしれませんが、実際はバックヤードで支える裏方が大勢いてこそ現場が回るわけです。

廃炉を知るための15の数字

Q7 福島第一原発で廃炉作業に従事している人の被ばく量は1カ月平均でどのくらい？

A7 **0.47mSv**（2015年12月の平均線量）
これはN.Y.と東京を飛行機で2.5往復したのとほぼ同じ被ばく量

現時点で具体的にどこにどのくらいの人がいるのか概数を見てみましょう。

まず、現在６０００～７０００人が出入りしている中で、１～４号機周辺には２０００～２５００人、タンクエリアには２０００人。

また、オンサイトから汚染を持ち出さないようにする「入退域管理機能（防護装備着脱、ＡＰＤ貸借、汚染検査）」の仕事も一定の頭数が必要です。この作業は、事故直後は、線量、汚染度が高かったため、Ｊヴィレッジで行われていましたが、２０１３年6月以降は、入退域管理棟を設置してそこでの検査が始まりました。ここには、70人ほど。さらに、出入りする車の確認も必要で、車両サーベイ業務には２００人ほどがいます。さらに警備員が多数いますがこの数は公表されていません。これは核物質を扱っている施設としてテロなどを防ぐためです。実際、施設の中に入るには金属探知機を通りＩＤチェックをする必要があり空港のようなセキュリティ体制があります。

残りが、オンサイトの屋外の他の業務、あるいは免震重要棟、新事務棟、大型休憩所など屋内での各自の仕事をしているというわけです。

被ばく状況はどうなっている？

様々な観点で労働環境としての１Ｆを見てきましたが、もっとも興味が集まるのは被ばく状況でしょう。

実際に１Ｆで働いている人は、今どのくらいの被ばくをしているのか。

答えは【図2】【図3】を見ればよくわかります。２０１５年12月の段階の月平均線量で０・47ｍＳｖです。この値がどの程度なのか、ということですが、たとえば、東京からニューヨークまで飛行機で飛んだときの被ばく量は０・１ｍＳｖ程度になることもあります。つまり、東京・ニューヨーク間を２・５往復程度したときの被ばく量と同じぐらいだと言えます。

「それは平均値で、全体としてそのぐら

いでも、中には高い人もいるんだろう」という疑問もあるでしょう。この問いに答えるデータも様々な形で出ています。

たとえば、【図3】は2015年10月から12月までの、各月別の全入域者における外部被ばくの線量分布です。まず、分母が10000ほどです。先ほど確認した「従事者登録」の数と一致することがわかるでしょう。

このうち、9000人＝90％ほどは1mSv以下であることがわかります。平均値0・58mSvとも整合性があります。残りが、1mSvを超えてきますが、それでも5mSv以下に集中しており、それを超える人は全体の1％前後、特に10mSvを超える人は1桁＝0・1％前後です。一方で、20mSvを超えることはありません。

この20mSvというのは重要なところです。現在、1Fで働く人は5年間で100mSvを超えると働けないという基準になっています。単純にいえば1年間で20mSvを超えない被ばくレベルでいれば、持続的に働き続けることができるということになります。

そして、このデータが示すのは、1カ月で20mSvを超える人は現在いないということです。たとえば、ある月に線量の高いところで作業をして1カ月で十数mSvぐらいの被ばくをした人は、残りの月は被ばく量が少ないところでの作業に回してもらえば働き続けることができます。たとえば、先ほどの「月平均値0・47mSv」という被ばく量で考えると、これで残りの11カ月働いたとしても5・6mSvです。であれば、20mSv以内にコントロールするこ

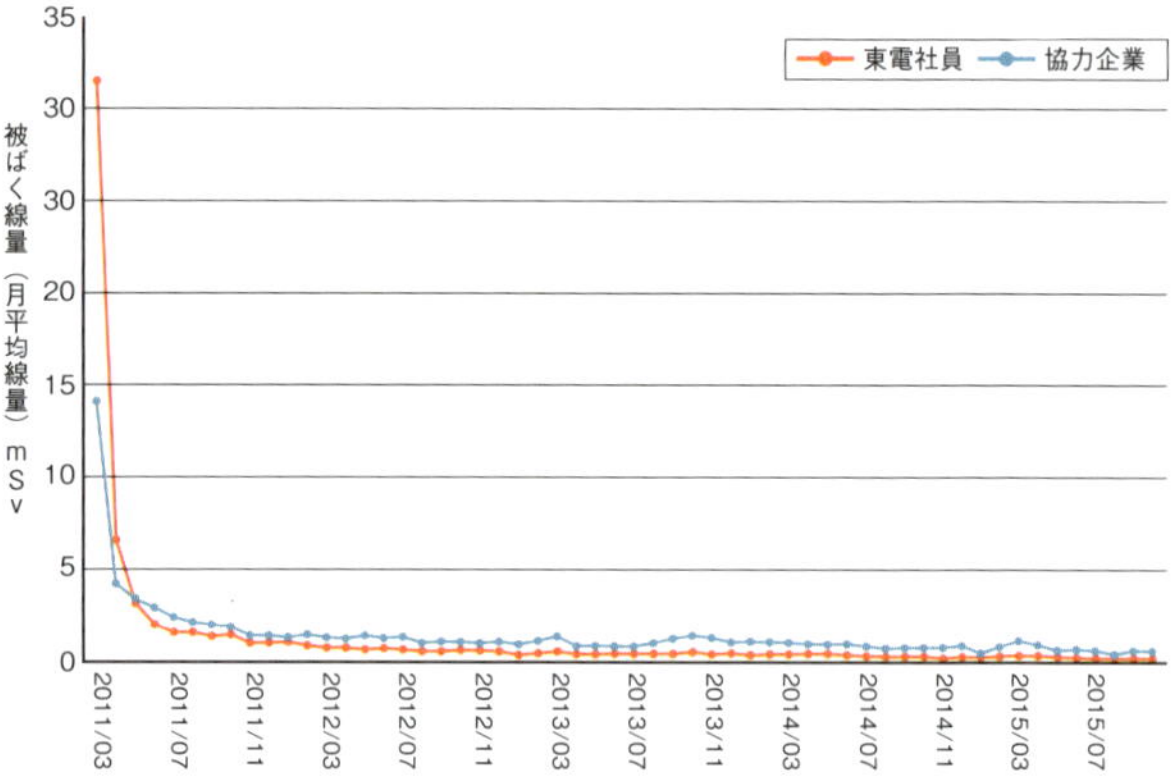

【図2】作業員の月別個人被ばく線量の推移（月平均線量）
出典：廃炉・汚染水対策チーム会合／事務局会議資料「廃炉・汚染水対策の概要」（2015年12月24日）より

区分（mSv）	2015.10月			2015.11月			2015.12月		
	東電社員	協力企業	計	東電社員	協力企業	計	東電社員	協力企業	計
100超え	0	0	0	0	0	0	0	0	0
75超え～100以下	0	0	0	0	0	0	0	0	0
50超え～75以下	0	0	0	0	0	0	0	0	0
20超え～50以下	0	0	0	0	0	0	0	0	0
10超え～20以下	0	9	9	0	7	7	0	4	4
5超え～10以下	0	145	145	0	110	110	0	66	66
1超え～5以下	52	1699	1751	48	1447	1495	43	1256	1299
1以下	1130	7864	8994	1119	7924	9043	1014	7989	9003
計	1182	9717	10899	1167	9488	10655	1057	9315	10372
最大（mSv）	3.20	14.42	14.42	4.96	13.88	13.88	2.59	13.27	13.27
平均（mSv）	0.22	0.70	0.64	0.22	0.57	0.57	0.18	0.51	0.47

【図3】外部被ばくによる実効線量
出典：http://www.tepco.co.jp/press/release/2016/pdf/160129j0501.pdfより

とも可能なわけです。

なお、内部被ばくについての懸念もあるでしょう。「ここまでの話は内部被ばくを考慮していないのでは」と。

ただ、現状は、内部被ばくを検出すること自体難しくなっている状況です。こちらは2012年6月以降、一貫して検出されていません。対策の結果、放射性物質がついたダストが舞ったり、それを誤って呼吸で吸いこんだり、口から飲みこんでしまったりといったことが起こっていないことが理由です【1】。

もちろん、当初は大量の被ばくといって過言ではない人がいたのも事実です。2011年3月の最大線量は670・36mSvでした。ただ、1年間かけて最大線量自体が落ち着き、2012年5月以降は、20mSvを超えた人が出たのは3人のみで、それぞれ20・5mSv、20・58mSv、20・70mSvとギリギリアウトだったというのが実状です【2】。

ちなみに、20mSvというと「とんでもない被ばくだ」という感覚を持つ人もいるでしょう。確かに、普通に生きていて被ばくする量ではありません。

ただ、原発の外でもこのぐらいの被ばくをしている人はいます。たとえば、CTスキャンをすると1回で10mSv。宇宙飛行士は1日に1mSvの被ばくをして数カ月以上宇宙に滞在することもザラです。

もちろん、適切なコントロールは必要ですが、適切なコントロールのもとであればとんでもない問題が起こるものではないことも把握しておく必要はあるでしょう。

労働時間帯はどうなっている?

労働時間帯についても触れておきます。福島第一原発のオンサイトで働く人はどの時間帯にどの程度働いているのか。

例として、2015年11月17日のAPD貸し出し状況の1日のグラフ【図4】を見てください。

上がり始めが朝5時から6時。ピークが9時から10時で5000人ぐらい。そこから減っていき17時から18時には落ち着く。

つまり、わかりやすくいえば、とにかく朝が早い職場だということです。早朝、東の空が明るくなってきたぐらいから現場に入る人が増えてきて、世の中の多くの人にとっての始業時間である9時過ぎぐらいに現場の人数はピークを迎え、そこから、まだ出勤してくる人はいるものの、もはや退勤する人が増えていって、昼過ぎにはピー

廃炉を知るための15の数字

Q8 1日のうち、福島第一原発構内に最も人がいるのは何時台?

A8 午前9〜10時台

ク時の半分ぐらい。もう14時過ぎから多くの人がJヴィレッジなどに向かっていく帰宅ラッシュが始まるということです。

さらに夏場は左に1時間シフトするといわれています。つまり、4時ぐらいから出勤が始まります。夏は熱中症のリスクが高いため、日中の外での作業を制限しているがゆえです。

夜も原子炉などの状態の確認や、大きな機材の輸送のような昼間ではやりにくい作業が動いているため、数百人はオンサイトで働いている状態が続きます【3】。年末年始も600～800人ほどは働いています。

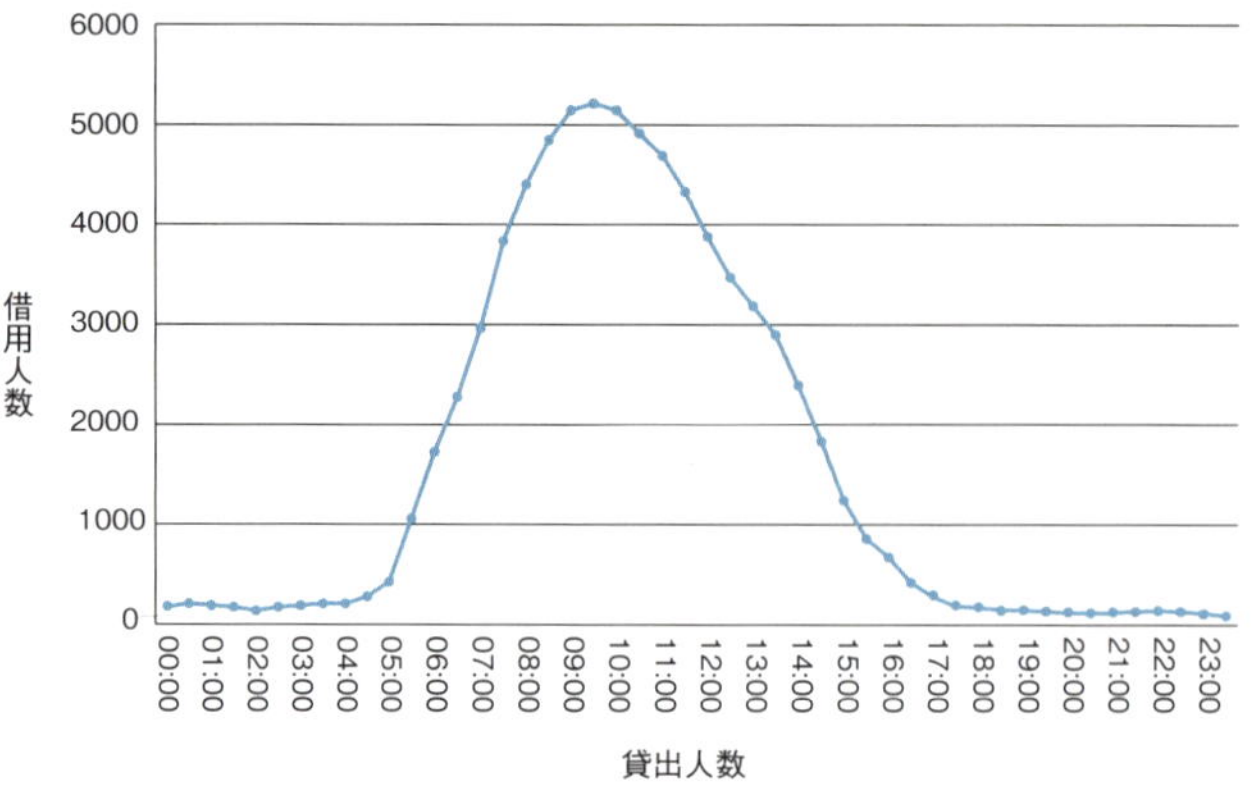

【図4】APD貸し出し状況（2015年11月17日）

出典：東電担当部署より

	死亡	負傷（休業4日以上）
2011（3/14まで）	2※	2
2011（3/15以降）	1	8
2012	0	7
2013	0	4
2014	1	7
2015	2	4

出典：東電福島第一原発廃炉作業等における安全衛生管理対策の実施状況等について　平成28年1月22日厚生労働省労働基準局安全衛生部
http://www.mhlw.go.jp/file/05-Shingikai-12602000-Seisakutoukatsukan-Sanjikanshitsu_Roudouseisakutantou/4.pdfおよび
福島第一原子力発電所 作業災害発生状況（H25実績、H26活動計画）
http://www.meti.go.jp/earthquake/nuclear/pdf/140424/140424_01_029.pdf より

【図5】3.11から2015年末までの1F構内での死傷者数
※この2人はタービン建屋地下のパトロール中に津波で亡くなった東電社員

安全対策はどうなっているの？

熱中症の話が出てきたので、広く、安全対策について確認しましょう。

重大な事故については意外と知られていません。インターネットで「福島第一原発死傷者数」と検索すると「4300人」「1万人」「1000万人」といった数字が目に飛びこんできます。詳細は「検証・廃炉デマ」の記事に譲りますが、この数字がデマの類だとわかっている人も、じゃあ具体的にどのくらいの死傷者数なのか、ご存じない方も多いでしょう。

1F廃炉の現場で作業中に出た死傷者の数は、2015年12月末までに、6名の方が亡くなり、32名の方が大きな負傷（休業4日以上）をしてきました【図5】。

内容はいかなるものなのか。2015年

1年間の事故の内容を見てみましょう。

1月7日　鉄筋を踏み外し、膝をひねった。

1月13日　昇降台車の機械操作を誤り、台車の一部が頭部に激突した。

1月14日　構内巡回バスの下車時に、ステップを踏み外して肩を強打した。

1月19日　タンク上部のマンホールから墜落した（死亡）。

訓練施設で行われる危険体感教育。現場を模した場所での危険箇所チェックなども行われる

6月16日　重量物を二人で運搬するため後進して階段を降りたところ、床の配管に気づかずつまずいて転倒した。

8月8日　土砂のバキューム車のタンク後部のハッチを閉じていたところ、何らかの理由でタンクのハッチに頭を挟まれた（死亡）。

　これらからは一定の傾向が読み取れます。おそらく「ちょっとした不注意」が原因であること、1月に集中して起こっていてその後、年間を通して2件にとどまったこと。

　後者については対策が一定の役割を果たしたといっていいでしょう。死亡事故が起こると、一定期間ほぼ全作業が止められて対策が取られることになっています[4]。1月の連続的な事故のあとも、2週間にわたってほぼ全作業を止めて対策が取られました。廃炉推進カンパニーの増田尚宏ＣＤＯは２０１５年6月の記者会見で「迅速さ重視」を原因の一つとして、安全性を優先する方針を示しました[5]。

　背景には、ここに現れない軽症の増加傾向もありました。

　休業が3日以内か休業がない軽症も含めた死傷者数は２０１３年度に32人だったのが、２０１４年度は64名と倍増しました。特に、２０１４年度についてその内訳を見ていくと、全体の7割以上にあたる47人が「作業経験1年未満」であったことがわかっています[6]。

　無理な作業工程にしないということ、特に経験が浅い人に対して安全対策を怠らないということが「ちょっとした不注意」を回避することにつながります。

　安全対策とは、具体的に「１Ｆ作業安全統一ルール」というガイドラインの作成・定着やＫＹＴ（危険予知トレーニングの略）と呼ばれる訓練の実施など様々なことが行われています[7]。中でも、２０１５年になって強化されたのが、ＫＹＴも含まれる「危険体感教育」と呼ばれる研修です。これは、訓練施設を利用して安全帯をつけて吊り下げられたり、命綱をつけて梁《はり》の上を歩行したりといった体験をするものです。２０１５年度内に７０００

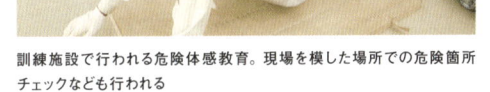

『いちえふ』第2巻より©竜田一人／講談社

人がこの教育を受ける予定になっていました。また、『いちえふ』にも詳細が登場しますが、「TBMKY（ツールボックスミーティング危険予知の略）と呼ばれる、危険予知を心がけるため、作業前の段取り確認の時間を安全確認に有効に活用することが推奨され、東電が「1Fが推奨するKY法」を定め、「模範KY実施方法ビデオ」を制作して元請けなどに配布しています。

もう一点、重篤な事故にはつながっていないものの、軽症の多くの割合を占めるのが熱中症発生数です。【図6】を見ると、大

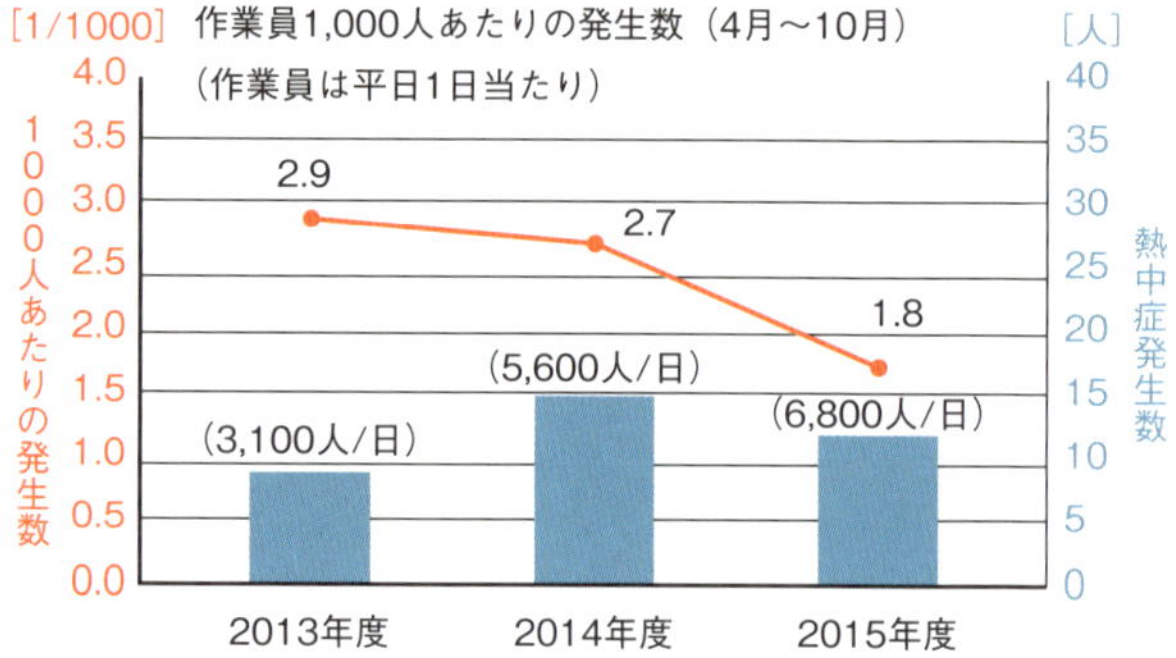

1,000人あたりの発生数＝（熱中症発生数／作業員数）＝1,000

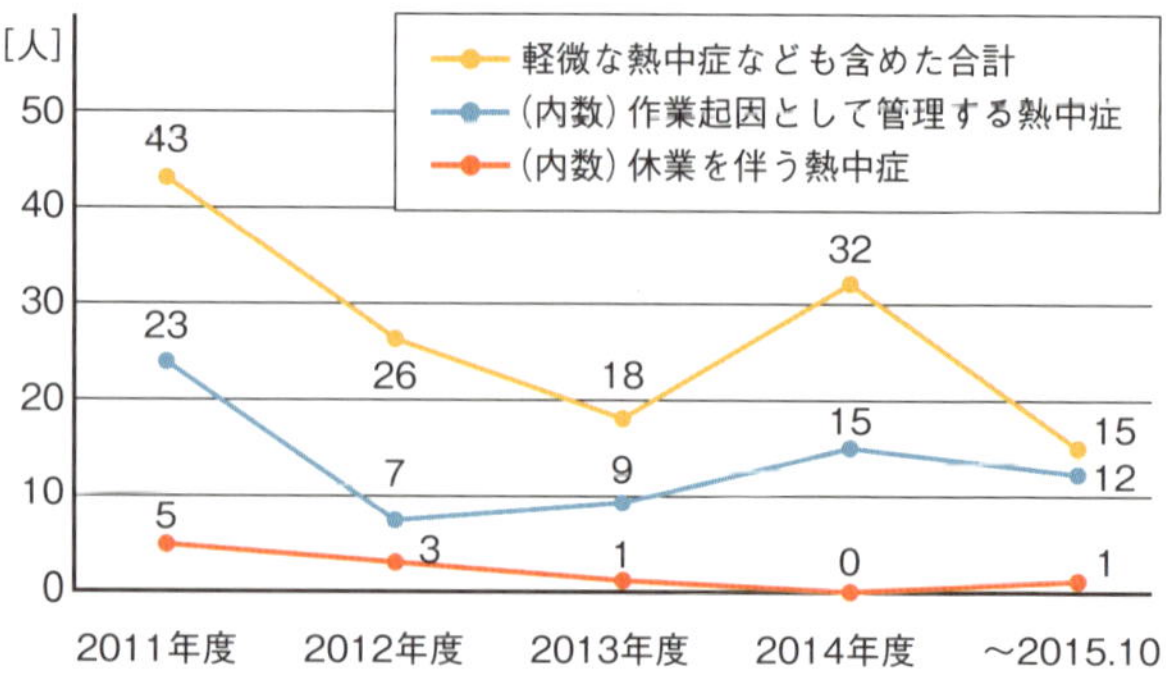

【図6】福島第一熱中症発生数（2011年度以降）

出典：廃炉・汚染水対策チーム会合／事務局会議資料「廃炉・汚染水対策の概要」(2015年12月24日)より

きな傾向として数が減少してきていることは明らかですが、当然、今後も安全対策が求められます。

　こちらも「熱中症予防統一ルール」というガイドラインの作成・定着とともに「クールベスト」と呼ばれる氷の入ったベストを防護服の中に着ることや、「移動式給水所」と呼ばれる水を積んだマイクロバスがオンサイトを5台巡回すること、「WBGT」と呼ばれる気温、湿度などから計算される値を掲示板やスピーカーを積んだ車で常に現場に知らせ、一定以上になりそうな場合注意喚起をして回ること、作業前の体温・血圧・アルコールチェックなどがされてきました。

　ただ、いくら氷や水で冷やして、注意喚起をしても暑いものは暑いので、作業をやめるということも行われています。たとえば14〜17時の炎天下作業を禁止、WBGTの値によって、作業時間に制限をかけたりといったことが行われてきました。

　それだけの対策をしても、けがや体調悪化は起こるので、ER（救急医療室）が存在します。当初は、「5・6号サービス建屋」の1階にあり「56（ごろく）ER」と呼ばれていたんですが、今は、入退域管理棟に新設されています。医師・救急救命士・看護師が24時間常駐していて、診察室やレントゲン、万一、身体に汚染がついてしまった場合に対応できるように「除染室」もあります。誰か運ばれてきたら処置をし、必要な場合は大きな医療機関への送り出しをします。

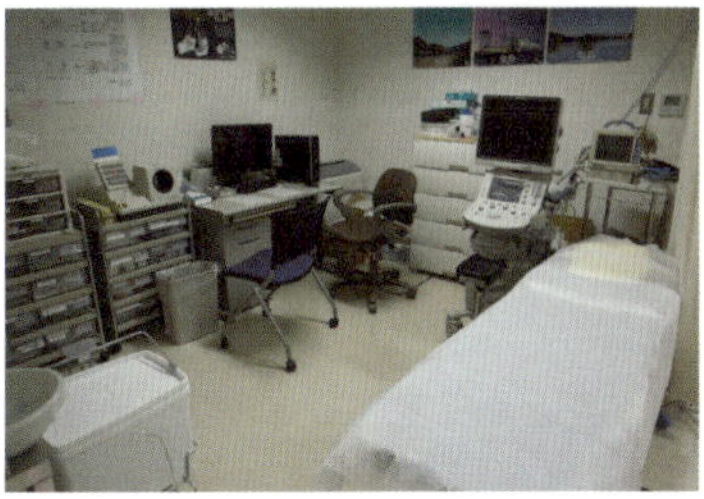

入退域管理棟に新設されたER。健康管理は安定した廃炉作業のためにも重要であり、様々に配慮されている。たとえば、1Fで働く人のインフルエンザ予防接種は無料（2Fで働く人は通常価格）。健康診断も行われていて、それらはすべて2Fで実施されている

　医療スタッフは、事故後に官邸が指示して厚生労働省などによる産業医科大学、労災病院などへの医師などの派遣要請から始まりました。途中から、広島大学が事務局となり、医師などによる「東電福島第一原発救急医療体制ネットワーク」を構築して、東電福島第一原発への医療スタッフの派遣などの支援を行っているのが現状です。

作業員は「かわいそう」なのか？

　これまで1F廃炉の労働環境の実態は、かなりのバイアスの中で捻《ね》じ曲げて伝えられ、受け止められてきた側面があるでしょう。

　そう考えるのは、私自身、様々な立場の人と話す中で「かわいそうな作業員」について的外れな心配をする声や実状についての質問を受けることが多かったからです。たとえば、これまで文系の大学院生や若

い新聞記者からの「原発の労働環境について調査したい」という相談を何度も受けてきました。大体パターンは一緒です。

「作業員が集まらなくて困っていると聞いた」「ドヤ街から無理やり連れてこられている人がどのくらいいるのか」「高い線量の中で長時間労働をしている底辺労働の実態を知りたい」【8】「けがや病気、死亡件数すら闇に葬られる構造になっていると聞いた。真実を知りたい」

まず、返す言葉は「公開されている情報を可能な限り調べたのか」ということです。

週刊誌やインターネット、一部の新聞でそのようなイメージが流布された時期があったのは事実でしょう。また、１９７９年発売の堀江邦夫『原発ジプシー』（講談社）以降１９８０年代に発表されたそのようなイメージを強調するいくつかのルポや映画・小説が30年たってもいまだに影響力を持っているということもあります。ただ、果たしてそれらのイメージにはどれだけ事実に基づいたものなんでしょうか。現実を誇張したり、そもそも存在しないものを存在するかのように仕立てあげたデマであったりする可能性をどれだけ考えたんでしょうか。

確かに、１Ｆ廃炉の現場で働く人の姿は見えにくく、言葉も聞こえてきにくいのが現実です。ただ、それを「言論統制がある」などと解釈するのはあまりに軽薄です。どんな仕事でも業務で知りえた内容を第三者に公表することが許される場合のほうが特殊でしょう。それは「隠蔽されている」とか「箝口令が布かれている」とかいうわけではありませんし、一方で、少し調べればすでに多くのことが公開されていることもわかるはずです。調査をしつくしていないことを「隠蔽」「箝口令」という適当な陰謀論で覆い隠してはいけません。

もちろん、これは研究者や新聞記者という「調査をすることが仕事」であり、その調査結果が世間からある程度信頼されてしまう立場にある相手だからこそ、申し上げることです。一般の方がプロ並みの調査をすることは大変でしょう。ただ、多くのデータは公表されているし、少し分析すれば実状は見えてくるものでもあることはご理解ください。

作業員の「不足・特殊さ・ＳＮＳ」という三大噺

これまでの1Fの労働環境の描写にはあるパターンがありました。

たとえば、マスメディアは「作業員不足」を盛んに報じてきました。「過剰被ばく」と「労働賃金不足」の中で、「作業員が足りない！　このままでは廃炉作業が止まってしまう！」というメッセージが強調されました（具体的には、ＮＨＫの廃炉関連報道やフジテレビのドキュメンタリー「１Ｆ（イチエフ）作業員～福島第一原発を追った９００日～」などがその典型的なものです）。この「作業員不足」という分析フレームは何度も繰り返されてきました。実際に、放射線作業になれた作業員の数は事故以前に比べて減っているのが現場の実感のようです。しかしこれまで述べてきた通り、作業員の頭数としては十分足りてい

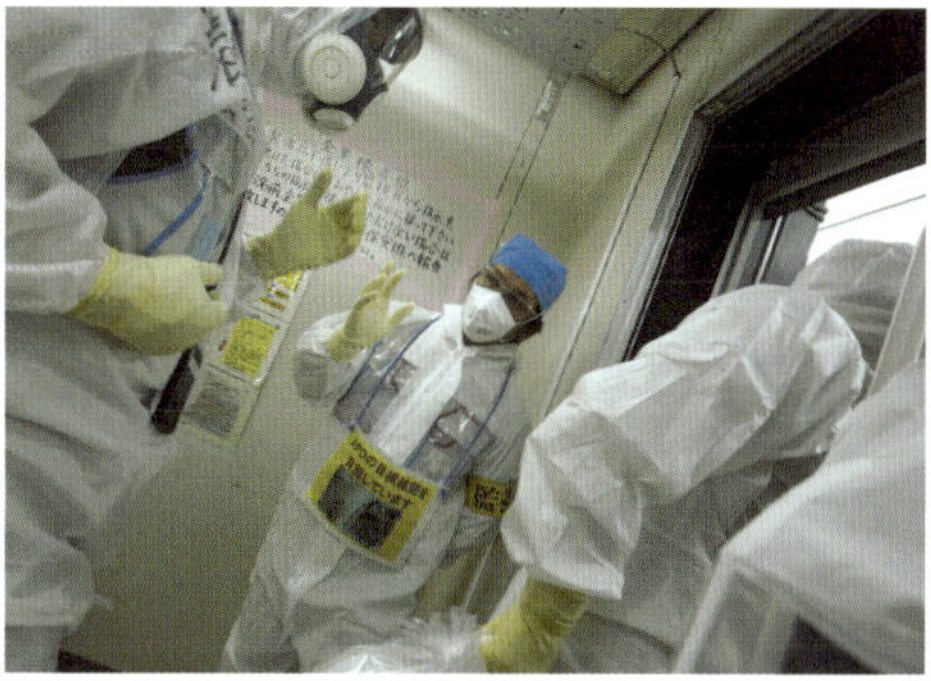

屋内から外に出る際に、APDを胸につけているのか確認しているところ。APDのつけ忘れや意図的につけない人が出たことがあるため、APD着用確認専門のスタッフが配置された

ます。むやみに「作業員が足りない」と煽る必要はありません。

　また、雑誌や海外メディア、インターネットは、これをよりセンセーショナルに報じてきました。たとえば、「刺青《いれずみ》の入った貧困街から連れてこられたものばかりである」とか「過剰な被ばくを強いられ、それが隠蔽されているである」とか。確かに、刺青をしていたり、関西弁を話す人もいるでしょう。実際に鉛カバーをＡＰＤにつけて線量をごまかしているという新聞報道が出たこともありました。そういう事実がこの報じ方に一定の信ぴょう性を持たせ、煽り立ててもきたのは確かでしょう。

　一方で、ＳＮＳを通して実際に１Ｆで働いている人が状況を伝える動きがあり、この一部はＮＨＫがニュース番組で取り上げたり、書籍になる（たとえば、ハッピー『福島第一原発収束作業日記』）などのインパクトが生まれました。

　ただ、実は、これら作業員の「不足・特殊さ・ＳＮＳ」の三題噺《さんだいばなし》で構成される「廃炉の労働環境の真実」的な枠組みでの報道は２０１３年度ぐらいまでに集中しています。２０１４年度以降、こういった報道は見られなくなっています。

　背景には、無関心化と労働環境の変化とがあるでしょう。

　当初、事故後に一時的に１Ｆで働いた少数の特定の人が語り部としてマスメディアに出て話をする傾向がありました。これにはＳＮＳで発信していた人も含まれます。これらの声は貴重である一方で、部分的な作業をする個人の意見にすぎなかった部分もあったでしょう。部分を見ての認識が全体的な認識であるかのように語る内容は初めこそ新奇性とともに社会に受け入れられましたが、時間の経過とともに浸透力を失っていきました。このような語り部は、世間の関心が失われていくとともに、メディアで取り上げられていくことは少なくなっていきました。無関心化の中で消費されていったわけです。

　しかし、なぜこのような「作業員の不足・特殊さ・ＳＮＳ」の三題噺で構成されることになったのか。端的にいえば、２０１３年度ぐらいまで、政府・東電の対応に批判されるべき落ち度があったこと、情報開示が足りていなかったことがあるでしょう。雑誌などが作り出した「１Ｆ作業員＝みんな刺青・みんなドヤ街」の偏ったイメージは今でも少なからぬ人が強く信じているでしょうが、実態は先に示したとおり別なところにあります。一方、マスメディアが描いたように、被ばく量があらかじめ定められた基準値に達して働けなくなった人がいたり、労働賃金が安いと仕事を辞めた人がいたのも事実です。汚染水問題が世間を揺るがせたのも２０１３年７月のことでした。

　ただ、それらの事態、批判を踏まえて、線量や賃金を改善する動きもありました。現に、先述の通り被ばく量は低い水準で保

構内の約90%近くのエリアにおいて一般作業服での移動が可能になった

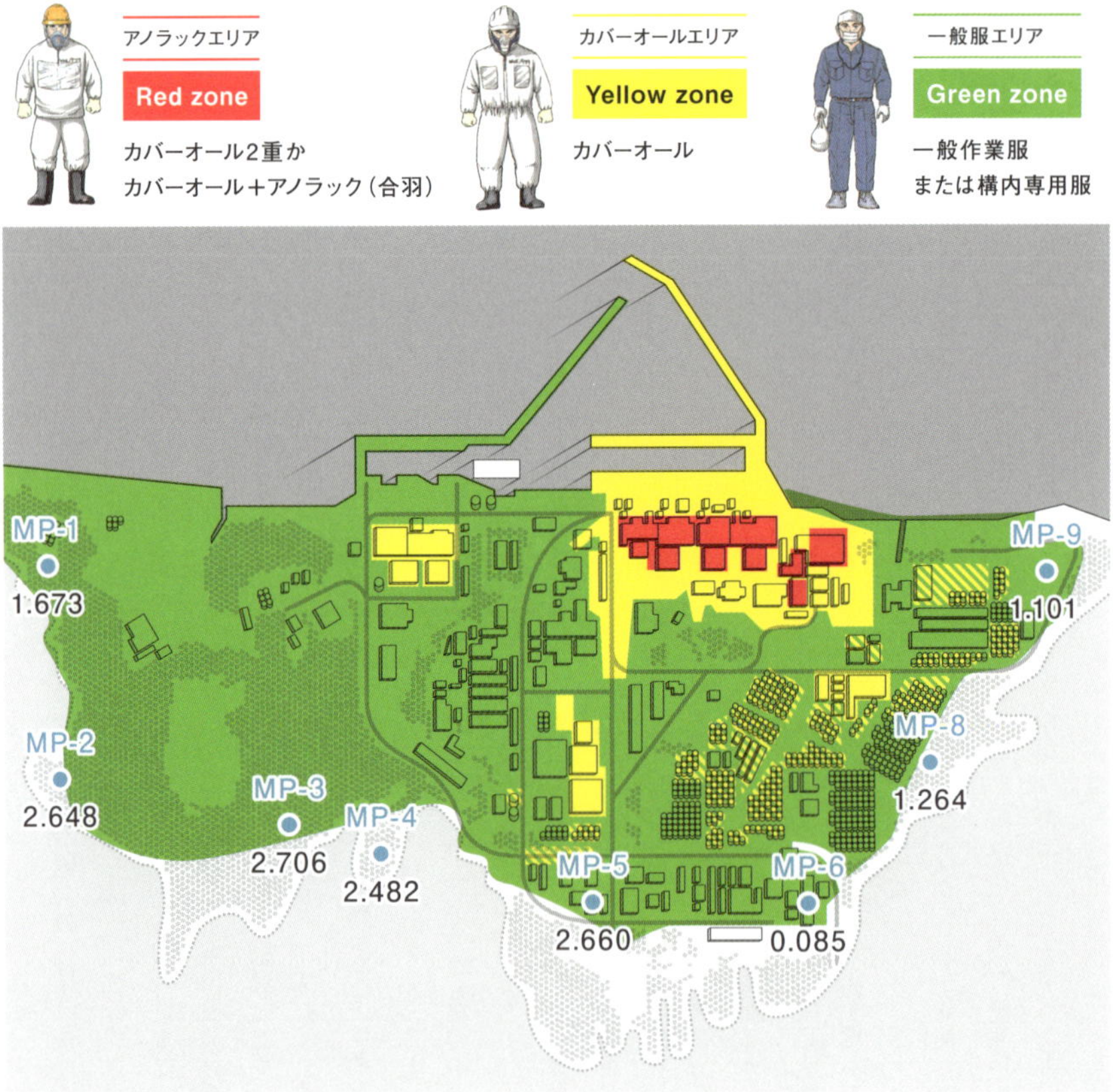

【図7】汚染度による区分と各エリアの防護装備

出典：東京電力資料「管理対象区域の区域区分及び放射線防護装備の適正化の運用について」（2016年2月25日）より作成

※モニタリングポスト（MP1～8）の数値は2016年3月31日午前9時の測定値。単位はμSv/h

たれており、累積線量が大幅に追加される人が大量に増えているという状況はありません。

当初、後手後手に回った政府・東電の対応。このもとでの猜疑心《さいぎしん》は「政府・東電の隠蔽体質」イメージをより強化したでしょう。そのあとの情報発信不足、発信する情報のわかりづらさが現状のバイアスを作ったのは確かです。

1F構内では敷地内の除染やモニタリングポストの設置が進み、線量の測定値をリアルタイムで確認できるシステムも稼働しています。その結果、2016年3月から構内の全面マスク着用を不要とするエリアが大幅に広がり、構内の大半の場所で一般服での作業が可能になりました【図7】。

これからも1Fの労働環境は変化し続けていくでしょう。大切なのは、その変化を捉え続けていくこと。過去のイメージのままの色眼鏡で見ようとしても、今何が本当の問題なのか見誤るだけです。

「作業が遅れている」「問題が起きていつまでも進んでいない」という報道は私たちに強い印象を残します。確かに、なるべく速やかに作業を進めるべきであることは間違いありません。ただ、急ぎすぎることで事故が起こったり、被ばく量が増えたりすれば長期間働けない人が出てきて、作業に持続可能性がなくなります。

『いちえふ』には「ご安全に！」という1F構内で交わされる挨拶が紹介されていました。安全の確保が廃炉作業のすべての根底にあります。私たちはスピードと安全性の絶妙なバランスの中で廃炉が進んでいることをより深く理解すべきでしょう。

【1】
http://www.tepco.co.jp/cc/press/betu16_j/images1/160129j0506.pdf

【2】
http://www.tepco.co.jp/cc/press/betu16_j/images1/160129j0503.pdf

【3】
5、6号機は中央制御室に、1～4号機は免震重要棟に運転操作員が日夜問わず常駐しています。現在は緊急事態宣言中のため操作員以外の社員も宿直で泊まることになっています。

【4】
死亡事故にかかわらず、労災事故が起きると対策が打たれるまで類似作業は中止です。死亡災害の場合、それが作業全体へ波及し、廃炉作業がすべてストップします。例外は冷却に関わる作業です。

【5】
http://www.mhlw.go.jp/file/05-Shingikai-12602000-Seisakutoukatsukan-Sanjikanshitsu_Roudouseisakutantou/4.pdf

【6】
http://www.meti.go.jp/earthquake/nuclear/pdf/140424/140424_01_029.pdf

【7】
http://www9.nhk.or.jp/kabun-blog/200/215875.html

【7】
「1F作業安全統一ルール」は震災後に追加されたもの。本来は「標準施工要領書」と呼ばれる、いわゆる作業手順書に安全対策が詳細に練りこまれています。これは絶対守らなければならないルールです。相当な量になりますが、各元請企業の安全管理者がそれを周知します。また、東京電力社員が工事着手前に事前検討会を開き、作業員全員の参加をうながし、周知します。KYTも産業界で推奨されている当たり前のものです。現場安全レベルの低下を危惧し、再度始めたものです。
また、安全対策には放射線防護も含まれます。今回の工事ではこのぐらいの放射線量の被ばくが見込まれる。そのため防護対策はこれこれ、作業時間は何時間、ときには何十分まで放射線管理者から周知されます。これは工事ごとに作成される「追加施工要領書」に反映されるものです。
「標準施工要領書」の原本は元請、東京電力両者で保管し、類似作業に適用され、少しでも違えば「追加施工要領書」を作成し、手順書として扱います。

【8】
作業時間はAPDに一分毎に表示されていくようになっています。一応11時間まで連続して働けますが、余裕を持って10時間30分になるとアラームが鳴ります。なお、これは一日の積算で、日をまたげばリセットされます。実際に一日のスケジュールから計算すると、管理区域内作業時間は大体5時間くらいが標準となっています。

作業員図鑑

1F構内で働く人々

事務系社員

事務や広報など、廃炉を管理する社員の後方支援を行う。

1F構内で女性を見ることも増えました。

技術系社員

廃炉作業に直接かかわる仕事。原子力安全・廃炉にかかわる工事の設計・監理に必要な書類作成や官庁検査書類作成、検査対応などを行う。検査立ち会い、工程確認などで、作業現場にも出る。

東京電力

免震重要棟内の集中監視システムで情報監視する操作員。

運転操作員

原子力設備を運転する仕事。現在は運転が停止しているので、原子炉の状態を監視するのと、パトロール、廃炉作業にかかわる設備の点検・修理のための停止・復旧が主な業務。3交替で24時間365日勤務している。

協力企業

身体汚染がないかどうか調べる専門職。

バッテリー式掃除機（某工具メーカー製）が活躍中。

サーベイ員

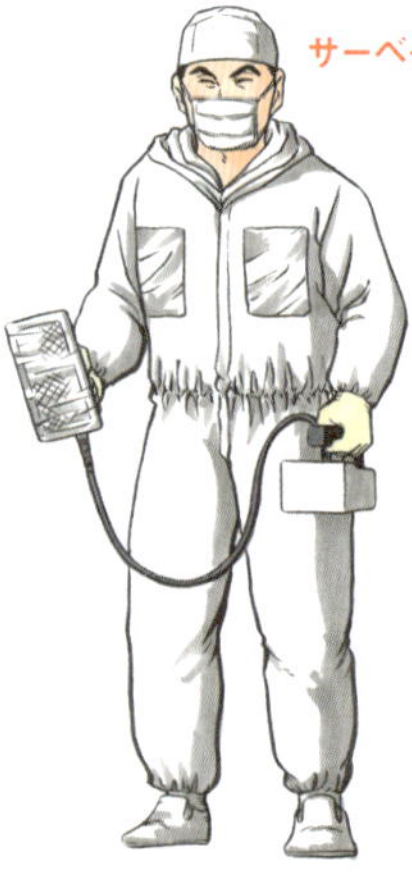

清掃員

現場の後方支援

現場に直接入る人々の仕事を支える人たち。

- 清掃会社
- 機器納入メーカー・代理店
- 技術図書管理会社
- 給食センタースタッフなど

大型休憩所などの食堂スタッフ

点検・修理系

東電の技術系職員は、事務仕事が主ですが、検査や進捗状況確認のために現場にも行きます（通称・立ち会い）。

計装設備

主に設備制御機器と計測器の点検・修理を行う。

機械設備

主に水回り関係、弁、ポンプ、配管などの点検・修理を行う。

建設系

土木工事（ガレキの撤去、タンク設置基礎工事など）や建物建設工事を担当。ゼネコン系とも呼ばれる。

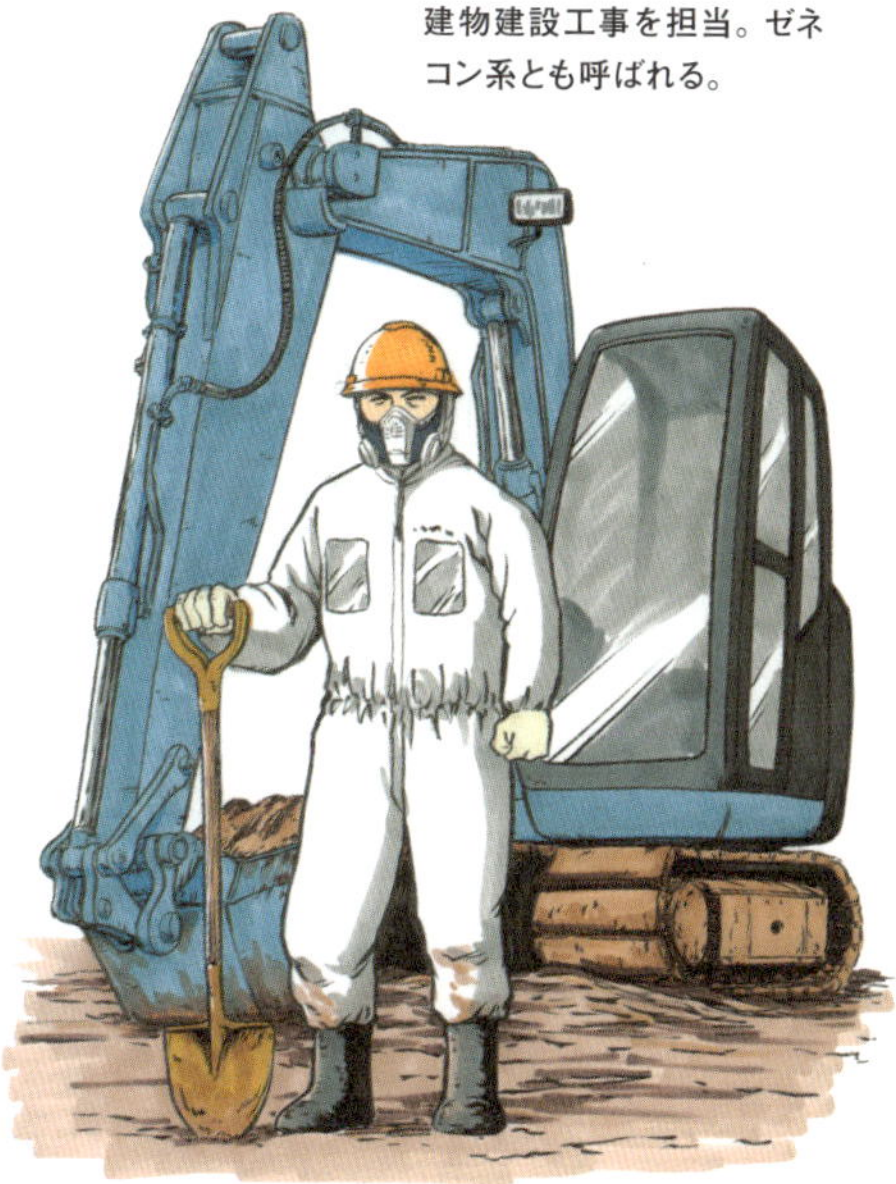

電気設備

主にモーターと電源設備の点検・修理を行う。

ある作業員の1日

いわき市から通う、2交替勤務で設備操作を担当する東京電力社員のDさん

5:30 起床

6:00 家を出る

常磐道は一車線だし、広野インターは渋滞するし、結構ぎりぎりになりそう。急がないと!

7:00 Jヴィレッジ到着、1F行のバスへ

急げ急げ、操作員は遅刻厳禁!

7:30 Jヴィレッジ〜1F

避難区域の町も変わってきたなぁ

8:00 1F免震重要棟到着

事故前は、中央制御室が作業スペースだったけど、今は免震重要棟内の遠隔監視システム室へ

8:30 業務引き継ぎ

9:00 引き継ぎ中にパラメータをとらないと。1時間に1度のパラメータの記録は大変

9:30 設備試運転対応、作業のため機器停止作業、パトロール
設備パラメータを記録

10:00 今日から始まる作業があったなぁ、設備を停止しないと

11:00 事故後作られた設備の試運転、今日の予定の機器は何だっけ?

12:00 休憩

免震重要棟にも食堂があったらなぁ。温かいご飯が食べたい

13:00 おっと、パラメータの記録も忘れずに

13:30 設備試運転対応、作業のため機器停止作業、パトロール1時間ごとに設備パラメータを記録

14:00 パトロールに行かないと。全面マスク、防護服にもだいぶなれた

14:30 1時間に一度の設備パラメータの記録も忘れずに!

17:00 緊急時に設備が動かせるよう、試運転をしなくちゃ

20:30 引き継ぎ、終了後1FからJヴィレッジへ

21:00 パトロールでわかったこと、停止した機器の状態を引き継ぎでしっかり伝えないと!

21:30 Jヴィレッジで自家用車に乗り換え帰宅

操作員の一日は長いなぁ

22:30 自宅到着

早く食べて早く寝よう

23:30 就寝

ゆっくり寝たいけど、明日も朝からだあ

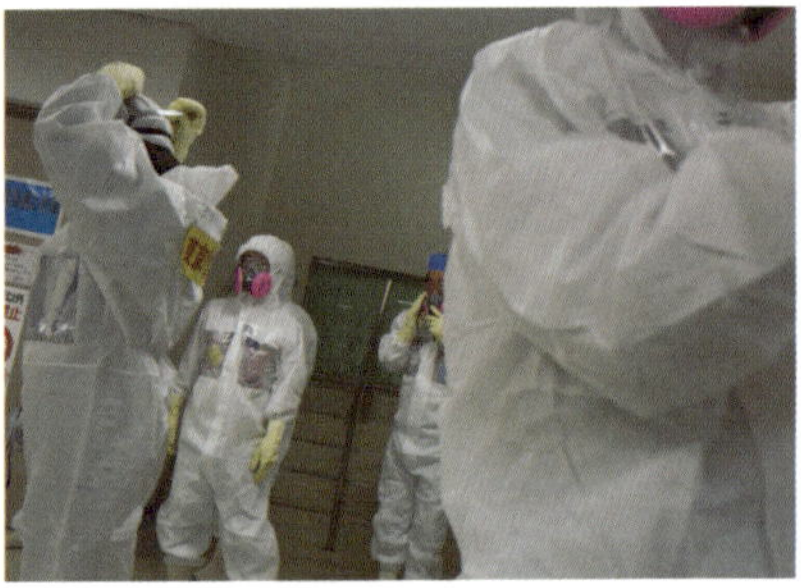

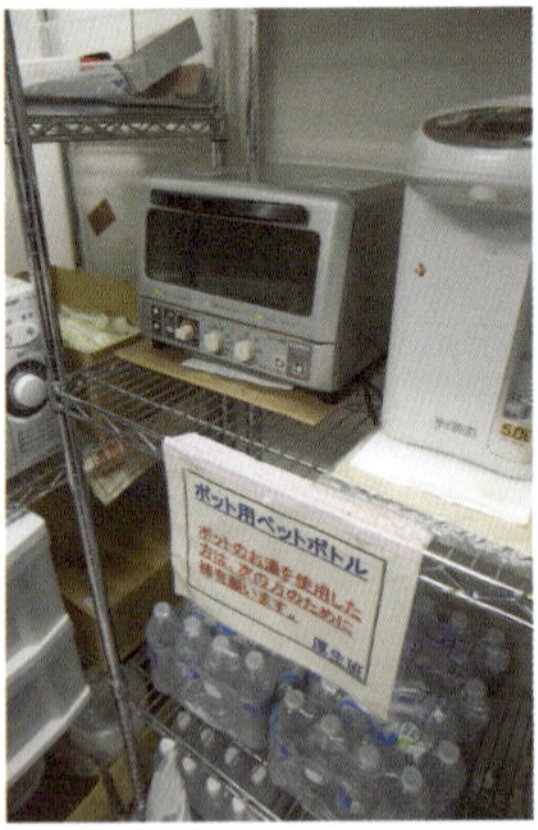

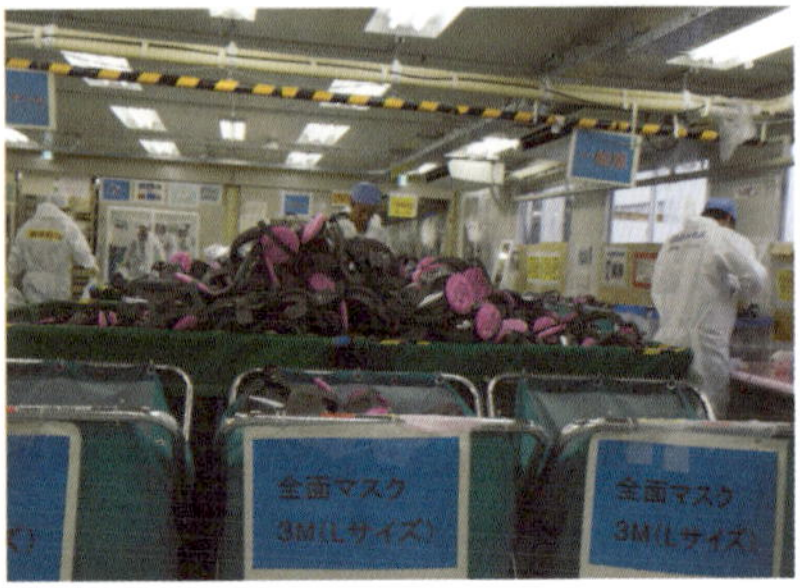

家族と一緒に暮らすため、いわき市から通う原発事故前から働く地元企業Aさん

4:00 起床

まだ真っ暗だけど、起きないと

4:30 朝ごはんと支度

5:00 家を出る

この時間に出ても渋滞に巻き込まれる、急げ！

6:00 Ｊヴィレッジ到着

常磐道を使ってＪヴィレッジへ。広野インターチェンジ出口は毎日渋滞。Ｊヴィレッジに着いたら、まずは一服だな

6:30 １Ｆ行きのバスに乗車

少しずつだけど復興もすすんできたなあ

7:00 １Ｆ到着

7:30 朝礼

ケガをしないように、今日も一日ご安全に！

8:00 作業場所到着、ＴＢＭＫＹを行って作業開始

防護服に着替えて現場へ、着いたら班のみんなと作業中の危険箇所をあぶりだし

8:30 作業

半面マスクエリアが増えてだいぶ楽になった。全面マスクは本当にツライ！

9:00 暑さ、寒さがどうにかなればなあ↘

11:00 食堂が混み合うので、早めに移動しよう

11:30 休憩

食事の後は、休憩室でのんびりと

12:00 ちょっと昼寝しよう

13:00 作業

16:00 現場上がり

片づけもしっかり行って

16:30 １Ｆ～Ｊヴィレッジへ

除染作業の人もがんばっているなあ

17:00 Ｊヴィレッジ到着

自家用車に乗り換えて。6号線は混むので高速で帰ろう♪

18:30 家に到着

23:00 就寝

夜更かししたいけど、明日も早いし寝よう

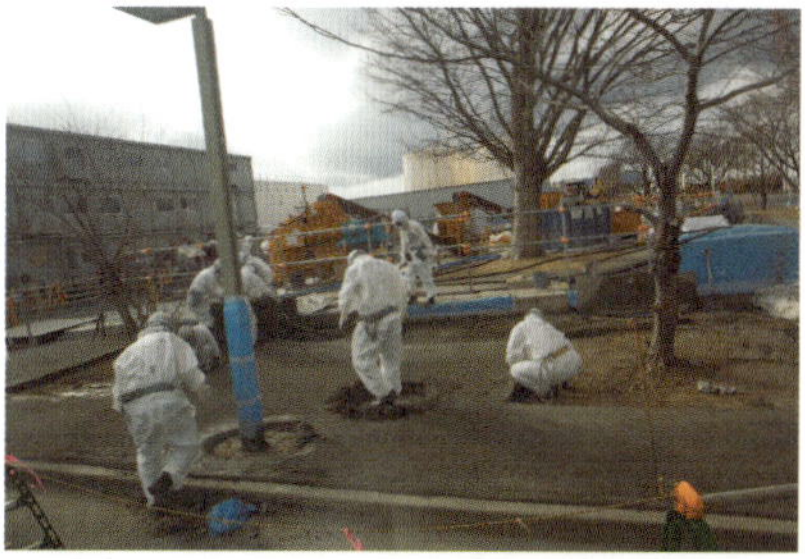

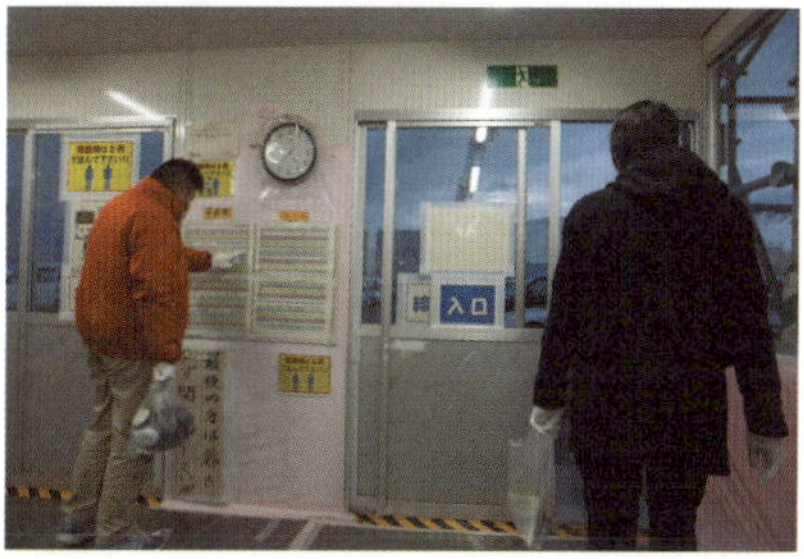

COLUMN

食べ物の移り変わり

吉川彰浩

事故前は、東京電力社員が使う事務棟と協力企業の方が使う企業棟、それぞれに食堂と売店がありました。食堂では麺類（うどん、ラーメン、そば）、定食2種類が好みで自由に選べました。土用の丑《うし》の日など、特別な日にはうな丼が用意されたり、夏は冷やし中華が準備されたりとワンコイン（５００円）もあれば、お釣りがくる値段でふところにも優しかったです。お弁当業者の出入りも多く、そちらのお弁当を食べる人もいました。売店ではコンビニレベルで物が揃っていましたので、夏の暑い日はアイスを食べたり、ちょっと休憩がてらにお菓子を食べたり、喫茶店が発電所内にあったこともあまり知られていません。事故前の食べ物環境はとてもよく、働きやすいものだったと言えます。

食事環境は原発事故の影響により大きく変わりました。食堂、売店は閉鎖、福島第二原発が事務方・生活の拠点に。事故直後から1、2カ月は非常食を食べるような毎日です。その頃になると休暇組の人間が、帰りにスーパーなどで食料を買ってくるという形になりました。冷蔵庫を皆で買い、事務所に冷蔵庫が何台もある状況になりました。

忘れられないおにぎり弁当

２０１１年の5月、ご理解のあるいわき市の弁当業者の方が、おにぎり弁当を持ってきてくださった時の感動は、当時から働く人間は忘れられません。日本中から批判が続くなか、「頑張ってください」と小さな折込がそっとお弁当すべてにそえられていました。

２０１２年ごろから、廃炉の拠点になった福島第二原発ではお弁当業者が徐々に入るようになり、福島第一で働く方も第二に戻ればお弁当を食べられるようになりました。第一原発の免震重要棟ではランチパックやおにぎり弁当が配布される状況が続いていました。

避難区域内にコンビニが開店するようになることで、働く方の昼食の中心はコンビニ弁当へとシフトしました。２０１２年6月には福島第二原発の食堂が再開し、第一原発で働く人も利用できるように改善されました。

メニュー豊富な新しい食堂

２０１５年9月に福島第一原発にある大型休憩所内に食堂がオープン。大熊町にできた給食センターで作られた食事が運びこまれます。震災前の食堂のメニューよりも豊かという声も。長らく続いたコンビニ弁当に頼る生活が終わり、温かい食事がゆっくりと食べられる環境がようやく整いました。

２０１６年3月、大型休憩施設内にローソンが出店。売店ではな

大型休憩所内のローソンではお菓子や甘い物が人気です！　福島県内ローソンでシュークリームが一番売れる店舗に。またカップラーメンは1コーナーを埋め尽くすほど豊富

今の弁当。初期のお弁当はおにぎり2個ないし3個に少々のおかず。当時は非常食でない食事に感動。一般的なお弁当に徐々に改善されていきました

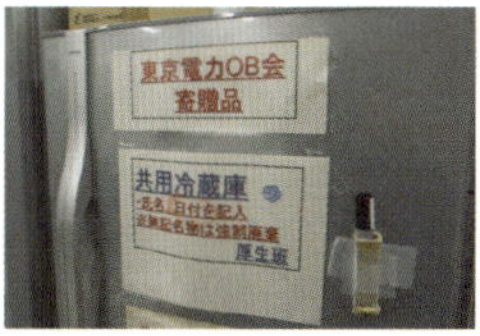

食料調達を自前で行っていた名残です。非常食だけでは元気がでません。今は飲料類を保管しています

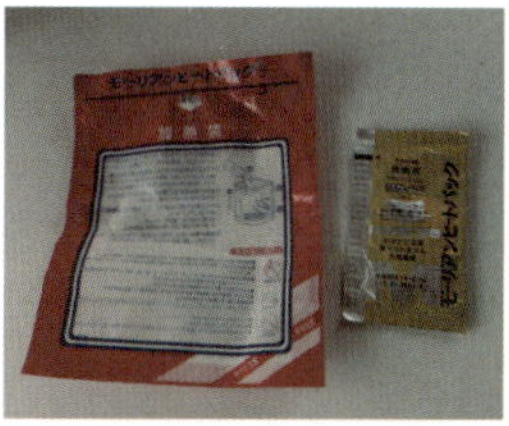

事故直後は限られたビスケット、水を分け合う状況でした。α米、缶詰、温めて食べる非常食などは“ご馳走”だった時期があります。食べ物状態は長く問題となりました

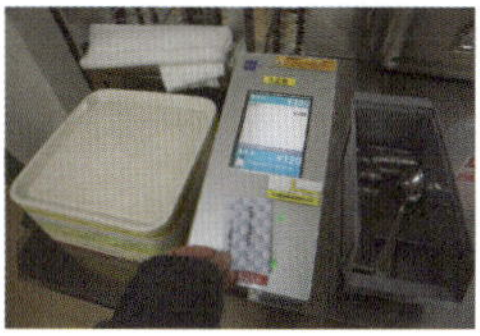

麺類、定食、アラカルト、一日も同じものがかぶらないようにメニューが組まれています。値段は380円、専用のカードで支払います。大盛りの注文にも、笑顔でこたえてくれる食堂の女性陣の笑顔も魅力です

くコンビニが作られたのには理由があります。それはコンビニの多機能性が求められたからです。発電所の外は今も避難区域です。働く方々にとって、公共機関への払い込み、ＡＴＭ、といった機能が求められていました。生活上の不便を少しでも解消するべくして作られたのです。ですが、世間の１Ｆへのイメージは今でも「とても怖いところ、危ないところ」でしょう。おにぎり、カップ麺などを買えるようになったものの今はまだ、缶やお弁当はゴミの引き取りの問題で売ることができません。ＡＴＭの設置もこれからです。

　１Ｆ構内の環境改善が社会に正しく伝わることで、働く方の境遇は大きく変わります。食べ物の移り変わりは、環境改善と社会の理解があわさって進んでいくものなのです。

ルポ　福島復興給食センター

1〜4号機が立地する大熊町にできた「給食センター」

「衛生面も考え、調理が終わってから食べるまでの時間をできる限り2時間以内にするようにと1日4回にわけて運搬しています。お昼でだいたい1800食、夜が200食くらいなので1日約2000食。能力としては3000食まで作れるので、まだ余裕はありますね」（福島復興給食センター株式会社の担当者）

2015年春、大熊町の大川原地区にできた「福島復興給食センター株式会社」は1Fオンサイトの食堂で提供される食事を作っている。社員食堂や福祉施設などで食事の提供を行う日本ゼネラルフードとその子会社、さらに地元で仕出し弁当屋を営んできた鳥藤本店が出資して設立された。

この給食センターの特筆すべき点は「1Fの1〜4号機が立地する大熊町に存在すること」だろう。

「大熊や双葉には何百年単位で人が戻ることなどできない」

「『もう帰れないから諦めろ』と言ってあげるのが優しさなんじゃないか」

現場を知らず、地域住民の間で交わされる繊細な議論を聞くこともなく、知ったかぶりをする人間ほど偉そうにそんなことを言ってきたが、5年の経過を待たずに、ここはその「不幸であり続けることを強いられてきた土地」に完成した。

営業開始時の従業員は100名。6割が女性で90名が地元。そのうち半分以上が浜通り出身で、さらに20名ほどが双葉郡、うち7名が大熊町の出身だった。

当初、求人をしても反応は鈍かった。ハローワークで求人を出そうにも「大熊町での仕事だなんて、女性の希望者はいないのでは」とリアクションは厳しかった。

最初の説明会に来たのは10名ほどだった。ただ、給食センターの設計図面から3DCGを作って求人情報と同時に閲覧できるようにするなど仕事内容の紹介資料をわかりやすくしてイメージができるようにしたり、メディアで取り上げてもらうよう働きかけたりといった工夫をする中で徐々に問い合わせが増え、最終的には185名からの応募がくるほどになった。現在も、20代から70代までの職員が、交代しながら朝5時から夜8時まで働く。南相馬やいわきから時間をかけて通う人もいるし、広野町に社宅として用意したアパートから通う人も半分ほどいる。

1階に調理スペース、2階には会議室や見学通路がある

食事はコンテナに載せトラックで運搬。1Fでの飲食提供は保健所の許諾など様々な調整を経て実現した

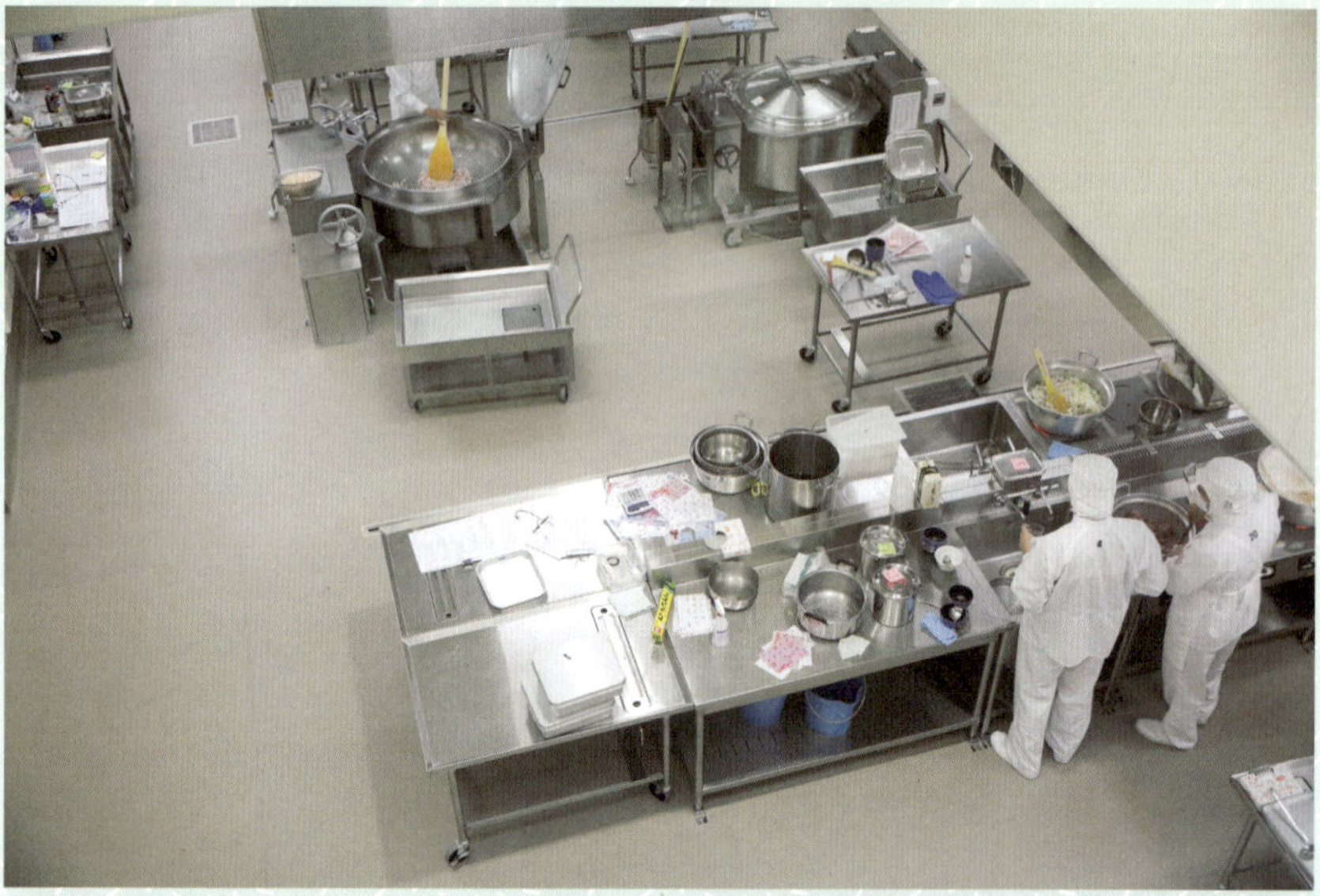
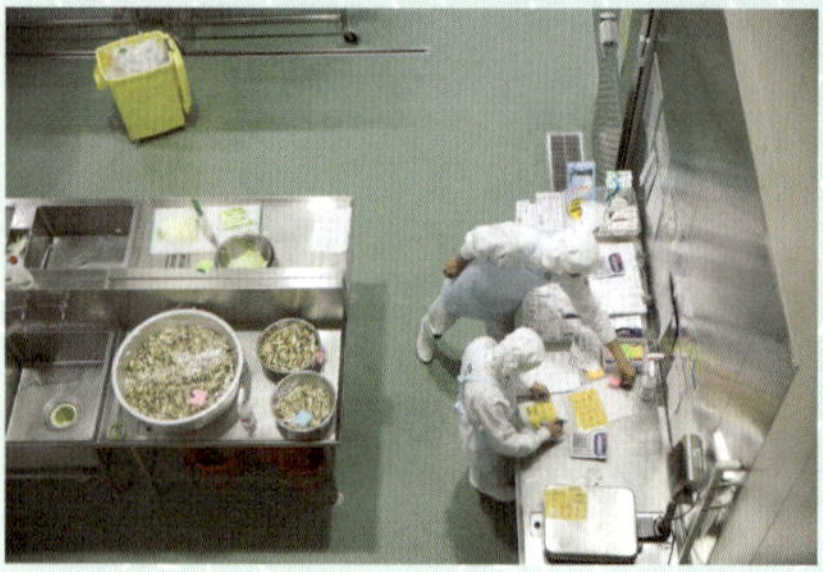

調理作業ごとに部屋がわかれ、食器洗浄・乾燥は大部分を機械化。早朝から夜まで作業が続く

食材の3割は福島県産

使う食材は、広野町産のコメ、川内村産のレタスはじめ野菜、肉、卵、豆腐、調味料にいたるまで可能な限り福島県産のものを使おうとしていて、現在、全体の3割ほどになっている。今後は試験操業で取れている地元産の魚も使っていく予定だ。

調理は、学校給食と同じように、すべての行程を給食センター内の調理場で行っている。東電が運営に関わっていることもあり、ガスは一切使わずにIHで加熱している。保湿性の高い食缶に入れてトラックで片道約9㎞、20分ほどかけて運ぶ。それを、大型休憩所3階と新事務棟との2か所にある食堂に運んで、約55名の現地スタッフが盛り付けをして提供している。

メニューは肉料理・魚料理・丼・カレー・麺の5種類。しかも、どれも1カ月間、同じものが重ならないように毎日変更されている。たとえば、カレーなら、「チキンカレー、キーマカレー、シーフードカレー……」というように。これは、1Fで働く人が飽きないようにするための工夫だ。

毎月、「ラーメンフェア」や「楢葉町の木戸川でとれた鮭を使ったメニューのフェア」なども行ってきた。大人向けの「お子様ランチ」がメニューに入る日もあった。少しでも楽しみを増やして、労働環境を食の面から支えるための努力の跡がうかがえる。

食器や残飯はすべてそのまま給食センターに持ち帰られる。少しでも建屋の中の廃棄物を増やさないためだ。食器の洗浄をするための機械も南相馬市小高区で作られたものだという。

新築らしい清潔なビルの2Fからは調理場を見学できるようになっている。将来、住民が戻ってきたときに見学してほしいという思いからあえて設計時に作った。

給食センターがある大川原地区は1Fから南西に約8kmの位置にある。3名の地権者に頼んでこの土地に建設された。大熊町の中でも空間線量率が低く、復興の拠点とされてきたこの地区は、早期から集中的な除染が行われ、現在の空間線量率は毎時0・1〜0・2μSv程度と福島県外との大きな差はない。給食センターの隣には植物工場が建設されることになっていて、周囲では農地を耕す人の姿も見える。ひんぱんに通って作業できない人の農地は、2014年8月に設立された「大熊町農業復興組合」が除草・耕起を行っている。

大川原地区にはすでに東京電力が750戸の社員住宅の建設を進め、2016年中に入居が始まる。その周囲には2000戸ほどの一般向け住宅や研究者向けのゲストハウス、商業施設なども作られる予定だ。

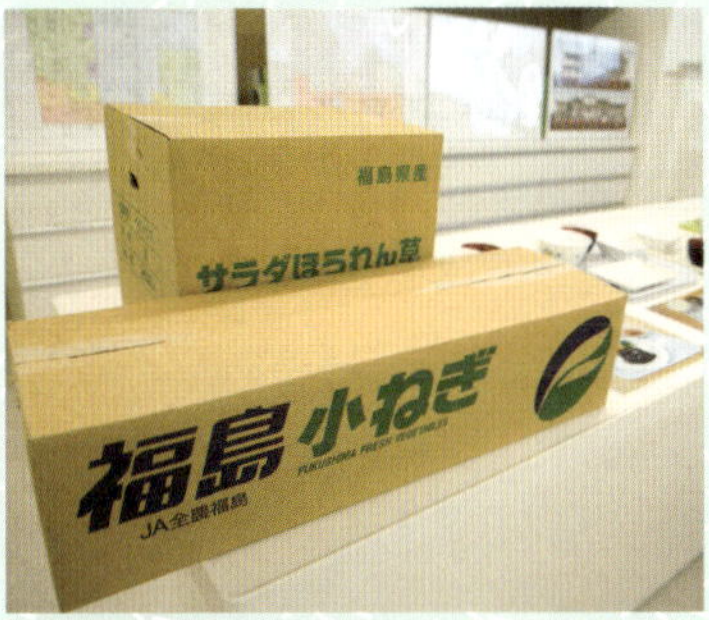

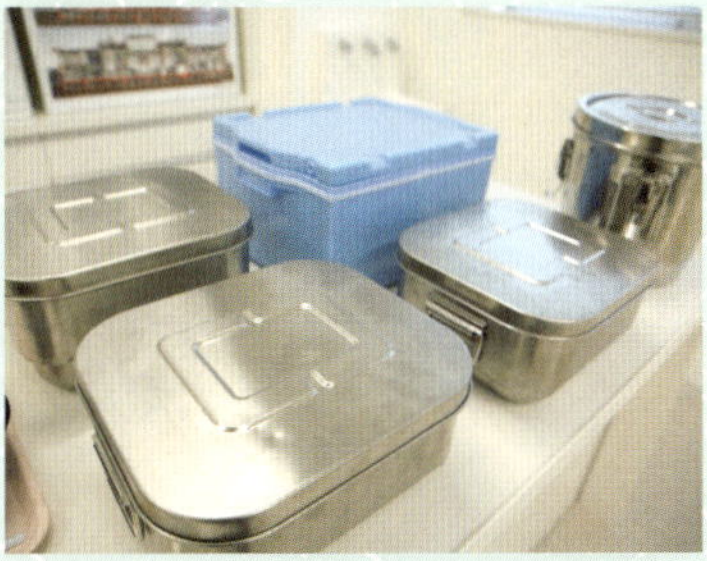

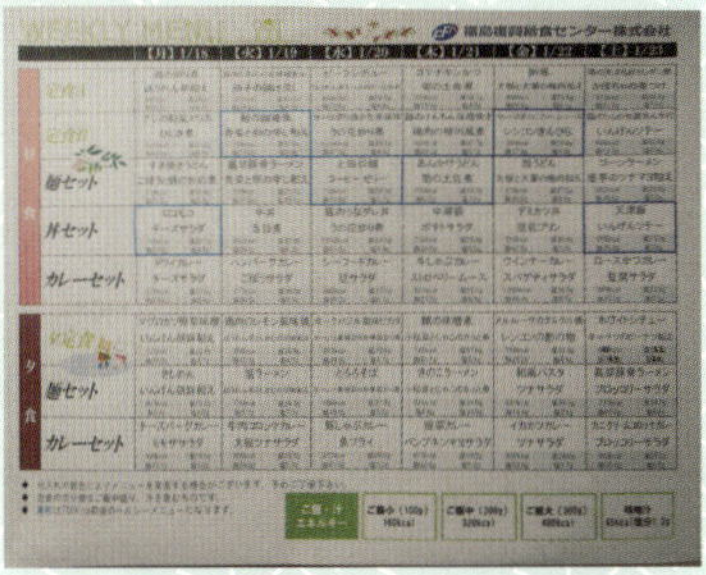

給食事業の知見・実績を持つ「日本ゼネラルフーズ」のスタッフが中心になって立ち上げたが、献立・食材・味付けや量は1F向けにゼロから考えて作られている。地元出身のスタッフが「きれいな盛り付け方」を携帯電話で撮って共有し標準化する工夫も

東京パワーテクノロジー株式会社
インタビュー

「廃炉の現場」で働く男たち

「廃炉の現場」は見えにくい。顔が見えない。表情と肉声がわからない。この5年、「廃炉の現場」を語る人が私たちの前に現れても、その人の顔にはモザイクがかかっている。そんなことばかりだった。「顔も名前も明かさないから、この人は隠された真実を語れるに違いない」。そう思う人もいると聞いて驚いたことがある。実態は逆だ。2カ月働いたのか、2日しか働いていないのか。顔も名前も消し去ることでそんな背景情報はいくらでも隠蔽できる。それはモザイクに翻弄された5年間だった。だからこそモザイクのない人たち、3・11前からそこで働き、今もそこで汗を流し続けている人たちの言葉にじっくり耳を傾けようと思った。

――まず、会社の概要について教えてください。

宇佐神　東京パワーテクノロジー（以下TPT）は2013年7月に東電のグループ企業3社（「尾瀬林業株式会社」、「東電環境エンジニアリング工業株式会社」、「東電工業株式会社」）が合併してできた会社で、当事業所は、福島原子力発電所の安定化・廃炉などの作業・工事および福島第二原子力発電所の安定化作業・工事にあたっています。1Fの主な業務は、放射線管理、化学分析放射能測定、汚染水処理設備の運転など委託関係業務と、汚染水対策関係工事や焼却設備建設などの工事関係です。現在、527名の社員が働いています。

――なるほど、大和田さんは1Fでお仕事をされてきたということですね。何をやってこられたんでしょう。

大和田　はい、1Fの4号機にある使用済燃料の取り出し作業をしました。私たちは、原発事故の前から放射性物質を常に扱ってきました。被ばく・放射線管理について熟知していますし、この仕事が社会に与える影響についても理解しています。

――今はいちいち「この作業が無事終わった」ということがニュースになりますね。それは現場で作業する方の士気にも影響がありますか。

大和田　作業をする者はそれぞれにプライドを持っていますので、外に対してどうのということはあまり感じられません。ただ、皆さんそうだと思いますが、震災後は誰が一番心配するかというと家族です。自分のお父さんやご主人が「燃料を取り出しに行く」と言うと「大丈夫なの」と言われる。不安は確かにあったと思います。そんなときに家族には各々が説明して、納得してもらったうえで作業に対応してきました。その点は感謝しています。

「安全管理」は1Fだけに限らない

――なるほどありがとうございます。続いて、黒木さんはどのようなお仕事をされていますか。

黒木　私は安全管理グループにいます。地元はこちらなんですが、震災のときは柏崎におりました。すぐ帰ってきて応援したかったのですがなかなか帰してもらえず、1年ほどして2Fに戻りました。そこで電気検査の仕事をしたあと、2013年7月に会社が合併したときに、1Fも少しずつお手伝いするようになりました。

はじめは工事の仕事で、2014年10月から「安全」にきて1年と少しです。

――「安全」とは？

黒木　皆さんの安全を守る立場で指導や教育をしています。ただ、細かい事故、気がつかない事故、交通事故などがなかなかなくなりません。

宇佐神富夫（58）／原子力事業部福島原子力事業所業務部長

――交通事故とおっしゃいましたが、1Fの中の安全だけではなく外も管理しなければならないということですか。

黒木　そうです。

宇佐神　社員もそうですが、作業員の多くが、現在いわき市からの遠距離通勤であり、また、交通量がとても多くなっています。事故の発生件数が、震災前に比べ多くなっています。

――その意識は、地域で暮らす方にご迷惑がかからないようにするために、というところですか。当然社員の安全を守るという意味もあるでしょうが。

宇佐神　両方ですね。

――具体的な事故防止策は？「休憩をしっかり取ってください」と呼びかけるとか。

黒木　自家用車での通勤の負担を下げるのに、バスをチャーターして事務所や1Fまで通勤できるようにしています。

――バスを使うのは駐車場がないからという理由だと思っていました。

大和田和正（55）／原子力事業部福島原子力事業所施設管理部発電運営グループマネージャー

黒木　はい。確かに、駐車場がないのも理由ですが、社員の負担・事故リスク軽減が大きいです。

――ちなみに、現在、朝いわき市の中心部からスタートしたとして、1Fに到着するまでにどのくらいかかりますか。

宇佐神　常磐自動車道・いわき中央インターチェンジ近くの駐車場から自動車道を使って1F直行で1時間ちょっとです。Jヴィレッジを経由、シャトルバス利用で1Fまで待ち時間を入れると2時間ぐらいかかります。

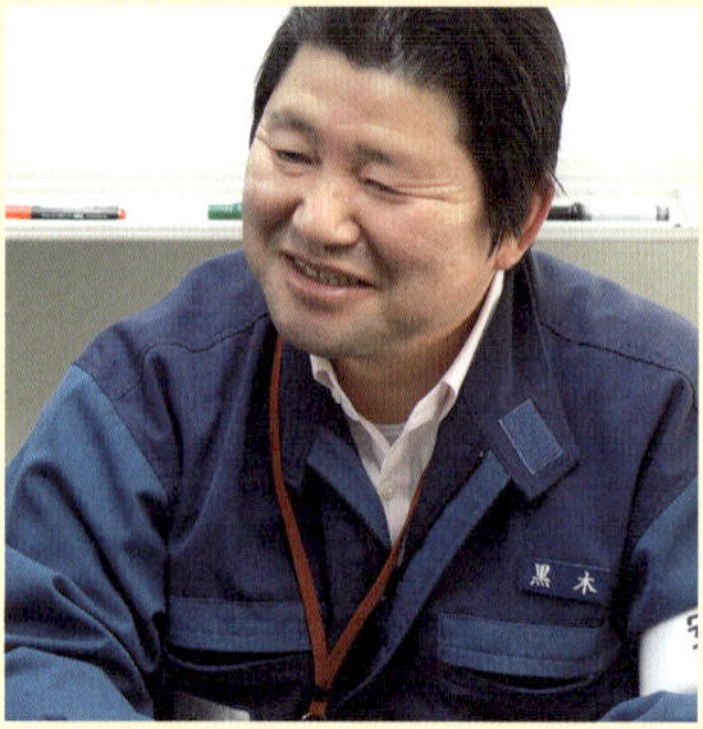

黒木宗房（55）／原子力事業部福島原子力事業所安全管理部安全管理グループマネージャー

――バスに乗ってから通勤に1時間半から2時間かかるわけですが、働く方お一人お一人は、バスに乗るまでにさらにバス集合場所までの通勤時間がかかっているわけですよね。

黒木　そうですね。勤務開始が8時なので、バスはいわき市内を平均で6時20分にスタートします。

――ということは、遅くとも毎朝5時半ぐらいには起きる感じですか。

黒木　いやもっと早いですよ。私はバス乗り場まで10分くらいですが、5時ごろ起きないと間にあいません。

山田　私も5時には起きています。

――サラリーマンの常識的な時間に照らしてもかなり早いほうですね。

黒木　そうですね。震災前は30分くらいで通勤できていましたから。

――皆さんは、震災前はどちらにお住まいでしたか。

黒木　私は楢葉町です。

大和田　富岡の夜ノ森です。

山田　浪江です。

宇佐神　富岡です。

――今は皆さんいわきですか？

山田　私は南相馬から。

厳しい住宅状況と難しい要員の確保

――そうですか。いずれにせよ、毎朝5時に起きて通勤する生活が4年半続いているんですね。いわきの方、多いですけど、皆さん同じバスなんですか？

宇佐神　いわき市内にマイカーのモータープールを4カ所設置しています。基本的には、家から近いモータープールに車を停めてバスに乗るんですね。途中で拾える人は途中で拾います。

――それは会社として確保しているわけですね。

宇佐神　そうです。バスは今10台あります。あと、1Fの工事は通常よりも30分朝礼を早く実施するため、早めにバスを出しています。

黒木　1Fは、7時半から朝礼をしています。新事務棟の前に仮設のプレハブが2棟建っているのですが、その一つ、B棟です。

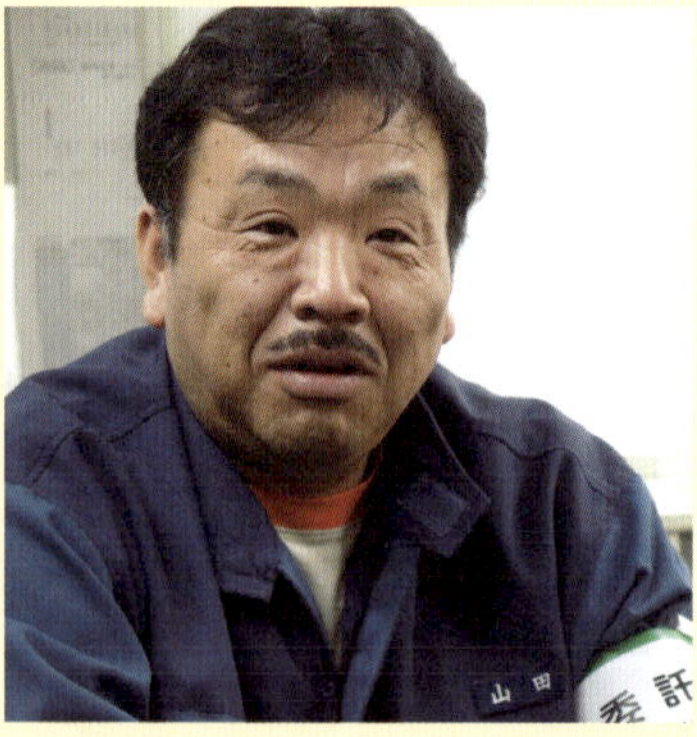

山田寿広（51）／原子力事業部福島原子力事業所施設管理部環境施設グループ副長

7時半から工事関係、8時から委託関係、朝礼を2回します。2Fは、2Fの事務所北側の駐車場で朝礼をします。

――終業時間は。

宇佐神　16時40分です。残業もバスを2便、18時台と19時台に出しています。

――帰りも通勤時間が長いですよね。16時、

Jヴィレッジと1Fを往復するバスは1日約300往復

17時ごろには渋滞ができています。行きと同じく2時間くらいかかりますか。

宇佐神　通常時間勤務の社員は、1Fで作業終了後、バスで事務所に戻ります。道路事情にもよりますが、事務所から　いわき市中心部までは1時間30分くらいかかりますね。

――なるほど。山田さんは南相馬からどのように通勤されていますか。

山田　マイカーで、高速か6号線を使って通勤しています。

宇佐神　山田くんのように北方面からの通勤者はまだ少なく、勤務開始時間に違いがあり、バス通勤は今後の検討課題です。

――でも、南方面は人口が激増していて家の確保もだいぶ厳しいですよね。これから北方面に住もうという人もいるのでは。

宇佐神　いわき市の住宅確保は確かに厳しいですね。北方面からは、まだ少ないですが、南相馬市から通勤している社員はいます。今後増えるとは思いますが、社員の皆さんも、いろいろな家庭的な事情がありますね。

――家族と暮らすために、技能を身につけ使命感・誇りを持って長年続けてきたお仕事を変えるのは悔しいですね。この5年間で、会社を辞めた人も、入ってきた人もいると思います。状況はいかがですか。

宇佐神　会社発足後定年退職を含め100人近い退職者が出ています。家庭的事情で辞めるのは引き留められません。

――辞める要因は。ご家族との生活環境が変わったからですか。

宇佐神　理由としては、家族との別居、遠距離通勤、家族の介護など、避難による家庭的事情が多いです。

――逆に今就職してくる人の特色は。

宇佐神　中途採用は、なかなか難しいですが、これまで、社員の親戚、知人などを中心に採用しています。

――地元の人が多いですか。

宇佐神　中途採用は、ほとんどが地元です。

――東電の発表では、4割から5割が地元でそれ以外は外という話です。

宇佐神　当社の中途採用者はまだ少ないですが地元出身者です。

バス待ちの行列はJヴィレッジでも1Fでもよくある光景

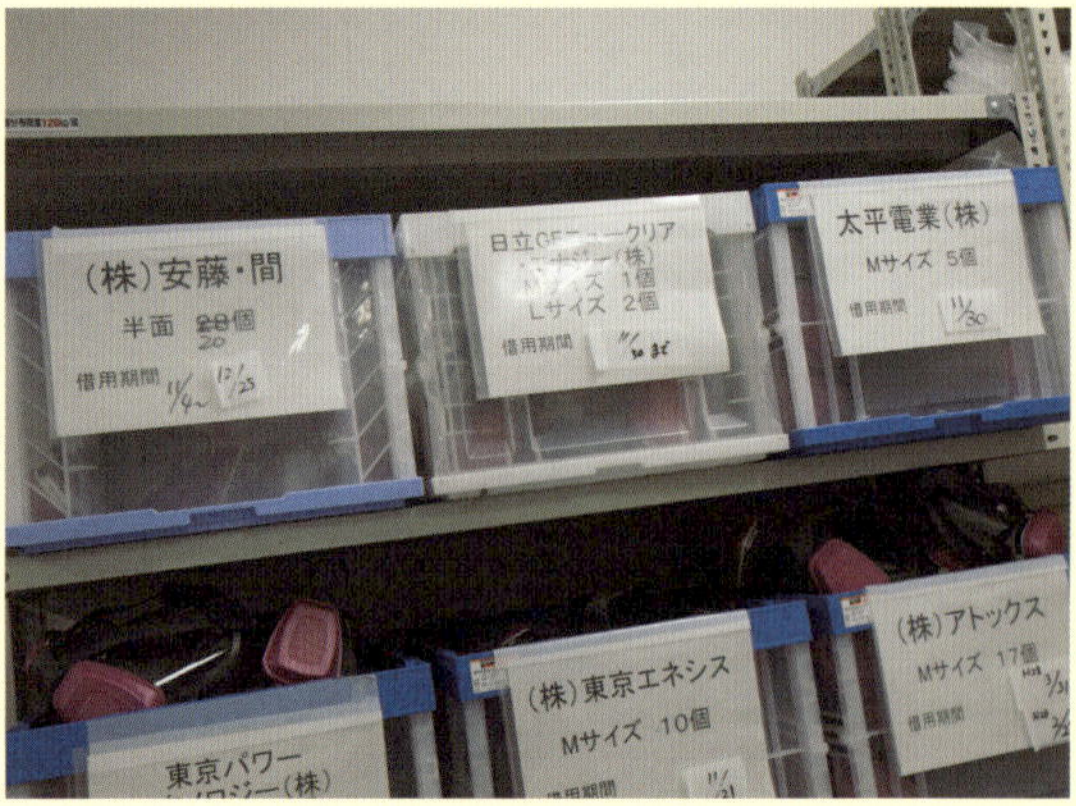

協力企業ごとにコンテナに入れられた全面マスク

——それは、募集しているけれども来ないということですか。

宇佐神　そうです。厳しい状況です。

——いろいろな理由があるでしょうが、他の土木系の仕事も単価が上がっていて、震災前と違って必ずしもここで働く必要はないというふうに変わったのではないでしょうか。

宇佐神　採用する側からすると、震災以降地元の高校も生徒も避難している状況もあり、採用活動、環境が大きく変わりました。

——全体の平均年齢は？

宇佐神　平均年齢は46歳です。

——それはベテランですね。今は勤続10年、20年以上のベテランの方が中心に動かしているのですか。

宇佐神　20年以上のベテラン社員が多いですね。若い人もいますが、全体からすると少ないですね。

　採用を含めて、要員確保は常に課題ですね。また、廃炉作業は長期にわたりますので、技術継承のためにも若手社員の採用は必要です。

作業現場の意識改革で激減した「熱中症」

——他に、それぞれの現場の課題は何ですか。黒木さんの「安全」にはどのような課題がありますか。原発事故後は、当然放射線、また熱中症なども常に意識しなければならない状況だと思うのですが、どう対応されていますか。

黒木　熱中症と放射線ですか。放射線は昔からあったので、決まっているルールを守っていただいています。熱中症は、今年はTPTとしては1件しかありませんでした。昨年は5、6件あったのですが、皆さんに意識していただいた結果です。

――社員の方だけではなく、協力企業の方も含めてですか。

黒木　そうです。

――社員が500名余いらっしゃって、協力企業の方も含めると。

黒木　2000人ぐらいいます。

――それで1年間でたった1件。

黒木　昨年からパトロールカーを走らせて熱中症防止に努めています。でも言っただけではあまり対策してもらえないので、今年は熱中症計をいっぱい買いました。タニタから性能の良い熱中症計が出たんですが、それを作業班長に配りきれないほどいっぱい買って渡しました。やはり作業班ごとに自分たちで意識することになったのが良かったのかなと思います。

――他の産業では考えられないほどコストをかけていますよね。

黒木　安全を何よりも優先するために、当然、日々の管理では血圧計、アルコールチェッカー、体温計などもいっぱい買って作業開始前の体調管理に活かしています。

――パトロールカーはどのような機能を持っているのですか。

黒木　自分たちは、大きな精度がいい熱中症計を持って、定点ポイントで測ります。スピーカーつきのパトロールカーで「今、何時現在で、WB値が○○です。今日の予報は昼までに○○くらいになる予定なので、こまめに休憩を取ってください。30度になったら作業を止めてくださいね」などと呼びかけて回っていきます。

――山田さんは2Fで働いていらっしゃるということです。お仕事での今の課題は何ですか。2Fは動いてはいないものの、しっかりメンテナンスはしなければならないという中での今後の課題など。今は落ち着いている状況なのではと想像していますが。

山田　私の仕事は、2Fの焼却設備での作業です。

――そうなんですね。働いている方のプライベートな部分についても伺いたいと思います。まず通勤に時間がとても取られていますし、作業の緊張度が高まったということも想像されるのですが、会社としての福利厚生の充実などはありますか。たとえば飲み会の有無とか、そういう点から、震災前後で状況の変化はありましたか。

宇佐神　震災前は、仕事外の行事やスポーツをする機会もありました。震災後は、社員は、休みのときくらいは家族と過ごしたい、体を休めたいなど、それぞれに事情がありイベントに人が集まりづらい状況にあります。仕事外のコミュニケーションはほとんどできない状況でした。

今後、そういった面も、再開に向け検討していきたいとは思っています。

――「落ち着いてきた」ということですが、一番落ち着かなかったのはいつごろですか。

宇佐神　震災後の2、3年は特に大変でした。社員のほとんどは家族の避難状況もありますし、現場は全く違う状況になっていました。

私は、仕事上 裏方として宿舎の手配、調達、職場環境をしっかり作ることもきつかったです。

山田　震災後は、ほとんどの人が経験したことがない作業に携わる状況でした。皆さんいろいろな技術を持っているのですが、それだけでは対応できないこともありました。

Jヴィレッジのエントランス付近は働く人たちのコミュニケーションスペースでもある

減ってしまった会社内コミュニケーション

——大変だった時期と比べて、気持ちの変化や息抜きなどはありますか。

山田　私の場合は楽になったことは特にありません。私は家族バラバラです。息子は南相馬の高校に行って寮に入っています。娘は二本松の高校に行っています。だから一緒に生活するのは土日だけです。今までは毎日顔を合わせてけんかするほどでしたが、震災後は週に2回しか会えません。また、やはり会社の人とのコミュニケーションもなくなっています。避難している人がけっこういて、皆バラバラで週末になれば家族のもとへ帰るということで、飲み会の機会などはなくなってしまいましたね。

——一番優先すべきものは家族ですか。

山田　私はそうですね。震災前に会社でレクリエーション行事をやっていたときは、参加するかどうかはそのとき家族の用事があるかないかでした。今は、とりあえず週末は家族のもとに帰ろうということになります。そこに会社が行事を設定したとしても、逆に「会社は我々のことを考えていないのか」と思われてしまいます。当面はこのような状態が続いてしまうと思います。皆さんの拠点がバラバラになっていますので、仕方がありません。

——今後、数年のうちに富岡や浪江にも居住が再開する見通しもあります。状況は変わるでしょうかね。

山田　一気には難しいでしょうね。

——黒木さんにお伺いします。もともと楢葉ということでした。楢葉はこの間避難指示が解除になりましたが、ご家族が一緒に住むのは難しい状況ですか。

黒木　戻りたい気持ちはありますが、今すぐには戻れません。今帰っているのは、高齢の方が中心ですが、若い人が今から戻るのかというと、小学校中学校が成り立つのかなあ、たとえば運動会もできないんじゃないかなあ。それだと、子どもたちが本当にかわいそうだなあと思います。

——なるほど、通勤の際には皆さんがお住まいだった町を通りますよね。たとえば、自分のしていることが自分の町の復興につながっていることを感じるとか、逆に大変な仕事をしながらも自分も避難している立場で辛い気持ちがあるなど、少し聞かせていただけたらと思うのですが。いかがですか。

住む所奪われて
怒らねえわげが
ねえべぇ
だげども事故を
起こしたのは
俺達の職場なんだっぺ
こごをなんとが
でぎるのは
俺達しかいねぇ
それに俺達が
こごをどうにが
しねがったら
戻りてぇ人だって
戻って来れねぇべ

『いちえふ』第1巻より©竜田一人／講談社

黒木　僕たちは皆が帰れるように一所懸命働いています。

――大和田さんは、今いわきではご家族と暮らしているのですか。

大和田　そうです。今は女房と二人暮らしです。震災前は有名な夜ノ森の桜のトンネルのそばに住んでいたので、子どもたちも含め戻りたいという意思は強くありました。たまに自分の家を見にいくと、震災直後よりはだんだん気持ちは薄れてはきているのですが、すごくむなしく感じます。実家も富岡なのですが、親父とお袋を家に連れていくたび涙をながしていました。今は家を見るたびに辛くなってきますので、もうあまり帰ってはいません。夜ノ森は好きなのですが、だんだん遠のいているのが現実です。

――山田さんはご家族とバラバラの生活ということでしたが、いつからですか。

山田　私は震災後、子どもたちと5カ所くらい歩きました。子どもたちは田舎育ちなもので、都会に慣れることができませんでした。二本松に地元の中学校ができることを機会に、東京から戻ってきました。私の家は帰還困難区域で、いつ帰れるかわからないところです。田んぼには人の背丈以上の雑草が伸びていて、悔しいですね。年に4、5回帰るのですが、電気がきていないので掃除機をかけることもできません。いつ帰るかわかりませんが、草刈りだけはしています。あとは防犯の見回りをして。

作業しやすい環境に確実に変わってきている

――最後に皆さんから、社会や地域に対して変わってほしいことがあれば教えてください。

大和田　事故などトラブったときだけ騒ぎすぎるという感じがします。

黒木　事故の対応に最初から頑張っていたのは地元の人間が多いんです。

吉川　現場は事故直後の状況に比べれば、非常に前に進んでいるわけですよね。ただ、それを社会に知ってもらえないと感じていらっしゃるのではありませんか。悪いものだけではなく、成果を社会からきちんと評価されていると思いますか。

宇佐神　報道として、工程など成果としての記事もありますが、トラブルの記事が取り上げられることが多いですね。それによって成果が埋もれてしまう感じがしますね。

――やはり正しい情報を出して、一般の私たちがそれをきちんと受け取ることが大切だということでしょうね。大和田さん、最前線で一番進んだ部分は何ですか。

大和田　まず、1F近郊の地域の環境が変わりました。震災直後はJヴィレッジから全員全面マスクをつけてバスで行っていたのが、線量が下がりました。今は1F構内でもエリアによっては半面マスク、構内の移動についてはサージカルマスクでも対応できるように改善され、作業しやすい環境へ変わってきています。周辺地域もこの1、2年でかなり環境改善が進みました。震災直後に自宅に帰るときには、広野に集り防護服を着て立ち入っていたのが、今では通常通り、特別な装備も必要なく立ち入ることができるようになりました。

黒木　大型休憩所ができて給食を提供するようになり、温かいごはんが食べられるようになったのですが、そこで地域雇用の女性がだいぶ働いています。女性も安心して働けるような職場に変わってきたように思います。

――冬の寒さはいかがですか。

黒木　今日も現場に行ってきましたが、暖かったです。普通のカバーオール1枚で下に下着1枚で大丈夫でした。冬になると少し厚いインナーが配備されます。ある意味外に軽装で出て行くことと変わりありません。この格好と大差ありません。作業やエリアによっては服の上に防護服を着られるので、自前で下に厚手のものを着ていくこともできます。これはあくまでも作業やエリアによって変わります。熱中症対策は聞くけれども、寒冷地対策はあまり聞かないですね。

――現場では暖房を使わないんですか。

大和田　装備の表面が不織布《ふしょくふ》のタイベックなので、火は望ましくないんです。

火の取り扱いはかなり厳しいです。きちんと管理しなければなりません。暖のために火を置いてもいいかというと、難しいと思います。

吉川　カイロも可燃物で火災の危険性があると言われたことがあります。

山田　震災前から、管理区域の建屋内での火の取り扱いはかなり厳しかったです。空調はあったとしても建物全体が暖まるものではありません。一時期セラミックファンヒーターを置いたことがありましたが、やはり長い期間は持たなかったです。

――お父さんと息子さんが働いている人もけっこういますよね。会社は違っていても。

黒木　夫婦もいます。兄弟は別会社という

こともあります。

――御社では、女性で現場に出ている人はいますか。

宇佐神　現在は、1Fでの従事作業はありません。Jヴィレッジや2Fでの業務はあります。

――なるほど。550人中、男女比はどのくらいですか。

宇佐神　女子社員は35人です。約7%です。

――今回お願いしたいのは、モザイクがかかった現場の声だったからこそ、真実があまり取り上げられなかったので、お名前と写真を載せたいのですがいいですか。

山田　大丈夫です。

大和田　今日の話は個人の意見であることをご理解いただければばと思います。

――今回お聞きしたことは皆さんの思いの一端でしかないと思います。是非今回1回きりではなくまた現状を教えてください。ありがとうございました。


（聞き手　開沼博、吉川彰浩）

1F内のいろいろなところで目にする、全国から寄せられた千羽鶴や寄せ書き

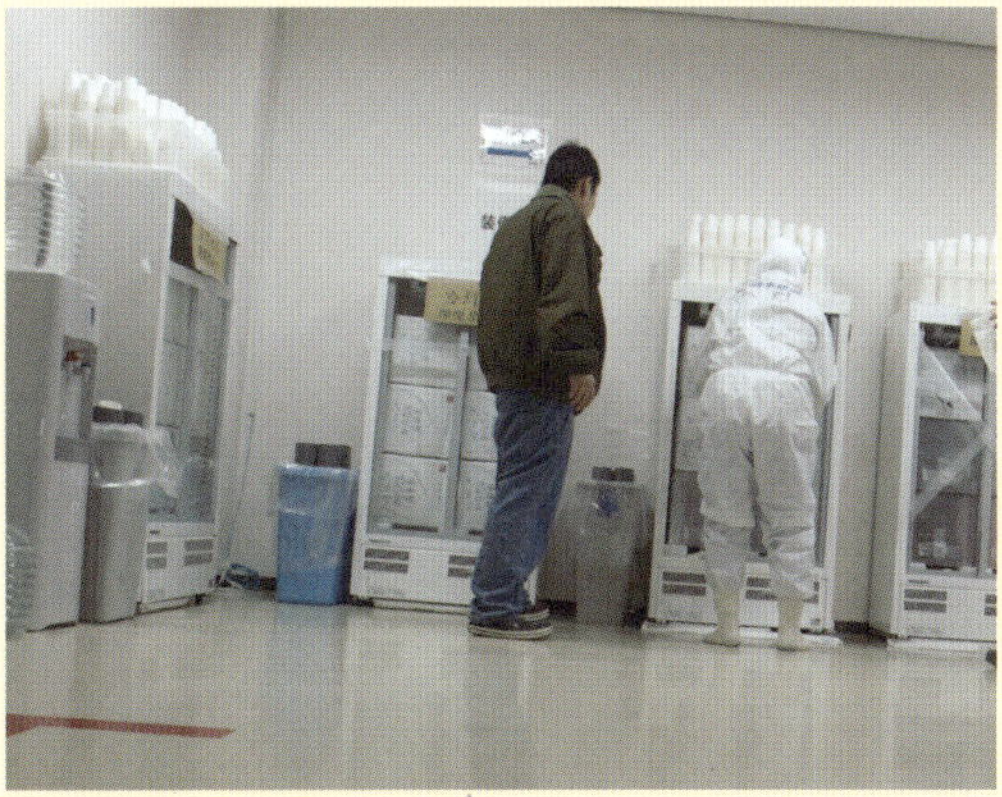
入退域管理棟にある水分補給のためのスペース。いつでも誰でも自由に飲むことができる

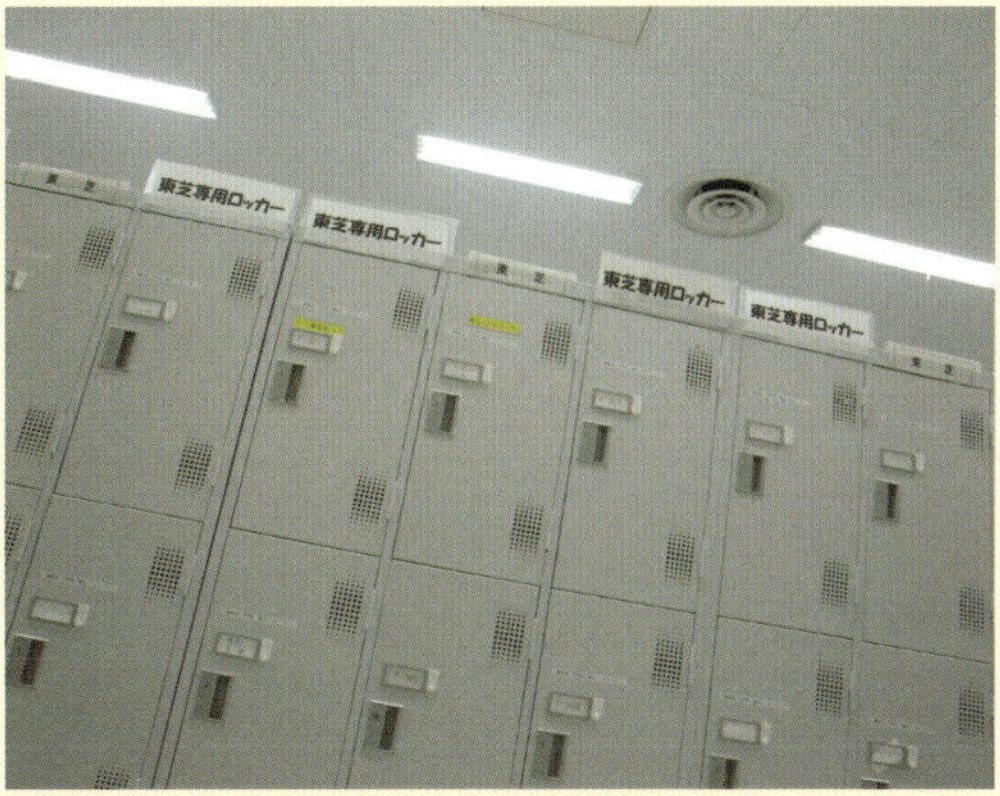

入退域管理棟に並ぶロッカー。企業ごとに区分けされている

1Fを見るツアーとは？

広がるオフサイトエリアの視察・ツアー

「1F廃炉の現場を直接見ることはできないのか」

福島に行ったことがない、行ったことがあっても1F周辺に行ったことがない。そんな人が、1F廃炉の現場に興味を持つこともあるでしょう。

そこで冒頭の質問ですが、もちろんそれは可能です。オンサイトには誰でも無制限に入れるわけではありませんが、車があれば、東京から現地までは3時間ほど。誰でもすぐに行くことができます。そしてそこに様々な形で多様な「廃炉の現場」が立ち現れているのを目撃することができるでしょう。

かつて立ち入り禁止になっていた旧警戒区域の大部分が、現在では立ち入り可能になっています。立ち入りが禁じられている帰還困難区域などの中にも、常磐自動車道や国道6号線のように自由に通行できる場所も存在していて、現在避難指示がかかっている地域の範囲も、2016年から2017年にかけて再編されていく見通しです。自由に立ち入りできるエリアは、今後さらに広がっていくでしょう。

1Fの外から1Fを肉眼で見ることも可能です。いくつかわかりやすいポイントがあります。もっとも迫力があるのが浪江町請戸《うけど》の浜からの風景でしょう。1Fの北側に位置するこの浜は、大きな津波の被害も受けています。一方、南側からは見えるポイントがほとんどありません。請戸のように海に突き出ていて、視界を遮る障害物がない場所がほとんどないからです。そんな中、南側で唯一1Fと2Fを同時に見ることができるポイントが、広野火力発電所の煙突の中です。ここからは十数km ほど先に2F、二十数km先に1Fを見下ろすことができます。ただし、この煙突は一般向けに公開される機会はほとんどなく、地元住民などを除いてなかなか見ることが難しいのが現状です。

西側・山側からも1Fを見ることができます。一つは国道6号線。双葉町と大熊町の境界線近く、車を走らせながら海の方を見ると山の隙間からクレーンと煙突、建屋の一部が見えます。10㎞以上離れているところから、同じものを見ることができるポイントもあります。それは川内村から富岡町に抜ける山道。意外な場所ですが、天気が良いときれいに1Fの建屋が確認できます。

それだけでは物足りないという人もいるでしょう。

2014年の富岡駅舎。「名所」となり多くの人が訪れたが、2015年1月に撤去された

この5年で、オフサイトとオンサイトをよりじっくりと見る機会も用意されてきました。

オフサイトについては被災地視察・ツアーを行っている民間の団体などがいくつか存在し、定期的に一般客向けの視察・ツアーを行っています。福島県やいわき市など、行政がツアーを行った前例もありますし、すでに継続的に行われている民間団体のツアーが構築してきたプログラムと協力しての取り組みも盛んになりつつあります。

たとえば、開沼が代表を務める「福島学研究所」では、2013年10月から「福島エクスカーション」という視察ツアーを月1~2回程度、合計30回ほど行ってきました。当初は知人・つながりのある企業などを中心に声をかけて開催していましたが、現在は半分ほどが行政の観光や社会教育に関する部門との共催になっていて、広く一般の人が参加できます。

行程は団体によりますが、主要な視察ポイントはいくつか共通するところもあるでしょう。南側ならJヴィレッジや天神岬、富岡駅跡、富岡町市街地と慰霊碑、北側なら南相馬ソーラーアグリパークや小高ワーカーズベース、請戸小学校などが外部からやってきた人がよく訪れる「有名スポット」となっています。

「福島エクスカーション」では、バスの車内でレクチャーや筆記試験をしています。ただ「すごい風景だった」で終わらないように、「1日で福島の歴史や最新の状況を体験としても知識としても身につけることができる」プログラムになっているのが特長です。終わったあとは参加者有志でいわき市の復興飲食店街「夜明け市場」で懇親の場も用意しています。

視察体験者は老若男女さまざま

一方、オンサイトについても視察は可能ですが、まだ受け入れ人数が限られているため、専門家や地元住民以外の人は視察の機会を得にくい状態です。

基本的には東電が視察の案内をしま

2015年夏、楢葉町天神岬からの風景。広野火発と仮置き場が同時に見える

す。通常は1日2団体程度、最大で4団体の受け入れをしたこともあるそうですが、場合によっては作業を止めなければならなかったり、放射性物質を扱う施設なのでセキュリティについて配慮する必要があるため、その程度が限度だということです。２０１２年頃から政治家・専門家やマスメディアを中心に視察をはじめて、２０１４年度は４７２７名、２０１５年度が６７２３名とこれまで合計1万９０００人ほどの人が視察者としてオンサイトに足を踏み入れてきました。

　そのうち福島県内在住者が２０１４年度には22％、２０１５年度には28％ほど、さらに政治家・専門家や大使館職員などを中心に外国人が13％ほど。残りが国内の他地域からの視察者です。年齢層は18歳未満は受け入れていないものの、18歳の大学生から70歳以上の地元住民まで。老若男女問わず視察に訪れています。現在81歳の脚本家・倉本聰さんも視察に来ました。

　吉川彰浩が代表を務める一般社団法人AFWは、早い時期から地元住民向けや大学生向けの視察とその事前・事後の学習の場のコーディネートをしてきました。現時点でこのように定期的にオンサイトの視察の機会を作る団体は他にありません。

　視察日程の調整は、大臣視察なども迅速に組む必要があるため東京電力本社が行い、現場の案内は現地の視察センターが行っています。ここのスタッフは２０１５年末時点で14名（うち女性1名）、大部分は技術系ではなく事務系のスタッフですが、現場を熟知するスタッフがエスコート者として控えていて、バスからの降車がない視察の場合は10名に一人、降車がある場合は5名に一人がついて視察者の安全管理や質問への案内などをしています。エスコートできる人間は協力企業にもいて、たとえばゼネコンが協力する工学系の研究者を連れて行き状況を確認するというような場合もあるそうです。しかしトラブルなどの最終責任を持つのは発電所長にあるため、基本的には東電が案内することになっています。

　写真・動画の撮影は許可を得なければいけません。さらに許可を得ても、カメラの型番などを申請し、一つのカメラにつき一人の管理者がつくことになります。独裁国家での行動の監視のように見えるこの措置に対して、これを「情報隠蔽だ」と書きたてるメディアもありますが、それは勘ぐり過ぎ。放射性物質を扱う施設として、建屋出入口、管理区域と一般区域をわける金網、監視カメラの場所が対外的に漏れてテロなどの対象になるのを防ぐための危機管理であり、他の国内外で稼働する原発はもちろん、チェルノブイリのような事故を起こして稼働していない原発でも、こうしたことは同様に行われています。「真実の追究」をしたければエスコート者を凌牙する知識を身につけて現場に立つのがまずするべきことでしょう。

大学生のグループが1Fを視察した際のJヴィレッジでの懇談の風景

廃炉の現場を「見るもの」に

視察コースはある程度、定型化しています。一般向けのものは、バスから降りず、普段着のまま建屋の横などを含む構内全域をまわるのが基本。2016年になって、サージカルマスクも不要となりました。メディア向けに定期的に開催される視察は、その時々のトピック、たとえば4号機の使用済燃料の取り出し完了や、海側遮水壁の完成といった出来事に関係するポイントを重点的にまわり、降車する場所の線量によって全面マスクか半面マスクのどちらかを着けての視察になります。

現在、2時間ほどオンサイトの視察をしたときの放射線量は数μSv程度。1〜4号機を望める高台（高いところで200μSv／hほど）や4号機建屋内（同じく20μSv／h）に入る場合には、数十μSvほどの被ばく量になる場合もあります。

レアな視察スポットもあります。たとえば、キャロライン・ケネディ駐日米国大使が視察に訪れた時には、事故時に使われていた「中央制御室」を視察しました。飛行機でいうコクピットといってもよいこの場所は、現在では建屋以外では数少なくなった「今も変わらぬ風景」です。

多くの被災地視察・ツアーを行う団体も、東京電力などオンサイトの視察を行う関係者も共通して言うのは「また来てください」という言葉です。これは単に情緒的に忘れないでほしい、つながっていてほしいというだけの話ではありません。継続的に来ることで、ダイナミックに変わり続ける現場の風景と、今も残り続ける課題とを体感できるからです。周回遅れの机上の空論は現場に害悪しかもたらしません。しかし残念ながらそんな議論に明け暮れてきたのがこれまでの5年間だったといえます。

事故から5年を経て、廃炉を「語るもの」である以上に「見るもの」にしていくことが、廃炉の現場の健全な進捗を後押ししてくれるでしょう。

1F視察ツアー1日体験

オンサイト（AFW主催の視察）

2015年2月から月1回程度で開催している。参加者は地元住民および復興支援者。廃炉ととなりあって暮らす人たちが自分の言葉で廃炉を語ることができるよう、自分の目で見て学ぶ機会を作ることを目指している。

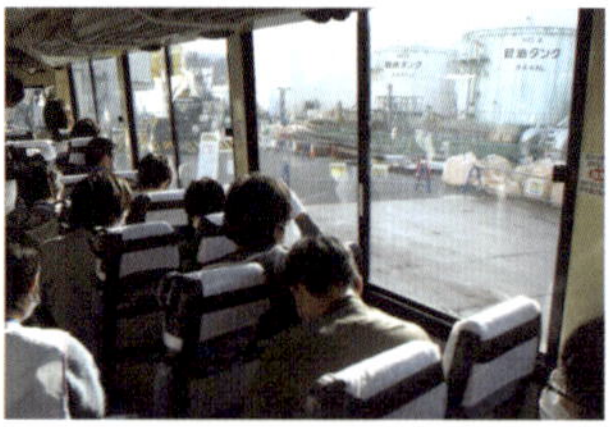

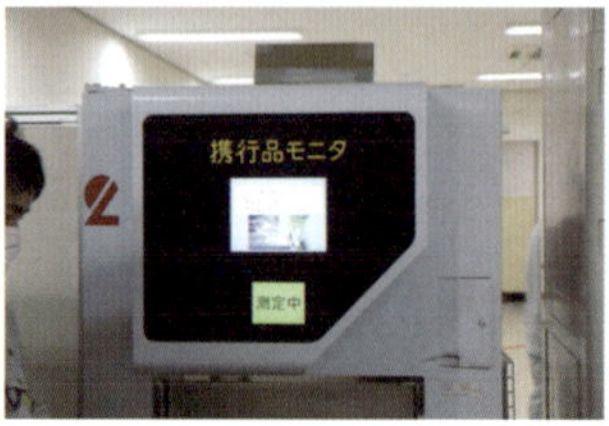

12:00

12:00　Jヴィレッジ（センターハウス）集合

12:00-12:50　中庭テント会議室で本人確認

一時立入者用IDカード貸与、廃炉に関する概要説明などを行います。本人確認には公的身分証明証（免許証、パスポートなど顔写真付きのもの）が必要。これを忘れると視察にいけません。例外はなし！

必ず、トイレを済ませてから移動！

携帯電話、財布といった貴重品はここに置いていきます

13:00

12:50-13:30　Jヴィレッジから福島第一原子力発電所へバス移動

13:30　福島第一原子力発電所（新事務棟前）着

入退域管理棟へ徒歩移動。働く方が使う連絡通路を通ります。お疲れさまですとご挨拶

13:35-13:55　防護装備着用（靴カバー、綿手袋、サージカルマスク）、APD（個人用線量計）貸与

防護管理者による、APD着用と入構IDカードを持っていることのチェックを受けて視察開始。構内バスに乗り換える際には、管理区域を歩くため靴カバー着用！

14:00

13:55-14:45　福島第一原子力発電所　構内視察

［東電1F構内用バス］で汚染水タンクエリア、多核種除去設備、1〜4号機原子炉建屋西側エリア、5、6号機海側エリア、港湾エリアなどをバスで見て回ります

15:00

14:45-15:15　免震重要棟で緊急時対策室視察

その後、会議室で福島第一原発所長から廃炉の取り組みについて話を聞く

15:15-15:25　免震重要棟から入退域管理棟へバス移動

15:25-15:45　防護装備脱衣、身体スクリーニング、退域手続きなど

バス車内からの視察でも、身体汚染の有無を確認する全身のスクリーニングを行います
持ち込んだメモ帳、ペン、ICレコーダなどもサーベイ（携行品モニタで汚染の有無を確認）
視察時間積算で10μSv（マイクロシーベルト）

15:45-15:50　入退域管理棟から新事務棟前まで徒歩移動

16:00

15:50-16:30　福島第一原子力発電所からJヴィレッジへバス移動

16:30-17:30　質疑応答

視察で得た疑問に東京電力社員が直接答えます

17:40　視察終了。Jヴィレッジ（センターハウス）発

1時間ちょっとの視察ですが、丸半日はつぶれます

オフサイト(福島エクスカーション)

開沼が代表をつとめる福島学研究所では、2013年10月から「福島エクスカーション」を開催、月1～2回オフサイトのガイドをしている。参加者は地元住民もいるが、多くは県外の企業、大学、NPO関係者や議員で、いま福島に必要な支援の糸口をつかむことを主眼に視察を行っている。

8:00
8:00　上野駅を常磐線特急「ひたち」で出発
東京近郊で働く社会人が普段と変わらぬ時間に家を出て間に合うように設計しています。指定席をとらないと立つ可能性大!

10:00
10:30　いわき駅前ミスタードーナツ横集合
人数確認をして出発

11:00
10:30-11:15　バス移動&レクチャー
国道6号線を北上しながら、バス内で「福島の歴史」(『「フクシマ」論』がベース)や「福島の現状」(『はじめての福島学』がベース)についてレクチャーします
11:15-12:00　フィールドワーク1(いわき-広野-Jヴィレッジ)
「道の駅よつくら」「浜風商店街」「二ツ沼直売所」などで休憩をしながら津波被災の足跡をめぐり、現地の農業生産や生活の状況を見て回ります

12:00
12:00-12:30　昼食(Jヴィレッジ@楢葉)
事故直後から収束作業の拠点となってきたJヴィレッジ内の食堂で昼食をとります
12:30-13:30　フィールドワーク2(楢葉)
「モックアップ施設」「天神岬」「楢葉町役場」など、2015年9月5日に避難指示が解除され再生されつつある楢葉町の状況を見て帰還がはじまった地域の町づくりの課題と可能性を探ります

13:00
13:30-14:30　フィールドワーク3(富岡)
昔から双葉郡の中心的な役割を果たし、これから避難指示解除もはじまる富岡町の、「富岡駅周辺」「市街地」「夜の森の桜並木」などの復興の進捗状況を見ながら、時間の経過の中で残された問題を探り、いかに関わっていく方法があるのか考えます

14:00
14:30-15:30　フィールドワーク4(大熊-双葉-浪江)
広い部分が帰還困難区域に指定されている地域を見ながら、その中でも復興が進んでいる部分と、そうではない部分、なぜその格差が生まれるのかについて考えます

15:00
15:30-16:30　バス移動&「福島エクスカーションガイド」筆記試験
浪江町まで行ったら休憩を入れ、国道6号線を南下します。その間に講義内容に沿った筆記試験をします

16:00
16:30-17:00　休憩
いわき市に入って店が出てきたら時間の余裕を見てお土産を買う時間をとります

17:00
17:30-　希望者で懇親会
いわき駅前の「夜明け市場」などで懇親会。ご意見・疑問点などなんでも答えます

20:00
20時過ぎ　東京への終電・終バス
電車なら22時台、バスなら23時台に東京に到着

東京電力ホールディングス株式会社
福島第一廃炉推進カンパニー
増田尚宏CDOインタビュー

「野戦病院」の現場から はじまって

3・11当時、1Fの所長を務めていた吉田昌郎所長の名を知る人は多い。その時、同様に危機的な状況にあった2Fの所長を務めていたのが、現在、福島第一原発廃炉推進カンパニーのトップである増田尚宏CDOだ。入社以来、原子力畑を歩んできた中で福島に勤務し、生活してきた期間も長い。「本当に廃炉を完遂できるのか」「いつになったら住民が安心できる状態になるのか」恐らく、現段階では誰も明確に答えられない問いかもしれない。ただ、言えることもゼロではないはずだ。いま何を語ることができるのか、率直に話を聞いてみた。

まずは「普通の現場」に

——一般の人に、廃炉の現場で何が起きているのか十分に伝わっていません。福島に暮らす住民や一部の専門家すら誤解している面があるのではと思います。この5年間、廃炉の現場で一番変わったことは？

増田　東日本大震災以降、5年間もの間、避難させてしまい、本当に申し訳ありません。一番変わったことは、仕事の仕方だと思います。震災直後は、融け落ちた燃料に水がきちんとかかって冷やしているのか、燃料に触れて汚れてしまった水を管理できているのか、タンクから汚染水が漏れて環境に影響を与えていないか、というご心配をおかけしました。その後も、雨が降ったときに汚染水を漏らしてしまうなどしてご心配をおかけしました。そのような事例が続いて、その都度、仮設で設備を作って対策をとってきました。目の前の火の粉を振り払うような、急場しのぎでした。

　一昨年頃からようやく、三カ月ぐらい先まで、前を見て仕事ができるように変わってきました。汚染水の処理に一定の目処《めど》がつき、サブドレンでの地下水のくみ上げ、海側遮水壁を作ることなど、環境に対してすぐに影響を出さないような状況を、いろいろな形で作ることができたと思います。これらが一番大きな変化です。そして、廃炉の核心である、使用済燃料や融け落ちた燃料デブリを取り出す作業に向けた調査を取り組める状況になってきました。

　私は皆に「普通の現場にしよう」と声をかけ続けてきました。野戦病院のようだった現場が、至近は普通の現場に近づいてきたとも言えると思います。

——社会の意識にも去年頃から変化が出てきたのではないかと感じています。

増田　その一つは、汚染水の問題の進捗によるものかもしれません。「汚染水を漏えいさせることなく管理できるのか」「海に高濃度の汚染水が出ているのではないか」という不安感、イメージを持つ人もいます。ただ、我々がお示ししているデータをご覧いただくと建屋内の滞留水を安定して浄化できる状況になっていることはおわかりいただけると思います。

――燃料取り出しについてはいかがですか。

増田　そうですね。当初、世界中の方が福島第一の大きなリスクだと捉えていたのは、4号機の使用済燃料だと思います。原子炉建屋が傾いたり、プールの水がなくなって使用済燃料が外にさらされたりしないかと心配されていました。そのため、２０１４年の12月に取り出しが完了したことは非常に大きな前進でした。

融け落ちた燃料を取り除くのが「最終形」

――4号機については使用済燃料取り出しを担当した方からもお話をうかがっていますが、様々なリソースを結集して対応したことと思います。うまくいったポイントは。

増田　通常の原子力発電所でも、燃料の交換作業はしていました。また、使用済燃料プールにたまった燃料を取り出して、六ヶ所村の再処理工場に輸送する仕事もありました。4号機の使用済燃料取り出しには、これにプラスして、使用済燃料のまわりに爆発によるコンクリートのガレキがたくさんたまっていた等の問題が重なった形です。

――つまり、事故前の仕事の延長線上だということですね。

増田　そうです。技術やリスクそのものは我々としては想像の範囲内、わかっていた仕事だと思います。

ただ、今後の仕事の様相は変わってきます。1～3号機の使用済燃料の取り出しや1～3号機のデブリ燃料の取り出しなど、今まで誰も経験したことがない仕事が増えてきます。

――燃料取り出しが完了した4号機については、今の状態を続ければ安定しますか？「建屋が崩壊するのでは」と不安に思っている人もいます。

増田　地震や津波に対する建屋の強度は確認しています。残るリスクは「滞留水」と呼んでいる建物の下にたまった汚染水です。これをうまく取り除ければ、4号機のリスクはほぼなくなったと言えます。

――となると、これからは1、2、3号機の燃料を取り出す作業に取りかかることになるわけですね。

現場で起きていることは大きく三つあると捉えています。一つは汚染水対策。二つ目は燃料取り出し。これはもとの形を保っている使用済燃料・新燃料、そして融け落ちたデブリ燃料の2パターンあります。三つ目は解体・片づけをして最終的な廃止措置にいたる。この二つ目の段階に本腰を入れるということですね。

増田　そうです。使用済燃料・新燃料の取り出しは震災前の運転の経験で扱えます。一方、福島第一の規模でのデブリ燃料は世界でこれまで誰も扱ったことがありません。前例や教科書はないことから、国内外の知見、意見を謙虚に聞きながら仕事をしなければなりません。

――一般の方の中には、「〝チャレンジしたことがないこと〟をするのは無理があるから、リスクの高い作業をするよりも、チェルノブイリのように石棺にして超長期的に見ていくほうがいいのではないか」という意見もあります。一方で、スリーマイルではデブリ燃料にアプローチした実績もあります。先行事例と比べて、福島の事例の困難さや特殊性はいかなるところにあるんでしょうか。

増田　スリーマイルでは、燃料は融けましたが圧力容器から外には出ていません。さらに、我々は3機同時に事故を起こしてしまいました。これが前例とは違う困難さだと思います。ただ、だからといってチェルノブイリのように石棺にすることは違うと思っています。我々は帰還できる方々が帰還いただける状況に福島第一のリスクを低減させていく責任があります。融け落ちた燃料を取り除くことが最終形だと思っています。

難しいのは作業スピードと被ばく量とのバランス

――なるほど。ただ、途方もない予算や時間が必要な作業であることは間違いないですよね。工程表では、デブリ燃料の取り出しまで震災から10年間とっている。確かにもう5年たってしまいましたが、それほど時間がかかるものなのかと思います。なぜこれだけの期間をとっているのか。あるいは、さらにこれが延びる可能性もありますか。

増田　10年後というスケジュールは事故直後の感覚として書かれたものであったのは事実です。ただ、何か目標を立てることで仕事を計画的に進め、様々な工夫が生まれると考えています。

　今一番難しいのは作業のスピード感と被ばく量とのバランスです。

　汚染水のように、大至急処理しなければならないものとは違って、使用済燃料や融け落ちた燃料は、今は安定した冷却状況にあるわけです。しかし、そのままにしておくと福島第一のもつリスクを下げることにはなりません。では大急ぎで作業を進めるべきかというと、作業する人の被ばく量を抑制していくことが必要です。多くの被ばくをしてでも早期に燃料を取り除くのか、環境や地元の方に与えるリスクを下げるのか、どちらのリスクに考慮するのか、この意思決定が難しい。

　必ず工程通り進めることよりも、全体のリスクを下げるために何を優先するのか。もしかすると、さらに遮蔽や除染をしてから作業をしたほうがいいかもしれませんし、逆に、リスクの大きなものを取り除いて環境に与える影響を下げることを優先すべきかもしれません。このような判断を東京電力だけで決めるのではなく、国の指導をあおぎ、地元の方々の関心や不安を考えながら進めていきたいと思います。

――仮の話、極論を言えば、作業する方々がある程度線量を多く浴びてでも作業をし、もっと金を投入すればスピードアップを図れるかもしれないという話ですね。ただ、そうはしていない、と。

増田　福島第一は毎日約7000人の方に作業に入っていただいています。この方々がいるからこそ、今まで作業が進んできました。2年前には3000人程だったので、今は倍ぐらいです。残念ながら、昨年は死亡事故（※事故内容の詳細は170ページ）を起こしてお二人の尊い命を亡くしてしまいました。けがをされる方も残念ながらゼロにはなっていません。

働いてくださる方が安全に、安心して長期間働けることが大事だと思います。被ばく量をはじめ、もう働けない方が出てしまうことは本末転倒です。福島の復興のためには、地元の方に働いてもらい、福島第一を長く働ける仕事場としてとらえていただけるようにしなければなりません。そのためにふさわしい仕事の環境を整えることが必要だと思います。

――では費用についてうかがいます。現在設定されている予算は10年間で2兆円程のイメージですね。

質問が二つあります。一つは、国と東電の費用分担はどうなっていて、どういう棲みわけなのかシンプルに知りたい。もう一つは、必要な技術の研究開発フェーズにかける費用と、その技術を実用化して――デブリ取り出しなど――現場で動いていく費用との区別、これは10年間というスパンだともう見据えなければならないと思います。

増田 まず、今国に補助していただいていることは、研究開発の要素が強いところです。たとえば汚染水を浄化するための多核種除去設備（ALPS《アルプス》）。陸側遮水壁と呼ばれる凍土壁にも、国の補助をいただいています。

――研究開発に国が関わるのは、そのほうがいろいろな人が関わりやすいからですか。

増田 それは非常に大きな要素だと思います。たとえば、国に作っていただいたNDF（原子力損賠賠償・廃炉等支援機構）は、世界中に「こういう技術を持っている人に来てほしい」と呼びかけていて、実際に様々な技術が集まってきています。こういうことは、東京電力がいくら動いてもさばき切れないのが現実です。アンテナの高さはやはり国のほうが高いですので。

特に、世界には、放射性物質で汚染されたものに対応する経験が日本よりもはるかに多くあります。廃炉に有効な技術の開発にはそういう方々の知見が重要だと思います。

廃炉の現場の中と外をつなぐ「通訳者」でありたい

――廃炉に関する技術について研究開発段階から実用化段階へ移行していくための道筋はついていますか。

増田 それは、まだ難しいところがあります。これまで、汚染水の問題や放射性物質を飛散させてしまった経験があります。一つひとつの作業が発電所の周辺の方々に対してどのようなリスクとなるかをしっかりと考えて仕事をする必要があります。

――実用化前に、社会への影響も配慮する必要があるということですね。

増田 地域の方々が何に関心をもち、何に不安をお持ちなのか、考えながら仕事を進めなければならないということが、この2年間の反省です。

――テクニカルではない話も。増田さんは今のように1F廃炉に関するヒト・モノ・カネ・情報、様々な様相の全体を見る立場にいらっしゃいますが、最大のミッションは、一言で言うと何ですか。

増田　はい、私が一番大事だと思っていることは「通訳になること」です。この立場に就任するときにも申し上げました。発電所の中で行われていることを外の方にうまく伝え、地域の方々の関心や不安なことを中の人にしっかり伝えて、中でしていることをまたお伝えする。通訳がよければ会話は弾みますし、課題の議論が進んで、いい解決策が生まれます。通訳が悪ければ、それが全く進みません。通訳として、地元の方、県の方、国の方と現場をつなげる役割。これが一番大きなミッションだと思っています。私は昭和57年に浜通りに入社し、この地で育てていただいたことに感謝しています。その浜通りの方々に対して、福島第一、福島第二の事故により避難させてしまったことは、大変に申し訳ない気持ちであります。一日も早く安心して帰還いただけるように責任をもって廃炉作業を進めてまいります。これが一番大きなミッションだと思っています。

——日常業務の中で関係各所への説明や情報収集に割く時間が大きいわけですか。

増田　そうですね。本当だったらもっと現場をよく見たいのですが、どうしても時間を割けない部分についての対応は、福島第一の所長や現場の責任者たちにお願いしています。

一番大きな情報共有の場は毎朝の「MM（モーニングミーティング）」です。日本原電からきていただいたシニアバイスプレジデントやメーカーさんからきていただいたバイスプレジデント、所長、東京側も含めて幹部が一同にそろい、ここで日々状況を把握するとともに、議論しています。もちろん、それとは別に何かトラブルや問題が起こればすぐに連絡が入ります。

——震災時は2Fの所長も務められていました。地域や省庁などへの説明責任を果たすことは重要な業務だったと思います。やはり、現在の業務とは大きく違いますか。

増田　福島第二の所長のときは、安定して運転する、何かあったらプラントを止めて安全を確保することが最も大事な仕事でした。過去何十年もかけて蓄積してきた技術、知見や経験をもとに発電所を維持していくことが責務でした。

震災のときは、福島第二も津波の影響による除熱機能の喪失を経験し、事態を収束して安定させることが一番でした。

ところが、今はどちらかというと何かを建設しているような感覚です。ものを作りながら廃炉作業を進めていく。一方で、ものを壊すこともしています。「プラントを安定して運転したり止めたりすること」ではなく、「放射性物質や汚染水を外に出さないこと」や「7000人の作業員が毎日安全に働けること」が仕事になりました。何を目指して仕事をするか、何を地域の方々に対して説明しなければならないかが変わってきた気がします。

「これが知りたい」「これが不安だ」に応える

——私が講演などで全国の一般の方と会話すると「そもそも廃炉なんか不可能なのでは」という声があります。でも、そう断言するならば、と、廃炉の具体的なこと、たとえば現在の汚染水のこと、労働環境のことを詳しく知っているのかと問うと、別に詳しいわけでもない。端的に言えば、あまりにも壮大なプロジェクトすぎてどう捉えればよいのかわからない、不安はあるけれども根拠があるわけでもない。漠然とした負の印象が蔓延《まんえん》しています。

増田　報道を通して福島第一の情報が皆さまの目に触れるのは「また水が漏えいしました」など何か問題を起こしたときが多いからかもしれません。だから皆さまには「何だ、また同じことをしているじゃないか」と見えるのだと思います。これは我々が反省しなければならないところです。福島第一の中では、5年間の中で改善が図られていること、進んでいるところも多くあります。これを皆さまによくお知らせすることが大事ですが、通訳になると言っておきながら私が仕事をできていないということです。

たとえば「プールの水の温度が、1時間あたり1℃上がっていたのが、0・1℃になりました」といっても、たぶん多くの方はピンとこないと思います。そういうものではなく「作業服で歩けるエリアが増えました」「休憩所で温かい食事ができるようになりました」と言ったほうが「あっ、そんなふうに環境が変わったのか」と捉えていただけるのではという思いがあります。逆に、「こういうことが聞きたい」「こういうことが不安だ」と私自身が皆さまから教えてもらいながら、アウトプットを出していくことが大事だと思います。

――結局、私たちはいつ安心できますか？　デブリ取り出しが終わるまで安心できない人も多いかもしれないですね。

増田　デブリ取り出し作業は2021年からを予定しています。2020年の東京オリンピックのあとであり、先の話です。今避難生活をされている皆さまが帰還できるように福島第一が持つリスクをできるだけ低減させていきたいと考えています。

もし、今何かが起こったとして、戻る決断をしていただいた皆さまに「また避難してください」と言わなくて済む状況なのか。私は、現在の状態で何があっても再度避難が必要になることはないと思っています。そういう意味では福島第一は安定したと宣言できると思っています。

でも、私自身の物差しと皆さまそれぞれの物差しが違う場合があるのも事実です。「その感覚はおかしいじゃないか」と言う方もいるでしょう。その点は慎重に、それぞれの方の物差しに合わせていく必要があります。

いずれにせよ、燃料デブリの取り出しよりも前にステップを刻んで、皆さまが判断するに足りる材料をご報告するタイミングを作っていきたいと思います。

――とはいえ、作業を進める中で様々なリスクが表面化していくわけですよね。2013年7月に汚染水問題が表面化したときのように、その都度、社会が動揺する可能性はある。たとえば、これから建屋のガレキを撤去する工事が進めばダスト濃度が上がって、1Fオンサイトでの放射性物質の量が一時的に微量であっても増えることはありえますよね。

増田　確かに、今から作業を進める過程で、作業現場でダストの濃度が上がることはあるでしょう。仮にそのような状態になったとして、寸分たりとも濃度が上がることが許されないのか、そうではなく、リスク管理上問題ないレベルであれば進めてくださいという話になるのかは、議論しなければならないことです。そのような議論なしに、私がもう大丈夫ですとだけ言ってもあまり意味はありません。

将来も安心して働ける環境を

——地域の安心という話とともに、働く人たちの安心という話もあります。

現状、1日7000人規模の人材確保ができている一方、どうしても40、50代のベテランの方が働き手の中心にならざるをえない状況がある。その人たちが10年後、20年後に引退していくときに、どう人材確保していくのか。

増田　人材にはいくつか種類があると思います。当社社員、現場第一線で作業をしてくださる方、研究開発要素を持ったエンジニア。大きくわけるとこの三者です。

まず社員について。私も含めて原子力部門の人間は、原子力発電をしようと思って東京電力に入ってきています。ということは、事故のあと、発電ができなくなった原子力、廃炉を自分の中でどう捉えて仕事をするかということが非常に難しかったと思います。そのとき、廃炉推進カンパニーを作ったことで「これが自分の仕事だ」と言えるようになった。「自分は廃炉に専念する」と割り切れるようになったと思います。

もう一つの心配は、新しい人が入ってきてくれるのだろうかということです。当初、私は新しい人は入ってこないのではないかと思ったのですが、全然違いました。少し語弊があるかもしれませんが「これから廃炉という大切な仕事をやっていく、30、40年は仕事がある。生活設計を立てるうえで、誰もしたことがない長い間続く仕事だ」とその魅力にひかれてくる若い人がいると聞き、なるほどと思いました。こちらから廃炉の魅力を発信していくことが、若い人は廃炉を目指して来てくれることにつながると期待が出てきました。

次は、メーカーをはじめとするエンジニアの部分です。これも、あまり心配していません。これから燃料デブリにどうアクセスするか、世界中の人が着目しています。ロボット技術、燃料デブリそのものを取り扱う技術をはじめいろいろな開発要素があるので、そこには人が集まると思います。集まる人が満足するだけの情報や研究する場所を提供できれば、この土地にはいろいろな人が集まり研究都市になるでしょう。それを実現していかなければなりません。それがエンジニアを確保する手段になります。

最後に、現場第一線で作業していただく方、この方々が一番大事な人たちです。地元の人に安心して長く働いていただけるようにすることが大事です。我々は契約の形を工夫して、何とか長く働いてもらおうとしています。

ものを作るときには、その都度、競争発注といって受注を希望する会社の中で一番安く入札したところに発注します。そうすると、その会社は作業員を集めますが、入札できなかった会社は作業員もいらなくなってしまいます。それは、作業員にとって廃炉の仕事をする職場が非常に不安定に見えることを意味します。

福島第一ではそうせずに、「あなたの会社には3年ぐらい先まで見据えてこういう仕事を出します。高線量の仕事もあれば低線量の仕事もありますので、被ばく量を抑制し、教育と訓練をしていただき、長い間安心して働いていただけるような環境を用意してください」とお願いしています。そうすることで、たとえば、オリンピックで東京の景気が良くなったからといっても、そちらに行かずに地元で働けるようにする。

このように三者三様ですが、いずれにせよ、皆に福島第一に集まってもらうために工夫したいです。

廃炉のための研究に特化しない技術開発

――なるほど。関連して、研究機関への期待はいかがでしょう。JAEA、大学、メーカーなど、研究という切り口でも様々な組織・研究者が廃炉に関心を持って、実際にこの地域にも入っていると思います。期待していることや可能性は。

増田　意外かもしれませんが、「原子力や廃炉に特化した研究」に限定しないことが重要です。どういうことかと申しますと、いろいろな分野の様々な技術をお持ちの方に来ていただくことが新しい技術の開発につながっていくことを期待しているのです。廃炉のために開発された技術が、後々、他の目的のために使える技術になっていく可能性も増えますし、そうなることが重要だと思います。

ただ、そのためには「現場はどういう状況で、今どのような技術がほしいのか」を我々が伝えなければならないと思います。

福島県にはハイテクプラザがあり、県内の50企業が、福島第一の廃炉のためにといろいろな技術を開発してくださっています。マッチングする場があり私も参加しました。福島第一がどういう状況かわからないまま、想像しながら一所懸命開発してくださっている。「そこまで考えなくても大丈夫ですよ」というところもあれば、「それでは少し物足りない、もう少しこうしてほしい」というところも出てきてしまいます。

皆さまからすれば福島第一の現場を見ていないし、廃炉の現場のニーズがきちんと伝わっていないので、想像のもとで開発しているのですが、これでは無駄が出てきてしまいますし、できたものを使えませんねと言ってしまっては失礼にあたります。本当に使えるものを開発してもらうためには、現場を知っていただいた上で開発する必要があります。

何かあったときも、海外のメーカーの人にわざわざ来てもらう手間を考えたら、地元で直してもらえれば最高です。そういうことは今でさえ起こってしまっていますので、我々が現場のニーズや環境をしっかり伝えなければならないと思います。ここでもまた「通訳」が重要なのだと思っています。

COLUMN

世界から見たFUKUSHIMAと廃炉

マクマイケル・ウィリアム

震災から二年半余りが経過した、２０１３年10月のことである。

職場に、隣県の大学関係者から突然、「そちらの大学では最近、留学生が避難しませんでしたか？」という、問い合わせの電話があった。

詳細を聞いてみると、翌月から開始される福島第一原子力発電所の４号機の使用済燃料取り出し作業が、母国で「人類の歴史上最も危険な、世界の滅亡に関わる作業」【1】として報道されたことを受け、留学生が国外へ避難をしてしまったという。

当時、震災直後のような避難の相談は全く受けていなかった私は、二年半が経過してもなお学生の避難が起きてしまう事実に、唖然《あぜん》とした。

フクシマのミッション・インポッシブル

そして同時に、留学生の避難が起きてしまうほど、海外には福島第一原子力発電所事故の廃炉作業に対する、まるで世界の終末を思わせるような危機感が根強く存在しており、そしてそれをエスカレートさせる海外メディアによる「フクシマのミッション・インポッシブル（不可能なミッション）」といった比喩など、否定的かつやや失望に満ちた報道がいまだに存在していることに、あらためて気づかされたのだった。

福島の現状に対する悲観的な報道は、一部の反原発系のウェブサイトなどにとどまらず、大手の出版紙でも見られている。たとえば、２１４ページの写真は、２０１４年８月に米『Time』誌に掲載された、福島第一原子力発電所の視察記事の表紙だ。「世界一危険な部屋」【2】と題されたこの記事は、制御不能な危機的状態にある原子炉の現状を取材しながら、現場がまるでハリウッドで撮られた核戦争後の荒廃した世界のような無気力な悲愴感であふれており、その中で放射能とストレスと戦い続ける作業員たちの過酷な労働環境や、鼻血や謎の湿疹《しっしん》など、健康被害におびえるいわき市の住民、そしてひたすら「Trust Us（信頼してください）」と訴える日本政府への不信論が展開されている。ねつ造や誤報とはいえないにせよ、マイナスな側面が強調されたおせじにも中立的とは言えない内容と言わざるをえない。

このようなマイナスへ偏った報道は特に震災直後、欧米などの報道機関で多く見られており、ウェブサイト「Wall of Shame (www.jpquake.info)」などで参照することができる。

こういった報道の影響もあってか、震災から５年がたつ中、外国から見たＦＵＫＵＳＨＩＭＡのイメージは、事実とは違った形で固

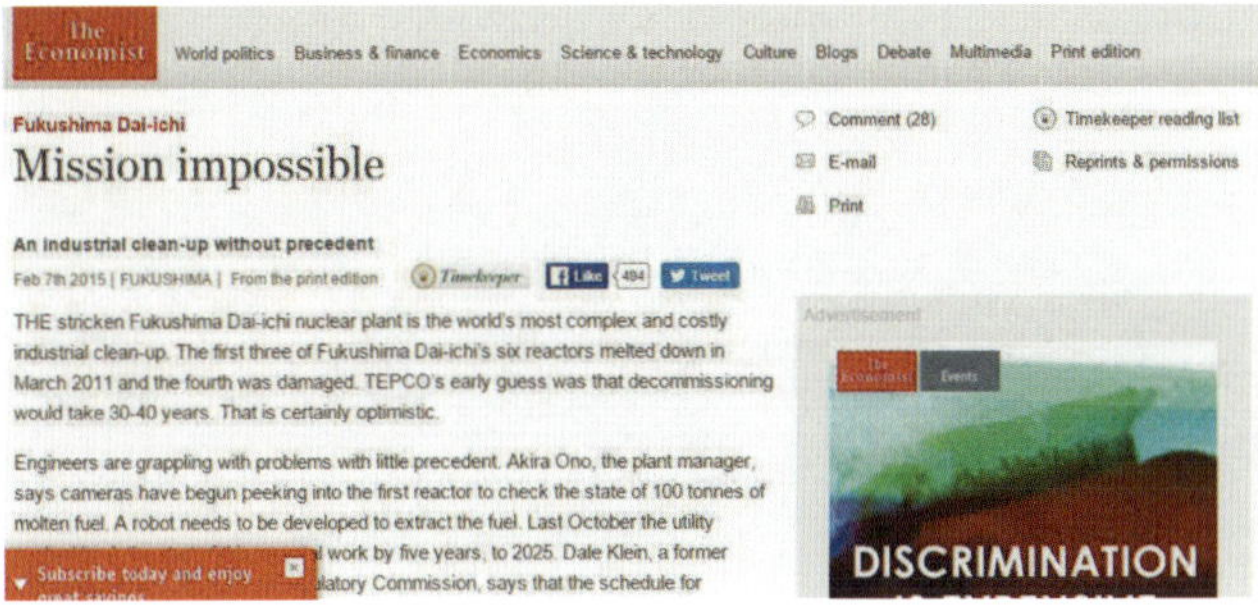
The Economist | World politics | Business & finance | Economics | Science & technology | Culture | Blogs | Debate | Multimedia | Print edition

Fukushima Dai-ichi

Mission impossible

An industrial clean-up without precedent

Feb 7th 2015 | FUKUSHIMA | From the print edition

THE stricken Fukushima Dai-ichi nuclear plant is the world's most complex and costly industrial clean-up. The first three of Fukushima Dai-ichi's six reactors melted down in March 2011 and the fourth was damaged. TEPCO's early guess was that decommissioning would take 30-40 years. That is certainly optimistic.

Engineers are grappling with problems with little precedent. Akira Ono, the plant manager, says cameras have begun peeking into the first reactor to check the state of 100 tonnes of molten fuel. A robot needs to be developed to extract the fuel. Last October the utility … work by five years, to 2025. Dale Klein, a former … latory Commission, says that the schedule for

Subscribe today and enjoy

Comment (28) | E-mail | Print | Timekeeper reading list | Reprints & permissions

Advertisement

The Economist Events

DISCRIMINATION

「Mission impossible」と題されたネット上の記事

定化しつつある。その事実がよく可視化されているのが、215ページの画像だ。この章が書かれている2015年12月現在に、英語版のGoogle.comを使って行われた「Fukushima」という単語の画像検索結果である。気仙沼市の津波火災の画像や、水揚げされた巨大なイカらしき物体のコラージュ画像など、全く福島と無関係であったり、事実を歪《ゆが》めたりした画像までもが、まことしやかに「福島の姿」として並べられてしまう。さらに、Googleサジェスト機能によって頻繁に検索される画像のキーワードが表示されるが、

①「Mutations（奇形）」
②「Nuclear Disaster（放射能災害）」
③「Radiation Map（汚染図）」
④「Human Mutations（人体の奇形）」

といった単語が並ぶ。このような結果は、ドイツ語のGoogle.deや、フランス語のGoogle.frを使った場合でもキーワードに若干の違いはあるものの、ほぼ同様となる。

燃える街。命がけの作業。ガレキの山。やまない健康被害。海へと広がる脅威。奇形生物。

まるでディストピアのようなこれら「FUKUSHIMA」のイメージは、震災後の短い期間でなぜこれほどまでに定着してしまったのか？

そして、福島の現状は、なぜメディアによる偏った報道を引き起こしがちなのか？

情報の可用性や震災前の福島の知名度の低さなど様々な要因はあるが、福島に対するマイナスなイメージの裏には、1980年代にNew Yorker誌などに「悪魔との取引」と文学的な形容をされることもあった、「原子力産業」をめぐる欧米社会が抱え続けてきたスティグマの存在もある。

偏った報道とイメージの固定化

「スティグマ」とは、古代ギリシアで奴隷・犯罪者などの身体上に押されていた烙印《らくいん》を語源としており、現在は社会学や心理学において、「人の信頼をひどく失わせるような属性」【3】と定義されている。

冷戦時代、アメリカを中心とした欧米諸国では、核戦争による世界の滅亡が現実味を帯びていた。キューバのミサイル危機でピークを迎えた核兵器への恐怖（Nuclear Fear）は、1986年に起きたチェルノブイリ原子力発電所事故を境に、原子力産業へも向けられることとなる【4】。当時のゴルバチョフ書記長は、チェルノブイリ事故を「繰り返される、人類への冷酷な警告」と表し、核兵器と同様に、原子炉も人類への脅威であると述べた【5】。この

THE WORLD'S MOST DANGEROUS ROOM

上：「世界一危険な部屋」というタイトルの福島第一原発の視察記事
右：記事内で使用された「自殺したパートタイムの除染作業員の部屋の前で救急車を待つ人々」とキャプションが添えられた写真

FUKUSHIMA RADIATION ARRIVES IN THE US?

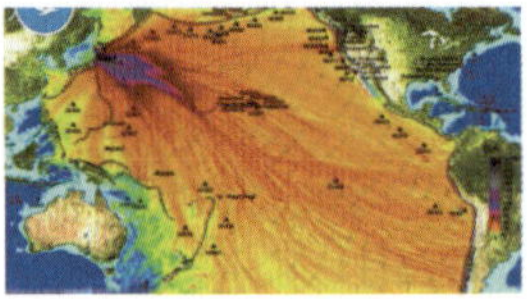

「FUKUSHIMA RADIATION ARRIVES IN THE US?（福島の放射能がアメリカにもやってくる？）」というタイトルの下に津波の高さを表す図が添えられている

危機感は、原子力産業への不信感と組み合わさり、原子力＝「収束不可能」「隠ぺい気質」「環境への悪影響」などといったスティグマを、社会に浸透させることとなった。

そして、このスティグマが福島原子力発電所事故によって再度助長されることとなり、震災後の福島は、事故対応など災害そのものへの印象に加えて、長年蓄積されてきた原子力への「負の烙印」も、継承したのである。

このようにして生まれた、潜在的かつ強固なマイナス・イメージは、福島に関する情報の悲観的・疑心暗鬼的な思い込みや、「偏った」情報の報道のみにとどまらず、デマ情報の拡散すらも、引き起こしてしまう。

上の図は、２０１１年にアメリカ海洋大気庁（ＮＯＡＡ）が作成した東日本大震災時の津波の高さを表す図である【6】。しか

「Fukushima」でGoogle画像検索した際の画面

し、東京電力が廃炉作業の過程で汚染水タンクの水漏れを公表した2013年8月ごろ【7】、この画像は突如SNSを中心に、「世界に忍び寄る汚染水の脅威」を表す図として、誤って拡散されてしまうことになる。

分析サイトで調べると【8】、おおよそ100万回以上SNSで共有されているこの画像は、拡散時には決まって「日本政府が隠ぺいしている証拠だ」などといったメッセージも追記され、オリジナルの画像にある数字表記などはすべて消されている。おそらく、東京電力の発表を受け、「やはり、福島の廃炉作業はうまくいっていない」「日本政府は大変な事態であることを隠ぺいしてきた」といったバイアスを持った何者かに、意図的に拡散されたのだと予想されるが、結果、2015年現在でも、この画像はブログなどで汚染水の拡散を示す図として誤って紹介されている【9】。

ふくしま友好大使の育成

カナダから福島に移住してから早くも8年が過ぎようとしているが、私はこれらのような報道や、デマ情報、そして海外の方と接している際に潜在的なスティグマを感じる度に、非常に悔しい思いでいっぱいになる。なぜならば、私の知っている福島は、複合災害による様々な社会的な課題を抱えてはいるものの、ディストピアとはほど遠い、打たれ強い心を持った人たちと、未来に向けての活力に満ち溢れているからだ。

福島は死んでいない。

いろいろな課題は抱えてこそはいるが、着実に前を向いて進んでいる。

そのような強い思いと、現状を伝えきれていない悔しさ、そして福島に向けられているスティグ

Fukushima Ambassadors Programでボランティア活動に参加する学生たち

マのかかった解釈に、一人でも多くの人に気づいてもらい、福島の実情とその廃炉の課題やリスクを正しく知ってもらうために、私は現在までに、Fukushima Ambassadors Programという企画を2012年5月から計8回、実施してきた。

福島を世界に伝える〝友好大使〟の育成

このプログラムの趣旨は、海外から学生を2週間の福島での集中講義に招き、福島の過去・現在・未来の課題を実践教育を通して学ぶことであり、福島を世界に伝える「Ambassadors（友好大使）」を生み出すことを目指している。プログラムには海外からの学生に加え、福島大学や福島県内の大学に通う学生も運営ボランティアとして参加する。福島に対する知識をつけながら、英語でディスカッションをして「伝える力」を育成することも目的としている。被災地でのホームステイや、南相馬市小高地区などでのボランティア活動、警戒区域の視察や、避難されている住民との交流、専門家による大学での講義や、いろいろなバックグラウンドを持つ学生とのグループワークを通して、福島の現状をバイアスのない、ありのままの状態で理解し、自分自身で解釈をしていくことができるようなプログラム内容を心がけている。

企画当初、アメリカの保護者やネット市民から「福島に行くなんて、参加者を殺す気か」、「原発の廃炉作業を学生にやらすなんて、正気か」という、根も葉もない誹《ひ》謗《ぼう》中傷にさらされた過去もあったが、これまで留学生86名（6カ国11大学）、日本人学生312名がAmbassadorとして認定されてきた。参加者からの「いかに、メディアからの報道のみをうのみにしてはいけないのかがわかった」「福島を第二の故郷のように思えるようになった」などといったコメントや、帰国後の彼らの母国での目覚ましい活躍と現地での賛同が、スティグマが決して覆せない烙印ではないことを証明してくれている。

イギリスの社会科学者であるキャサリン・キャンベルによると、スティグマを打ち砕くためには二つのタイプの教育が必要であるという【10】。一つめはスティグマを作っている側に伝える「外への教育」。二つめは、スティグマをされている我々の側で存在する「内なるスティグマ」を打ち砕く教育であるという。

この言葉のとおり、私はAmbassadors Programを通して福島を理解し伝える人材を海外と福島に育成しながら、私自身も、福島を愛するカナダ人として、日々意識的に福島の現状を学び、間違ったデマ情報などを見たら、それに反論できるだけの知識とモチベーションを保ち続けなければいけないと思っている。

復興や廃炉までには長い年月がかかる。その中で、今後海外からの客観的な福島の状況のリポートやアドバイス、そして海外にいる人たちの応援は不可欠である。そのためにも、これらの活動を続け私たち自身も声を大にして訴え続けることが必要だ。福島に対するスティグマが徐々に解消され、福島の現状が正しく評価・報道されるようになれば、いつの日か、FukushimaというGoogle検索の結果に、復興と廃炉に向けて前進する県内の姿や、素晴らしい自然や笑顔の人たちが溢れかえる日が必ず来ると信じている。

【1】 Harvey Wasserman, Humankinds most dangerous moment. http://www.globalresearch.ca/humankinds-most-dangerous-moment-fukushima-fuel-pool-at-unit-4/5350779（2013年9月20日）など

【2】 Hanna Beech, The Worlds Most Dangerous Room. http://time.com/worlds-most-dangerous-room/（2014年8月21日）

【3】 Goffman, E,1963 Stigma: Notes on the management of spoiled identity

【4】 Weart,S 2012 The Rise of Nuclear Fear

【5】 New Yorker 62, no.12 (12 May 1986):29, NTY, 15 May 1986, p.A10

【6】 http://www.noaa.gov/features/03_protecting/images/Energy_plot_japantsunami.png

【7】 http://www.tepco.co.jp/cc/press/betu13_j/images/130826j0501.pdf

【8】 https://www.sharedcount.com/

【9】 http://www.truthandaction.org/fukushima-radiation-arrives-us/ など

【10】 Catherine Campbell, Carol Ann Foulis, Sbongile Maimane, Zweni Sibiya (2005), "I have an evil child at my house: stigma and HIV/AIDS management in a South African community", American journal of public health 95 (5): 808-15,doi:10.2105/AJPH.2003.037499

マクマイケル・ウィリアム

福島大学経済経営学類助教。カナダのバンクーバー出身。カナダ人の父親と日本人の母親を持ち、5歳から8歳まで徳島県で育つ。その後、社会人になるまでカナダで生活をし、日本語通訳として働いた。後に国際交流員として再来日し福島県に住みはじめる。東日本大震災、福島第一原発事故直後から被災地での支援活動に関わりながら、国内外への積極的な情報発信活動を続けている。

COLUMN

検証　福島第一原発・廃炉関連デマ

林智裕

　福島第一原発廃炉をめぐるデマは無数に生産されてきました。しかし、その大部分がいくつかのパターンに分類できます。パターン化したデマが何度も使い回しされて5年たっても誤解・差別が再生産されているのが現状です。

　ここではその典型例を具体的な事例とともに紹介し検証します。

❶ 福島第一原発では既に多数の作業員が死亡しているが、その事実が隠蔽されている！

　最も典型的なのがこれです。いくつか事例をあげましょう。

「KPFA in Japan: I've learned over 800 people have disappeared from Fukushima plant — "May have been killed or died during work" — "Gov't actually in business with the Yakuza".』（フクシマの原発では、ヤクザのビジネスに利用されて800人以上の作業員が死亡するか殺されている）【1】

　「福島第一原発の大事故現場に送り込まれた作業員（約3000人）のうち、すでに800人が放射能により死亡しているのに、東北大学医学部附属病院が緘口令《かんこうれい》を敷いて、外部に洩れないようにしているということだ。患者たちは、一旦、東北大学医学部附属病院で診察を受けた後、新潟県内にある分院に移送されて、静かに死期を迎えるまで過ごす。放射線治療を受けても、手の施しようがないからである」【2】

　他にも2011年11月の日付で「作業員が4300人死亡し、遺体は福島県立医科大学に『放射線障害研究用検体』とされ、遺族には口止め料が3億円配られている」とする文章【3】もよく出回っていました。あたかも事実かのようにいろんなエピソードが重ねられていますが、少し調べればデタラメだらけであることがわかります。

　たとえば、この文中に出てくる「瀬戸教授」（あるいは、ネットではフルネームで「瀬戸翼教授」とされることもありました）は「東北大学の教授」とされていましたが、東北大学にそういった名前の教授は存在しません。

　こういったデマを信じてしまう人が出る原因は、廃炉作業が過酷な現場だというイメージが染み付いているからでしょう。

　確かに、福島第一原発における死傷者はゼロではありません。たとえば、2014年度に64人。そのうち死者は一名で汚染水タンクからの転落事故によるもの。2013年度は死者1名を含む32名。原因は、熱中症や経験不足による事故であることが具体的に公表されています【4】。

　これを見れば、いま必要なの

は「熱中症や労働災害の防止」対策だということに気づくでしょう。「何千人も死んでいる」などというデマは、何の役にもたちません。

　デマを流す人の中には、「福島のことを思って」そうしてしまった人もいるでしょう。しかし、それは、私たちの生活を守るために懸命に働く作業員の方（その多くは被災者でもあります）にとって失礼なことです。そのようなことに無責任に加担することは誰のためにもなりません。

『いちえふ』第1巻より© 竜田一人／講談社

② 福島第一原発周辺地域にきたレスキュー隊の隊員が被ばくして死んだ！

「作業員が大量に死んでいる」という典型的なデマには変種もあります。たとえば、関係者や動植物が大量死している、というパターンです。動植物についてのデマは後述しますが、ここでは、「事故当時に出入りしていた人が死んでいることにされてしまっている」事例を見ましょう。

　2011年11月6日に札幌で行われた全国学校給食フォーラムin札幌での山本太郎氏の講演後の質疑応答で、参加者から以下のような言葉が出ました。

「私の大阪の友達が亡くなったんですけれども、災害派遣でレスキューで、岩手とか福島とか、ずっと行っていた方なんですけれども、7月に内部被ばくっていうのがわかって（略）、ほんとに体の体調が悪くて、もう、これ以上は無理ってわかってチームの人たちもみな辞職してしまったんですけれども、（略）7月にそのことがわかってから、ほんとに3ヶ月ちょっとで何ども吐血して最後には腎不全で亡くなったんです……」【5】

　質疑はこの「被災地に派遣されたレスキュー隊員が死んだ」ということを「事実」として進み、インターネット上ではこういった情報を「マスコミには出ない、国が隠蔽している真実」として口コミ的に拡散されました。

　この発言内容は本当でしょうか。検証してみましょう。

　まず亡くなった方は「大阪のレスキュー隊」で「岩手とか福島とか」に派遣されていたということですが、岩手での活動で特異な被ばくをすることは考えづらいですので福島第一原発やその近辺に派遣された人のことを指すのでしょう。

　では、大阪から福島に災害派遣されたレスキュー隊というのが実際にいたのか。これは、消防庁を管轄する総務省のホームページ【6】や大阪市のホームページ【7】で公表されていて、大阪市消防局の17隊53名、派遣期間は2011年3月11日～6月6日であることがわかります。

　すでにこの時点で矛盾が出てきています。「7月に内部被ばくっていうのがわかって（略）、ほんとに体の体調が悪くて、もう、これ以上は無理ってわかってチームの人たちもみな辞職してしまった」ということですが、6月にはすでに災害派遣は終わっています。仮に「また派遣されるかも」と不安に思ったとしても、53名いる「チームの人たちもみな辞職してしま」うことは考えづらい。果たして、この発言はどれだけ裏付けをとってなされたものなのでしょうか。

　この発言をした方にとっては、「大切なお友だちが亡くなったという事実」自体はあったのかもしれませんし、そのお気持ちは重く受け止められるべきことです。ただ、この「福島に派遣されたレスキュー隊員が被ばくして体調が急変し死んだ」という話が、憶測や伝聞情報を組み合わせたデマではなく、正確な情報を元にした事実だと言い切れるのでしょうか。

　ここまで確認した上で大阪市に直接問い合わせたところ、「震災支援に向かったレスキュー隊員が腎不全で吐血して亡くなったという事実はない」ということでした。

　これは（1）の最初のデマと同様、実際に現場で救助活動をしたレスキュー隊の方々を案じる素振りをしながら、実際には「その仕事の実態を知ろうともせずに生きている人間を勝手に死んだことにする」という、復興の現場で懸命に働く当事者を侮辱するものでしかありません。

　同様の行為として、原発事故後の反原発運動の中には、死んでもいない一般の福島県民やその子どもたちを勝手に弔う「葬式デモ」をした勢力もいましたが、これも自分たちの政治的思惑のために「生きている人間を勝手に死んだことにして」被災地を利用した例の一つです。

　ただでさえ災害で傷ついている一番苦しい時期、それを当事者がどういう気持ちで見つめていたかは、「いじめられている学校に登校したら、机に菊の花が飾ってあった」という心境に近いのかもしれません。「国や東電が悪い」と言ってそもそもは最初にいじめた相手が悪いのだというような言い訳をしようとも、被害者の痛みが軽減されることは全くありません。実際に菊の花を飾るようなその行為は、あくまでもその方々が自らの意志と責任で行っている新たな暴力でしかないのです。

　ここではあえてこれ以上書きませんが、「国と東電が悪いのだから」を免罪符にして被災地に心無い暴力が振るわれてきた例は、枚挙に暇がありません。デマによる差別助長も、その一つです。

❸ 福島第一原発に立ち入れば誰もが大量の被ばくをする！

　これは、「デマではなく、誤解だ」と言う方もいるかもしれません。「実際に福島第一原発に行けば高い放射線量がある地点もあるのではないか」と。

　ただ、事実と10倍、１００倍、１０００倍と桁違いの情報が「真実」であるかのように流れてしまっている場合には、明らかに「誤解」の範囲を超えている。「デマ」だと言わざるをえません。

　たとえば、最近でも２０１５年10月末、新潟県知事の泉田裕彦氏の発言が物議を醸しました。

　泉田知事は、「（チェルノブイリ原発の視察に行ったり、東京電力福島第一原子力発電所の危険性を強調するようなことを度々言うが）福島第一原発を視察する意思はあるか」と問われた際、視察に慎重である理由として「１日で８ｍＳｖ（８０００μＳｖ）被ばくする」と発言しました【8】。

　では、東京電力福島第一原子力発電所に滞在することでどの程度の被ばくをするのでしょうか。東京電力は「作業員の月別個人被ばく線量の推移（月平均線量）」を継続的に公表しています。それによると作業員の平均被ばく線量は、2011年度の早い内から常に1mSv（1000μSv）／月程度かそれ以下で推移していることがわかります【9】。

さらに、直近の平均被ばく線量の実測値は厚生労働省のホームページにも公開されていますが【10】「H26・4~H26・10月累積線量」の半年間の累積線量の平均は3・42mSv（3420μSv）にまで下がっていることもわかります。

https://twitter.com/izumidahirohiko/status/661152445817487360

視察ではなく、実際に廃炉の作業に携わる方について、「1日」ではなく、「1ヶ月」で1mSv（1000μSv）未満、2015年度には現場にいた人の「半年」の累積で3・42mSv（3420μSv）ほどの被ばくにまで下がっている現実があるということです。しかし、公職につき影響力がある立場にいる人が「1日で8mSv（8000μSv）被ばくする」と事実と大幅にずれたことを軽々しく言っていたわけです。

泉田知事にも言い分はあるのでしょう。泉田知事が言う数値の根拠は2015年2月21日（土）13時00分頃~14時00分頃に実際に行われた新潟県技術委員会の現地調査の際の被ばく量のようです。しかし、立ち入ったのは発電所の敷地内を視察というレベルではなく、通常は作業員もむやみに近づかない事故を起こした原子炉1号機の建屋内4階とのこと【11】。泉田知事は福島第一原子力発電所へ行った場合、通常の視察というレベルを遥かに超えた、原子炉建屋内の詳細調査までするつもりだったのでしょうか。

しかし、実際にこの発言が公の場でなされ、多くの一般の方々に伝わりもした以上そのような言い訳は正当化できません。これぞ、まさに典型的なデマへの加担です。

そもそもデマは、そういった極端な部分を何の留保もなしにあたかも全体がそうであるかのように語る【12】中で生まれ再生産されるものであるからです。

それでも「東京電力の発表なんか信じられない」という方は一般の人が視察に行ってどのくらいの放射線量だったのか発信している記事がインターネット上にいくつもありますのでご確認頂ければいいでしょう。たとえば、一般社団法人AFWが行っている実際の現地研修においては、1~2時間の構内視察で被ばく線量は0・01mSv（10μSv）程度であると言われています。

つまり、泉田知事が言っている8mSv（8000μSv）の被ばくという主張との差は800倍で、これでは2年以上毎日視察に行ったとしても泉田知事が言う数値には達しません。

なお、健康への影響が顕在化しないとされ原発作業員の被ばく限度に設定されているのは年間50mSv（5万μSv）、5年間で100mSv（10万μSv）ですが、仮に泉田知事が仰る「一日で8mSv（8000μSv）」という被ばく量であれば、作業員は年間6日、5年間で最大12日しか働けないことになってしまいます。この時点で、すでに現実と大きく乖離《かいり》しています。

知事は「チェルノブイリに行っても被ばく量は福島第一原子力発電所の千分の一だ」とも発言しておりますが、その放射線量では少なくともチェルノブイリに対しては敷地内の通常視察を想定しているはずです。福島での視察だけ条件を変えて危険性を強調するのは何故でしょうか。

　故意であれば福島だけをことさら危険だという誤解の誘導が目的の明らかな風評加害と言えますし、知らずにやっているのであればすでに知事自身が福島への偏見と差別に囚われていると言えます。公人が平然と風評加害や差別をすることは本来あってはなりません。

　「現実の数字を軽視し、イメージ先行のいい加減な情報を公人が無責任に加担する」ことで、偏見や差別が助長された結果、最終的に一番被害を受けるのは国でも東電でもありません。最も立場が弱い一般の人たちです。

　福島から新潟に避難している方は沢山いらっしゃいますし、そうした方々の受け入れに積極的な態度、善意には言葉にできないほどの深い感謝を感じます。泉田知事の人柄や様々な政策、長年の実績には、多くの方に支持されてきた素晴らしいものも間違いなくあることでしょう。しかし一方で国や東電の責任追及をするのは自由ではあるものの、その目的のためにデマを用いてまで福島を、故郷をいい加減なイメージや言説で蹂躙《じゅうりん》しようとするのであれば、そこに生きる私たちは全力で抵抗せざるをえません。

4 福島第一原発で地下再臨界が起きて白い霧が発生している！

　ここまでは、「廃炉の現場で働く人」についてのデマでしたが、「廃炉の現場」そのものについても様々なデマが出回ってきました。その最も典型的なものが「白い霧」です。

　たとえば、最近ですと、2015年10月発売の「週刊プレイボーイ」が「異様な白い霧」を指摘し、その理由として3号機のデブリが発熱しているのではないかという「憶測」を披露しています。他にも、インターネット上では、1F内に設置されているライブカメラに映る霧に再臨界を疑う有象無象《うぞうむぞう》の記事が存在します。

　「臨界による白い霧」などというものが存在するかどうかを知るためには、そもそも臨界とは何かを知らなければなりません。簡単に説明すると「核分裂反応で発生した高速中性子が、減速材になる軽水（一般的な水）で減速されることで、別の原子に捕捉され（高速のままではほじかれるだけで捕捉されず、次の核分裂を起こせません）新たな中性子を出し続ける連鎖が、一定の速度で維持されて連鎖を続けていること」です。少し難しいかもしれませんね。

　ただ言えるのは、臨界を維持するためには「意図して複雑な条件を整えなければならない」ということです。

　加えて、仮に臨界が起こればキセノンなど希ガスが発生するはずです。東電からは常に希ガスの発生量が発表されていますが希ガスが発生した事実は一度もありません。また、燃料を冷却するために循環している水の温度上昇や海側に流れる地下水から放射性物質が見られるはずですが、そういったことも一切ありません【13】。

　すでに建屋内の様子さえわからなかった時期は過ぎ、燃料棒取り出し作業に移行している中で再臨界を起こす可能性がありえないのは実は「当たり前としてわかっている」ことです【14】。

ではなぜ、臨界していないのに、ここには「白い霧」が見られるのでしょうか。答えは簡単です。元から定期的に海霧が出る地域だからです。「白い霧」は、原発が建設されるよりも遥かに前から、当たり前に存在していたからです。

　東北地方の海沿いには昔から、やませ（山背）という現象があります。初夏から夏にかけて日本の北東にあるオホーツク海気団から流れ込む冷たく湿った空気が日本近海の暖かい空気と触れあって、しばしば海上で巨大な霧や雲を発生させるのです。東北地方沿岸部のみならず、規模によっては内陸部までをも覆います。

http://zasshi.news.yahoo.co.jp/article?a=20151025-00055426-playboyz-soci

　宮沢賢治の雨ニモ負ケズの中にある「寒サノ夏ハオロオロ歩キ」の「寒サの夏」とはこのやませの影響が強い年の状況を指しており、原発事故には全く関係なく昔から見られていた気候現象です。やませが近年で最もひどかった1993年には冷害による大凶作で米騒動が起き、輸入米とのブレンド米が社会を賑わせたことを覚えていらっしゃる方も多いのではないでしょうか。

　実はやませは義務教育でも履修する内容で、筆者が小学生のときにも中学生のときにも、社会科や理科の教科書に何度も何度も書いてありました。

　ここまで福島のことを「熱心」に語る大手出版社であっても、その当地である東北地方の文化や気候風土には関心を持たず、小中学校の内容の知識すら把握していないというのはさまざまな意味で残念なことです。

　福島第一原発を報じる際、「とんでもない被ばくのリスクがある」「また爆発する」と煽れば煽るほど喜ぶ人がいるのも事実でしょう。週刊誌も商売ですから、そういう読者を取り込んでお金儲けしようという気持ちもわかります。しかし、これを機会にもう少し沢山の方に、東北の気候や風土、更に言えば、そこに生きる人たちであり、被災者である方々の歴史や文化、生活についても敬意と共に関心を持っていただければ幸いです。使い古された表現を持ち出せば、「事件は会議室で起こっているわけではありません」。現地への敬意も理解も、義務教育レベルの知識さえもなくして「真実」を語る方は、実際には真実から最も遠い立ち位置にいると言えるでしょう。

　「再臨界」デマの派生デマとして、原発事故当時、水素爆発ではなくて「核爆発だった」とか「ミサイルで爆発されていた」【15】、「4号機の使用済燃料は、実は大爆発した結果すべて大気中に放出されていた」【16】といったものがありますが、いずれも根拠は「政府の陰謀」「米軍の隠蔽」などの憶測によるものばかりです。

　また、海霧と同様の、ライブカメラの映像からの派生デマとしては、夜間に建物が光で滲《にじ》んでいる映像を見て「（再臨界などに伴う）プラズマ火球が出ている！」とのデマも飛び交いました。

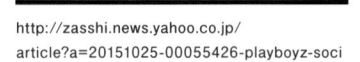

　「プラズマ火球」が何のことかわからなかったので調べたところ、なんと「ガメラの必殺技の名前」でした。

　どうしても火球の正体が腑に落ちない場合は、ためしにお手持ちのビデオカメラのレンズを雨など

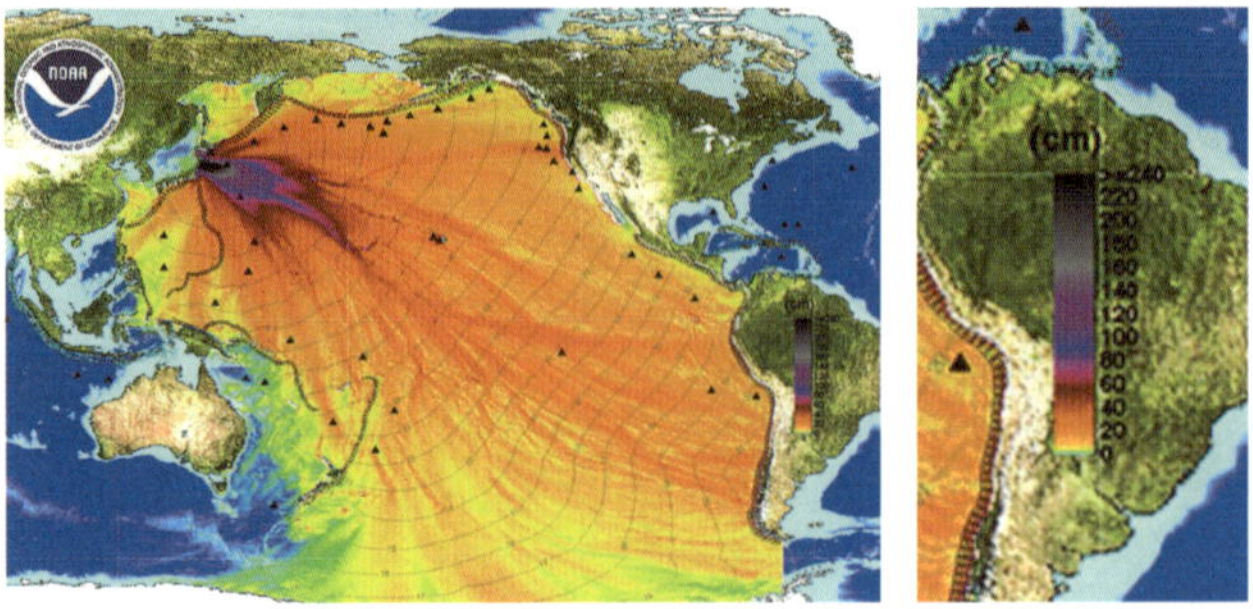

NATIONAL OCEANIC
AND ATMOSPHERIC
ADMINISTRATION
UNITED STATES
DEPARTMENT OF
COMMERCE

に触れさせたあとに暗い場所から明るい建物を見ると、「ぷらずまかきゅう」が見えるかもしれません。

5 福島第一原発周辺では奇形・巨大化した動植物が大量発生している！

「福島第一原発の構内で働く人や環境」に関するデマを見てきましたが、「福島第一原発の周辺でこんなことが」というデマもあります。最も典型的なのが「動植物の奇形や巨大化」です。「海水や空気に放射性物質が混ざった結果、奇形・巨大化が起こる」と。

まず、奇形や巨大化の前提の一つである、海洋汚染自体について現実離れしたデマが大量に流れてきました。たとえば上の図は「福島第一原発事故による放射能海洋汚染のデータ」として拡散しました【17】。

色分けを見ると、日本近海が最も濃い色と共に太平洋全域が染められております。そして右側にはその色分けを解説するグラフが。単位はcm（センチメートル）。

さて、いつから、放射性物質の汚染を表す単位がcmになったのでしょうか。

実は、これはアメリカ政府の機関が津波の高さについて分析した図です。津波の高さを表すデータがいつのまにか、海洋汚染のデータとして流布されていました。拡散されるデマによっては右側のcmという単位やＴｓｕｎａｍｉという説明文が消されて拡散されるケースもありました。明らかに意図的なデマ発信者がいるわけです。

「それはそうかもしれないけど、海洋汚染を東電や国が隠蔽しているのは事実ではないか！」とおっしゃる方もいるでしょう。そんな方は、是非ご自身で調べてみることをお勧めいたします。国でも東電でもない機関が海洋の汚染度合いの調査をしている例が多数見つかるでしょう。福島では行政や漁連も試験操業を繰り返してデータの蓄積を進めておりますが、並行して地元住民を中心につくられた団体「いわき海洋調べ隊・うみラボ」【18】が独自に海洋調査を継続して行っており、魚や土壌の汚染などさまざまな研究を積み重ねています。しかし、いずれの調査でも信頼性を裏付けるかのように同様の結果が出ています。

試験操業やうみラボによる継続調査でわかってきたことはすでに明確です。

放射性物質が検出される魚は震災前に生まれて原発周辺にいたような種類のものに限定されている。底生魚でさえ、震災後に生まれた個体では海底土壌からの移行も見られません。つまり、そもそも放射性物質により奇形・巨大化が起こるかどうかという議論以前に、放射性物質そのものが検出されない魚ばかりになっているというのが現実です。魚の体内の放射性物質量が特異なものではないということは、魚が「内部被ばく」することはないということです。その上で仮に部分的に放射線量の高い汚染土壌・汚染水に近づいたとしても水には放射線の遮蔽効果があるため、外部被ばくも心配する必要がありません。

　それでも、この「海洋汚染」のデマと結びつく形で動植物の奇形・巨大化のデマは様々な形で流通してきました。たとえば海外で報じられた「フクシマのすぐそばのホッカイドウで放射性物質の影響を受けた異様な魚が釣り上げられた」という左上の写真。

オオカミウオの写真を福島の影響だと伝えているニュース

　これは、この写真に写っている日本人のブロガー・Hirasaka Hiroshi氏が、趣味で知床で釣ったオオカミウオの写真です[19]。言うまでもなく、オオカミウオは元からこのような巨大な容貌です。放射線の影響で巨大化した「ゴジラフィッシュ」というSF的なイメージとともに、デマは世界に広がっているようです。

　他にも、奇形や巨大化が陸上生物の間でも起きた例として、インターネット上で出回ったのが左下の写真。

「カエルの幼虫がここまで巨大化するとは……やはり日本中で放射能の影響が深刻化してるようだ……」

「このカエルの幼虫が成虫になったら、犬や猫、下手したら幼虫の人間まで食われるかもしれない。こういう巨大化した生物が、原発を全廃するまで日本中に満ち溢れることだろう。これでも反・反原発派の連中は、原子力にしがみつくつもりか⁉」

という方もいらっしゃいました[20]が、この写真の生き物も「オオサンショウウオ」で調べると正体が判明します。

　こうして拡散されるデマは様々な形で海産物のみならず農作物にも広まりながら、被災地への偏見や差別を助長し、多大な経済的損失を与えています。

　ここにあげた事例を見て「極端なものばかりとりあげている」と言う人もいるかもしれません。確かに、例としてあげるのにわかりやすいものを選んだのは事実です。多くのデマはわかりづらいものです。

　事実の中にわかりづらく巧妙に嘘を紛れさせるもパターン。たとえば、これまで、いくつか鳥や昆虫、植物の数が減ったり成長が抑制されたとする研究の事例も公表されてきましたが、根拠の不確かなもの、強引に被ばくの影響であるかのように印象操作しようとするものばかり[21]で、むしろ、地域では、人が駆除しなくなったことでイノシシやネズミが増えたり、漁がなくなったことで魚が増えたりしたことが議論の的になっています。

「巨大化したカエルの幼虫」といわれたオオサンショウウオ

　あるいは、肩書や権威・立場に

対する信頼性を利用して無根拠な話をあたかも根拠のある話であるかのように垂れ流すもの。たとえば、長野県松本市長の菅谷昭氏は、福島県で妊娠中絶が増加するなどとデータを参照せずに根拠の不確かな発言を続けてきました【22】が『はじめての福島学』で検証されている通り、そのような事実は発生していません。

　また、2014年末に終了した4号機の使用済燃料の取り出し作業が終わるまで飛び交ったのは4号機崩壊説でした。「福島第一原発4号機の現状。4号機崩壊で18万人死者がでる⁉」【23】などのセンセーショナリズムは、実際に作業が進む時期に流れることで、多くの人の目を引いたでしょうが、記事を読めば内容は荒唐無稽。作業が完了して「期限切れ」になってしまえば、だれもそれを検証することもない。

　まずは、これまであげてきたような「わかりやすいデマ」のパターンを理解した上で、一見、デマには見えない「わかりづらいデマ」に多くの人が気づき、それぞれが検証できるようにすることが大切です。

6 「デマを流すのは一部の過激な人たちにすぎないから批判するな」は正しいか？

　このようにデマを検証し、いかに現実と乖離しているのかという事実を指摘すると必ずデマや差別を自ら流してきたり、それによって利益を得てきた方々から反発が来ます。「それでもデマではない」と根拠もなく開き直る方もいますが、多いのは論理や客観的根拠による分の悪さを「反論」ではなく、批判者の人格や容姿、印象や属性など論理と関係ない部分を暴力的に「攻撃」してくるパターンです。批判者の論理の説得力をなくすために、批判者の論理ではなく人格そのものを「信用できない、話を聞くに値しない人物である」と周囲に印象づけようとします。根拠なく「あいつは裏でこんな甘い汁を吸っているからこう言うんだ」などと。自らがデマによって利益を得ているが故に、相手も同じように利益を得ているはずだと自己投影したいのでしょう。

　これには実は多少の効果もあります。科学や事実は人の思惑には無関係に冷徹である以上、デマを否定するというのはある意味では人の思惑を無視して、気持ちの拠り所となっている「夢」を壊すことでもあります。つらい現実から目を背け「夢」を見続けたい気持ちにデマゴーグは入り込んできます。「夢」を見続けたい人と、デマを暴くような話には「聞く耳を持たせたくない」デマゴーグとの間に利害の一致が起こります。

　それでも、デマゴーグの化けの皮が剝がれ、デマがデマであることに気づいて目が覚めそうになることもしばしばある。そこで「夢」を見続けたい人は「原発事故の被害を軽んじるのか！　政府や東電を免責するのか！」と言います。「政府・東電の責任は重い。だから過剰にでも重い被害を騒ぎ立てることは絶対的な正義だ。そうしないというのは正義を否定するのか」というわけです。ただ、この論理は間違っています。もちろん、心的な被害や経済的被害は確実に存在し、その責任を取るべき人は責任を取るべきです。しかし、だからと言って、科学的な事実を歪めてまで被害をでっちあげることは許されません。

　本来、科学的な意味での被害とそれ以外の心的な被害や経済的被害は全く別物です。福島で放射線被ばくによる直接的な健康被害や動植物・自然環境への悪影響がなかったからと言って、その他の被害が否定されるわけではないのです（これは、改めて強く訴えていかなければなりません）。

しかし、それらの区別されるべき「被害」がいまだに多くの方から雑に混同されていることで、科学的事実が原発事故による被曝の悪影響を否定すればするほど、心の被害など内的で不確実なものまでを冷徹に否定してくるかのように誤解する人がいる。

そんな風に誤解すれば「自分の心情をないがしろにされている」と不安を感じてしまうのも無理はありません。ですから「デマ批判者は冷徹で信用できない人間で、フクシマの未来に何が起こるかはまだわからないのにそれを否定するんだ」という言説にすがりつく。背景にある「聞く耳を持ちたくない」という想いもわかります。

あるいは、彼らの周辺に、デマがデマであることを知りながらも、デマ批判を潰そうとする人たちも出てきます。曰く、「デマを流すのはごくごく一部の過激な人たちに過ぎない！　多くの人はデマは良くないと思いつつそれぞれの立場で頑張っているんだからそんな冷徹で攻撃的なことは言うな！かえって分断を深めるじゃないか！」と。そこにもまた、自分や他者の心を守ろうとする想いはあるのでしょう。

しかし、ならば被害者には事実と違うことを違うと言うことすら許されないのでしょうか。黙って唇を噛んで耐えてさえいれば、いつか誰かが助けてくれるというのでしょうか。すでに5年たちましたが、いつまで待てばよいのでしょうか。

これは学校などでしばしば問題になる、「表沙汰にならないクラス内いじめ」と似た構図です。トラブルを嫌い「クラスの調和」を保つために被害者を黙らせ泣き寝入りを強制するだけでは、問題の存在すら知られないまま被害者を追い詰めるばかりです。

こうした暴力的な秩序が作られてしまった原因の一つもまた、「デマの存在」にあります。

デマによって科学的事実の共有が妨げられたことで、原発事故被害の定義や対応の優先順位が声の大きさや社会的影響力の強さといった客観性や民主主義から離れた「力の論理」で競われてきました。

「被害の定義や復興の優先順位が力の強い人の思惑で決められる」ことで、放射線被ばくによる直接的な健康被害ばかりが注目され、それ以外の被害や過大はむしろ、社会に声を届ける機会も得られないままに追いやられてきました。被災者一人ひとりが内に抱えたままの心の問題などは、その最たるものではないでしょうか。デマを放置することは被害の実態把握を妨げ、分断の解消にも逆効果です。原発事故に関わる問題はとかく、社会的な力が強い方やノイジーマイノリティの「大きな声」にかき消されて被災地からの声は社会に届きにくく、同時に社会からの善意も被災地には聞こえにくくなっています。こうした分断を乗り越え社会が協力して解決策を導き出していくためにこそ、被災地からもこうした問題を社会に「ぶつける」のではなく、「声をあげて助けを求めて」いかなくてはならないと思います。

不安につけこむデマ

果たして「デマを流すのはごくごく一部の過激な人たちにすぎない！」のでしょうか。

ここまで見てきた通り、福島第一原発・廃炉に関するデマはインターネット上だけで、あるいはごく一部の過激な人たちだけの間だけで流れるものではありません。世間に名が知れ、それなりに影響力がある参議院議員・山本太郎氏、新潟県知事・泉田裕彦氏、長野県松本市長・菅谷昭氏などの政治家をはじめ、ジャーナリスト、学者などもそこに加担して来ました。また、普通にコンビニで売っているような何十万部と売れる有名な雑誌もその情報の拡散に協力してきました【24】。

　最近も、社民党が参議院議員選挙に向けて東京選挙区の候補として公認したばかりの増山麗奈氏が、過去に福島周辺で栽培された米を指して「プルトニウム米」と言う【25】など、度々、偏見に基づいた福島の問題に関する差別的発言を行ってきたことに数多く批判が寄せられました。しかしながら、現在まで増山氏は一切まともな謝罪もなく、失言を保身のために取り繕おうとする発想に終始し、その失言で一番被害を受けているのが誰かという視点が全くない態度をとり続け、社民党公式アカウントまでもがこれを擁護している有様です。

　社会的弱者への配慮を重視した政策を長年掲げてきた国政政党が5年たってもデマがどれだけ被災地を蹂躙して多くの混乱を生み出してきたのか何も学んでいないことに、問題の根深さを感じます。背景には「福島の被害が小さいということは自分たちの反原発・被曝回避のポリシーに反する。被害は強調してし過ぎることはない」、端的に換言すれば「福島の被害は絶大でなければならず、不幸であり続けてくれたほうが都合がいい」という政治的志向もあるでしょう。

デマのパターン

　先に名前が出てきた参議院議員の山本太郎氏などもよく知られている通り、反原発・被ばく回避運動に積極的に関わっているため、街頭演説や講演には今でもその支持者が多く集まります。

　山本氏は、自身のツイッターで「大阪の瓦礫焼却が始まり母の体調がおかしい。気分が落ち込む、頭痛、目ヤニが大量に出る、リンパが腫れる、心臓がひっくり返りそうになる、など。超健康生活の彼女はすぐ身体に反応が出る。また引っ越しか。国内避難民だな」と発言しています。しかし、この事実を裏付けるデータなど根拠は何もありませんし、その後「体調」はどうなったか、何の説明もありません。しかし、世間には「太郎さんのいうことだから本当だ」と信じてしまう人が大勢いたためにデマは広がり、結局何の検証もされず、その認識は半永久的に固定化してしまうのです。

　こうした有名人やメディアに限らず、震災後幅広く行われた講演会や出前授業などで人々の不安につけ込んで誤った情報や適当な発言を拡散してきたデマゴーグも数えきれないほどいました。それは、まるでデマというウィルスが社会に蔓延しているかのようです。

　ほんの一部とはいえ、今回ご紹介したようなデマのパターンが「人々の不安を利用して自分の知名度向上や政治的利権、経済的利益誘導に結びつける」典型的な手口の具体例です。この「手を変え品を変え繰り返されるパターン」ができるだけ多くの方に理解されることが、社会全体がデマというウィルスに対抗するためのワクチンのように役立ちます。一人ひとりが福島第一原発廃炉をめぐるデマに冷静に向き合えるようになれば、デマの背景にあるものや、山積する問題の本質がより見えやすくなってくるでしょう。

　「一見正しそうな言葉」とともにデマは正当化されます。「事実を疑う自由はあっても良い」だとか、「愚行権の自由」だとか、あるいは「不安な気持ちはあって当然だ。寄り添わなければならない」などと。確かにこの国が民主主義国家であり、思想・信条、言論の自由が保障されている以上、たとえどんなに非科学的・非論理的な考えであろうとも個人が内心でどう考えるかまでを強制することはできません。

しかし多数の方がそうやって「ろくに学ばないまま疑う自由」「どんな不安も何の検証もなく肯定される自由」を謳歌した代償として、弱い立場にある当事者の人権は日常的に奪われ不自由を強制されてしまいます。その構図こそまさに、社会に存在する、他の様々な差別問題にも共通する典型的なものと言えるでしょう。

「風評被害」という抑え目に表現される言葉は、より本質的に言えば「差別」です。「知ろうとしない権利」と、「差別されない権利」。日本国憲法の精神に則り、民主主義国家としてより優先されるべきは明らかに後者ではないでしょうか。

震災後、今まで何度も何度も、被災地はカタカナ表記の「フクシマ」による二次被害に苦しめられ続けてきました。「フクシマ」とは、イメージやイデオロギー先行で捉えられる福島のことです。科学的な事実を軽視・無視しながら、被災地とそこに生きる人々に対して純粋な被害者性だけを求め、「尊い犠牲者」として別の目的のために搾取しようとするものです。それはデマの温床であると共にとても原理主義的で、被災者の生活者としての立場を軽視して「被害者」としての変わらぬ非日常や望ましいイメージばかりを強制し、復興などの変化を否定してきました（詳しくはシノドスに掲載された筆者の文章もご参照頂ければ幸いです。http://synodos.jp/society/15632）。

心的な被害をわけて考える

事故から5年がたった時期だからこそ改めて、社会での情報更新が円滑に進まないことで続いてきたこの被害をどう終わらせていくかを、恨みを重ねるのではなく前向きに、一緒に解決策を考えて頂ければ幸いです。

重ねて申し上げますが、原発事故の被害は、科学的な意味での被害と心的な被害を分けて考える必要があります。放射線の直接被ばくによる健康被害がないからといって福島に起こった理不尽や心的被害、被ばくによらない健康被害までが否定されるわけではありませんし、それらを訴えるために「フクシマ」に依存して福島の不幸を願う必要はありません。

そうであるにもかかわらず、いまだに「フクシマ」や「デマ」ばかりが注目されてしまうせいで見向きもされないままの本当の被害は沢山放置されたままです。健康被害は放射線の直接被ばくとは全く別の分野で起こっています。避

増山麗奈
フォロー
てめえら豚はうすぎたねえプルトニウム米でも喰ってな！RT @ : @renaart イヌならまだしもブタ扱いでしょう。
525 130

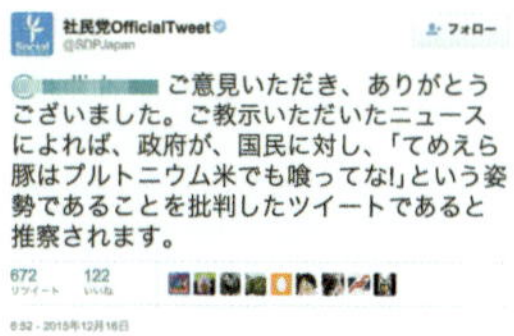
社民党OfficialTweet
@SDPJapan
フォロー
ご意見いただき、ありがとうございました。ご教示いただいたニュースによれば、政府が、国民に対し、「てめえら豚はプルトニウム米でも喰ってな!」という姿勢であることを批判したツイートであると推察されます。
672 122

https://twitter.com/SDPJapan/status/677118123795812352

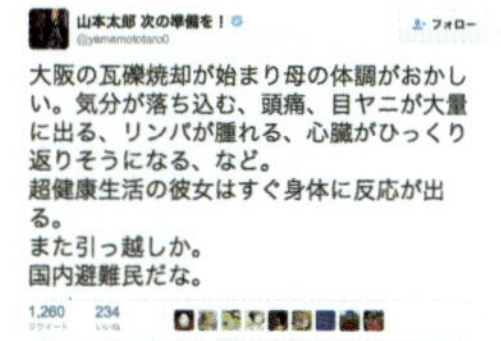
山本太郎 次の準備を！
フォロー
大阪の瓦礫焼却が始まり母の体調がおかしい。気分が落ち込む、頭痛、目ヤニが大量に出る、リンパが腫れる、心臓がひっくり返りそうになる、など。
超健康生活の彼女はすぐ身体に反応が出る。
また引っ越しか。
国内避難民だな。
1,260 234

https://twitter.com/yamamototaro0/status/303 145899222253568

難の中で心身の健康状態が悪化して亡くなった方＝震災関連死も震災から5年を待たずしてとうとう2000人を超えました。

最近、原発事故で避難した住民二万人に内閣府がアンケートをとった結果、避難を経験した家族のうち実に約4割が、家族の分散を経験していることがわかりました。デマに不安を感じて避難をした人も多数いました。デマに翻弄させられることがなかったならば、この数字はもっと少なかったかもしれません。もちろん、それにともなって震災関連死の数も減っていたでしょう。これに限らず、デマは復興のリソースを様々な形で奪います。

しかし、震災から5年を迎えた福島にあるのは、悪いニュースばかりではありません。何度も書いたように沢山の寄付や善意、人に助けられてきました。

有名人だけをあげても、震災直後から沢山の応援をしてくださっているTOKIOの皆さんが福島で身につけた経験を駆使して活躍している姿を見るたびに強く励まされますし、何度も何度も福島をプライベートで訪れて食べ物や観光を楽しんで、さりげなくPRしてくださるカンニング竹山さんや糸井重里さんの姿には、いつも涙が滲みます。

復興には全国から沢山の方が助っ人にきてくださって、最前線で共に作業にあたってくださいました。

修学旅行生や外国人観光客は震災前に比べてまだまだ少ないものの、福島市の花見山や大河ドラマ八重の桜の舞台になった会津を訪れる方も戻りつつあります。現地まで来られずとも、東京、日本橋の福島県物産館MIDETTE（ミデッテ）を利用して下さる方も沢山いらっしゃいます。

作付した農作物は、出荷基準値以内であることはもちろん放射性物質の検出自体がほぼなくなり、最近はEUも福島県産農畜産物の輸入禁止措置を緩和しました。輸出で言えば、3年連続鑑評会金賞受賞数日本一になった福島の日本酒の海外への輸出量は震災前を超える水準です。福島のお酒は同じ県内でも地域によって特徴や味わいが全く異なり、多様性に溢れています。お酒が好きな方には、是非一度お試し頂ければ幸いです。

まだまだお伝えできることが本当は沢山ありますが一つだけ確実に言えることは、沢山の方々から頂いた善意は、少しずつでも確実に希望を芽吹かせています。まだまだ問題は山積の被災地ではあるものの、一部の方が広めるデマさえなければ、もっと沢山の方とこうした喜びも分かち合えたはずなのです。情報が十分に伝わらずそれができないことを、本当に悔しく思います。

是非、続きはご自身の目で福島を訪れて、確かめてみてください。

最後になりますが、水俣病で苦しんだ水俣市から原発事故直後に出された緊急メッセージを引用させて頂いて、この文の終わりにさせて頂こうと思います。

「放射線は確かに怖いものです。しかし、事実に基づかない偏見差別、誹謗中傷は、人としてもっと怖く悲しい行動です――」。

林 智裕（はやし・ともひろ）
1979年福島県いわき市生まれ。フリーランスライター。茨城大学人文学部社会科学科卒業。首都圏や仙台で会社員として勤務した後、東日本大震災の前年に福島県内へUターン。震災後は福島県内の被災地復興に関連した業務にも従事する傍ら、現場からの実情を伝えるべく評論家・荻上チキ氏が編集長を務める「SYNODOS－シノドス」などで執筆活動を行う。

【1】 http://enenews.com/kpfa-in-japan-ive-learned-over-800-people-missing-from-fukushima-plant-they-may-have-been-killed-or-died-during-work-govt-is-actually-in-business-with-the-yakuza-audio
【2】 http://www.asyura2.com/12/genpatu23/msg/427.html
【3】 http://etc8.blog.fc2.com/blog-entry-1269.htmla
【4】 http://www3.nhk.or.jp/news/genpatsu-fukushima/20150501/0407_worker.html
【5】 http://etc8.blog.fc2.com/blog-entry-1269.html(発言のあった動画有り)
【6】 http://www.soumu.go.jp/menu_kyotsuu/important/43319.html
【7】 http://www.city.osaka.lg.jp/shobo/page/0000116589.html
【8】 新潟日報、2015年10月31日記事よりhttp://www.niigata-nippo.co.jp/news/politics/20151031214671.html
【9】 http://www.pref.fukushima.lg.jp/uploaded/attachment/129927.pdf
【10】「東電福島第一原発作業員の被ばく線量管理の対応と現状」http://www.mhlw.go.jp/file/05-Shingikai-11201000-Roudoukijunkyoku-Soumuka/0000070370.pdf
【11】 http://www.pref.niigata.lg.jp/HTML_Article/116/923/150324%20No.12.pdf、http://www.tepco.co.jp/nu/fukushima-np/f1/surveymap/images/f1-sv3-20150508-j.pdf
【12】 泉田知事は過去にこのような発言もしています。「柏崎市と三条市で震災瓦礫を焼却時亡くなる方が出れば傷害致死と言いたいが 殺人に近い」http://chiji.pref.niigata.jp/2013/02/post-33ed.htm
【13】 詳しい解説はこちらがわかりやすいかと思います。http://synodos.jp/science/15807「福島第一原発3号機は核爆発していたのか?—原発事故のデマや誤解を考える　菊池誠氏×小峰公子氏」
【14】 http://www.tepco.co.jp/decommision/planaction/removal3/index-j.html
【15】「3号機はプルトニウムの核爆発、4号機はミサイルで爆発された」http://www.link-21.com/earth/b06.html
【16】 http://iiyama16.blog.fc2.com/blog-entry-7916.html
【17】 http://matome.naver.jp/odai/2131829810240813801/2137697269362681303
【18】 http://umilabo.hatenablog.com/
【19】 http://portal.nifty.com/kiji/151112195027_4.htm
【20】 http://togetter.com/li/689227
【21】 現在、デマ学説を新聞等が広めようとすると、STAP細胞事件のように、インターネット上で専門知識がある人が関連論文などを見つけてきてすぐに反証する文化ができています。例えば、朝日新聞による「ヤマトシジミ」(http://togetter.com/li/673140)や「モミの木」(http://togetter.com/li/867238)の学説が有名です。
【22】 http://portirland.blogspot.jp/2012/04/blog-post_20.html、http://www.city.matsumoto.nagano.jp/shisei/koho/koho/2011/20111201.files/P1-P11.pdf
【23】 http://matome.naver.jp/odai/2133803357357149601
【24】 センセーショナリズムが売りの媒体ばかりではありません。例えば、「クロワッサン」(マガジンハウス)が表紙に「放射線によって傷ついた遺伝子は子孫に伝えられていきます」と載せて批判に晒され、後日WEB上で取り消す、ということがありました(http://togetter.com/li/155975)。これまでの科学的知見の中で、何世代先にまで突然変異等の影響がでるという「遺伝的影響」はないことが明確にわかっています。あるのは「遺伝的影響」ではなく「胎内被ばくでの影響」ですが、これも胎内で100mSvほどの高い被ばくをした場合に考慮されるレベルのものであり、福島第一原発事故によってそのような胎内被ばくは発生していません。
【25】 そもそも「プルトニウム米」など存在しません。福島第一原発による放射性物質の影響について考える際にはヨウ素・セシウムを考慮すればいいことが様々な調査から分かってきています。プルトニウムやストロンチウムの放出は極微量であり、最近では、「他の地域の土壌より福島の土壌のほうがストロンチウムの濃度が低い」(http://inventsolitude.sblo.jp/article/167585850.html)という実態も分かってきています。これは冷戦期の大気圏核実験の結果日本全体に放射性物質が降ってそれが残存している影響によるものです。つまり「イメージとは正反対に他の地域より福島のほうが放射性物質が少ない」ということです。
仮にセシウムのことであるとしても福島の米は全量全袋検査の結果、ほぼすべてが検出限界値未満であり、安全性は証明されています。検査そのものが信用できないとの意見もあるものの、信用できないならば自分で検査することもできるはずです。「福島の農作物を危険だと言いたい人はこんなにも沢山いるにもかかわらず、実際に市場に出回っている沢山のサンプルから誰一人として汚染されたものを見つけることはできていない」のです。そのお米を「プルトニウム米」と呼ぶことは、被災地への差別以外の何物でもありません。

CHECK 廃炉の情報はここでチェック！

1F・周辺地域に関するさまざまなデータは以下のページで確認することができます。気になる情報はぜひ自分の目で確かめてみてください。

現在の1Fについては？

東京電力ホールディングス
＞廃炉プロジェクト

http://www.tepco.co.jp/decommision/index-j.html
現在の作業状況、日々の放射性物質の分析結果など細かい情報が確認できる。

一般社団法人　日本原子力産業協会
＞福島第一原子力発電所の状況

http://www.jaif.or.jp/news/fukushima/
主に技術面でのトピックスが掲載されている。

日本原子力研究開発機構
＞福島研究開発部門

http://www.jaif.or.jp/news/fukushima/
主に技術面でのトピックスが掲載されている。

現在の復興の状況については？

ふくしま復興ステーション

http://www.pref.fukushima.lg.jp/site/portal/
復興情報のポータルサイト。放射線や除染の情報、避難区域について、県内の水や食料品の放射性物質検査結果などが掲載されている。

福島県・環境省　除染情報プラザ

http://josen-plaza.env.go.jp/
市町村別除染状況や除染に関するQ&Aなども。

一般社団法人　日本原子力産業協会
福島地域情報

http://www.jaif.or.jp/news/fukushima-area/
福島関連ニュースがピックアップされている。

現在の放射線量については？

原子力規制委員会
＞放射線モニタリング情報

http://www.tepco.co.jp/decommision/index-j.html
現在の作業状況、日々の放射性物質の分析結果など細かい情報が確認できる。

福島県放射能測定マップ

http://fukushima-radioactivity.jp/pc
福島県が運営している放射線測定マップ。

福島／いわき市放射線／放射能情報

http://iwakicity.org/html/htdocs/index.php
▶▶放射線量についてはp.155も参照。

廃炉と地域の関わりについては？

経済産業省　＞東日本大震災 関連情報

http://www.meti.go.jp/earthquake/index.html
幅広い関連情報に加え、被災者支援、中小企業対策なども。

経済産業省　＞東日本大震災 関連情報
＞廃止措置に向けた取組
＞廃炉・汚染水対策福島評議会

http://www.meti.go.jp/earthquake/nuclear/decommissioning.html
行政と東電、地元自治体の長に加え、地域の代表者が集まって廃炉について定期的に議論を行っている「廃炉・汚染水対策福島評議会」。会議の議事録には、廃炉と地域のあり方に関してリアルな議論が記録されている。地域住民の本音や、どのように廃炉と向き合っているかがよくわかる。

廃炉クロニクル

地球史のなかの廃炉

92 U
ウラン
Uranium

40万年前	"これ以降動いていない断層は「活断層」とは言えない"と原子力規制委員会が定めた安全基準において、12〜13万年前以降に動いた断層を「活断層」としていたが、判断がつきづらい場合、より厳格に40万年前の地層にも目を配り、動きがあったら「活断層」としている
25万年前	ホモ・サピエンス出現
15万年前	ヨーロッパ大陸にマンモスが出現
12万5千年前	人類が日常的に火を使うようになる
3万年前	最古の洞窟壁画
1万3千年前	日本列島が大陸から分離
2011	
約1万年後	高レベル放射性廃棄物を軽水炉で再処理した際に潜在的有害度が天然ウラン並になる時間＝約8千年
10万年後	高レベル放射性廃棄物を直接処分した際に潜在的有害度が天然ウラン並になる時間＝約10万年
40万年後	天然ウラン（ウラン238（238U））の半減期＝44.7億年

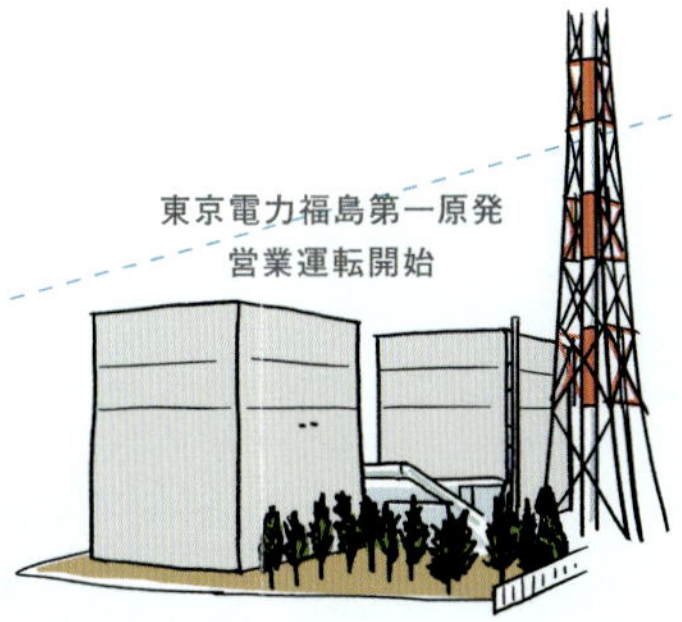

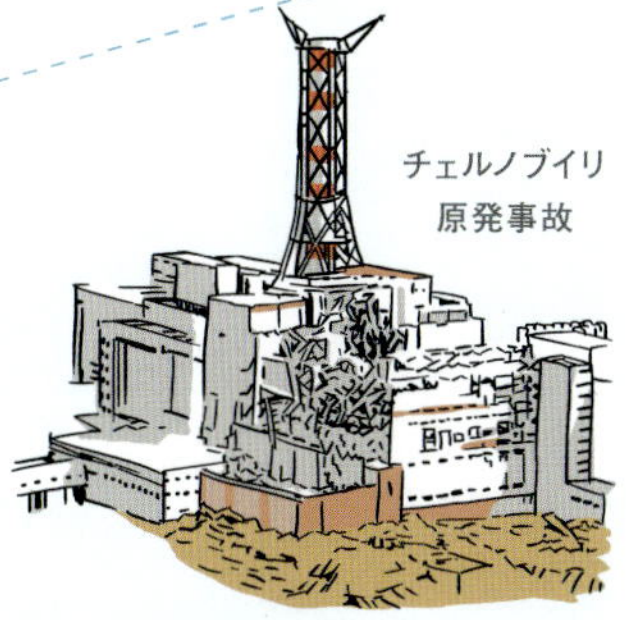

1945	8月6日　広島に原爆投下 8月9日　長崎に原爆投下
1946	アメリカ、ビキニ環礁で水爆実験スタート
1950	朝鮮戦争 冷戦構造と再軍備化
1954	第五福竜丸がマーシャル諸島近海でアメリカの水爆実験により被爆
1955	原子力基本法
1961	福島第一原発誘致開始
1962	キューバ危機
1966	日本の商業原子力発電所第1号、東海発電所営業開始
1968	水俣病と工場排水内のメチル水銀との因果関係を政府が認める
1971	東京電力福島第一原発営業運転開始
1979	スリーマイル島原発事故
1985	高速増殖炉もんじゅ本体工事着工
1986	ハレー彗星が地球に接近 チェルノブイリ原発事故
1993	六ヶ所再処理工場着工
1999	東海村JCO臨界事故
2011	
2020	東京オリンピック開催
2021	燃料デブリ取り出し開始
2027	リニア中央新幹線（東京〜名古屋間）開業
2030	北海道新幹線全線開通予定
2031〜2036	燃料デブリ取り出し終了
2038	コンピュータの2038年問題
2041〜2051	廃炉作業完了予定 カーボンナノチューブを利用した宇宙エレベーターが実現
2061	ハレー彗星が地球に接近
2070	日本の人口が6581万人に半減 世界人口は90億人でピークに達する

TOKYO 2020

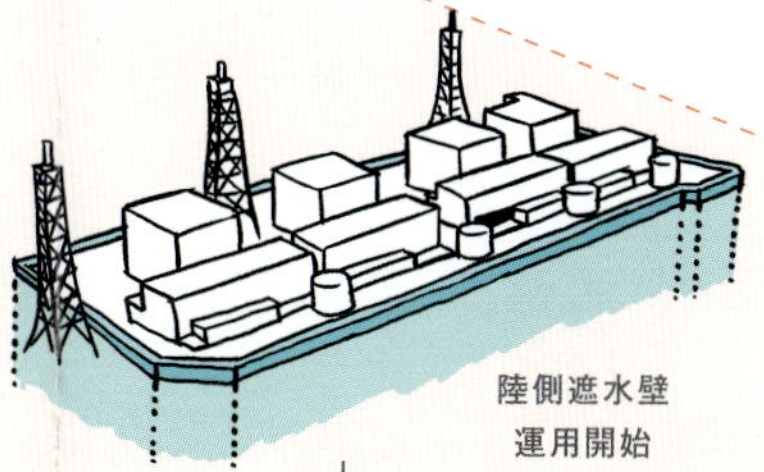

2002 FIFA WORLD CUP KOREA JAPAN

1995	もんじゅ発電開始約3カ月後にナトリウム漏洩火災事故
1997	Jヴィレッジオープン 動燃東海事業所火災爆発事故
1999	東海村JCO臨界事故
2002	日韓共催サッカーワールドカップ 東京電力原発トラブル隠し事件
2006	中越沖地震で柏崎刈羽原子力発電所で火災
2010	プルサーマル計画受け入れ もんじゅ、5月に運転再開 8月に原子炉内中継装置落下事故により運転停止
2011	東日本大震災 福島第一原子力発電所事故
2012	1〜4号機の廃止が正式決定
2013	4号機使用済燃料取り出し開始
2014	吉田調書事件
2015	陸側遮水壁運用開始 海側遮水壁設置完了 常磐自動車道全線開通
2016	3号機燃料取り出し用カバー設置
2017	消費税10%に増税予定 帰還困難区域を除く避難指示解除準備区域と居住制限区域での避難指示解除
2021	建屋内滞留水の処理完了
2025	4人に1人が75歳以上という超高齢社会が到来

参考資料：未来年表　https://seikatsusoken.jp/futuretimeline/search_category.php?year=2070&category=11

イラストレーション　萩原慶

アメリカ

フォート・セント・プレイン

1997年に廃炉完了

DATA

所在地 アメリカ・コロラド州
炉型 高温ガス炉
運転開始 1979年
運転終了 1989年

停止後、施設をガス火力発電所へ転換する計画が立てられ、建屋はそのままガスタービン発電所に転用された

ドイツ

ニーダーアイヒバッハ

1994年に廃炉完了

DATA

所在地 ドイツ・バイエルン州
炉型 ガス冷却重水炉
運転開始 1973年
運転終了 1974年

解体完了後、97年には無制限の農業利用が可能な「グリーンフィールド」として敷地全体が解放された

廃炉の未来

事故を起こしてはいないものの廃炉がすでに完了した原発は世界に存在する。更地・緑地化されていたり、火力発電所になったり。

廃炉は私たちが想像可能な時空間を超える。今後、いつどうなるのか、いかなる姿になるのか思い描きにくい。そうであるが故に私たちの想像を超え、容易に絶望に直結する。しかし、その絶望も、あるいは希望も、私たちが恣意的に想定しているにすぎない。年表を見て、少ないながらも存在する先行事例に学べば、いつごろ、何ができるのか、想像力を鍛えることができるだろう。

日本原子力発電株式会社
http://www.japc.co.jp/project/haishi/world.html
「立法と調査」2015. 10 No. 369（参議院事務局企画調整室編集・発行）などより作成

世界の廃炉原発一覧

廃止措置が完了した原子力発電所

アメリカ	炉型	運転期間	廃止措置完了
パスファインダー	BWR	1966〜1967	1991年
シッピングポート2	PWR	1957〜1982	1989年
ショーハム	BWR	運転開始せず※	1995年
フォート・セント・プレイン	高温ガス炉	1979〜1989	1997年
トロージャン	PWR	1976〜1992	2005年
メイン・ヤンキー	PWR	1972〜1997	2005年
ビッグロックポイント	BWR	1965〜1997	2007年
コネチカットヤンキー	PWR	1968〜1996	2007年
ヤンキーロー	PWR	1972〜1997	2007年
ランチョセコ	PWR	1972〜1997	2009年
ドイツ			
ニーダーアイヒバッハ	ガス冷却重水炉	1973〜1974	1994年

BWR：沸騰水型原子炉
PWR：加圧水型原子炉
※ショーハム原子力発電所は、1989年4月、NRC（米原子力規制委員会）による全出力運転許可が出たが、発電所の立地するニューヨーク州が運転許可に必要な緊急避難計画の作成への参加を拒否するなど、地元の反対が強く稼働しないまま廃炉となった。

世界の廃止措置状況

2015年末時点で、世界で廃止措置中の原発

国	基数
イギリス	29
スウェーデン	2
リトアニア	2
ロシア	4
オランダ	1
カザフスタン	1
アルメニア	1
ウクライナ	4
ブルガリア	4
スロバキア	4
ドイツ	（完了1）23
イタリア	4
フランス	12
スペイン	2
日本	15
カナダ	3
アメリカ	（完了10）17

廃止措置中（準備中を含む）	127基
廃止措置完了	11基
合計	138基

※電気出力3万kWe以上の非軍事用発電炉

［開沼のまとめ］

福島に残る五つの課題

東日本大震災、福島第一原発事故から5年。被災地の状況は、日に日にわかりづらいものになっています。

「復興が遅れている」「廃炉は進んでいない」「何も変わらない風景」などとステレオタイプな表現を繰り返すメディア・有識者がいますが、大嘘です。そのようなステレオタイプなもの言いは福島の課題を知ったかぶりしているのを取り繕うのには便利な表現ですが、誰でも、何も知らなくてもそう言えばそれらしく聞こえる表現でしかありません。調査・取材不足の証拠を自ら示しているようなものです。

そして何より、こうした表現は現実を見失わせ、課題を適切に捉えることを阻害するという意味で有害です。現場には膨大なリソースを注ぎ込まれてすごいスピードで進むことと、全く進捗が芳しくないことの両方があります。その両者を冷静に見据えながら、今後の戦略を練る姿勢こそが求められます。

課題❶ 日本にとっての普遍的課題

被災地に残る課題を五点に分けて説明したいと思います。

一点目が、「日本にとって普遍的な課題」です。

私たちは、しばしば「3・11によって」「原発事故さえなければ」といった枕詞とともに被災地で起こっている悲劇を認識します。しかし果たしてそうでしょうか。

現在も被災地に残る課題の多くは「日本にとって普遍的な課題」です。つまり少子高齢化・人口流出、既存産業の衰退、医療福祉システムの崩壊、コミュニティの崩壊といった課題。これらは日本全国に、かねてより存在した課題そのものです。

確かに、震災・原発事故がそれらの課題の悪化を強く促しました。しかし、それは、3・11がなくても、原発事故がなくても存在し、悪化し続けていた慢性的な課題に他なりません。その点を履き違えると課題解決に向けた現状認識を見誤り、状況をさらに悪化させることになるでしょう。

たとえば、これまで福島県の健康の問題というと、「放射線による健康影響があること」がことさらとりあげられる傾向がありました。しかし、現場の医療者の中で、明確に増加し、喫緊の課題とされているのは、被ばくによる被害とは全く関係のない健康の問題です。

南相馬市、相馬市の避難経験を持つ住民の間での糖尿病の数は、震災前に比べて1・6倍に増加したという研究結果があります。これは、生活環境が急激に変化し人間関係や日常行動が変化したことが原因とされています。糖尿病のみならず、脳卒中や高脂血症など、様々な生活習慣病、あるいはうつ傾向の増加も明らかです。たとえば、糖尿病になれば種々のガンになる確率は跳ね上がります。その確率を大雑把にたとえるならば、いま議論されている「放射線のせいで亡くなる人」が1人いるとしたら、「糖尿病がきっかけで亡くなる人」は100人いると言ってもいい状況です。にもかかわらず、その話をせずに「原発・放射線」の議論に固執する一部マスメディアの「ジャーナリスト魂」には呆れるばかりです。そのセンセーショナリズムが蔓延する中で、福島において小さな子をもつ母親たちのうつ傾向が増え、子どもが肥満になってきたことは明確にデータにあらわれています。

避難の継続の中で亡くなった人を震災関連死と言いますが、福島県の震災関連死の数は2000人を超えています。一方、福島県で地震・津波で亡くなった方は1600人ほど。つまり、長期化する避難が地震・津波、あるいは放射線以上に人の命を奪っているのが現状です。

そこで起こっていることが「日本にとって普遍的な課題」であることを冷静に認識し、その根底にある慢性的な病を改善することに注力すべきです。

課題❷ 復興バブル後をどうするか?

二点目が、ポスト復興期の課題です。よりシンプルに言えば、復興バブルが終わってどうするかという話です。

国が集中復興期間と定めたのは2011年度からの5年間です。つまり、2016年3月には26兆円とも言われる復興予算をかけた集中的な復興期間が終わります。

この期間、震災前に比べて、福島県の予算は1・9倍にまでなりました。一定以上の規模の企業の倒産件数も0・35倍、就労地ベースの有効求人倍率も全国トップレベルの状態が続いてきました。公共投資が増えて、金回り、雇用状況が改善して、企業の倒産件数が減る。行政が主導するプロジェクトが立ち上がって街の風景も変わった。被災地ではそのような状況が5年間続いてきました。

もちろん、これは震災・原発事故による被害の大きさを踏まえれば、必要な予算でした。ただ、いつまでも、平時の倍額の予算が続き、それを延命装置として生きながらえようとする地域経済のあり方が必ずしも健全なものだと言えないのは確かでしょう。

これから必要なのは自立支援です。いかにこれまでの集中的な復興の中で生まれた希望の種を自分たちで育てていける

Q9 2016年2月現在、福島第一原発周辺の避難指示を経験した地域に何人が生活(居住&仕事)している?

A9 約3万人

のか。そのためには予算よりも知恵や工夫、あるいは女性や若者の力などが継続的に集まり活かされていく社会のあり方が重要です。失業率や倒産件数が増え、場合によってはうつ傾向が強まったり、自殺者数が増えることもありえます。また、ＮＰＯへの行政・企業などからの助成金も減ります。「復興バブル」と呼ぶべき状態は土木建設業を中心に、一部の製造業や医療・福祉サービスなどへの集中的な予算投下の中で起こってきたことです。これらの産業が新たな形で自立していくことに、これから多大な負担がかかることが想定されます。そのような状況を支えながら忘却を防ぐ。ポスト復興期に入っていくことを皆で共有することが大切です。

課題❸ 風評対策

三点目以降は、福島に特化した課題になります。

まず三点目は風評です。

福島のコメや野菜、魚介類など一次産品を避ける消費者の感覚はいまでも残っています。様々な調査の結果によれば、２〜３割程度の人が放射線を忌避する感情とともに福島産品を避ける意識を持っています。

しかし、その判断の根拠となる知識を私たちはどれだけ共有しているでしょうか。

たとえば、福島産のコメについては「全量全袋検査」と呼ばれる、その名の通り、とれたものすべてを袋ごとに放射線検査しています。その数は年間１０００万袋ほどにも及びますが、そのうちどのぐらいの量が法定基準値を超えているのか。２０１２年が71袋、２０１３年が28袋、２０１４年が2袋、２０１５年が0袋。すべて、分母は１０００万袋です。一番多いときでも71／１０００万ということです。さらにこの法定基準値は「１kgあたり１００Bq」という基準に定められていますが、国際的に比較すれば、元々、ＥＵでは１２５０Bq、米国では１２００Bqという基準でしたので、それらより10倍以上厳しい基準を設定しても放射性物質が検出されないのが現状です。背景には、「カリウム散布」という仮に放射性物質がある土地で農業をしてもそれが作物にうつらないようにする特効薬的な策が広く普及したことがあります。

魚介類についても同様です。震災直後、とった魚のうち4割ほどが検出限界値を超えていました。しかし、２０１５年には約８５００点のサンプルのうち検出限界値を

2015年12月の大熊町大川原地区の様子。奥に見えるのは福島復興給食センター

超えたものは4点のみになりました。福島第一原発における汚染水問題はいまだ解決していませんが、「大量の放射性物質が海洋に流出している」というイメージは原発事故直後の数カ月のもので、現在にはあてはまりません。その多くを占めていたセシウム134は半減期を迎えて放射線量が減り、魚の世代交代が進む中で放射性物質を含む魚介類を見つけること自体難しくなってきているのが現状です。

もちろん、「だから安全で何も問題はない」と言いたいわけではありません。そのような事実を共有しないままに、古いイメージを刷新できないことが二次被害を引き起こしている。そのことを避ける必要があります。

たとえば、いまでも農漁業者がメディアに出て作物のPRをするだけで「人殺し」「危険なものを売るな」などと抗議を受けたり、インターネットに誹謗中傷を書かれたりしています。また、先日、国道6号線という福島の沿岸部を走る道路の清掃活動イベントを、震災後はじめて再開しようとしたところ、主催団体に1000件を超える誹謗中傷の電話・メール・FAXが殺到した事件がありました。このイベントは震災前から続いていたもので、放射線への対策も十分にとられていたにもかかわらずです。

海外では、もっとひどいことも起こっています。先日、東北の産品を売るイベントを外務省が韓国で開こうとしたところ、現地の反原発運動団体が「福島産品を並べるイベントを行うことに対する中止と謝罪」を要求した事件がありました。実際にイベントは中止になりましたが、これは氷山の一角にすぎません。他の国においても表面化しない形で同じようなことは様々に起こっています。

風評は観光業にも大きな影響を与えています。たとえば、福島県への観光客入れ込み数は震災前費で8割5分ほどの回復になっていますが、すでに頭打ち状態です。戻っていないのは学校教育旅行、つまり、修学旅行です。多くの親が「いまの東北・福島に行くのはいい勉強になるのではないか」「八重の桜のところでしょ」といったとしても、一部の親から「福島に行くのはありえない」「子どもを傷つけるのか」という声が上がると、合意形成を重視する学校としては「ことなかれ」で福島以外に行き先を変えてしまう。これは具体的な事例を調べると浮き彫りになる構図です。いうまでもなく、福島に滞在したからといって特異な被ばくをするわけではありません。最近、福島高校の高校生が国内外の高校生に線量計を配り、実際に身につけて生活をしてもらって累積線量を比較する研究成果を出しました。これによれば、福島県内の人が居住できる地域で生活しても、他の国内外で生活しても、被ばく量に差はでないことがわかっています。むしろ、西日本や海外には福島よりも線量が高いところがある。たとえば、上海に修学旅行に行けば、そこは自然の放射線量として毎時０・５μＳｖぐらいあるわけです。福島も含め国内では、おおむね０・０５～０・２μＳｖほどの範囲に収まります。

もちろん、先に上げたような極端な差別行為に出る人々は、一部の過激な脱原発・被ばく忌避活動家ら、全体から見ればごく少数にすぎません。しかし、不安と無知を背景とした「極端な人」による差別的言動が蔓延するほどに、福島の問題は「普通の人」から遠いものになっていってしまいます。この構図が福島の問題の忘却を加速しています。「普通の人」こそ、正確な知識を身につけ、本当に必要な議論に集中できる環境を作るべきでしょう。

課題④ １Ｆ周辺地域をどうするか？

四点目は福島第一原発周辺地域の復興です。

福島第一原発周辺の避難指示がかかった地域で、いまどのくらいの人が生活しているか想像できるでしょうか。

その数は3万人を超えます。避難から戻って居住している人が５０００人、原発廃炉のために働いている人が７０００人、除染のために働いている人が１９０００人。もちろん、実際に寝泊まりしている人は部分的ですが、1日で3万人ほどが立ち入る生活圏がそこにすでにあるわけです。3万人の生活圏というのがどのくらいかというと、たとえば、日本の基礎自治体は約１７００市区町村ありますが、その中でも上位から７００位台の人口規模です。過疎地域よりもよほど人がいる。それ故の課題も可能性も生まれています。今後、除染作業は減りますが、避難から帰還する人や新たにできる研究所などに働きに来る人も住みはじめるでしょう。かつて死の町とも言

楢葉町役場前仮設店舗。食堂とスーパーは住民にとって欠かせない存在になっている

われたこの地には、新たな人の生活がはじまり、新たな課題と希望とをもたらしています。

しかし、この現実に私たちの認識が追いついているとはいいがたいのが現状です。1986年に原発事故があったウクライナのチェルノブイリと重ねあわせて、「あの日以来、永遠に人が住めない街ができてしまった」などとステレオタイプな表現を繰り返し、悦に入ることを続けようとする人もいますが、現実はそれほどナイーブで皮相的なものではありません。

事故を起こした福島第一原発1～4号機がある大熊町でも、今年中に750戸の東京電力の社宅に人が住みはじめ、その周辺には2000戸の公営住宅ができます。もちろん、集中的な除染などによって放射線に関する安全性も確保されています。

安直なイメージで福島の問題を捉え続けることは、忘却に直結します。現に進んでいるダイナミックな生活の営みと、いまだ進まぬ生活の再建との両者を視野に入れながらこの問題に向き合うことは、被災者だけではなく、私たちに広く求められることです。

課題❺ 社会的合意をどう形成するか？

五点目は、ここまで述べてきたことが中期的な課題だとすれば、長期的な課題です。それがなにかといえば「社会的合意形成」。たとえば直近の問題では、福島第一原発に溜まり続ける汚染水タンクの中の水をどうするか。これは科学的には海洋に放出しても問題がないものです。「汚染水タンクの中の水」とは具体的に言えば、すでに多核種除去設備（ＡＬＰＳ）などでセシウムなどの主要な放射性物質を取り除いた浄化水です。ただし、浄化する中で取り除けない放射性物質が一種類だけあります。それは「トリチウム」という物質です。この「トリチウム」が何かということですが、「水素」の一種です。これだけはフィルターでは取りづらい。それを海に流しても安全か、ということですが、安全です。元々自然発生して、自然界に存在するものだからです。たとえば、太陽光線によって、いまでも地球上では年間1京ベクレルのトリチウムが発生し続けていて、雨にも川にも海にも含まれています。通常の運転をする原発でも発生し続けています。そのため先進国ではトリチウムによる健康被害などの問題が起きないことは自明のことになっています。トリチウムが濃いからリスクがありそうだ、と思うでしょうが、その通りで、逆に希釈すれば自然に含まれるトリチウム濃度と変わらなくなるということでもあります。点滴のように少しずつ普通の水に混ぜていくことで放射性物質がごく僅かな水になるわけです。

では、どうしてそうしないのか。行政関係者も漁業関係者も皆、この知識は持っています。にもかかわらず、そうしないのは、社会がそれを理解しておらず、実行すればパニックになる。具体的には風評が再燃する可能性が大いにあるからです。

判断基準となる知識を広め、その技術の可能性を考え、皆で「このリスクなら受け入れられる」と合意していく。そういうプロセスが早急に求められています。

この話は、そのまま除染ガレキをどう処理するのかという、中間貯蔵の問題にも当てはまります。国は30年以内に福島県内の除染ガレキを福島県外に持って行くと約束していますが、それを実現できるかは「社会的合意形成」の問題です。なしくずし的に実現できないにしても、その「社会的合意形成」をしなければなりません。

いわき市四倉町の大川魚店。贈答用の魚介セットや試験操業でとれた地魚を求め毎日客で賑わう

廃炉もまた「社会的合意形成」がなければ完遂しません。議論自体を聞いたことがない人が大部分でしょうが、爆発してグチャグチャになっている福島第一原発の原子炉建屋やその中の燃料デブリをどこに持っていくのか。この問題は、実はいまだに全く先行きが見えていません。つまり、仮に廃炉が進んでも、あの建屋を壊せない。なぜなら壊したゴミを持っていく場所がないからです。一般ゴミと同じようにゴミ収集センターに持って行って埋立場にもっていくという話ではないわけですから。

福島の復興が遅れている、もっと早く復興を進めなければいけない。そのためには「社会的合意形成」を進めていかなければならない。これは、文系的な問題です。理系的な技術論としては片がついていることも増えてきた中で、私たちの社会がどう議論し決断するかが求められているのです。自然科学・工学的な専門家・技術者に任せられる話以上に、社会科学的な対応が、私たち自身に求められています。「社会的合意形成」が、これからの長期的な福島を取り巻く課題となっていくでしょう。

この五点が鮮明に浮き彫りになってきたのが、この5年目というタイミング。これは、様々な個別的な課題が整理されてきたことであると同時に、これから長く粘り強い対応が求められていくことを示しています。

ステークホルダー（利害関係者）もそうでない人も巻き込みながらこれらの課題を解決していくことが大切です。

第3章

1F周辺地域はどうなっているのか?

あなたの頭の中で、「福島第一原発　廃炉」というキーワードで画像検索をするとどんな画像が上位に表示されるだろうか。

もしかしたら、それは「ガレキ」であり、「鉄骨」であり、「コンクリート」であり、「防護服と全面マスクと線量計」なのかもしれない。あるいは、「記者会見に立つ作業着を着た東電の担当者」や「原子力規制委員が座った机」なのか、「モザイクの向こうや首より上が見えないようにしながら『過酷な原発労働の真実』を語る作業員」かもしれない。

しかし、それは決して「廃炉のすべて」ではない。廃炉は、それら「オンサイト」のみを見て理解したり、支えたりすることだけでは十分ではない。その周辺の地域とそこに生活する人とを見ていかなければ全体像を見通すことはできない。

福島第一原発の周辺には、いま現在でも多くの人が生活している。

前章（241ページ）で述べた通り「3万人ほどの生活圏」がそこにある。この生活圏は決して小さなものではない。それだけの人が日々暮らし、仕事をすれば、新たな課題も、可能性も生まれてくる。その中で、30年以上かかる廃炉も進んでいく。

本章では「廃炉を支える地域」と「そこに生きる人の顔」を描き出す。そうすることで多くの人の頭の中で「福島第一原発　廃炉」と検索したとき、そこに「人の顔や最新のその地域の画像」が浮かぶようにすることが目的だ。

オンサイトとオフサイトを毎日往復しながら働く人々。一時は避難しながらも帰ってきて生活を再開した人々。除染や家屋解体など今でも続く復興関係の工事をする人々。廃炉を支える町で宿や飲食店、商店など様々な仕事をする人々。旅行に来たり、サーフィンや釣りをする人々もいる。医療機関も学校もある。彼らがいてこそ1F廃炉は成立する。彼らがいてこそ、私たちの安全な生活が担保され、廃炉は前進する。

事情を知らない人の中には、その地域を訪れても「いまだ変わらぬ風景」「復興は進まない」などと皮相的なステレオタイプな言辞を繰り返す者もいるが、それはそこに確実に存在する生活を見つめ、そこに生きる人の顔を見る努力を怠っていることの証左でしかない。

そこにはすでに多くの人が暮らし、常に風景は変わり続けている。

1Fを抱える大熊町の復興拠点・大川原地区には2015年に給食センターがオープンし100人以上が働いている。2016年には、東京電力が建設した750戸の社宅に5年間Jヴィレッジのプレハブ寮に住んでいた社員が移り住む。今後、一般向けの住居が数千戸でき、事業者の事務所もできる。双葉町はじめ周辺地域も帰還困難区域を除くところでの避難指示解除に向けた準備が始まっている。帰還困難区域についても2016年中にいかなる復興のあり方がありえるのか、それは具体的に居住が可能になることも含めて、検討されることになる。

一度は人が生活している様子が失われたその地には、5年たった今、いかなる未来が生まれようとしているのか。そこにはいかなる人の営みがあるのか。

写真家・石井健の目 ③

敷地内から太平洋側を見ると、冬の刺すような冷たい海風が吹きつける中、海岸付近で一人、作業を続ける男性がいた。消波ブロックの先にある海は見えなかった。

2016年1月14日撮影

竜田一人Comic③
オフサイト
はーい お疲れ様 でしたー
Jヴィレッジ　ロータリー
（1F行き作業員バス発着所）
ここがJヴィレッジ 廃炉作業を支える オフサイトの中心地 とも言える場所だ
元々はサッカー日本代表の 合宿所などにも使われる スポーツ振興施設
今は東京電力の 福島復興本社が 入っている
第一原発事故以降は 収束作業の 後方基地として
作業員の装備管理や 研修、登録などの 業務を担ってきた
右
L

現在、装備関係は１Ｆ入口の入退域棟に移動

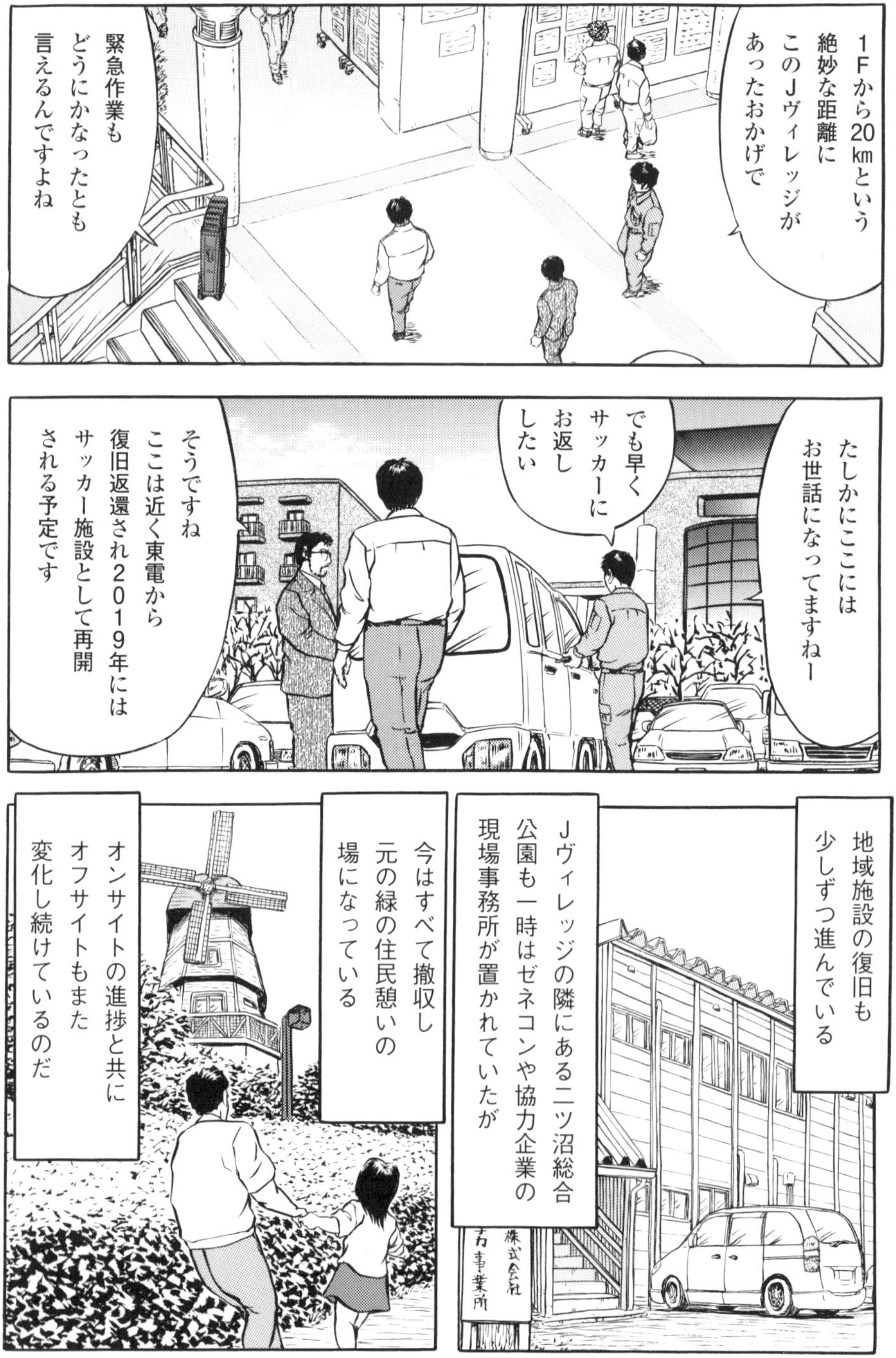
1Fから20kmという絶妙な距離にこのJヴィレッジがあったおかげで
緊急作業もどうにかなったとも言えるんですよね
たしかにここにはお世話になってますねー
でも早くサッカーにお返ししたい
そうですねここは近く東電から復旧返還され2019年にはサッカー施設として再開される予定です
地域施設の復旧も少しずつ進んでいる
Jヴィレッジの隣にある二ツ沼総合公園も一時はゼネコンや協力企業の現場事務所が置かれていたが
株式会社
今はすべて撤収し元の緑の住民憩いの場になっている
オンサイトの進捗と共にオフサイトもまた変化し続けているのだ

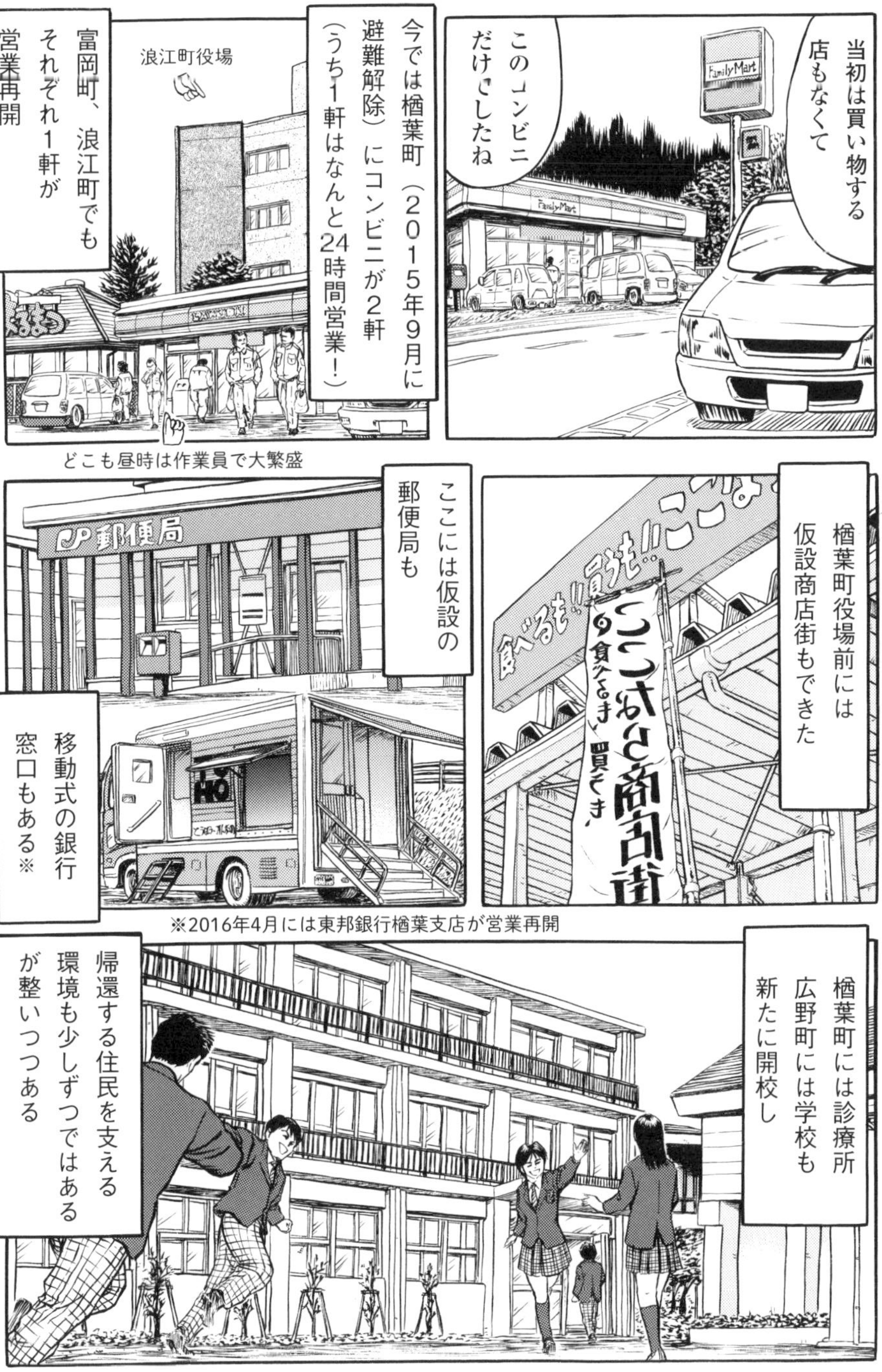
当初は買い物する店もなくて
このコンビニだけでしたね
FamilyMart
今では楢葉町（2015年9月に避難解除）にコンビニが2軒（うち1軒はなんと24時間営業！）
富岡町、浪江町でもそれぞれ1軒が営業再開
浪江町役場
どこも昼時は作業員で大繁盛
楢葉町役場前には仮設商店街もできた
食べるも!! 買うも!! ここなら商店街
ここには仮設の郵便局も
郵便局
移動式の銀行窓口もある※
※2016年4月には東邦銀行楢葉支店が営業再開
楢葉町には診療所広野町には学校も新たに開校し
帰還する住民を支える環境も少しずつではあるが整いつつある

6国（ロッコク）＝国道6号線
6国と常磐道が開通してやっぱり復興が加速化した感ありますね
その分デマも飛びましたけどね
帰還困難区域は二輪車、歩行者は通行禁止、駐停車もダメ
2014年に6号線が一般車通行解禁
高速は二輪もOK
2015年には常磐自動車道が新規工事区間も含め全線開通
その度に「汚染拡大」というデマが流され
車両を通じて
染が列島に拡散」
デマ
被ばく国道
中高生は避難区域では作業していません
6号線のボランティア清掃イベントの際は
人殺し呼ばわりする声まであった
他にも「動植物に異変」とか「作業員○千人死亡」とか
避難区域の現状は正しく伝わってませんね
来て見りゃわかるのにねー

東京開催決定当初から言ってた
だからどうせ東京でオリンピックやるなら6国で聖火リレーやりゃいいんスよ！
実際　福島県では五輪委に要望を出している
あんまり言ってると走らされますよ
それは勘弁して～
走るの嫌い
ともかくこの国道6号線を中心に今後も地域の復興が進んでいくのは間違いないだろう
その沿道を桜並木で埋め尽くそうという「桜プロジェクト」も進行中だ
今は半分が立入禁止の富岡町の「夜の森千本桜」も近いうちに花見ができるようになるだろう

ちなみにこれらが建つ大川原地区はもともと線量が低い場所だった

今はまだ避難区域
だけど大熊町には
1F作業員のための給食
センターもできたし
その近所に東電の
社宅も作ってて
今年（2016年）から
住み始めるっていう
じゃないですか

100km離れた宿舎から遠距離通勤していたので超うらやましく思ってる

まぁそうは言っても
まだまだな状況では
あるんですけどね
そうなんですよ
特に避難している
方々にとって
でも俺みたいな後から
来た者にはここに少しでも
活気が戻るのを見るのは
嬉しいものなんスよ

避難解除時期の判断や
補償の問題などまだまだ
いろいろあるでしょうが
という
わけで
地域活性化
のため
飲みに行き
ますか♪
地域の再生と発展こそが
これからの廃炉現場を
支えてくれるのです

廃炉にかかる予算は？

空間的にも、時間的にも捉えにくい「廃炉」の実態

たとえば「日本とは何か」という問いならば、答えは「政府のこと」「象徴としての天皇がいる」「90兆円ぐらいの予算で動いている」「国土・領海・領空のこと」「邪馬台国ぐらいから始まる」「国民あってこそ」「オリンピックのようなスポーツ・文化で脚光を浴びるような」等々様々なものがあるでしょう。

「廃炉とは何か」という問いへの答えは、これらに少し似ているし、少し難しくもあるかもしれません。

まず空間的にどこのことかという話。これは本書で終始貫いているとおり、オンサイトとオフサイトの両者です。オンサイトだけを見ているとその実態はいつまでたっても見えてきません。一方で、オンサイトの範囲とは、どこまでなのか。海も含めるのか、入退域管理区域のどこからか、境界線が少し曖昧です。その点ではオフサイトはもっと曖昧で、避難指示がかかった双葉郡を中心とする12市町村を指すのか、それ以外も含めるのか、時間の経過とともにそれは変化するものなのではないか。

時間的にもそうです。とりあえず、3・11から始まった問題であることは確かでしょうが、オフサイトの問題に目を移せば、医療や教育、地域コミュニティが抱える問題はもっと前から始まっていた様々なことが絡まっているようにも見える。いつ終わるのか、とても曖昧です。これからオリンピックやラグビーワールドカップなどで国道6号線やJヴィレッジなどが脚光を浴びることがあるでしょう。その時、そこが廃炉の象徴にもなるかもしれません。

ここでは、「どの組織・人が廃炉に関わっているのか」「どのぐらいの予算で動いているのか」ということを通してその全体像を描き出してみようと思います。

廃炉に関わる人と組織の関係

まず、「どの組織・人が廃炉に関わっているのか」ということです。

【図1】に東京電力を中心とした大まかな見取り図を載せています。この一枚を理解

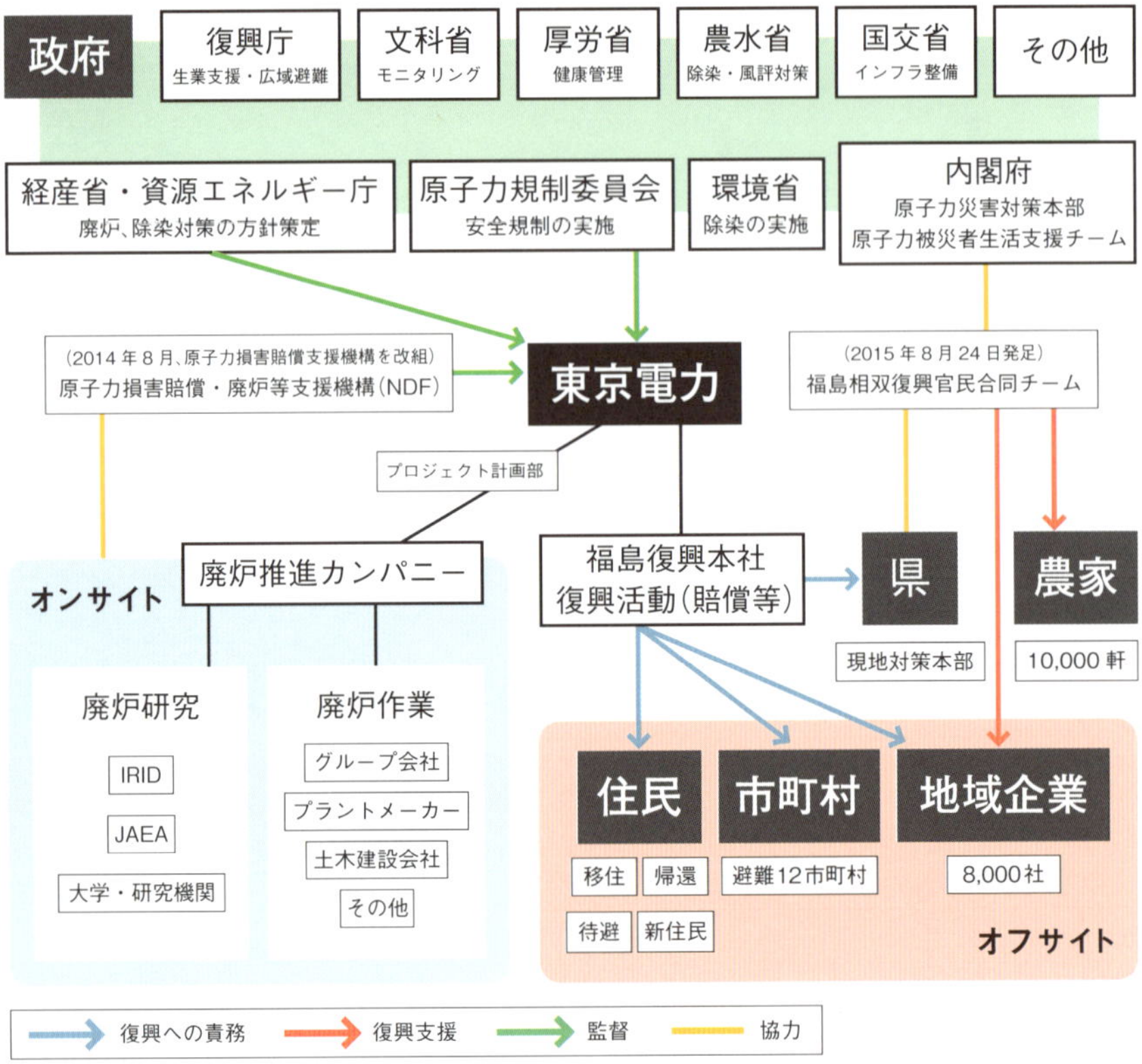

【図1】1F廃炉関係組織等見取り図

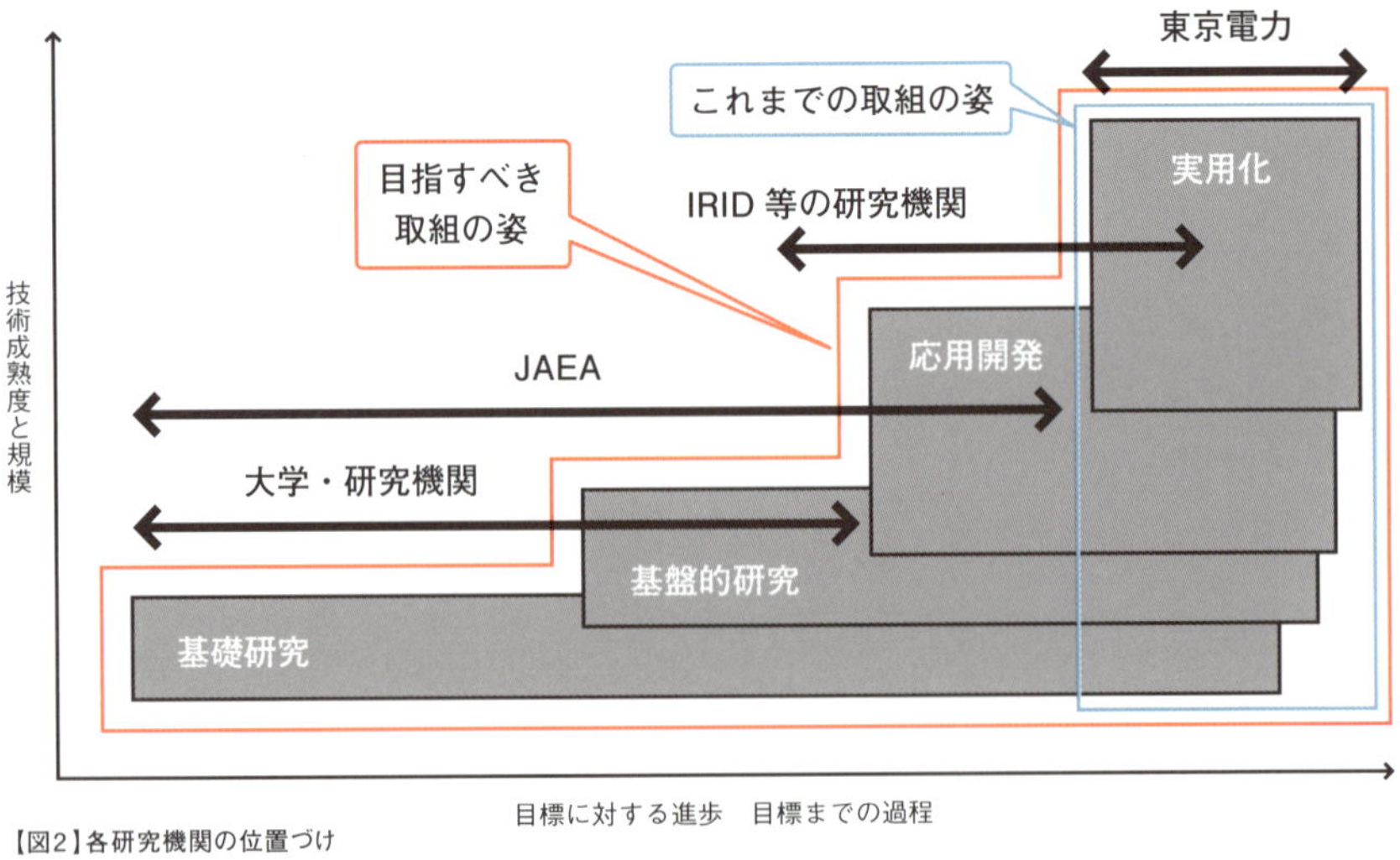

【図2】各研究機関の位置づけ

出典：http://www.aesj.net/document/(1-4)福田.pdf　より作成

すれば、大筋は網羅的に把握できるかと思います。1F廃炉の中心に東電を位置づけたのは、やはり、ここに様々な責任と行動が集約しているからです。ここを中心に描くことで、複雑な政治・経済・社会現象を比較的シンプルなモデルで説明できます。

その東電。まず、社内に二つぶら下がっているのが「廃炉推進カンパニー」と「福島復興本社」です。大まかにいえば、廃炉推進カンパニーがオンサイト、福島復興本社がオフサイトの対応にあたっているというイメージでいいでしょう。活動内容等、詳しくは増田CDO、石崎代表、両トップのインタビュー記事をご覧ください。

次に押さえるべきなのが政府サイドの動きです。大きく三つの軸があります。

一つが「1Fそのものへの対応」。これは経産省・資源エネルギー庁と原子力規制委員会が主だったプレイヤーです。前者が廃炉・汚染水対策の促進を、後者が安全規制をするという役割の違いがあります。

二つ目が「除染」とそれに関する中間貯蔵施設建設など諸々。これは環境省が中心になって進めています。これまで力を入れてきたのが1F周辺の線量が比較的高い自治体を対象とした「直轄除染」と呼ばれるものです。ただ、予定通りに行けば2016年度で当初計画していた除染自体は終わることになります。その後は追加的な除染と中間貯蔵施設の完成に向けた動きが主な仕事になっていくでしょう。

三つ目が、内閣府を中心とした動きです。事故発生当初、政府の中心となったのが「原子力災害対策本部・原子力被災者生活支援チーム」です。福山哲郎元副官房長官へのインタビュー記事（→359ページ）でも触れられています。これが、現在にいたるまで避難者支援や避難指示区域の再編や解除、放射線に関する基準の検討など、省庁をまたいでなすべき施策を打ってきました。現在は避難指示のかかった12市町村の住民の支援を中心に活動しています。省庁をまたいでという点では、復興庁も「新しい東北」という地域課題解決に資する取り組みを支援する事業や「WORK FOR 東北」という被災地の自治体に東京などで働く企業人材を派遣する動きを助成する事業などを行ってきました。

その他、各省庁は個別の課題に随時対応しています。この表に反映できなかったことでいえば、たとえば、今でも福島第一原発事故を意識して日本産の食品の輸入に制限をかけている国がある中で、国内の状況を伝えたり、制限を変更してもらったりするためのコミュニケーションを取る必要がある。その時に外務省がサポートしたりするといったこともあります。

廃炉作業・研究のオンサイトと今も課題を抱えるオフサイト

最後、東電でも政府でもない部分として「オンサイト」と「オフサイト」を色わけしています。いろいろ入り組んでいますし境界も曖昧です。まず、「オンサイト」は廃炉作業と廃炉研究とが大部分を占めています。「廃炉作業」は、労働環境についてのページで詳しく解説していますのでそちらに譲ります。「廃炉研究」は、なかなかイメージがつかない方も多いでしょう。まず一番間口が広いのが大学などの研究機関です【図2】。ここには様々な研究のシーズ（種）が眠っていると同時に、若手の研究者・技術者の人材養成機関でもあります。ただ、どうしても大学は応用的な研究や実用化を視野に入れた研究が出にくいところもあります。そこで、ＪＡＥＡやＩＲＩＤがあります。ＪＡＥＡは「日本原子力研究開発機構」の略で、原子力に関する研究に特化した事故前からある研究機関です。「特化した」といっても４０００人の研究者がいる大所帯で研究の内容も多様です。原子力規制委員会の田中委員長もここの出身です。次に、ＩＲＩＤ。これは「国際廃炉研究開発機構」の略で、事故後の２０１３年8月にできました。廃炉に向けた研究に特化していて、ＪＡＥＡや電力会社、プラントメーカーなど18法人で設立されたものです。ここはかなり実用化に近いところでの研究を行っています。オンサイトではこの廃炉の目の前の作業と、長期的な視点を持った研究との両方が行われているわけです。

　次に、オフサイトです。ここまで来ると新聞・テレビなどで見聞きする「廃炉」のニュースに出てきそうなものが多いでしょう。ご覧のとおり、県や市町村、住民、地域企業などが存在します。それぞれ、今も様々な課題を抱えています。

　これらについて、比較的新しい重要な動きがあります。一つは「福島相双復興官民合同チーム」です。これは内閣府と県などが作った組織で、内部のメンバーには公務員もいますが、東電からの出向者も多い組織です。これは、その名のとおり、行政と東電が一緒になって、地域企業８０００社に訪問して課題を聞き取ったり、農家１００００軒の営農再開を促したりといった業務を行い始めたところです。復興には大きく、（１）行政主導の復興、（２）生活環境の復興、（３）民間レベルの復興の三つがありますが、（１）（２）はある程度方針は立ってきた一方、避難12市町村の（３）はほぼ手つかず、自助努力任せだったということでこういう動きが出ているといえるでしょう。

　もう一つが「原子力損害賠償・廃炉等支援機構」。これは東京電力が単体では賠償金を払いきれないし、廃炉についても、一応「いち民間企業の東電」として動くには限界がある。だから、国からも東電からも独立した機関として国から東電への資金貸付や廃炉の具体的な方針の提示、国内外での研究活動の促進を国をあげて担う役割が必要だということでできた組織です。国の側から見ても30、40年以上かかるとされている廃炉について腰を据えて取り組む機関を別に立てる必要がありました。たとえば、どうしても公務員は定期的に人事異動や組織改編がありますので、30、40年間、人と組織が持つネットワークや知見に持続性を持たせるのは簡単ではないわけです。その点で「原子力損害賠償・廃炉等支援機構」が今後の具体的な対応の拠点になっていくわけです。

現在、廃炉費用には約2兆円を計上

廃炉を知るための15の数字

Q10 2014年度までに廃炉にかかったことがわかっている予算は全部でどれくらい？

A10 5912億円

ここで資金の融通の話が出てきたので廃炉について、オンサイトでかかっている予算について整理しましょう。

まず、廃炉に関する費用を東京電力が自ら、オフィシャルに、わかりやすく説明しているかというとそうではありません。放射線についてはかなり詳細に公表している現状に対して、何にいくら費用がかかっているのかということは、可視化が進んでいるとはいえません。質問しても「決算を見てください。個別に何にいくらかかっているのかは公表していません」の一点張りでした。

それゆえ、1F廃炉にいくらかかっているのか、という点については外部から検証しているデータを参照する必要があります。

その点、よくまとまっているのが、会計検査院が2015年3月に公表した「東京電力株式会社に係る原子力損害の賠償に関する国の支援等の実施状況に関する会計検査の結果についての報告書」です。ここには2014年度までに確認できる範囲で実際にどのくらいの費用がかかっていたのかということが検証されています。

この報告書から読み取る限り、これまで東電・国合わせて合計約5912億円がかかったことがわかっています。

内訳は以下のとおりです。

まず、東電が直接負担しているもの。

（1）災害特別損失が3455億円。これは冷却、除染、モニタリング、燃料取り出し、プラントの安定維持等々、これまでの廃炉や汚染水対策のメイン部分です。

（2）安定化維持費用が543億円。これは修繕や委託・消耗品など日常の中で発生するものの費用です。

（3）研究開発費が25億円。どうすれば目の前の課題を解決できるのか。様々な研究を進め、機材などを開発する必要があります。これが25億円。

さらに、「技術的難易度が高く、国が前面に立って取り組む必要があるもの」については国が負担します。それが（4）1892億円。

なお、（1）（3）は2013年まで、（4）は2014年までにかかったものです。

1F廃炉の現場は、いわば常に「新規事業」を立ち上げ続ける場です。ALPSを作って、4号機の燃料を取り出して、凍土壁を作って、大型休憩所を建てて、というように。

（1）が様々な「新規事業」だとすれば、（2）はそれを維持するためのランニングコスト、（3）は「新規事業」のもととなる技術などを育てる活動、それらの中で難易度が高いものが（4）。（4）は費用をかけてもうまくいかないリスクがあり、東電が手を出しにくい研究・開発要素の強いものを国が担っている。そんなふうにまとめることができるでしょう。

　気になるのは今後どれだけ費用がかかるのかということです。

　これは、２０１５年に改定された東電の経営計画「新・総合特別事業計画」に明記されています。

　廃炉費用として、「９８６２億円を計上済みである。これに加え、今後の円滑な廃炉に万全を期し、仮に予期せぬトラブルに伴う費用増等が生じた場合にも着実に対応できるよう、上記計上費用の他、２０１４年度から10年間の総額として汚染水・安定化対策の投資・費用を中心に1兆円」計上している状況です。

　つまり、現時点で「廃炉には2兆円程度かかる」と予想していることになります。

　ただし、この費用はあくまで、現時点で見えているものにすぎません。実際は今後、様々なトラブルが起こることや、必要な技術が見えてくることも多々あることは明らかです。現在の見積もりは、「すでに存在している技術」の適用やスリーマイル島原発事故でのデブリ取り出しなどを通して把握しうる費用の規模を想定しながら試算されたものにすぎません。

除染費用は予算オーバー？

　1F廃炉について調査していく中で様々な立場の関係者に「これからどうなっていくのか」と聞くと「今後の方針は、より状況が明らかになっていき次第随時決めていく」と答えます。現時点では見えないことが非常に多いわけです。

　それゆえ、この2兆円というのが、たとえば何倍にもなる可能性がゼロではないということも理解しておいたほうが良いでしょう。ただ、現時点でいえるのは、急にかかる費用が何百兆円にもなったりすることは考えにくいし、反対に何十億円ですむようなこともありえないということです。

　ついでに、事故によって東電や政府が負担することになる廃炉以外の費用、つまり、賠償と除染・中間貯蔵に関する費用も合わせてみましょう。

　賠償は、２０１６年1月までに約5兆８６１９億円かかっています。今後はどうか。「新・総合特別事業計画」によれば、これまで支払った分も含めて7兆７５３億８５００万円を見積もっています。今後、この額がさらに大きくなることも考えられますが、ある程度、ピークを過ぎたとはいえるでしょう。

　除染・中間貯蔵は、２０１３年時点の試算で、除染が2・5兆円、中間貯蔵が1・1兆円。しかし、この計画はすでに成立しなくなっています。２０１６年度予算まで含めた除染の予算は現時点で総額2兆６３２１億円が計上されている。つまり、作業を進めていく中で予算オーバー状態になってしまっているわけです。

　さらに、新たな問題も出てきています。「帰還困難区域の除染」については、当初の計画に含まれていませんでしたが環境省はこの地域について実験的に除染を始めました。ただ、その費用を東電が支払わないと表明し、いざこざが起こっています。

ここまで、除染費用は「まず国が費用を肩代わりして、あとから東電がその費用分を支払う」という形になっていました。ただ、計画にないものまで環境省が進めたため、それを支払えないとする東電との間に意見の食い違いが生まれてしまったわけです。これについて、経産省は東電の見解を支持している状況があり、省庁間の見解の相違も出ています。除染・中間貯蔵については、5年前と今とでは、放射線の量も、世間の受け止め方も変わりました。何が本当に必要なのか、当初決めた計画に縛られて不合理が生まれているのではないか、といった面が徐々に表面化してきているのも事実です。今後もこういった混乱は続きそうです。

いずれにせよ、概数としては、廃炉に2兆円、賠償に7・1兆円、除染に3・6兆円。合計で12・7兆円ぐらいがかかっているというのが現状です。

東電の費用返済期限とその方法

最後に、これだけの国家予算のような費用を東電がどのくらいの期間で、どうやって返すのか。

まず、期間ですが、これは先の会計検査院の報告書によれば、最長で「30年後＝2044年度までに全額回収」ということにはなっています。ただし、これは報告書作成時点での額や東電の経営状況を前提にしていますので、予算期間がさらに上乗せされる中で、もっと時間がかかる可能性もあります。そして、ちょっとややこしい話ですが、東電は国から国債でこの費用を交付されているため、借入時の利息が約1264億円かかりますが、これは税金で国民が負担することになります。

基本的には東電が費用を負担するわけですが、この部分（と、先に書いた、廃炉の研究・開発部分の費用などは）国が税金で支援しているということになります。

実は、もう一つ、東電が費用を返す方法があります。当初見積もられた約2兆5千億円の除染費用です。これは国が持っている東電株の売却益で賄われることになっています。もう少し詳しくいうと、東電の株を持っているのは「原子力損害賠償・廃炉等支援機構」です。ここが約1兆円で引き受けた東電株を約2兆5千億円で売ります。これはどういうことかというと、東電は経営改善をして株価を2倍以上にしたうえで売却する必要があるということです。2016年2月頭の株価が600円ぐらいですが、これを1000円以上にする必要があります。そのために必死に財務体質を強化している状況があります。

以上、組織と予算を見てきました。途方もなく複雑で巨大なものにも見えますし、かといってただの混沌《こんとん》のままだというわけでもない。そこから1F廃炉が順調に進み、ただのごみ処理を超えた新しい価値が生まれてくるかどうかは私たちの理解と議論にかかっています。

避難指示区域について

避難指示がかかった経験をもつ自治体は、双葉町、大熊町、富岡町、楢葉町、広野町、浪江町、川内村、葛尾村の双葉郡8町村と相馬郡飯舘村に加え、伊達郡川俣町、田村市、南相馬市の一部、合計12市町村。順次、避難指示解除が進む。

避難指示区域の概念図（2015年9月5日時点）

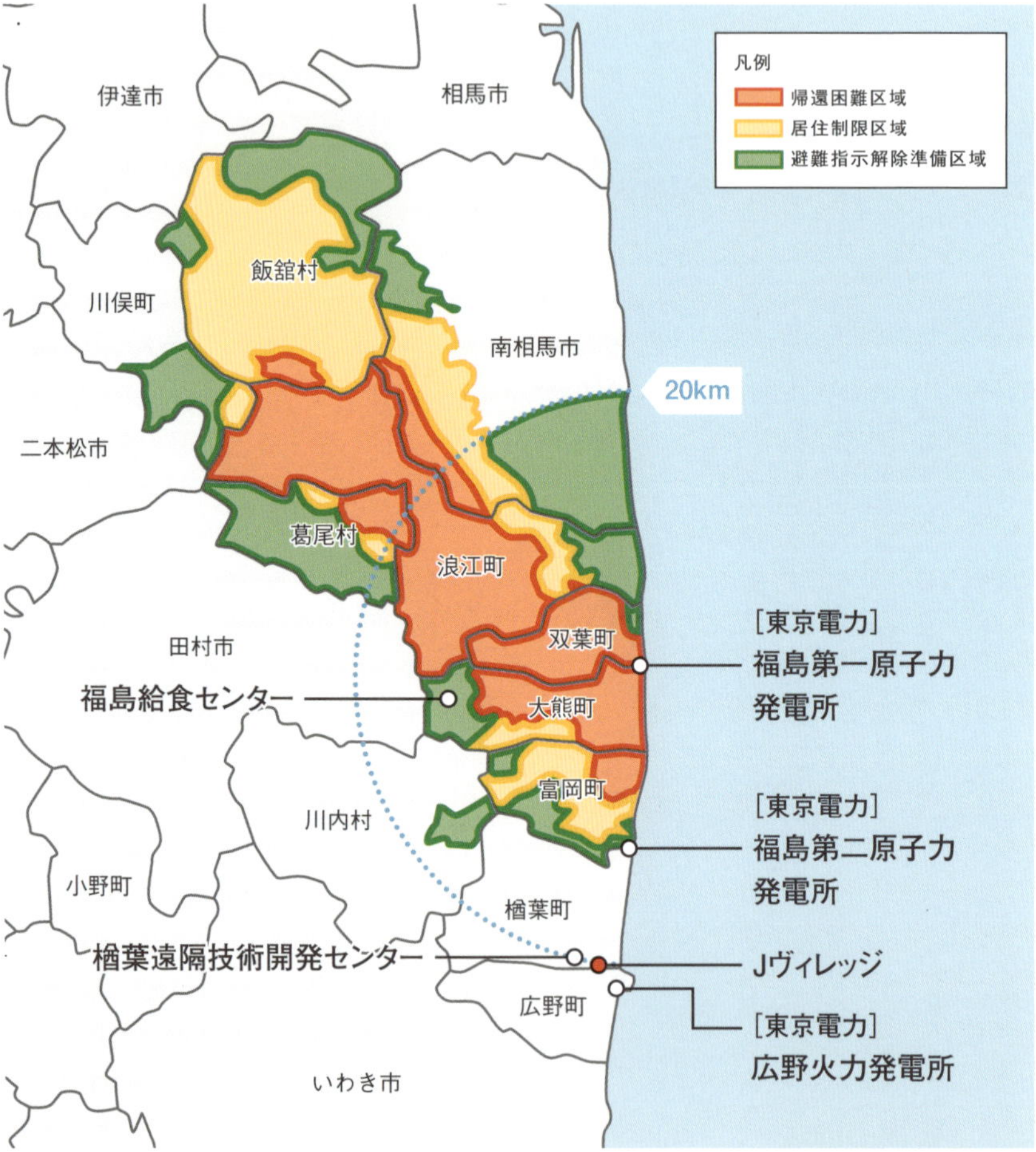

帰還困難区域
放射線量が非常に高いレベルにあることから、バリケードなど物理的な防護措置を実施し、避難を求めている区域。

居住制限区域
将来的に住民の方が帰還し、コミュニティを再建することを目指して、除染を計画的に実施するとともに、早期の復旧が不可欠な基盤施設の復旧を目指す区域。

避難指示解除準備区域
復旧・復興のための支援策を迅速に実施し、住民の方が帰還できるための環境整備を目指す区域。

出典：経済産業省HP「避難指示区域の概念図（平成27年9月時点）」、福島県HPより作成

図解 Jヴィレッジ全景

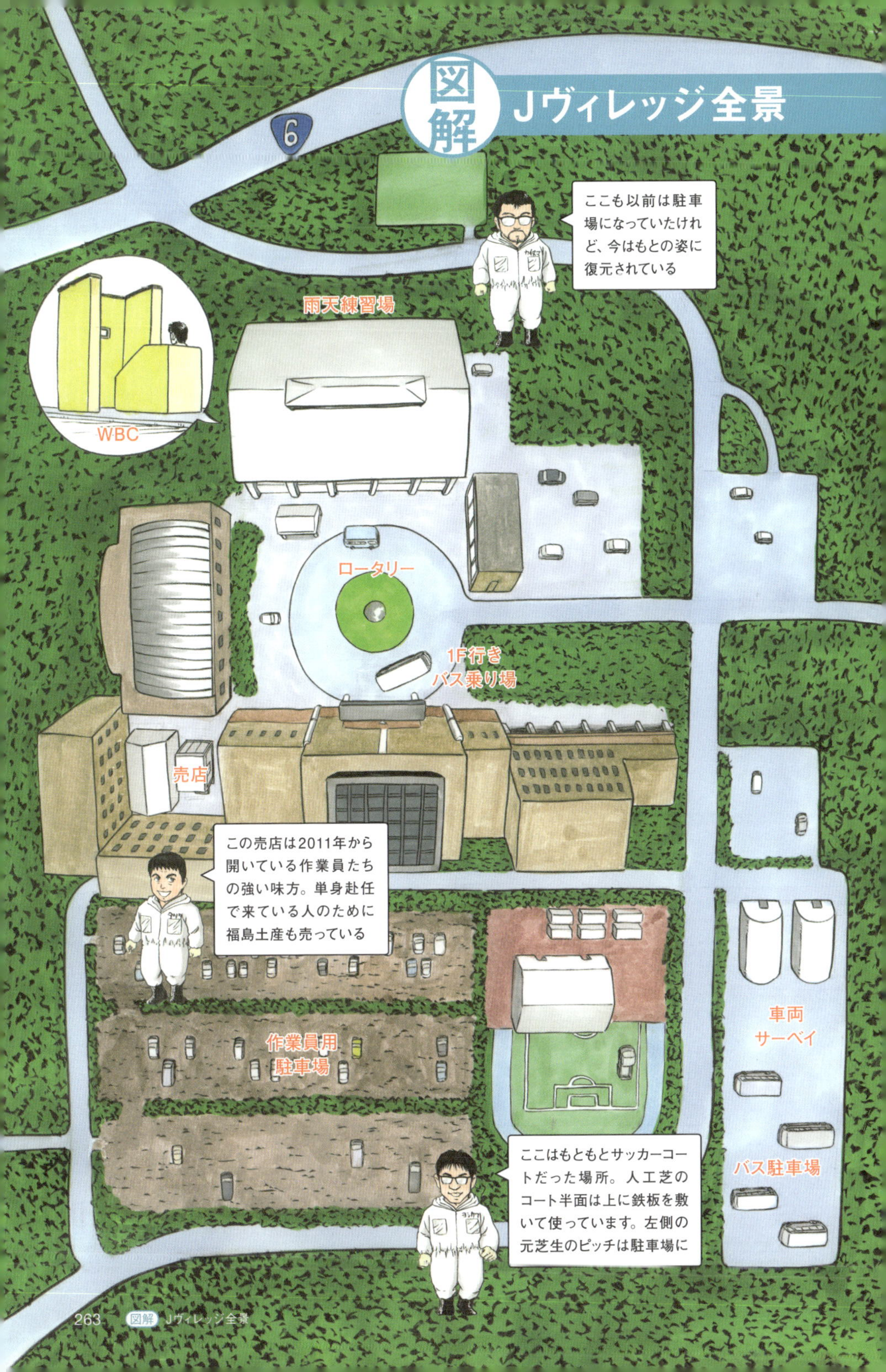

6
ここも以前は駐車場になっていたけれど、今はもとの姿に復元されている
雨天練習場
WBC
ロータリー
1F行き
バス乗り場
売店
この売店は2011年から開いている作業員たちの強い味方。単身赴任で来ている人のために福島土産も売っている
作業員用
駐車場
車両
サーベイ
バス駐車場
ここはもともとサッカーコートだった場所。人工芝のコート半面は上に鉄板を敷いて使っています。左側の元芝生のピッチは駐車場に

1Fで働く人たちの暮らしはどうなっている？

福島第一原発で働く人は、どのような生活をしているのでしょうか。

住まいについていえば、どこか一箇所に「廃炉関係者居住地」があるわけではありません。ただ一定のパターン・傾向はあるようです。

まず、廃炉の現場で働く人のうち、半分ほどを占める地元住民の多くは周辺地域の一軒家、あるいはマンションなどに家族と住んだり、独身ならば一人暮らしをするなど「一般的な暮らし」をしています。廃炉の仕事だからといって特殊な何かがあるわけではありません。

ただし、その地元住民の多くが避難生活をしている現実もあります。彼らの多くが元から双葉郡やその周辺に住んでいた福島第一原発・第二原発で働いていた経験者であり、一時期、あるいは現在も、避難を余儀なくされています。彼らはいわき市や南相馬市の仮設住宅や借り上げ住宅（一般の賃貸物件を避難者向けに行政が借り上げた住宅）や、復興公営住宅（中長期にわたって住むことを前提として避難者向けに建てられた住宅）など、あるいは新たに購入した新居に住んでいます。

一方、原発事故後に遠方から働きに来ている人も半分ほどいます。彼らはホテルや旅館・民宿に長期間泊まったり、一般的なアパートなど賃貸物件、あるいは寮や家主が避難して不在の民家に住んでいます。

ホテルや旅館・民宿は、原発事故直後からいわき市や南相馬市にあるものが使われました。いわき市や南相馬市のホテルや旅館・民宿は、津波被災地域の復旧工事や除染など様々な人が集中したため予約しづらい状態が続きました。特に廃炉前線基地となったJヴィレッジの南側にあるいわき市での宿の確保のしがたさは尋常ではなく、そこからさらに1時間ほどかかる郡山市や茨城県北部などの宿までが混雑した時期もありました。その中でいわき市には、仙台に拠点をもつカプセルホテルが進出。事故前から原発の定期検査向けの民宿が存在した広野町でも、それらが営業再開するとともに、ビジネスホテルが新築されたり、民宿が駐車場を潰してアパートを大量に建てたり、また、元々飲食店経営だったり、ラブホテル経営だったりした事業者が業態転換して作業員向けの宿を経営するようになった例も出てきました。

　そのような状況の中で、いわき市を中心に一般的な賃貸物件を確保し、そこに雇用者を住まわせる業者も多く出てきましたが、次第にそれだけでは賄いきれなくなっていきます。先にあげたような復旧工事や除染の業者も同じ動きをしたことと、一度遠方に避難した住民もまた、いわき市に住むようになってきたためです。２０１４年のいわき市の地価公示により、地価上昇率の全国ベスト10をいわき市の土地が占めたことがその異常さを証明しています。

　そこで起こったのが人口の北上でした。現在、広野町に行き街の様子をよく見ると二つのことに気づくでしょう。

　一つが、新しいプレハブ小屋。これは廃炉や除染に携わる業者が長期に及ぶ作業を見据えて事務所や住居用に建てたもので、広野以外の町村にも見られます。プレハブ小屋には炊事場があるところもあり、地元の主婦がパートで働いていたり、遠方から福島で働きたいと調理できる人が来ていたりします。

　もう一つが、事務所やシェアハウス化した一般住宅。一見、普通の一軒家ですが、大量の作業着が干されていたり、庭に砂利が敷かれて業者の車が止まっていたりして、よく見ると業者が借り上げている家であることがわかります。避難したまま帰ってきていない民家を業者が借り上げ、中の荷物を別の場所に保管するなどした上で、寮として使っているのです。

　元々５０００人ほどの住民規模だった広野町では、住民票がある住民の約半分、２５００人ほどしか帰還していませんが、町全体の水道使用量を見ると震災前と同規模の水の利用量になってきていて、合計で５０００～６０００人ほどが生活をしていることがわかっています。つまり、２０００～３０００人の帰還した住民と同じか、それ以上の人数の廃炉や除染に携わる人が広野町に住んでいるのです。

　この動きは２０１５年9月に避難指示が解除され居住可能になった楢葉町、さらに２０１６年から２０１７年にかけて避難指示解除が検討される1Fに近い自治体にも連鎖していくことが想定されています。

3万人が暮らす元・避難区域

　その中で重要になってくるのはこの地域を「人が生活を営む地域」としてどう再建していくかということです。

廃炉を知るための15の数字

Q11 2015年末時点で双葉郡に帰還して居住を再開した住民の数は？

A11 **4579人**
（広野町、楢葉町、川内村のみ）

私たちは1F周辺地域を「人が生活を営むべきではない地域」として語ることには慣れています。たとえば、「何も変わらぬ風景、草木は無秩序に生い茂り云々《うんぬん》」や「行政は強引に帰還政策を進めようとしている云々」、あるいは「国道6号線や常磐道の開通をさせるのは早過ぎる云々」など。放射線についても多くの地域が0・9μSv台以下になっているのに、外から来てわざわざ山の中や雨樋《あまどい》など線量が高いところに行って線量計をかざし「まだこんなところがある」と針小棒大に「人が生活を営むべきではない地域」であることを強調する人もいます。確かに、「まだこんなところがある」のは事実ですが、そうやって原発事故直後のイメージを再生産することで、現に変わりつつある実態に目を向けることを回避するのは思考停止でしかありません。

現実を直視すれば、そこは「べきか、否か」などという上からの議論をする余地などなく、すでに事実として「人が生活を営む地域」になっています。避難指示を経験した、もとは10万人規模の人の生活の場であったその地域には、現在3万人ほどが生活している。帰還した住民が約5000人、1F廃炉に携わる人が7000人、除染に携わる人が1万9000人。廃炉・除染関係者の少なくはない人々が、住民票こそないものの、先に触れたとおりこの地で寝泊まりをしています。これだけの人が生活を営めば、新たな問題も新たな可能性も様々に生まれてきます。

いま必要なのは、そこを「人が生活を営む地域」として語ることに慣れ、具体的な構想をたてていくことです。それは、元々この地域に住んでいた住民と原発事故後に新たにこの地に来た人、両方にとって重要な問題であり、現場では目まぐるしくその準備が進んでいます。

進む住民帰還の準備

たとえば、早ければ2017年4月にも避難指示解除・居住再開の可能性がある富岡町では、「避難指示解除準備区域」と「居住制限区域」において希望者が数日から数週間単位の居住をする「特例宿泊」が始まっています。この中で生活上の利便性や安全が確保されるか確認し、「準備宿泊」を経て帰還が始まる予定です。

現在の問題は、生活インフラや行政サービスが不十分で、商業施設も再開していないこと。行政の業務は2015年10月に一部業務が富岡町役場で再開しましたが、まだ多くの機能は郡山市やいわき市に残っています。国道6号線沿いにあるガソリンスタンドは富岡町でも再開して、2016年3月にはセブンイレブンもできました。一時帰宅をして家の中の掃除などをする住民向けに、除草剤や殺鼠《さっそ》剤などの入手やお茶飲み休憩ができる立ち寄り施設ができたり、除染事業を請け負うゼネコンが運営する立ち寄り所もありますが、人が集まって気楽にコミュニケーションをする場は限られているのが現状です。この地域で最も大きな商業施設であった「Tom・とむ」は、5年間ほど手つかずの状態にありましたが、2016年になって帰還の見通しが立つ中で、2016年秋の再開を目指し、施設の清掃・改装作業が始まっています。

また、2016年3月には、東京電力福島復興本社がそれまでJヴィレッジにあった拠点を、富岡町に震災前からあった事務所である「浜通り電力所」に移転しました。Jヴィレッジには、住民の帰還を支援する復興推進活動を担当する20名が残る一方、浜通り電力所には、復興本社で復興戦略立案、地域対応、広報業務などに携わる社員50名ほどと周辺地域の送変電設備を管理する社員70名ほどが移って勤務を再開しています。

JAEAも廃炉国際共同研究センターの付属施設「国際共同研究棟」を富岡町内に設置する予定です。それを前提にした旧富岡駅から町の市街地までの新たな町づくりの計画も立てられ、イメージ図を先に述べた立ち寄り施設でみることもできます。

さらに、これまで一切動きがとまってきた公共交通機関でも先行きが示されるようになってきました。鉄道は現在までに一時運転が止まっていた区間も徐々に運転再開しています。富岡駅も2017年度内に使えるようになる予定でした。ただ富岡駅から浪江駅までの20・8㎞については復旧の見通しが立っていなかったのですが、3・11から5年を迎えるタイミングで2020年3月までに再開通する方針が新たに示されました。線路が歪んだり、橋梁《きょうりょう》が壊れたりした箇所もありましたが、修理され集中的な除染をして、再開通に向けた準備が整えられることになります。同時期に、地元で路線バスを運営してきた「新常磐交通」も、2017年4月にいわき市と富岡町とをつなぐ路線バスを再開する方針を示しています。

「帰還困難区域」見直しの動き

富岡のみならず、「避難指示解除準備区域」と「居住制限区域」の避難指示解除・居住再開への動きはめまぐるしく進んでいます。避難指示がかかった自治体の中では原発から最も遠いにもかかわらず、放射線量が高いため全村避難をした飯舘村。ここも避難指示解除を2017年3月とし、診療所を2016年夏、幼稚園・小中学校を2018年4月に村内で再開する方針など、最近になって帰還に向けた様々な具体的方針が示されるようになってきました。

背景には、まず国の直轄除染が2017年3月に終わる予定であり、住民の多くが農業を再開する前提ができることがあります。さらに、これまで避難指示解除準備区域と居住制限区域と帰還困難区域とで財物賠償の算定方法が異なってきましたが、それが2017年3月には一律全損とみなされるようになること。帰還の有無によって賠償についての格差が出る問題を是正する前提が整いつつあることも存在しています。浪江町や大熊町、双葉町の「避難指示解除準備区域」「居住制限区域」でも、2016年から2017年にかけて解除に向けた様々な方針が出てくることになるでしょう。2016年4月には1Fの1～4号機がある大熊町内での役場機能が一部再開しました。

同時に、これまで5年間手付かずだった「帰還困難区域」にも動きが出てくることが、3・11から5年を迎える前日の2016年3月10日、安倍総理によって示されました。帰還困難区域内の現在の線量を調査した上で、線量が低いところは居住制限区域に振り分けるなどの対応をするというものです。帰還困難区域は線量が高いため長期的に帰還が難しいという判断のもと、他の避難指示区域と違い、立ち入りが禁じられバリケードで囲まれてきました。さらに環境省が主導する除染の対象からも基本的には外されています。しかし、そのような状況の中でも、自然に放射線量が下がっているエリアが多く存在することにより、新たなまちづくりをする上で人の立ち入りや居住ができるようにするべき場所が見えてきています。今後は、そういった地点への新たな除染などが行われていくことになるでしょう。

スタジアムに建つ東電社員のプレハブの寮

そのような変化を見据えながらも、当面は1Fで働く人の多くが、事故前よりも遠方に住み、不便を強いられる状況も続いています。

たとえば、東京電力の場合、現在、1000名ほどの社員が広野町のJヴィレッジのスタジアムに建てたプレハブの寮などに住んでいます。その一定割合が「福島専任化」の制度によってやってきた50代の社員です。「福島専任化」とは、事故後、経営改革を迫られる中で、50代の管理職社員が福島での業務に専念する制度で、東電創業以来はじめてという早期退職制度と同時期に導入されました(早期退職制度には1000人の募集枠に1151人の応募があり、すでに退職しています)。他にも年齢、性別など様々な社員が居住していますが、家族と住むことはできないため、独身か、あるいは単身赴任で来ている人々です。また、1F勤務の女性は40~50人ほどいて、そのうち10人ほどが寮の住民です。

寮は事故直後から現在までプレハブで、当初はトイレも外にありました。そのため雨の日などはトイレに行くのにもずぶ濡れになり、一方トイレ近くの部屋を割り当てられた人は夜中にトイレに行く人の足音が響き続ける音で不眠になったといいます。建て付けも急ごしらえで、風が吹けば部屋が大きく揺れ、雨が降れば部屋の中に大きな音が響いたそうです。

現在までに、プレハブではあるものの、居住環境としてはある程度状態が改善されました。共用トイレも居住部屋の並びにあります。各棟1フロアに25部屋ほどで2階建て。4畳の部屋にはベッドとエアコン。狭いので電気ポットや電子レンジ、PC程度しか持っていない人も多く、テレビを持ち込む場合はNHK受信料を家賃に上乗せして払います。

基本的な生活環境としては問題がなく、住み始めて2~3年になる人も一定数いますが、不便なのは「二つ隣の部屋の携帯電話の会話が鮮明に聞こえる」ほどの壁の薄さ。電話は外に行ってかけ、音の出る機器を使うときにはイヤホンが必要。せき、くしゃみ、いびき対策に常に寝るときに耳栓をつける人もいるそうです。

シャワーは各棟にありますが風呂はなし。入りたい場合はJヴィレッジのセンターハウス内の風呂を使いますが、同じJヴィレッジ内ながら歩くと20分くらいはかかるので、気軽にいける距離ではありません。洗濯は各自が敷地内のランドリーで。勤務時間がバラバラなので、24時間いつでも使えるようになっています。

敷地内には売店があって、シャンプー、洗剤、酒、つまみ、タバコなどが置かれています。この地域ではまだ新聞配達が再開しきっていないため、新聞も置いてあります。コンビニや飲食店も歩いていける距離には少なく、ラーメン屋や飲み屋でも9時頃までには閉まってしまいます。部屋にキッチンはありませんが、食堂があり、定食や一品料理が食べられます。ビールや酎ハイなどのサーバーもあります。

単身赴任者は土日に自宅に戻ることもありますが、独身者のなかには元の自宅を引き払って福島に来ている人も多く、戻る場所がない人もいます。そうなれば、発電所とJヴィレッジと寮の往復だけで何年も過ごすことになりかねません。駐車スペースがないため、多くの人は、もし息抜きに繁華街に飲食に行きたいと思ったら、循環バスにのって1時間近くかけていわき市の町中に行くしかありません。終バスは11時台。もっとゆっくり過ごしたい人もいるかもしれません。

(上)1Fで働く人の生活に欠かせない巡回バス。(中)東電社員寮の洗濯室。待機スペースには事故直後に出版社から寄付されたマンガが並ぶ。(下)同、寮室。元々、「サッカーエリート養成所」としてこの地に作られたJFAアカデミーの寮に隣接するスタジアムのグラウンドの上にプレハブが建っている

東電社員は、この寮以外にも原発周辺地域各地に滞在しています。広野火力発電所で働く人は、以前より複数存在していた社員寮に住んでいます。また、「復興推進活動」のために数日単位で東京・新橋の本社などからやってくる社員は、Jヴィレッジに元々あった客室に寝泊まりしています。1Fや2Fでの様々な業務のために出張で来た社員は、いわき市のホテルや広野町に原発事故後にできたホテル、楢葉町にある天神岬の宿泊施設などにも宿泊しています。

Jヴィレッジは元々、東電が長年の電力立地への感謝とともに福島県に寄贈し、地元住民や日本サッカー協会などが利用してきたものです。東電は、２０１８年度の返

還を目指していて、その際に住まいとして利用されてきたスタジアムも元通りの芝生が生え、14：46で止まったままの時計も再び動き出すことになるでしょう。

Jヴィレッジセンターハウス展望室からの風景。元々は天然芝のグラウンドが広がっていた

廃炉の現場を支えてきたバス

東電のみならず、１Ｆで働く人にとって日々を過ごす上で欠かせない重要な役割をはたしているのが、先にも出てきた「循環バス」の存在です。１Ｆ周辺地域を訪れれば、誰もが気づくのがバスの多さでしょう。ダンプカーや警察車両、運転席には作業着姿の人が見えるワゴン車も多いのですが、時間帯によってはバスが連なることもあります。

なぜこれほどバスが使われるのか。まず、周辺道路の渋滞緩和。また、１Ｆの駐車場がまだ狭いため。さらには、遠方に住む人が多いため通勤時間が長く、自家用車では疲労、眠気によって事故が発生する可能性が上がるためです。バスは東電以外のメーカー、ゼネコンなどがそれぞれ手配している場合もありますが、多くの人は東電が手配するバスを利用しています。このバスの時刻表の一部は1F作業員向けサイト「１ＦＯＲ ＡＬＬ ＪＡＰＡＮ」(http://1f-all.jp/)で確認できますが、２０１６年３月現在、平日の場合、Ｊヴィレッジから１Ｆまでの出社便が93便、１ＦからＪヴィレッジまでの退社便が１０６便と、１日約１００往復ほどのバスが運行しています。これはあくまでも一部で、いわき駅や広野の寮、２Ｆなどを経由するバス、あるいは、復興推進活動に来る社員を乗せて東京からＪヴィレッジに来るバスの運行も別にあります。作業員用、社員用両方の合計で１日３００往復になります。廃炉の現場に出入りするのは技術系の仕事をする人ばかりではありません。東京などから日帰りで来る人もいるため、そのニーズに応えられるように多様な運行をしているのです。

たとえば、広報担当者が東京から日帰りで１Ｆに行って仕事をする場合、９時に上野駅を出るといわき駅に11時半頃到着、そこから１Ｆの新事務棟直行バスで12時55分に到着。午後いっぱい勤務して、夕方のバスで逆のルートをたどって東京に帰ることになります。Ｊヴィレッジのセンターハウスの入口にあるロータリーに立てば常にバスの出入りがある状態になっていることがわかるでしょう。電車など他の交通機関がなく、自動車の使用にも制限がある中で、

廃炉を知るための15の数字

Q12 福島第一原発で働く人を輸送するバスは1日何便走っている？

A12 **約300往復**
Jヴィレッジ発で朝は
3時台から夜は21時まで

膨大な数のバスの運行が人々の移動を支えているのです。

このバスを運行しているのは地元のバス業者です。東京電力が運行するバスの場合、浜通り交通・ウインズトラベル・報徳バスの三社。事故前に楢葉町に拠点を持っていた浜通り交通は、バス7台を社員7人で運行する規模でしたが、事故後、急速に廃炉関係の仕事が増えた結果、現在はいわき市に拠点を置き、50台以上のバスを80人ほどの社員で運行するようになっています。各社とも観光や葬儀など、廃炉以外の貸切バス事業も行っていますが、毎日、確実に運行しなければならない廃炉関係の仕事は大きく、1台で1Fと周辺地域とを5往復以上することもあるといいます。

バス運転手に話を聞くと、原発事故後、バス会社を移ってきて働いているという経験を持つ人も少なくありません。原発事故直後、急いでバスを運転できる人を集めなければ、現場が回らない状況があったためです。また、彼らの中には、原発事故時にもバス運転手やタクシー運転手などをしていて、3月11日から原発が事故を起こしていく1週間のうちに、救助や復旧対応にあたった経験を持つ人も多くいます。あるバス運転手は、行政からの依頼で双葉郡内の病院や介護施設から高齢者を移送することになり、壊れた道路を迂回し渋滞に巻き込まれながら、施設まで迎えに行ったそうです。バスの後部座席をサロン席にして寝たきりの高齢者を座席と床に毛布を敷いて寝かせ、それがかなわない高齢者を毛布にくるんで座席に座らせ、10時間以上かけて長野県まで運んだ、といいます。事故当時から、バスは廃炉の現場とともにあったのです。

今後は1F近辺の駐車場が整備され、より多くの人が自家用車で1Fまで通うことができるようになる予定です。また、Jヴィレッジが数年以内に返還されることも踏まえれば、バスの乗降場機能とそれを利用する人が乗ってきた自家用車のモータープール機能は、この先、縮小したり移転する流れにあるといえるでしょう。

東京電力ホールディングス株式会社
福島復興本社
石崎芳行代表インタビュー

「廃炉」と「町づくり」の関係

世間の「東電憎し」は5年たっても消えない。避難生活や放射線対策という「余計な仕事」を作った元凶として。あるいは賠償を十分に支払わない、反省・改善をしているの様が見えてこないなどの「不誠実さ」に対して。もしかしたら、この「東電憎し」の感情は永遠に消えないのかもしれない。それは交通事故で人を殺《あや》めてしまった人が何をなしたところで逃れられず、一生背負い続ける何かと同じなのかもしれない。これはいくらカネをかけても、誰かが庇《かば》ったところでも消えるものではない。それでもなお、東電は何をなそうとしているのか。

「復興本社」とは何か？

——東電は廃炉カンパニーとは別に福島復興本社を作って復興にあたっているということですが、まだ、何をやっているのか伝わりきっていないように思います。

石崎　なかなか復興本社の姿が見えないという話は、私もいろんなところから直接聞いていて、反省しています。

「福島復興本社」は、廃炉以外の東京電力の責任を果たすために２０１３年１月１日に立ち上げました。廃炉以外の責任とは、一つは賠償の支払い、二つめが除染。放射線の知識を持った社員が除染も国や各自治体の皆さんと一緒になって作業をやっています。三つめが「復興推進活動」と呼んでいますけども、大きく二つありまして、一つは「汗かき活動」です。社内的には「10万人プロジェクト」と呼んでいます。全社員が福島に必ず来て、一時帰宅をされた方の家の片づけや草刈りの手伝いをしながらお話をうかがう。もう一つは、それだけではこの地域の復興はなしえないということで、「町づくり」に関連した大きな取り組みです。たとえば、雇用を生んでいく必要がありますが、具体的に進んでいるのが、火力発電所を作る計画です。

もともとこの地域には広野火力発電所と、いわき市に東北電力と一緒に作った常磐共同火力という発電所があります。それぞれに、世界最新鋭の石炭火力の発電所を１基ずつ作る予定です。２基で２０００人の雇用、１６００億円の経済波及効果を生むと試算しています。それ以外にも、福島で再生可能エネルギーを普及させようという動きがあり、その中で電力会社として変電所を増改良して取引量を増やすことを、具体的に進めているところです。

また、風評被害で苦しんでおられる方がたくさんいらっしゃるので、私どもでお付きあいしている国内の企業に声をかけて「福島応援企業ネットワーク」を立ち上げました。今合計22社が会員になっています。社員数で30万人、家族を入れると１００万人程度の組織になります。そこで福島県産品を買わせていただいたり、家族や社員旅行で福島に来ていただく。口コミ力も期待をしながら、風評払拭につなげたいと思っています。

――賠償の規模が支払い済みの額で約5兆6000億円になっています。今後の見通しは。

石崎　まだまだ賠償は続くことになると思います。どこまでの金額になるのか、想定できないところもあります。ともかく最後の一人までしっかり賠償をするというのが、私どもの大きな責任です。

――だとしても、賠償の状況については現に「対応が不十分だ」という不満は存在しますし、今後も不満は残るでしょう。また、賠償金だけで解決しきれない問題も増えてきているように思います。

石崎　まず、金銭的に果たすべき責任について賠償することは当然ですが、それ以外のことも非常に大事だと思っています。

賠償をお支払いしたからといって、皆さん方それぞれがもとの生活を取り戻せるわけではありません。お支払いが仮に終わったとしても、その後が大切です。たとえば、ご商売されている方でしたら、ご商売が今後どういうふうに成り立っていくのか、そういうきめ細かいコンサルティングも含めた支援というのが必要になってきます。

今後も復興推進活動を通して、福島の皆さんと社員が直接触れあったり、いろんな意味でつながりを持たせていただき責任を果たしていきたいと思っています。

――除染については具体的に、何をやっているんでしょうか。そもそも除染は環境省や自治体が中心になって進めています。そこで東電は何をしていますか。

石崎　確かに、除染については、比較的放射線量が高い場所を環境省が直接除染をする、それ以外の比較的線量の低い場所は各自治体の皆さんが担当するというスキームになっています。そこでは、放射線の知識を持った社員がスキームに加わり、各種モニタリングや技術的サポートを実施しています。

なお、帰還に向けては、「家の中」の心配事も解消しなければなりません。たとえば楢葉町は2015年9月5日に全町避難解除になってお戻りになられている方、これから戻ろうという方がいらっしゃるわけです。そういった方々が安心して生活するために、屋内空間の線量を測定する、清掃や片づけなどを支援する。そういったところに、東京電力として住民の皆さんのご心配を伺ったうえでいろいろなご提案をする、ご相談に乗る。そんなことをしています。

復興支援活動は未来永劫続ける

――3・11から5年、復興本社ができてから3年たったわけですが、活動の成果が出てきた部分もあると思います。これからの活動の成果を出すうえで、「ゴール設定」はどうなっているんでしょうか。何を目標値としてどこまでやるのか。ものによっては、いずれ「そろそろ十分では」という声が社内から出てくることもあるのでは。

石崎　先ほど申したように、復興推進活動を「10万人プロジェクト」というネーミングにして、とりあえず10万人を目標にスタートしました。現在、活動に参加した人は延べ22万人ほどになっています。目標値をクリアしたからこれで終わりというわけではない。どこまでやるかという設定も一切ありません。復興支援活動は今後も、いってみれば未来永劫《えいごう》ずっと続ける。そういうつもりでおりますし、それは社員一人ひとりがよく理解していると思っています。

——未来永劫といっても、具体的に地域住民の実感として何かが進んだという結果が重要です。これまで何か進んだのか、進捗具合についての自己評価は。

石崎　自己評価するような立場ではないと思っていますが、最近、変化を感じております。

たとえば、事故直後は、汗かき活動を進めようとしても、正直言いますが、怖がったりする社員もいました。社員には東電の制服を着て行きなさいと言っていましたので、当然、住民の方々に厳しいお叱りをたくさんいただいておりました。

しかし、最近は、もちろん、東京電力という会社に対する怒りはまだ大きいですが、社員一人ひとりが実際、自分の家に来て汗をかいてくれている、その姿に感謝やお礼の言葉をいただけるようになってきました。

それが社員にとって大きなモチベーションにつながっています。そういう触れあいの中で、今後も、福島の皆さんとのおつきあいの仕方がだんだん変わってくると思います。福島の皆さんと心を通じあって、同じ方向を向いて、さらにいい福島に戻していきましょうと言える関係になることが大きな目標だと思っています。まだまだそれは途中段階ですけども、それを目指していく覚悟です。

東電は変化しているか？

——特にこの半年ほど、いやこの数カ月ですね。たとえば、２０１５年12月1日、共同通信の高橋宏一郎さんがYahoo!ニュース個人に書いた「『原発は絶対安全とうそをついてきた』東電副社長・石崎芳行さんの悔恨」や２０１６年1月14日、ＮＨＫで放送された「未来のために『社員たちの原発事故／東京電力　復興本社』」を見てメディアが東電を描く際の枠組みが変わってきたように思います。

石崎さんが事故直後、避難所をまわり、そこで毛布を敷いて寝泊まりする生活を余儀なくされているかつての知りあいに厳しい目で睨みつけられながらお詫びをしてまわったエピソードや、今現在、広野町でご自身が実際に生活をしながら復興本社代表として奔走する姿、会社を辞めてもここに骨をうずめるという決意。知っている人は知っていましたが、それをメディアが取り上げるようになったのは大きな変化でしょう。

吉田調書問題がそうでしたが、とにかく東電は悪者だと吊るし上げよう、東電に言い訳をさせるなという姿勢での報道が続いてきた反動が来て、東電が今何をしているのかまず事実を描こうとなっているように見えます。

石崎　そうだとしたら、「会社としての東電」と「一人の人間としての東電社員」と積み重なって今があるということが住民の皆さんにも少しずつ伝わってきた結果かもしれません。

――石崎さんは2015年から実名・肩書きを出してFacebookを始め、一般の方たち向けに日々の活動について情報発信をしていますね。毎日、行政の会議や福島県内各地のイベントやお祭りに行っていることを写真付きで発信し、福島県内外にいつも「いいね!」するファンもできています。

こういうことを意識している、気をつけているということはありますか。

石崎　まず、私は福島が好きなんですね。震災前、3年間富岡町に住まわせていただいて、特に福島でもこの浜通り地域の皆さんと非常に仲良くさせていただいてきました。この地域の気候風土も含めた良さを私自身、十分に知っているつもりです。その大好きな福島の皆さんにご迷惑をかけたということ。人一倍本当に申し訳ないと思っています。もう一度、一緒に笑いあって、お酒を飲みあいたいという気持ちです。

Facebookは、個人的な興味で始めました。まずFacebookというものを使っている人がまわりにたくさんいるんで、自分も使ってみたいと。それから、どうせやるんだったら、しっかり、この制服姿でプロフィールを出して、堂々と顔も肩書きもすべて示したうえで「自分が、大好きなこの福島は今こういう状況ですよ」というのを、ちょっとずつ発信しようと。Facebookは全世界につながっているわけですから、世界の皆さんに、報道で知っている福島と現実に住んでいる私から発信する情報との違いを感じてもらって「ああ、福島ってこういういいところなのか」っていうのを少しでもわかってもらいたいという気持ちで始めました。

社内では最初、随分心配されました。制服を着て、肩書きまで出すのはとんでもないという意見もありましたが、ただ、それはまさに自己責任。別にFacebookを通して、会社の論理を押しつけようというつもりは全くありませんでしたので。今、「友達」の数も1000人を越えました。「友達」の数の10倍ぐらいの人が見ているという話も聞きますから、そういう意味で、つながりが広がっていること、ありがたいなと思っています。

――社内での心配というのは、たとえば批判や誹謗《ひぼう》中傷がコメントで書かれたりとか、いわゆる「炎上」をしたりとか、そういう情報発信のリスク管理への懸念ですか。

石崎　そうです。ただ、厳しい声も当然あるだろうと思っていましたけど、実際に始めてみたらほとんどないんです。逆に、「福島復興本社代表ってこんな日常生活を送っているのか」とか「こんなところに行っているのか」「こういうふうに感じているのか」っていうことを前向きに評価していただく方、共感していただく方が多いという実感があります。

――これまでの東電への不満の根底には、事務的、官僚的に対応されること、顔が見えてこないことへの反発があったと思います。「顔が見える」ようになったのが意外だったのかもしれませんね。

石崎　東電は「顔が見えない会社」だという社会の評価に対して、どうしてなのかなっていう悶々《もんもん》たる気持ちは、実は若いころから持っていたんですね。

そこは、会社の肩書きも顔も全部さらけ出してこちらから寄っていく。そういう姿勢を常に示していくしかないと思っています。東電という大きな組織に距離を感じてしまう方がいらっしゃるのはしょうがない。だからこそ、逆にこちらからドンドン寄っていく。ただ、以前は物理的に寄るのにも限界がありました。今の時代はＳＮＳを使って触れあうことができる。東京電力の役員にこんなおじさんがいるのかって、そう思っていただけるだけでもいいんじゃないかという気持ちでやっています。

——それは、地域と東電、社会と東電の間にできてしまった、皆が埋めたくても埋められない溝を埋める重要なプロセスにも見えますね。

石崎　そうですね。

100％許されることはない

——一方で、風評被害の問題もそうですが、絶対に嫌だ、絶対に許さないという人は5年たっても、10年たっても確実に残るでしょう。つまり、東京電力はけしからん、嫌いなんだ、まだまだ吊るし上げなければならないという声。先ほどの番組・記事のようなものに「東電が実は良い人だというような美談にするのはまだ早い」という反発。これは確実にあるし、多大な損害を受けて、今でも辛い思いをしている被災者の感情を考えれば当然のことです。

その点、東電の中で福島復興担当のトップであるというのは、本質的には嫌われ役を引き受ける立場でもあると思います。

にもかかわらず、現在、「嫌われ役が嫌われていないような状態」になりつつある。このことを苦々しく思う、納得がいかないという方も出てくるでしょう。中には石崎さんと親しくなった住民に「あの東電を容認するのか」と刃が向き新たな分断を生むこともあるかもしれない。「もう謝らなくていいですよ」という声が出てくる一方で「絶対に許さない、謝り続けろ」という声がそれをかき消すこともあるでしょう。

そういうことも含めて、今後、社会とのコミュニケーションをどう取っていくつもりですか。

石崎　私は100％全部理解し、許していただけることはありえないと思っています。福島でとんでもない事故を起こしてしまったことは消えることのない事実です。

もともと東京電力は、東京に本社がありながらも、福島や新潟、青森にも発電所を作らせていただいてきました。そういう意味では、地元の方に距離を感じさせてしまいがちな会社でした。

その上でとんでもない事故を起こしてしまった。嫌われて、許さないという声が出るのは当然だと思います。そういう中でできることを一つひとつ積み上げていくしかありません。

復興本社には、福島県内に常駐し地域で生活をしている社員もいます。復興本社の代表がどういうふうに県民の皆さんと触れあっていくのか私の背中を見ていると思います。嫌われ役であろうが何であろうが、自分から福島の皆さんに寄っていくことが自分の責務だと思っています。

長い時間がかかるでしょうが、少しずつ

氷河を溶かすような作業を一つひとつこなしていくしかない。その覚悟を持っているつもりです。

福島への責任を果たす仕組み

――石崎さんのお気持ちはわかりましたし、実際に石崎さんが3年間、組織のトップとして積み上げてきたものも言葉の通りだと思います。一方で「東電という組織」として、5年後10年後も、今おっしゃったような姿勢が続く保証はあるでしょうか。

社員の方たちの中にも、石崎さんと同じ気持ちで「福島が好きだ、申し訳ないことをした、そこに入っていくぞ」という方もいれば、「いやいや、いつまでこれするの」という冷めた反応をする方もいずれ出てくるでしょう。結局、緊急時の気持ちはいつまでも持続することはないわけで、その点では当然のことだと思いますが。

石崎　これは可能かどうかっていうよりも「やらなければいけない」「続けなければいけない」と思いますし、続けられないとすれば東京電力という組織は、消えてなくなると思っています。

たとえば30年前、ジャンボ機の墜落事故を起こした日本航空も、社員に事故の責任を伝えるいろんな工夫、仕組みを取り入れてきています。それが東京電力にも必要だと思っているんです。

私の代が永遠に続くわけではもちろんありません。私がいなくなっても、福島への責任を果たす。ただ、言葉だけじゃ駄目なんで、それを実現するための仕組みをしっかり作っていこうと思っています。

――その仕組みについて、具体的に今見えていることはありますか。

石崎　「10万人プロジェクト」の汗かき活動は社員が仕事としてやっています。会社にとっては負担も大きいですが、経営者の判断で取り入れています。今後も経営の一環として続けていかなければなりません。

今後、避難をされている方々の帰還が始まり、新しいまちづくりが進む中で、汗かき活動へのニーズも変化していくと思います。地域の皆さんと一緒に、どういう役割が果たせるのか検討、実行していきたいと思っています。

――とはいえ、営利企業としての東電は上場企業であるし、公表情報などから想定できる財務状況を見れば賠償・廃炉費用の負担も無視できない状況にあるのは確かです。いまの復興活動は、普通の企業でいったら、いわば「CSR（社会貢献）」的な、「売上・利益を上げるものではないが、やらなければならない」性質のものでしょう。じゃあ、そのCSRに持続可能性を持たせられるのかというと簡単な話ではない。いくら建前上、企業の社会的責任が重要だという理念が広まっても、そんなことやっている暇があるなら目先の売上・利益をどうにかしろという話になってしまう。これは、東電に限らない現代の日本の企業社会に普遍的な課題です。

「仕事としてやっている」のに売上にはならない、人件費はかける。「それでもやるんだ」と株主はじめステークホルダー（利害関係者）を納得させ続けることは、被災地への責任云々という話とはまた別なレベルでドライに求められる話ですよね。
石崎　そういう意味では今年の4月から、電力の完全自由化が始まります。我々は福島の事故の責任を果たすことを背負って、さらに自由化の中に突入していくわけです。これは会社にとって、社員にとって非常にいいことだと私は思っています。この電力自由化に合わせて、ホールディングカンパニー（持株会社）制に移行しますが、各事業子会社の中に「福島復興推進室」を設置し、社内的にも福島を風化させない仕組みを導入します。

自由化ということは、要は競争社会になるということです。会社として信頼され、選ばれなければいけない。選ばれるためには品格のある会社になる必要があります。同じサービスだったら、こっちの会社の方が好きだ、信頼できる、という差を作っていかなければ生き残れない。

そういう意味で、福島において福島の皆さんへの責任を果たす。住民の皆さんと触れあって、一生懸命汗を流して触れあっていく。その経験は、決して社員にとっても自由化の中でもマイナスにはならないと思っています。時間はかかるでしょうが、そういう気持ちがある社員が集まっている会社として、世間から評価される日が必ず来ると私は信じています。

リスクに対する想像力が欠けていた

――現時点では、「結局、東電の体質が変わっていない」、あるいは「東電は時間の経過とともにやっぱりもとの体質に戻ってきたよね」という方もいらっしゃいます。厳しいことをいえば、社員の方の中に、今も地元の方から不信感を持たれている方もいるのが現実ではないでしょうか。今東電の企業風土・体質に何が足りなくて、これから何を否定し、どう変えていかなければいけないと思ってらっしゃるのか。
石崎　まず、一言で言うと私は「リスクに対する想像力が欠けていた」と思っています。何か起きたら設備は大丈夫かというシミュレーションを常にするような風土がなければいけなかった。ただ、それを社内で言えば「当然そんなことはやっていました」という回答が返ってくるんです。しかし、事故が起きてしまった。やはり結果としてリスクに対する想像力、それをもとにした対策が足りなかったと言わざるをえません。

自由化前は、まさに100％地域独占で総括原価の中で営業努力をしなくても一定の利益が保証される体制でした。その体制が今ご批判いただくような側面を作ったのは確かです。

結局、組織は社員一人ひとりが作っていきます。一人ひとりが社会から信頼され、好かれるような存在にならなければ会社として勝ち残れません。

今回、事故で大変なご迷惑をおかけした中で、2000人以上の社員が会社を辞めました。それぞれが東電社員としてのプライドを持っていたはずですが、辞めた社員については、それぞれの人生の選択ですからとやかくは言いません。全員が原子力に関わっていたわけでも事故の原因を作ったわけでもありませんが、会社が起こした大事故の責任を一人ひとりが背負うことになりました。そういう思いを持ちながらも悩みつつ会社に残った社員の、意識改革と覚悟は本物だと感じています。福島の皆さんと接する中で、あるべき姿が見えて意識が変わってきたのは確かです。

福島のために人生をかけた元社員

――具体的にどういう瞬間にそれを感じますか。

石崎　一人ひとりの社員が、毎日数百人単位でこのJヴィレッジに来て復興推進活動をやっています。すでに2回、3回と経験している社員が大多数です。Jヴィレッジに着いたときの表情と、朝から夜まで活動して、帰ってきたときの表情が全然違うんですね。「日々の仕事の中で忘れていた福島」を感じて、2泊3日とか3泊4日を経て、自分の職場に帰る。そこは一人ひとりの表情、目の光を見ればすぐにわかります。この福島での責任を果たすこと、福島の皆さんと触れあうことの重要性を感じます。

一つ小さな例です。「汗かき活動」で、福島にしょっちゅう来ていた社員、もともと家は山梨のほうで、定年直前だったんですが、いきなり会社を辞めたんですね。辞めちゃったと思っていたら、この前の年末、南相馬に行ったら、バッタリ会ったんです。私は南相馬まで餅つきに行ってきたんですけども、餅つきをやっているときに、蒸《ふ》かした糯米《もちごめ》をその男が持って来たんです。「お前、何やってんの?」って言ったら、「私、この間会社を辞めて、自分としての生きがいを見つけました」と。それで南相馬・小高にある旅館に住みこみで働きながら、その地域の皆さんと一緒になっていろんな活動をやっているんです。

驚きました。すごいイキイキとした表情で、地元の皆さんと笑いあいながら一生懸命働いている。これはやはり一つの大きな変化だと思いました。福島の皆さんと触れあうことで、いろいろな気持ちが触発されて、福島の良さを知り、福島のために残りの人生をかけようと思ってくれた社員が出て来たこと。私はすごく嬉しかったです。

――なるほど。普段から復興本社代表としてのメッセージをどのような形で社内に伝えているんですか。

石崎　小さなことでいえば週に何回か朝礼をやったり、社内イントラネットで月1回ほど、全社員向けにメッセージを送ったりしています。それから東京電力は関東に多くの事業所がありますので、直接行って「福島の実態はこうだよ」と意識を喚起するということは定期的にやっています。これからもそれは必要だと思っています。

社内で、一番やってはいけないことは「福島の風化」であり、福島を風化させてはいけないということは常に言い続けています。

震災以前よりも よいまちづくりを目指す

――ネガティブな形であれ、事故後、福島における東電の存在感は明確に上がりました。一方で、自由化の結果、これまで東北電力の電気を買っていた福島の住民が東電の電気を買うこともできるようになるわけですね。この点、お考えは。

石崎　東電では福島の浜通りに原発10基、他にも火力発電所・水力発電所などを置かせていただいてきましたが、「結局、作った電気は東京に送るんだろう」と言われ続けてきたんです。

なかなかいらっしゃらないかもしれませんが、東京電力で作った電気を東京電力から買いたいとおっしゃる方も出てくる可能性ももちろんあります。それをやるかどうか、県民感情ももちろんあります。ただ、もう一度信頼を取り戻して、皆さんと親しくできるようになった先に「じゃあ、東京電力の電気を買おうか」ともし言ってくれる人がいたら、喜んでそちらもやらせていただきたいと思います。責任を果たしていくことは当然ですが、おつきあいもますます深まる予感はしています。そうなっていったらいいなとは思います。

――住民への責任と同時に、どのような町の姿を取り戻していくのかという責任もありますね。

石崎　本当に申し訳ないことですが、町の姿を全くもとのように戻すことはできません。ただ、元通りにならないのであれば、ここに戻って来られた方が、前よりも町が良くなったと、誇りを持てるまちづくりをしたいと思っています。

当然、まちづくりというのは東京電力だけでできる話ではありません。国や県や自治体の皆さんと一緒になって、東京電力としてどういう役割を果たしていくのか。各自治体が復興計画をお作りになっていますが、その中に東京電力として社宅や事業所を作らせていただく。そういうことで、前よりも良いまちづくりをするためのお力になることを常に意識して、日々過ごしているつもりです。

たとえば、昨年、大熊町の大川原地区に福島復興給食センターができ、今年、同じ地区に東電社員の社宅が750戸できます。町ではその社宅の外側に復興公営住宅3000戸を作る計画を立て、福島復興給食センターの隣りには野菜工場・太陽光発電所も作る計画を立てています。そういう事例をいろいろなところで作っていくことができれば人の気持ちも変わっていくんじゃないかと思っています。

除染技術とワイン

――個人的な見解でもいいんですが、結局、最終的な形としてオンサイトとこの地域がどうなっていればいいとお考えですか。

石崎　公式には、福島第一の建物を壊して更地にするというところまでしか見通しはありません。

そのうえで、この地域のあり方について の私自身の考えですが、まずは、廃炉を安全に成し遂げるために技術確保に必要な人材が集まるような地域に必然的になっていくだろうと思っています。

そのときに、そういう新しい人材と帰還してきた住民の方々が共存する町になる必要があります。さらに、ここが革新的な技術開発が行われる地として知られるようになると、それを目指す若い人たちが必ずやって来ます。そういう人を含めた新しい町の姿が形成されていきますし、そうでなければいけないと思っています。

一つ私が思い描いているまちづくりの例に、アメリカのハンフォードという地域があります。昔は核兵器の研究をやっていたところで汚染を周辺にまき散らす事故があったんですが、その除染をしつつ、そこから得られた技術で、いろんな分野の産業振興に展開できた事例です。

除染をしながら、その技術を活用してぶどうを作ってみたら良いぶどうができた。良いぶどうができたから、ワインを作ってみたら、そのワインが全米ナンバーワンになった。

その研究所から30、40㎞離れた地域に研究者が住む新しい町ができて、そこにいろんな研究者が集まった。その子どもたちは非常に優秀で、学力レベルも全体的にアップして、町はだんだん大きくなっていく。そのうちに、全米で住みたい町ランキングで上位に入ってきた。40年前にあった話です。そういうものを目指していくのが、私のイメージです。

――そのとき、1Fのオンサイトはどうなっているイメージですか。

たとえば、世界の事例だと完全に廃炉が終わったところに遊園地ができたり、もとの発電設備を活用して別の発電所ができたりしています。具体的にどうなっているのか、グランドデザインが必要な時期になってきていると思います。何かお考えは。

石崎　ただ更地にするだけでは責任を果たしたことにはならないと、個人的には思っています。どういう形にするかは、東京電力が単独で決める話ではなく、地域の皆さんや県・自治体、いろんな方のご意見を聞きながら具体化していく必要があると思っています。

福島第一原発の教訓を世界に届けたい

――1F周辺にできるであろう中間貯蔵施設の廃棄物を30年後何らかの形で県外に出すという政府方針の実現可能性の問題、1Fの建屋の解体が進んだとして、そのガレキの処理の方針の問題もいずれも不透明ですが、廃炉後を考えるうえで当然、踏まえるべき話です。これは膨大な放射性廃棄物の処理の問題であり、きわめて困難な社会的合意形成の問題でもあり、どうしても後ろ向きな議論になってしまう。

その点、いくら明るい未来を構想しようとしても、どうしてもネガティブなイメージがぬぐいきれないことが1F廃炉にとって最大の課題だと思っています。たとえばチェルノブイリが原発事故から30年たっても、私たちはそこにとてもネガティブなイメージを持っているようにですね。そのイメージを覆していくことは最大の課題だと思っています。この課題の解決には何が必要だと思いますか。

石崎　まず一番大事なのは情報発信だと思っています。

たとえば福島第一の近辺に情報発信基地を置き、そこに行けば大事なことはすべてわかる。そういう場所が必要だと思っています。復興本社でその計画を進めていくところです。

いずれは福島第一が、福島の事故を世界

中の原子力に関わる人が知り安全性向上のための意識を高めるシンボリックな存在になる必要もあると思っています。

日本では不幸な、広島、長崎の例もありましたけども、世界平和を求める人たちが広島、長崎を訪れる必要があると感じる、そういう存在になっていると思います。いい悪いや好き嫌いは別として、世界中に原発は400基以上動いていて、それは常に安全を最優先にやらなければいけない。その点で、反省すべきことを全部さらけ出して情報発信基地から福島第一の教訓を世界にお伝えする。それが事故を起こしたものの大きな責任です。

東電の城下町だった福島

――そういう賠償や雇用とかだけでは賄えない、無形の価値をどう用意するか、これもこの地域にとって重要な課題です。

その点、事故以前からあった問題として、たとえば病院や福祉施設が足りていないとか、地域の教育の機会、塾がないというような声がすでに上がり始めています。

事故前はそういう問題も、地域の自治体・住民と一緒になって東電が解決してきた、企業城下町的なまちづくりのあり方があったわけですよね。その成果の一つがこの地域にサッカー日本代表が海外遠征の度に合宿に来るようになる、「サッカーの町」という文脈を作ったこのJヴィレッジだったと思います。それは、90年代、この地域で「新たな文化・風土を作る」という作業でしたが、いまこの地域で求められていることは医療や教育の安定化という喫緊の課題です。もちろん、今の東電に病院を新しく建てるとかできる状況ではないということもわかっています。

賠償・除染・復興推進活動といういわば緊急時対応はいつか終わるでしょうが、30年以上の廃炉の期間、この地域に居続けるだろう前提で、そういった具体的な地域貢献の取り組みをする予定はありますか。

石崎　たとえば、当社の子会社で、介護ビジネスをやっている会社がありまして、すでに福島に入って高齢者の方の介護のお手伝いをさせていただいています。そこは2年前から各行政の方と一緒になって介護の仕方・ノウハウを提供させていただいております。ただ、先ほどおっしゃったような病院を作るとかということになると、正直やはり会社としては、そこまでできる余裕がありません。

以前でしたら東京電力病院というのが都内にあって、そこのお医者さんをこちらに派遣をするとかそういうことも考えられたんですけれども、事故後、病院そのものを売却してしまいました。ただ、以前いたお医者さんのツテを頼っていろいろ地域医療に少しでも貢献できるようなことがあるのではないかとか、そんなことはこれから復興本社としてやっていくべき仕事だと思っていています。

――なるほど。

石崎　もう一つは、まず「社員がこの地域の住民になる」ということが大きな貢献になると思っています。

住民になってそこで生活をすれば、当然生活上のつながりができ、地域への貢献ができる。ときどき外食に行けば飲食店も少しずつ増えてくるでしょう。

――私も地域に人の息吹が戻ってくるのは重要だと思いますし、そのプロセスにはいろいろな選択肢があるでしょう。そして、5年たって見えてきたのは、現実的に、この地域が震災前よりもより純粋な形で、電力関係・廃炉関係で働いている方や研究者が中心に成り立つ場所になるのではということです。今後ますます、事故前よりも東電の城下町的なものになっていくということかと思いますが、今後もこの流れは加速するというイメージですかね。

石崎　申し訳ないですが、そういう形にならざるをえないところもあると思います。

というのも、まず社員が地元に住まわせていただいて、それを見た住民の方が「あ、東電社員が住んでいるのだったら少しは安心かな」と思っていただければ、それはそれでありがたいと思っています。

地域の活動に積極的に溶け込みたい

――事故後、よく東電・原発関係者批判として「加害者のお前らがまず1Fの近くに住んでみろ」という言い方をする人がいました。どうせ無理だろうと嫌がらせのつもりで言っていた人もいるでしょう。ところが、5年たったらそれが現実化していることには驚きます。他に進めたいと思っていることはありますか。

石崎　誤解されるかもしれませんけれども教育関係の皆さんと連携をとって、これから地域を作っていく若い世代に関わりたいと思っています。

広野町にふたば未来学園ができましたけれども、楢葉町でも今度、中学校が再開するという話もあります。

私は、事故前、福島第二の所長をして富岡に住んでいるとき、各学校の校長先生にお願いして（長年の趣味である）合気道教室をやらせていただきました。何らかの能力を持った社員がいろいろいます。たとえばサッカーが得意な社員がいれば学校にお邪魔してサッカー教室をやらせていただくとか、あと、塾とは言いませんけれども、そういう地域の教育機会の充実に貢献できるような活動もできればと。

地域住民の一員になって、さらにもっともっと深く、広く地域の皆さんと触れあう。そういう関係を作っていくことが大事だと思っています。

本当の意味での復興につながることを進める。生活の中でどうやって我々を受け入れていただくか。たとえば、地域に伝統文化がありますが、その活動の中に社員が仲間に入れていただいて、一緒に伝統文化の復活とか発展に寄与するということが大事だと思っています。教育面、文化的な活動についても、こちらから仲間に入れていただくような、そういう積極的な活動が必要だと思っています。

一人ひとりをみれば、こちらが言わなくともそういうことをやっている社員もいますが、それだけに頼っては駄目だと思います。3万3000人もいる組織ですから、会社としてそういう仕組みを作っていくことも大事だなと、復興本社代表としては思っているところです。

NPO法人ハッピーロードネット
理事長
西本由美子インタビュー

住民が主役の復興を

地域の中高生たちとともに「未来のまちを考えるフォーラム」や道沿いの花壇への植樹などの活動を行ってきたNPO法人ハッピーロードネット理事長の西本由美子さん。現在は、「全国の高校生と語りあうハイスクールサミット」などの活動を定期開催するとともに、福島第一原発からの復興を目的に、国道6号線をはじめ1F周辺地域を含む浜通りに2万本の桜並木を整備しようと努める「ふくしま浜街道・桜プロジェクト」のリーダーも務めている。地元に密着した活動を続けながら行政とも積極的に関わってきた西本さんに、これからの復興について思うことを聞いた。

主役は住民

――西本さんは広野町に家を、楢葉町にNPOの事務所を置きながらこの5年間地域の人と風景の変化を見ていらっしゃいました。その中で、行政の会議に呼ばれたり、「ふくしま浜街道・桜プロジェクト」に賛同して全国から訪れる寄付者やボランティアと交流したり、様々な声とも向きあってこられたと思います。今、一方では全体的に見れば復興が落ち着きつつあり、もう一方では、いよいよ双葉郡を中心としたこの1F周辺地域が本格的な復興に向かおうとする状況になりつつもあります。今一番思うことはなんですか。

西本　国、東電、行政、福島県民のうち主役は誰なのかといつも思います。本来の主役は、被害をこうむった住民のはずです。

5年がたとうとしている今、行政の会議に出ていて各町の主導権を握ったのは国なのかと思います。東電でもなくなりました。東電が事故を起こしたら国が責任を持つことになっているので当たり前なのだけれども、国は町や住民をバラバラにして、さらにお金で町を動かそうとしているのかと思います。国の発想は、国、イコール政治家が一番の主役で、予算を取ってこれだけしてあげるというものです。そうではなく、住民の幸せを一番に考えて、これだけしなければならないということが先にあるべきです。この地域は廃炉を受け止めていきますが、そのための主役は誰なのか原点に返って考えてほしいです。

――国が優先すべきことはなんでしょうか。

西本　この地域に戻ってくる人が幸せに住めるまちづくりです。まず、廃炉の現状についての情報が、有識者や海外に向けた発信の機会はあっても、住民に伝わっていない。住民が現状を知る機会をつくっていくことは大前提です。その上で、国から町に使い勝手のいいお金をあげるのではなく、お金で人々が戻るための材料となるような病院、学校、農業のための施設などを整備することが、浜通りの廃炉に向けた本来のあり方でしょう。ただ、それを口に出す住民がいると住民の中でも「お前は何を言っているんだ、あれはうるさいからとめよう」となってしまう。そうではなく、住民の側から「では案を作って考えてみましょう」と言わないと。

これから、廃炉のために働く人がこの地域にあふれます。戻ってくる住民と一緒に生活できる環境を整えるとともに、その人たちが安定した仕事と生活をできるようにすることも今から考えなければなりません。でも、イノベーションコースト構想や廃炉の委員会に行っても、そのような具体的な話は全く出ません。

国や東電の仕事は、住民が戻るからといって、モックアップや廃炉研究所、焼却炉、各町ごとに診療所を作るのではなく、先に「こういうものを作るからいつでも皆さんをお待ちしています」と形を見せることでしょう。多くの人の人生を壊したのだから。若い人も、戻るだけのメリットがなければ戻れない。国がそのような政策を住民に見せてくれたら、たくさんの人が考え直すと思います。なぜそうできないのかというと、主役を見間違えているからです。

相馬市・新地町の国道6号線沿いのソメイヨシノ。数年前はまだ苗木だった桜も年を重ね、2016年4月にはたくさんの花を咲かせた（写真：ハッピーロードネットHPより）

――そうですね。一方で住民の側には、強い負担がかかり続けているし、今後もますます強くなることが求められてしまいそうですね。

西本　確かに、私たち主役の気が弱くなっています。希望が持てなくなっているからです。

希望を持つためにも、お金ではなくて具体的な形を見せなければなりません。いわき市の高齢者や避難している住民で混みあっている病院ではなく、新しく双葉郡にできた病院に行こうか、通うのに遠いから戻ってこようかと思えるようなものを作らなければならない。今は何も形が見えないし将来の計画も見えないから、折れていた気持ちを立ち直らせるチャンスさえない。住民もがんばらなければと言われますが、住民の気持ちが折れないでがんばれるだけの形を、国が作らなければならないと思います。

責任のなすりつけあいが今も続いている

――具体的にその形とは、どんなものをイメージしていますか。

西本　病院でも教育施設でも農業関連の何かでも、どのような形でもいい。たとえば広野町にふたば未来学園を作ったのだから、広野町一帯をつくば市のような研究学園都市にすればよい。つくばも田畑だったところに国が筑波大学を作ったわけです。子どもと若い人が帰ってくるかもしれません。

官僚は、何か仕かけたら成功しなければ駄目だと考えてますが、成功する、しないにかかわらず「すべきこと」があるでしょう。たとえ成功しなくても、住民を奮い立たせるような大きなきっかけを作ることが先です。国としては成功と呼べる結果でなくても、プロジェクトに参加して残った住民がいれば、それはそれで成功です。

——なるほど。最近の変化はありますか。

西本　5年たった現在、私が心配していることは、住民、東電、役所が、無意識のうちに少しずつ震災前のような雰囲気に戻ってきていることです。口では絶えずいいことを言うけれども、私たち住民は、あれっ、震災前と同じだよねと感じることも増えてきました。

それは住民も同じ。震災のときは、よくわからない中でもこの地域をどうにかしなければならないという勢いを感じましたが、今はそれを感じなくなってきたことが心配です。また諦めてきているんです。震災前、住民は、「東電や行政がすることだから」と地域づくりに参加しませんでした。してもらうことが当たり前になっていたのに、急に「地域づくりは皆さんの手で」なんて言っても難しい。これじゃあ、この地域は立ち行かなくなると言っていくしかない。

震災前の面白い話があって、私たちは子どもたちと一緒に道路沿いに花壇を作る活動をしてきました。花壇を作るときに町の景観を良くしているんだから支援してくれないかと役場に相談に行ったら「東電に言えばお金をくれるから」と言われた。そこで東電に行ったら「それはボランティアの仕事なのでお金は出せません、町づくりは役場の仕事なので役場に相談するように」と言われました。震災前から行政と東電とでくだらないなすりつけあいをして、誰も責任を取らなかった。同じことが今も起こっているわけでしょ。本当は、事故が起きたから国が責任を取るという話なのに、国と自治体が住民を置きっぱなしにして、かけ引きばかりしている。住民は住民で、どうしたらいいのかと考えるばかりで、行動することに慣れていないので、悩んで終わり。

結局、あの花壇は全部私たちのお金で管理しているんですよ。

163㎞の桜街道

——私は今からさらに5年後のことをよく想像します。たとえば、ふたば未来学園も、良くも悪くも結果が見えてきているでしょうし、診療所やスーパーなどができたはいいが維持費がかかって困るとか細かい問題も表面化しているかもしれない。地域の住民はここに居続けるでしょうが、東電や省庁は人事異動で、今の幹部・担当者は総取り換えになっている。

西本　さらに5年後、心配が的中しているでしょうね。今は、東電のあの人だから協力したいとか、役所のあの人は良い人だという人はたくさんいます。でも、結局、どれほど地元の住民を考えてやってくれる人が来ているとしても、皆サラリーマンなので立場が変われば、首長が交代すると町の政策がまるで変わってしまうのと同じ現象が起きるのではと危惧しています。
　ここの風土や生活習慣が全くわからない人が来ると、住民や地元行政はその都度一からやり直さなければならない。大臣がいい例で、半年や1年でコロコロ変わります。皆、首長にあいさつして1Fの視察をしていって、地元回りに半年ぐらいかけるんだけど、今まで積み重ねたことを真っさらにしてしまう。時間がもったいない。議員の事情で変えなければならないと言う人もいますが、議員ではなく地元を心配するならもっとやりようがあるでしょう。この先何回、同じことをするのか。
　住民による地域づくりも、この地域のほとんどの団体はお金をもらって活動することが普通だったから、活動は「お金をもらってからするもの」だと思っている。そして、お金をもらった自分たちは言われたとおりにすればいいと。これじゃあ、何も始まらない。

――そう思います。でも、西本さんは能力があるから、ある面では、お上と渡りあい、地域の人、全国の支援者を動員しながら地域活動ができている面もあるわけで、普通の人にはハードルが高い要求をしているのかもしれませんね。

西本　これからハッピーロードは、双葉郡に育ててもらったお礼として、今この地域で何をすればいいのか、どう動けばよいのかということに気づく人を一人でも増やしていかなければならないと思っています。

「桜プロジェクト」の未来

――一人1万円で福島で育つ桜の木1本分のオーナーになれる「桜プロジェクト」では、すでに国道6号線沿いのいたるところに全国の人からのメッセージ入りプレートがついた桜の苗木が見られます。この活動を通して気づいた人もいるでしょうね。

西本　桜を植えて管理するというシンプルな作業ですが、予想外に評価してもらっています。Facebookも毎日けっこうな人数が見てくれています。

植えた桜は7500本を超えた。企業、政治家、NPO、研究者、大学生、中高生……。国内外の様々な立場の人が西本さんを訪ねる（写真：ハッピーロードネットHPより）

全国の方から寄付をいただいていますので、休みの日にはプレートの写真を撮りだめしてアップロードしています。そうすると、たまたま写真がその人の誕生日に流れたとか、余命があと少しという人の生きる張りあいになったという連絡をもらう奇跡のようなこともあるんです。東京からプレートを見に来る人や、自分の桜の木のまわりを草刈りしていく人も増えてきました。一本一本の桜にドラマがあります。

　本来の復興とは、こういうことだと思います。この桜が10年、20年後に１６３㎞の桜街道になったときに、風評被害はなくなっていると思います。桜に関しては、唯一私が地元の子どもに残せる大きな財産だと思います。桜が咲いたら、皆が自然と地域を大事にするはずです。原発事故があってこれを植えたのだな、忘れてはいけないなと桜が語り部になってくれます。全国でも、少なくともオーナーとその家族は思い出してくれます。シンプルな活動でもできることはあると地域の若い人たちに示していかなければなりません。今は淡々とするしかない。私は若い人を手助けして、ふるさとは大事だと思う子を年に一人でも二人でも育てていければと思います。

2016年4月、広野町の八重桜（写真：ハッピーロードネットHPより）

西本由美子
（にしもと・ゆみこ）
１９５４年、福島県生まれ。ＮＰＯ法人ハッピーロードネット理事長。２００５年より、地域の中高生たちとともに「未来のまちを考えるフォーラム」や道沿いの花壇への植樹などの活動を行ってきた。現在は地域を支えるＮＰＯの代表として原子力損害賠償・廃炉等支援機構賠償・復興分科会委員、経産省廃炉・汚染水対策福島評議会メンバーなどを歴任。

株式会社ふたば
代表取締役
遠藤秀文インタビュー

記録を残し、広い視点から見た復興

富岡町に本社を置き、現在福島県内の4つの事業所で測量やコンサルティング、海外でのプロジェクトを行う株式会社ふたば。代表取締役の遠藤秀文さんは事故前から会社が扱ってきた事業に加えて、車載式3D観測機器・3Dレーザースキャン・ドローンを利用した富岡町の名所・夜の森の桜並木の3Dデータ化など、幅広く地域の記録・魅力を発信する事業にも進出している。Uターンしてくる前は、海外の開発プロジェクトに関わってきた経験を持ち、事故後の地域の状況を広い視野から見つめてきた遠藤さんから見て、地域の未来の姿、産業のあり方にいかなる可能性があるのか。

文化と歴史を踏まえた取り組み

——2015年12月、浪江町からの委託事業である請戸地区での3D測量が地元紙などで話題になりました。

遠藤　津波浸水区域の浪江町請戸地区には家屋の基礎しか残っていないような状況ですが、これからここを更地にする予定です。そうすると記憶・記録が後世に残らなくなってしまう。その前に、この状況を実体験できる機会を将来に残すために、ドローンと3Dレーザースキャンを使って上空と陸上から測量をし三次元のデータをとりました。このデータがあれば、模型を作ったり、ゴーグル型の器具を使っての仮想空間体験ができるようになります。防災教育や震災記憶に活用される予定です。

——具体的にはどこを重点的に記録しましたか。

遠藤　請戸小学校や「マリンパークなみえ」という施設の中は、すべて3次元データをとりました。請戸小は1階が完全に津波で壊されてしまい、これから解体しますが、データを取り仮想空間を整備することにより、今後も卒業生などが校舎の中を歩けるようになります。もちろん、内部は4年たって朽ちているし、2階のここまで津波が来たのかということもわかります。

——この3D測量というのは、普段道路工事の現場で見る測量とは違うんですか。

遠藤　いまも通常は2次元的な測量をするのですが、これからの時代は3次元測量になっていく、たまたまその切り替えの時期なんです。3次元測量をしているのは当社が県内では早いほうだったんですね。3次元的な測量をすることで、とにかく新しいものを作る時代から、今あるものをより使いやすくより長く使う時代、あるいは、新しく作るにしてもより付加価値の高いものを作る時代になると思います。

たとえば立体的に見せることで、お年寄りや子どもからも多くの意見をいただくことができます。ユーザー側と作る側が一致して、無駄のないものができあがるんです。

それと文化遺産を3次元的に残しておく動きも進んでいます。後から映像としてすぐに見られるし、模型としても残せます。丸ごと同じものを作ることもできる。いろいろな角度からきめ細かく継続的にデータを残すことによってあらゆる可能性が広がります。その点、地元の企業がしっかりと根を張って作業を担うことが重要です。

——この事業を地元企業が担った意義はどういう点にあるのでしょうか。

遠藤　データをとるだけなら東京の業者でもできるかもしれません。ただ、当社がこの事業を引き受けたことで、文化や歴史を踏まえつつ、それらも残すことができたと思います。

この取り組みは非常に重要です。海外で現地の人と話すと、時間がたっても福島への関心が高い。新しい町をつくると当時の状況がわからないし、今しか残せないものがあると思います。今は皆この地域をどう思っているかわかりません。どちらかといえば隠したい、見えなくしたいという思いがある人もいるかもしれません。でも、我々が経験したことは世界にとって貴重な記録として残っていくと思います。今しか残せないものはきめ細かく残して、それを世界や次の世代にしっかりと引き継ぐ。教訓を多くの人にいろいろな角度から伝えることが大事です。私がしたいと思っていたことを、たまたま浪江町もしてみたいと考えていたということで、お互いに合致したため事業として具体化しました。

業務を受けたのは2015年7月。まず、これから解体するようなところはすぐにでもデータをとらなければならない。もう一つ大事なことは町並み。今は除染をしていますが、時間と共に解体する家も多くなってくる。あそこは商店街や伝統ある「十日市」もあって、非常に魅力的な町並みが残っていました。その町並みをデータとして残す。今後、昔の町並みに戻したいねという動きがもし出てきた時に、昔の記憶、記録をたどって再生することもできます。

映像として残しておけば、全国に避難していた人が「こんな思い出があったね」「あの人に会ってみたいね」「子育ても仕事も落ち着いたし帰ってみようか」などと地域に縁を感じる一つのきっかけになるかもしれない。それぞれの気持ちの復興に向かう時間感覚は千差万別だと思います。技術は確立されています。浪江町だけではなく記憶をしっかりと残したいと思っています。

——もう一点、これは測量とはまた別に、1F沖合で釣った魚を船上で生きたまま「非破壊試験」するということも始めてい

3Dレーザースキャン・ドローン・車載式3D観測機器を使って町の様子を記録する（写真提供：遠藤秀文）

るそうですね。

遠藤　はい。２０１５年3月から5月に4回にわたって1F沖合で魚介類のモニタリングを行いました。このモニタリングは、富熊漁協代表の長栄丸・石井船長に協力頂き、1F沖合で魚を釣り、船上で測定する流れです。目的、方法、結果の概要は当社のHPで公開します。

この手法を確立し、富岡漁港が環境教育やレジャーの拠点になる可能性を広げたいと考えています。

――富岡漁港は元々、釣りファンが関東や中通りなど遠方からも多く集まる港でした。石井船長もそこで釣り船を経営していらっしゃった方ですね。

遠藤　いずれ富岡漁港が再開した時に、釣り人が双葉郡の海域で魚を釣って、生きたままの状態で放射線を確認し、その情報を持ち帰り周りの人に伝える。それを聞いた人が状況を理解し富岡漁港に訪れて、また状況を確認する。その繰り返しが風評被害の払拭につながり、交流人口の拡大にもつながる。そんな期待をしています。インターネットでその情報を誰にでもわかるよう広く伝えることも並行して行いたいと思っています。

――船上で生きたまま「非破壊試験」をするというのもポイントですよね。これまではわざわざミンチにして測らなければならなかったけど、生きたまま測れるなら、キャッチ・アンド・リリース型の釣りを楽しんだり、あるいは放射線を確認した上で安心して釣った魚を家に持ち帰りたいというニーズも満たすことができる。ＧＰＳと線量の情報を組み合わせればどこでどんな魚がどんな線量か可視化されますね。

遠藤　取得した情報は、30年後、50年後に重要な意味を持つと考えています。数年前にチェルノブイリを訪れて、地道な生のデータの蓄積が非常に重要であると改めて認識しました。まだ、手法は確立されていませんが、関係者と協力しながら富岡漁港が本来の漁港の機能に加え、環境教育・レジャーの拠点になるよう、粘り強く取り組んでいきたいと思います。

便利さの中で、忘れられたもの

――なるほど。遠藤さんは、現在、お父様の作った地元の測量会社の経営をされていますが、地元に帰ってくる前は途上国のODA事業を行う会社で仕事をなさり、いまも途上国での仕事と地元の仕事を両方こなされている。地元と世界を往復する中で、福島の今後について考えることは。

遠藤　地元に戻ってくる前から35歳になったら帰ると決めていたんです。35歳で帰るのなら、それまではなかなかできないことをしたいと考えて、世界を見たいと思いました。世界を見られる会社を考えた時に、建設コンサルタント系で海外をやっている会社をと受けたらたまたま受かってしまったんです。

最初は国内に配属されて、福島空港の設計をしたりしていましたが、その後は海外事業部に異動することになり、ネパールやパキスタン、ウガンダやザンビアで仕事をしました。そして中盤から後半はインドネシアのバリ島やパラオなどの島国での海岸保全事業や防災事業に携りました。銃声を聞きながら過ごしたこともありましたが、行く先々で常に考えていたのは、このふるさとのことです。何か生かせるものはないかという意識を持っていました。

途上国から日本を見ると、やはり恵まれすぎています。何でもかんでもすぐに手に入る。いつでも明るい。向こうでは、ものはないし、日曜日になれば店は閉まるし、移動もたかが300㎞で1日近くかかります。別に日本の便利さを否定するつもりはありません。便利さの中で、本当に大事にしなければならないことが何か気づかなくなっている。日本はお金を持っていても、自分は不幸だと思う人がけっこういます。

震災を経て、コミュニティが一番大事だと思いました。私は小さいころから皆で田植えや稲刈りを助け合ってやっていました。土手でおにぎり、夕方になれば近所のおじさんと酒を飲んだり、時々つながる時があります。この地域には、そういうものが残っていたんですが、事故が起きて長年培ったコミュニティが一気に消滅してしまった。これはお金に換えられない大きな損失だなと思っています。

住むことが誇りになる町にしたい！

――震災・原発事故があって、ここは、ある面で、想定外の巨大な設計・開発が必要な地域になりました。

遠藤　私も海外で1兆円を超えるような大プロジェクトに携わって、かなり大きな視点でものをみることが自然にできるようになっていたなと思います。一方で、今回の原発周辺の復興を考えた場合、やはり今まで経験してきたものと違う部分も感じます。いくら10兆円、100兆円という大きなプロジェクトでも、必ず終わり、工期があります。この地域の復興は時間が決められたプロジェクトではありませんよね。技術者人生をすべてかけたとしても終わらないようなことだと感じます。これはただ計画通りにものを作るプロジェクトではない、人の気持ちが時間と共に変化していく中で常に更新していかなければならないプロジェクトなんだと思います。そのくらいの時間スケールをもった形で再生を考えなければなりません。

――具体的にどうなるべきか、お考えはありますか。

遠藤　やはり大事なことは、避難している人が誇りに思える町だと言えるか、そういうものをいかに見えるように発信していくか。時間がかかるものですが、理念、ビジョンをまずしっかり定める。そのもとで目標に向かっていかなければと思います。

――今おっしゃったように記録を残すためには、どういうことが必要でしょうか。

遠藤　これからは未来に向かって発信していく。いかにこの地域が生まれ変わるかですよね。除染したから線量が戻りましたとか、前の町並みに戻しましたということではなく、地域が先進的なコミュニティづくりをしていたり、国内外に誇れるものを生み出したり。今は双葉郡から避難してきたということを伏せている人がいる状況です。逆に、わたし実は昔あそこに住んでいたのですよと言いたくなるような町を作っていかなければいけないと思います。

——イノベーションコースト構想はじめ、廃炉に関する産業や研究を軸にした地域にするという国の方針があり、それは一つのきっかけになるかもしれません。一方で、このままでは「ただ上から降ってくるものを待つ」という話にもなりかねないようにも思います。

遠藤　そうですね。特に住民の目線を入れないままに今後の地域づくりの議論が進んでいるように感じます。たとえば、廃炉のためにロボットを作るということも、確かに必要な技術革新になると思うんですが、ここに今まで住んでいた人たちにどういう雇用が生まれるのか。一部の人には接点があるかもしれませんが、多くの人にとって関係がないのだとすればどうなのか。

　イノベーションコースト構想等々、とても大事だと思いますが、議論するにしても、学識経験者や役所の人だけではなく、もう少し住民の意見や考えも入れて融合させていくということでないと、地に足の着いた計画は作れないと思います。突然新聞で発表されても、「じゃあこれは誰がやるの」となってしまって、せっかく議論して、お金をかけてやっているものが響かない。

　各町村が作っている復興計画のように住民の意見も詰まっている方針もあります。そういったものも参照しながら、意見を集約して皆で分かち合う。そのために、双葉郡や他の避難指示がかかった地域全体の本当の意味でのグランドデザインを作っていく必要があります。

——その点で、いかに30年以上続く廃炉と向き合っていく上での展望は。

遠藤　まず、世界を見れば、計画中のものも含めれば500基、30カ国くらいに原発があります。作るところだけではなく、出口もみる。その技術を確立する上で、この廃炉は大切だと思います。

　その上で、廃炉をしたあとの福島第一原発の土地をどう考えていくのか。全くの更地のままにしておくのか。更地になったところから、未来の技術を使ったエネルギーの生産拠点をもう一度作るのか。つまり、あれだけの港湾施設や送電線もあるので、それを最大限に生かしながら生まれ変わっていくという話もありえます。廃炉と最新の発電施設を両方見られる、世界で類を見ない地域になれば、廃炉の特殊な技術だけではなく、土木建設、メーカー、エネルギーに関係した幅広いエンジニアの地域雇用を継続できる。炭鉱閉山の時代のように、地域が拠点となって技術を別な領域に移行して方向性を切り替えていくわけです。

——なるほど。貴重なお話、ありがとうございました。

遠藤秀文
（えんどう・ひでふみ）
株式会社ふたば代表取締役社長。1971年、福島県生まれ。日本工営（株）で20数カ国の海岸保全、港湾、道路、空港などのコンサルタント業務に13年間携わった後に、双葉測量設計（株）に入社。故郷に戻って3年半が過ぎた時に被災。完成5カ月のマイホームも津波で流失。4月11日に本社機能を郡山市に移転し業務を再開し復興に携わっている。

勇壮な地元の祭り、相馬野馬追

広野町役場前。2016年にはイオンができた（写真：広野町HPより）

事故前と同様に農作業が始まっている

川内村のぶどう畑。復興に向けたワイン作りのプロジェクトが始まっている

オフサイトの歩き方

「福島のために何ができるのか」その問いに、私は「買う・行く・働く」と答えている（詳細は『はじめての福島学』も参照いただきたい）。

そこで生きる人とつながるためには、「だれもが日常の中でしていること」を接続回路にすればいい。5年たって火を見るより明らかなのは、遠くから「フクシマのために」と叫びながら、そこを非日常と悲劇にしばりつけることで政治的・経済的に利用しようとする活動家やデマゴーグは現場で何も達成できないということだ。

ぜひ多くの人にこの地を訪れ、この地で生きる人を見て、交流してほしい。「そんなところへ行ったら大量の被ばくをする！」。

はたしてそうだろうか。

2015年9月に居住が再開した楢葉町。ここで生活し寝泊まりする人が1年間で追加被ばくする線量の平均値は0.70mSv【1】。県外・国外と大差ない。除染や自然減衰など、5年間の中で状況は大きく変わってきた。

「人が住んでいるところはそうでも、原発の近く

Q13 楢葉町に帰還した人が1年間で追加被ばくする線量（推測値）の平均値は？

A13 0.70mSv

（最大値0.99mSv、最小値0.43mSv、中央値0.66mSv。2015年7、8月の値からバックグラウンド値を0.35mSvとして計算）

楢葉町にオープンした「ふたば復興診療所」

1.5kmの沖合から見た1Fの全景

桜の名所、富岡町の夜ノ森公園

写真：吉川彰浩

は異常な放射線の状態が続いているんだろう」。

はたしてそうか。

２０１４年９月に通行再開になった国道６号線を、楢葉町から避難指示がかかった南相馬市小高区まで42・５㎞を通行した時の被ばく量は０・００１２ｍＳｖ【2】。成田からニューヨークまで飛行機で移動した時の被ばく量の１００分の１程度だ。これは２０１４年８月時点の数値だから、それから２年たち現在はさらに下がっている。また、高速道路を通行しても０・０００３７ｍＳｖと、さらに低い【3】。嘘だと思うならば、自分で線量計を持って行って測ってみればいい。

じゃあどこに行けばいいの？　何があるの？　そんな人のために「１Ｆ周辺地域の歩き方」をおくる。

【1】
楢葉町除染検証委員会（第7回）資料より
http://www.town.naraha.lg.jp/information/files/27.9.1%E2%91%A8.pdfより

【2】
「帰還困難区域内等の国道6号及び県道36号の線量調査結果について平成26年 9月12日原子力被災者生活支援チーム」より
http://www.meti.go.jp/earthquake/nuclear/pdf/kokudou6gou_press.pdf

【3】
「常磐自動車道（常磐富岡ＩＣ～浪江ＩＣ間）及びならはＰＡの線量調査結果について―開通前の最終確認結果―」より
http://www.meti.go.jp/earthquake/nuclear/pdf/0227_001a.pdf

オフサイトおすすめ宿MAP

Map data ©2016 Google
1 コモド・イン南相馬
2 ビジネスホテル高見
3 いわなの郷コテージ
4 ビジネスホテルAGORA
5 展望の宿 天神
天神岬温泉　しおかぜ荘
6 双葉邸
7 小松屋旅館
6
Soma
相馬
Minamisōma
南相馬
Okuma
大熊町
Kawauchi
川内村
Tomioka
富岡町
Naraha
楢葉町
Hirono
広野町
49
Iwaki
いわき

① コモド・イン南相馬

1シングル188室

朝食付き、全室バストイレ有り、wifi完備
料金：シングルルーム5800円〜
福島県南相馬市鹿島区小池字原畑31
TEL：0244-26-5356
http://www.comodo-inn.com

② ビジネスホテル高見

全80室

大浴場有り（日帰り入浴可）、
全室無線LAN完備
料金：シングルルーム4320円〜、ツインルーム7000円〜
※大部屋あり（5名まで／宿泊日1週間前までに要相談）
福島県南相馬市原町区高見町2-86-1
TEL：0244-24-5668
http://www.hotel-takami.jp

③ いわなの郷コテージ

全5棟
（5人用コテージ4棟、
10人用コテージ1棟）

キッチン有り、釣り堀隣接
料金：
基本使用料金　5人用コテージ8000円〜、10人用コテージ13000円〜
人数料金　1人2000円〜
福島県双葉郡川内村上川内炭焼場516
TEL：0240-39-0103
http://iwananosato.a-kawauchi.co.jp/

④ ビジネスホテル AGORA

シングルルーム53部屋

2食付き、wifi、コインランドリー有り
料金：6700円〜（長期滞在は5400円〜）
福島県双葉郡川内村上川内瀬耳上265-3
TEL：0240-23-6300

⑤ 展望の宿 天神 天神岬温泉　しおかぜ荘

19室
（各部屋定員2〜8名）

敷地内に温泉、キャンプ場有り
料金：5360円〜
福島県双葉郡楢葉町大字北田字上ノ原27-29
TEL：0240-25-3113
http://naraha-tenjin.net/

⑥ 双葉邸

全77室
（シングルルーム74室、ツインルーム3室）

大浴場、コインランドリー、会議スペース有り。
畳部屋
料金：シングルルーム7000円〜
福島県双葉郡広野町下北迫字二ツ沼45-32
TEL：0240-23-6810
http://www.futabatei.me/

⑦ 小松屋旅館

5室
（各部屋定員1〜5名）

食事付き、別棟一戸建て有り
料金：6500円〜
福島県双葉郡川内村上川内町分211
TEL：0240-38-2033
http://www.nougakujuku.com/komatsuya/index.html

「1Fの近くの様子を見に行ってみたいんだけど、どこかいいとこ教えて」と言われたら、いくつもの食事処と宿とをオススメできる。原発・除染の作業に来ている人が泊まっている宿の雰囲気を知りたい、ということなら⑥。他にもあるが、子ども・女性でも泊まりやすい。キャンプ・バーベキューなら③。2016年には⑥のキャンプ場も再開する。団体で動く場合は、旅館のように使えて食事も出る⑥。③と同じ川内村の⑦は、そばや地ビールも楽しめる。（開沼博）

オフサイトグルメMAP

Map data ©2016 Google
亘理町
Soma
相馬
Minamisōma
南相馬
Okuma
大熊町
Kawauchi
川内村
Tomioka
富岡町
Naraha
楢葉町
Hirono
広野町
Iwaki
いわき
6
49
10 南相馬市鹿島区「セデッテかしま・常磐自動車道 南相馬鹿島サービスエリア」
9 南相馬市原町区「Candy×Candy 2nd」
8 南相馬市小高区「cafeいっぷくや」
7 南相馬市小高区「東町エンガワ商店」
6 楢葉町「武ちゃん食堂」
5 楢葉町「レストラン岬」
4 楢葉町「豚壱」
3 広野町「アルパインローズ」
2 広野町「割烹ふたば」
1 いわき市「常磐自動車道 四倉パーキングエリア（上り）」

① いわき市

「常磐自動車道 四倉パーキングエリア（上り）」

「上り」のみだが、パーキングエリアながらレストランがあり、刺身や名物「メヒカリ」など地元の海産物を使った定食などが食べられる。地元銘菓「じゃんがら」も販売。これは一度に1個食べると口の中が甘くなりすぎるので包丁で切って食べたりするのがおすすめだ。ちなみに、もう一つ北に行った「楢葉パーキングエリア」には食べ物こそないものの、かつてJヴィレッジを訪れたサッカー日本代表の足型などここでしか見られないオブジェも。

営業時間：7時00分～20時00分（軽食、フードコート、ショッピングコーナー）
定休日：無
福島県いわき市四倉町下柳生宮下49-16
TEL：0246-33-3515

廃炉を知るための15の数字

Q14 国道6号線の旧避難指示区域（楢葉町から南相馬市小高区まで42.5km）を自動車で時速40kmで通行した場合の被ばく量は？

A14 1回あたり **1.2μSv**
（2014年9月時点）
高速道路を使った場合は0.37μSv

② 広野町

「割烹ふたば」

広野町の国道6号線沿いにある「割烹ふたば」は地域住民から愛される店の一つだ。メニューは丼から定食、ラーメンまでと幅広い。客層は地元住民や警察官、復興事業従事者が占める。

原発事故後、一時休業を余儀なくされたが、同年7月には早くも営業を再開した。「何もせずに日々を過ごすのが嫌だった」と店主の阿部知示さんは振り返る。再開初日には、話を聞きつけたレトルト漬けの警察官が温かいご飯を求めて訪ねて来たという。

最近の人気メニューは焼き魚定食や焼き肉定食など。おいしいご飯で元気をつけて、相双地区探索に繰り出したい。

営業時間：11時00分～15時00分
定休日：日曜日
福島県双葉郡広野町大字上浅見川字切通9-4
TEL：0240-27-3233

③ 広野町

「アルパインローズ」

アルパインローズは広野町の国道6号線沿いにある二ツ沼総合公園内にある。

このレストランを経営するのはサッカー日本代表帯同シェフの西芳照さん。JFAのサッカーナショナルトレーニングセンターであったJヴィレッジの総料理長だった。

原発事故が発生しJヴィレッジは1F収束の最前線基地となった。芝が生えたピッチには鉄板と砂利がしかれ自衛隊や消防の車両や重機がとまり、施設中にタイベックを着た人々があふれていた。かつてはホテルの客室だった部屋もすべて会議室や関係企業の休憩所に。レストランも例外ではなかった。

再開の見通しも立たない中、「温かい料理を出してあげたい」と弁当の仕出しをはじめ、半年後にはJヴィレッジで「ハーフタイム」を再開。11月には広野町の第三セクター運営の施設を借り受けて「アルパインローズ」を開業。その名はかつてのJヴィレッジ内のレストランの名前だった。

サッカー日本代表元監督のトルシエが命名した「マミーすいとん」が名物。今は夜に酒を飲みながら食事をする地元の人や復興事業従事者が多い。

営業時間：
昼　11時30分～13時30分
夜　18時00分～21時30分
※土日はランチのみ
定休日：月曜、金曜日
福島県双葉郡広野町大字下北迫字二ッ沼46－1
TEL：0240-27-1110

④ 楢葉町「豚壱」

楢葉町南部、現在、双葉警察署の臨時庁舎として使われる「道の駅ならは」に隣接する。ランチ営業のみ。メインの豚丼の他、焼き肉定食、生姜焼き丼など、いずれのメニューもボリュームたっぷり。カウンター席と座敷と席数は多いが、工事関係者中心に大人気のため待つのが必要なこともしばしば。20分以内に食べきれば3000円返金の大食いチャレンジもある。

この店を経営するのは富岡町の中心地に店を構えていて、原発事故後、営業を停止せざるをえなくなったうなぎ屋「押田《おしだ》」。創業明治元年の老舗だ。双葉郡の住民に長く親しまれてきた名店は2015年2月に解体されてしまったが、その味は甘じょっぱくも癖になる豚丼のタレに引き継がれている。

営業時間：9時30分～14時00分
定休日：土日
福島県双葉郡楢葉町山田岡大堤入7-1
TEL：024-025-1310

⑤ 楢葉町「レストラン岬」

福島第一原発から南に17kmほど。楢葉町最大の観光スポット「天神岬スポーツ公園」内にあるレストラン。原発事故後、4年半にわたって営業停止していたが2015年9月19日に再開。メニューにはみちのく高原豚ステーキ、刺身定食、寿司などの他、宴会コースもあり、原発事故後、メインの顧客である工事関係者向けにカスタマイズしていった他の飲食店よりも観光客や家族連れなどは入りやすいかもしれない。

天神岬は、町の復興拠点に位置づけられており、研修や会議目的

の利用も想定されているため被災地視察の際に活用するのもおすすめだ。

レストランと並んで特筆すべきなのは、「展望の宿天神」と「天神岬温泉しおかぜ荘」だ。

「展望の宿天神」は震災前からあった宿泊施設を全面リニューアルしたもので、通常の客室の他、ロッジやコテージもある。さらに、「天神岬温泉しおかぜ荘」は源泉100%、黒褐色のぬるぬるとした塩化物泉で福島第一原発にもっとも近い本格温泉だ。原発事故後も立ち入りに許可が不要になってからは、一時的に帰宅して家の掃除などをする住民向けに開放されて親しまれてきた。露天風呂、サウナもあり、日帰り入浴も可能。もちろん入浴料を払えば誰でも入れる。

原発事故後、福島第一原発周辺地域には、工事関係者向けの宿は新たに建設されたものも含めて無数にあり常に満室に近い状態にあるが、一般観光客向けの宿が再開する見通しはほとんど立っていないのが現状だ。そんな中、2016年からはキャンプ場も営業再開を予定しており、避難地域12市町村の中では数少ない宿泊をともなう観光の拠点となっていくことは間違いない。

営業時間：
朝　7時00分～8時45分（要予約、主に宿泊者用）
昼　11時00分～14時00分
夜　18時00分～20時30分（要予約、主に宿泊者用）
定休日：無
福島県双葉郡楢葉町大字北田字上ノ原27-29
TEL：0240-25-3113

⑥楢葉町 「武ちゃん食堂」役場前店

楢葉町の老舗の食堂。2014年7月31日から営業している国道6号線沿いの仮設商業共同店舗「ここなら商店街」で営業している。のれんをくぐると、「いらっしゃいませ」と店主の佐藤茂樹さんと妻美由子さんが元気よく客を迎える。ラーメンなど幅広く扱うが、人気メニューは震災前からの変わらぬ人気を誇る「ニラレバ定食」。同店オリジナルのタレがおいしさの秘訣《ひけつ》だ。

現在の仮設店舗で営業再開したばかりのころは、仕入れ環境が整わずメニューが限られていたが、この「ニラレバ定食」はやはり外せなかった。

震災と原発事故前は竜田駅前の店舗で営業しており、地元住民や通勤、通学の駅の利用者が多く利用していた。現在の客層は地域住民をはじめ、近くの町役場の職員や復興事業従事者などが多くを占める。

現在、竜田駅前の店舗の修繕の準備を進めている。「早くもとに店に戻って仕事をしたい」と佐藤さん夫婦は語る。将来、竜田駅に足を運ぶ旅行者にも愛される店になるだろう。

営業時間：10時00分～15時00分
定休日：毎週日曜日
※お盆休み：お盆期間中も日曜日のみ休み
福島県双葉郡楢葉町大字北田字鐘突堂5-6

⑦南相馬市小高区
「東町エンガワ商店」

2015年9月28日に開店した日用雑貨品や食料品などを扱う仮設店舗。小高区での営業再開を目指す事業者などの共同オフィスや「おだかの昼ごはん」などを手掛ける「小高ワーカーズベース」などが一時帰宅者や帰還準備者のサポートを目指して運営する。店内ではトイレットペーパーや洗剤などの雑貨や飲料水、弁当、パンなどを扱う。震災前に小高区で人気だった「菓子工房わたなべ」のシュークリームなどもあり、よく売れている。

客層は小高区に戻った住民や復興事業従事者など。お昼時ともなれば多くの人で混雑する。

スタッフは5人で、東京で商社マンをしていた常世田隆さん（56）と小高区出身の若者、門馬裕さん（28）の二人がマネジャーを務めている。お客さんの動きを読み、区内の自宅に短期滞在する人のために卵も10個パックでなく6個パックを扱うようにするなど、気配りが行き届いている。近頃は酒類も扱うようになった。中には、福島県内産の地ビールもあり、お土産品にピッタリだ。

日用雑貨と食品を扱うのは小高区では現在ここだけなので、小高区に帰還している人のほとんどはこの店を訪れる。避難でバラバラになった住民同士が再会し、「元気だった⁉」と談笑する姿が時折見られる。

営業時間：9時00分～19時00分
定休日：日曜日
福島県南相馬市小高区東町1-23
TEL：0244-32-0363

⑧南相馬市小高区
「cafeいっぷくや」

小高区役所の一角でお昼時に営業するカフェ。市内のベーカリーで焼いたパンやお弁当などを扱う。平成25年から営業開始。震災後の小高区で食料品を扱い始めたのはここが最初だった。運営するのは南相馬市で障害者サポートをしているNPO「ほっと悠」。特筆すべきは、扱うパンのほとんどが市

内の高校の購買部で扱っていたのと同じであること。市内の高校に通った筆者としては懐かしいラインナップだ。生クリームとジャムが入った四つ割りパンは是非おすすめしたい。

時折、住民同士の音楽会などのイベントも開いており、遭遇したら、温かい拍手を送ってほしい。

営業時間：11時00分～14時30分
定休日：土・日・祝日
福島県南相馬市小高区本町2-78
TEL：080-3321-9931

⑨ 南相馬市原町区
「Candy×Candy 2nd」

「おつかーっす！」とハイテンションに客を出迎えるのは店主の井出百合子さん。常連客からは「ゆり姉」の愛称で親しまれている。自称「日本一売れない女優」、6年前から国内外の映画、ドラマに出演している。その縁でか、同店のレイアウトはNHKドラマ「live love sing」の舞台のモデルにもなった。

常連客は地元の「若者」が多くを占める（中年になりきれない30～40代も含む！）。中には、南相馬に駐在するマスコミ関係者や復興事業従事者も。多様な職種の同年代が集まり語らう姿を通じて、等身大の南相馬市を知ることができる。時折店主の井出さんと常連客が即興芝居を披露するなど愉快なアトラクションも盛りだくさんだ。

店のキャパを考慮し、一見さんのビジターが行く際は、多くとも2、3人までが望ましい。

営業時間：19時00分～24時00分
定休日：不定休
福島県南相馬市原町区栄町1-17
TEL：0244-23-0405

⑪ 南相馬市鹿島区
「セデッテかしま・常磐自動車道 南相馬鹿島サービスエリア」

ガソリンスタンド、トイレなどある普通のサービスエリアだが、隣接するのは南相馬市が管理運営する「セデッテかしま」。ここは食堂、土産物ともに充実しており地元の産直野菜の他、「なみえ焼そば」や「凍み天」（凍み餅を揚げたもの）、アイスまんじゅうなど相双地域の名物オールスターと言っても過言ではない品揃え。地元随一の祭と言ってよいだろう、相馬野馬追に関する展示も見ものだ。

営業時間：8時00分～20時00分
※お食事処11時00分～20時00分
（19時00分オーダーストップ）
定休日：無
福島県南相馬市鹿島区小山田
TEL：0244-26-4822

文・写真・マップ監修

六角高雄（ろっかく・たかお）
南相馬市出身の二十代男性。原町高出身で、職業は「人にものを教える仕事」。

福島浜通り南部サーフスポットMAP

楢葉町

① 木戸川河口
秋がベストシーズンだが、本州有数のサケの漁獲量で知られサケが遡上する10、11月はサーフィン禁止。

② 岩沢
うねり、南風で良い波が立つ。津波の影響のため崖上で通行止め。車を止めて数分、歩く必要あり。

いわき市

③ 四倉
北寄りの風が適している。遠浅のビーチ。ビギナーから上級者まで楽しめる。海岸工事のため駐車場が使えず、近くの道の駅よつくら港駐車場から徒歩数分。波が荒いときは港湾内でSUP（スタンドアップパドルボード）を楽しむ人も。

※SUP（スタンドアップパドルボード）愛好者は現在、市内に約20人。どこでもできるが、ほかに夏井川や鮫川などでクルージングを楽しむ人も。

④ 沼ノ内
南寄りの風が適している。エキスパート向きの波質。波打ち際に波消しブロックがあり、危険なポイント。※護岸工事のためポイントの消滅が懸念される。

⑤ 豊間
北よりの風が適している。海岸線が広くビギナーから上級者まで楽しめる。北側の仮設駐車場は2016年1月に山側へ移設予定。

⑥ 二見ケ浦
南よりの風に適している。リーフとビーチが混在したポイント。ショートからロングボードまで楽しめる。中級者以上。
※護岸工事のためポイントの消滅が懸念される。

⑦ 永崎
北よりの風が適している。海岸工事で駐車場はない。若者が多いポイント。

⑧ 神白
北よりの風が適している。リーフとビーチが混在したポイント。ビギナーから上級者。

⑨ ウェストコースト
北よりの風が適している。南部の鮫川河口まで広いビーチでビギナーから上級者まで楽しめる。南うねりで他のポイントがクローズでも、利用できることがある。

浜通りはサーフィンの名地でもある。
その波を目当てに県内外から浜通りを訪れる者は多く、世界大会も行われてきたほどだ。事故後、護岸工事などの影響で立ち入りできない浜も残る。「急に波乗りができなくて、肌が白くて太ったサーファーが激増した」「漁業が止まっていて魚が増えたからかイルカを目撃した」なんていううわさ話もある。5年たった今、海沿いを車で走れば海面のそこかしこにサーフボードが漂っていることに気づくだろう。首都圏から日帰りで通う者も多い浜通り南部の主要サーフスポットを紹介する。

文・写真・マップ監修

中村靖治
（なかむら・せいじ）
報道カメラマン・記者。1972年、埼玉県生まれ。海の近くに住む生活に憧れ、いわき市に移住。波乗りがライフワーク。

COLUMN

福島浜通りサーフィン事情

「岩沢」の伝説サーファー

中村靖治

海の解除日に波乗り集結

東京電力福島第1原発事故の発生からおよそ1年5カ月後の2012年8月10日、福島県楢葉町の警戒区域が解除された。多くのマスコミが詰めかけた深夜の午前零時、国道6号線でマスク姿の警察官が検問所を開放したわずか4時間後。夜が明けきらない近くの岩沢海水浴場にタンクトップやTシャツにビーチサンダル姿の男たちが降り立った。

立ち入りが可能になった陸側の解除に比べ、注目度が低い海域の解除を人知れず心待ちにしていたのは地元のベテランサーファーたちだった。広野町のガンちゃんこと坂本巖《さかもとがん》さん（53）とカッちゃんこと鈴木一司《すずきかずし》さん（54）、富岡町のオサムちゃんこと関根《せきね》乃《おさむ》さん（54）の3人。互いに連絡を取り合うことなく「あうんの呼吸」（ガンちゃん）で海岸に集まった。

太平洋沖で8日に発生した台風12号は福島県沖を北上してこの日、岩手県沖まで接近。南よりの風が吹く岩沢海水浴場にはうねりの影響で頭オーバーの大波が押し寄せていた。「ようやく戻ってこられた」。ガンちゃんらはホームポイントに入れる喜びをかみしめながらウエットスーツに着替え、だれもいない貸し切りのビーチで飽きることなく、地元の波を満喫した。

「久しぶり」。翌11日早朝には、金沢市から駆けつけたかつての波乗り仲間も加わり、4人が集結。前日から続く大波のパワーでオサムちゃんのボードが折れたが意に介さず「洗礼みたいなもの」とニッコリ。この日は地元の若いサーファーらも合流し、海岸に塩と酒を撒いて清めの儀式を行った。

1970年代後半、マッシュルームカットだった19歳のガンちゃんは当時住んでいた東京でサーフィンを知り、Uターン後は地元の海に通った。当時、福島県内のサーファー人口は少なく、双葉郡南部は未開の地。有名なビーチに通いつつだれも知らないポイントを探る日々が始まった。

福島におけるサーフィンの黎明期、よく知られた海岸は大熊町の熊川河口や浪江町の請戸、富岡町の小良ケ浜、いわき市の七浜などで、良い波が立つ日には県内中のサーファーが集い、ほぼみな顔見知りとなっていた。

ガンちゃんら3人は80年前後にサーフィンの魅力にはまった同期。「今日の波、明日は来ない」を合い言葉に、波が良い日には会社を休むこともあった。ウエットスーツをなかなか買えず、海水パンツで海に入ると夏でも2時間ほどでくちびるは真っ青に。毎日、仕事前と後に海へ通い、腕を磨き続けた結果、それぞれが大会で優勝するほどの実力を身に付けた。

あの頃のトップシークレット

技を習得すると同時に、これまでだれにも知られていなかったポイントも探した。双葉郡の南部でもっとも大きな発見は楢葉町の岩沢だった。原発事故後は作業員の拠点として有名になった、サッカーのナショナルトレーニング施設Jヴィレッジからほど近い崖の下にある。

岩沢は、74年に始まった東京電力広野火力発電所の建設で、断崖絶壁の海岸線が一変。南端に延びる防波堤が海中の漂砂を陸側に運び大きな砂浜を形成、サーフィンに適した遠浅のビーチを作り上げた。3人は未舗装の道路を崖の上まで車で乗り付け、ボードを持って急斜面のやぶの中を滑り降り、海へ通った。

ようやく見つけたホームポイントは、3人にとってトップシークレットだった。だれもいない遠浅のビーチは、南風と北うねりがヒットするときれいなレギュラーの波が延々と続く楽園だった。「南風が吹くとこれまで来ていた3人の姿が見えない」。サーファーの間にうわさが広まり、岩沢は3人の発見から約1年後、多くの人に知られることになる。

遠浅で穏やかな海は一般の人にも評判になり85年には楢葉町が海水浴場として開設。毎年夏には多くの家族連れらが訪れる町有数の観光スポットになった。さらにサーフィン雑誌で「知られざるポイント」として紹介されると、岩沢の波は全国のサーファーから垂《すい》涎《ぜん》の存在として見られるようになった。

ガンちゃんらが暮らす福島県の海沿いを総称する浜通り地方には、首都圏の電力を賄うため多くの発電所が並んでいる。71年に東京電力福島第一原発、80年に広野火力発電所、82年には福島第二原発が運転を開始した。

地域にはたくさんの東電社員が暮らしており、さまざまな場面で住民との交流が生まれた。「サーフィンをやってみたい」。原発事故が起きる前の2007年ごろ、ガンちゃんらは東電幹部から相談を受けボードを譲ったことがある。

ガンちゃんらの手ほどきを受けたその幹部はある日、テイクオフで失敗。顔にボードを当てて口の中を大きく切った。大けがをしたにもかかわらず、その後も数回、波乗りを楽しみガンちゃんらとバーベキューや酒席を楽しんだという。

原発事故後、それまでの平穏な日常が崩れ去った浜通り地方は、避難区域を抱え、多くの住民が避難を余儀なくされている。汚染水問題で海から離れたサーファーも多い。しかし3人は今も岩沢を中心に地元の海に通う。「おれらじじいから率先して海に行かないと」。3人は天気図を眺めながら、ビッグウェーブを求めて35年前と同様に海岸沿いを走り回っている。

35年前の（左から）ガンちゃん、カッちゃん、オサムちゃん

海の警戒区域が解除になり、岩沢で波乗りを再開した（左から）オサムちゃん、カッちゃん、ガンちゃん

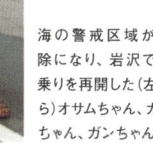

COLUMN

福島の海の現状

うみラボ調査の結果から

小松理虔

　福島第一原発沖の海は今、いったいどうなっているのだろう。少し心配に思っている方も、この本の読者の中にはいらっしゃるかもしれません。新聞やテレビにたまに出るニュースが「汚染水が流出した」とか、「漁業が立ち行かない」とか、とにかくネガティブな報道ばかりでしたので、事故当時のイメージが固定してしまっている方も多いと思います。

　そこで本稿では、筆者自身が有志たちと企画している、福島第一原発沖の海洋調査の結果などをもとに、原発沖の海域が今どうなっているのかをお伝えしたいと思います。福島の海についての認識を、ぜひここでアップデートしてください。

　2012年の冬から、有志たちと「いわき海洋調べ隊 うみラボ」という民間の海洋調査チームを組んで、福島第一原発沖の魚の放射線量などを測定する活動をしています。これまでに15回の調査を行い、100を超えるサンプルを測ってきました。東電や政府、自治体が行っている調査に比べてサンプル数は少ないものの、公的データを検証するための「セカンドオピニオン」として活用するには充分なデータが集まってきたと感じています。

　調査についてざっくり説明すると、春から秋の間、毎月1回ほど、双葉郡の漁師の協力を頂き、船で福島第一原発沖に向かい、1・5km沖で海水、海底土、魚などを採取しています。なぜ1・5kmかというと、1・5km圏内は「東電の敷地」という扱いになっているためです。そこに入らない1・5km～10km沖までの範囲で、ヒラメやアイナメ、メバルといった沿岸に生息する魚を釣り、放射性物質を計測しています。

　なぜヒラメやアイナメなどを狙うかというと、福島第一原発沖にもっとも近いところに生息している魚であり、原発事故直後には1kgあたり数万ベクレル級のセシウムが検出されたからです。

　こうした魚は国の出荷規制がかかっており、現在も私たちの口に入ることはありませんが、汚染の状況を調べるためには最適の魚種でもあります。もちろん、「釣って楽しい魚」であるということも重要です。

　放射性物質の計測については、全面的にいわき市小名浜の水族館「アクアマリンふくしま」に協力頂き、「ＮａＩシンチレーションスペクトロメータ（簡易型放射能測定装置）」という検出器を用いて、放射性物質の量を計測しています。

　計測やデータの評価については、獣医の富原聖一先生が詳しく解説してくれるため、私たち一般人も、かなり詳しく魚の汚染状況について理解することができます。なお、

福島第一原発沖、1.5kmからの1Fの眺め。この周辺で採取した魚や海水、海底土を分析している（写真提供：うみラボ）

この放射性物質の計測は、「調べラボ」というイベントとして開催されており、一般の方も見学することができます。

福島県全体の概況

福島の海は、全体として回復傾向にあることは確かです。高濃度汚染水が流出した直後の月は、サンプルとして漁獲した魚のうち実に9割から、国の基準値である100Bq／kgを超える放射性物質が検出されていました。ですので「最初から全然問題なかった」わけではありません。しかし、事故から間もなく5年という現在、多くの魚が代替わりし、あるいは生き残った魚からの排出が進んだ結果、基準値を超える放射性物質が検出されるような魚の割合は0・1％以下にまで減っています。つまり、国の基準値を超えるような魚を見つけるほうが難しくなっているということです。

安全性の確認された魚種については試験的に漁をして小規模に流通させる「試験操業」も始まっていて、県内のスーパーや鮮魚店などを中心に、県産の魚介類が出回っています。試験操業の対象魚種は72種類（2015年12月21日現在）と少しずつ拡大しています。まだまだ漁獲量が少ないので本来の福島の漁業の規模ではありませんが、徐々にかつての姿を取り戻し始めていると言っていいでしょう。

試験操業の対象になっているのは、ツブやホッキなどの貝類、エビ・カニなどの甲殻類、イカ・タコなど軟体動物、それからイワシやサバなどの回遊魚や、メヒカリやキンキなどの沖合の魚などで、これらは「セシウムを溜めにくい／排出しやすい」などの生物学的理由に加え、度重なるモニタリング調査で不検出が続くなどの状況証拠が積み重なったうえで対象魚種に選ばれます。

試験操業において福島県漁連は、国の基準値よりも低い「50Bq/kg」を自主基準に設定しており、上記のようなモニタリング調査を行った上で、かなり慎重に対象魚種を選んでいます。このことから、流通している魚については、安全性は確認されており、ぜひ皆さんに安心して召し上がって頂ければと思っています。試験操業については、福島県漁連などのサイトに詳しく掲載されていますので、そちらもご覧下さい。

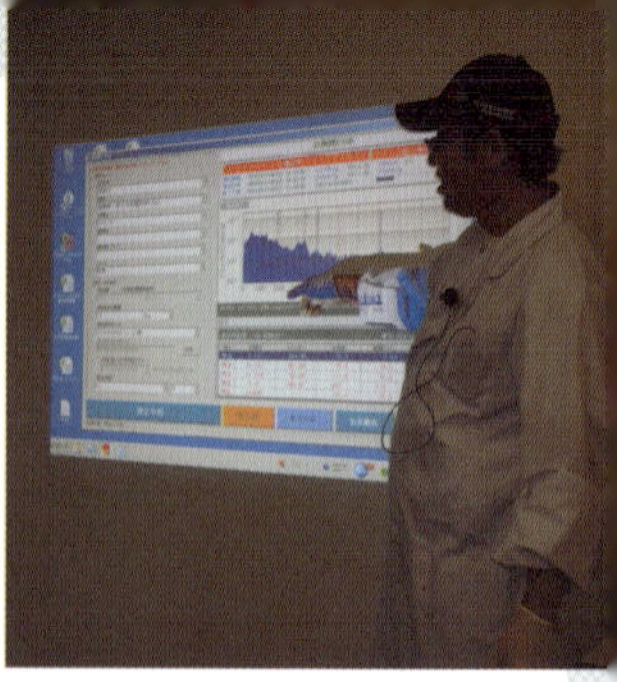

計測結果は「調べラボ」として報告。数値を知ることで見えてくるものがある

うみラボ調査の結果から

さて問題は、国から出荷制限がかかって流通していない魚です。なぜ出荷制限がかかっているかといえば、まれに国の基準値を超える放射性物質が検出されるからです。このためうみラボでは、あえてこのような魚に着目し、原発近傍の海域で採取したうえで、自分たちで放射性物質の計測を行ってきました。

2014年、2015年と、我々の調査でもっとも釣れた魚がヒラメでした。ヒラメは浅い海域の海底に生息する魚であることから、原発事故直後かなり高い放射線量を記録しており、現在も出荷規制がかけられています。このため「汚染されている魚」というイメージを持っている方も多いかもしれませんが、実際にはかなり回復してきていることがわかってきました。

2014年は、セシウム合計で138Bq/kgを検出したものもあり、全体のうちND（不検出）となったものは40%にとどまっていましたが、今年はNDとなる率が68%となっており、検出される数値も全体的に低くなってきていることがわかります。

また、調査の結果、体の大きなヒラメからセシウムが検出されやすいという傾向がわかってきました。なぜかといえば、大きなヒラメは「震災前生まれ」だからです。震災前生まれのヒラメは、原発事故当時すでに成魚となっていて、震災直後に放出された高濃度汚染水の影響をまともに受けたのです。

これに対し、震災後に生まれた小さめの個体は、放射性物質がすでに希釈された海で育っているため、ほとんどの場合はND、検出されても数ベクレル程度にとどまります。

アクアマリンふくしまの富原獣医の協力で、魚の年齢がわかる「耳石《じせき》」という器官を鑑定して頂き、データと照らし合わせたところ、震災前生まれのうちでも、「7歳以上の個体」から比較的セシウムが検出されることがわかってきました。7歳以上の個体は成長しきって代謝が弱くなっているため、セシウムが排出されず残っていると考えられます。

現在5歳程度のヒラメだと、震災時すでに生まれてはいたものの、その時点では「幼魚」であったため、代謝も盛んで、その後の成長過程でセシウムの排出が進んだものと見られます。このため現在では、検出されても数ベクレル程度に収まっています。

ヒラメに対して、まだ少し心配なのがシロメバルという魚です。今年は9試料を計測していますが、9試料のうちNDだったのは1試料のみ。中には国の基準値を超える106Bq／kgを検出した試料もあり、やはり福島県沿岸で獲れる魚のうち、もっとも高い線量が検出される魚種と言ってよいかと思います。（※メバルの場合は、魚体が小さめであるため、一回の測定に必要な筋肉の量を1尾だけで確保することが難しいため、4～6尾分の筋肉を使います。このためうみラボではメバルをかなりの数釣りました。）

なぜメバルから高い放射線量が検出されるかというと、（1）沿岸の海底に棲んでいる、（2）あまり移動しない、（3）長寿であるから。つまり、原発事故直後に放出された高濃度汚染水の影響をまともに受けたうえ、ずっとそこにとどまり続け、なおかつ、その影響を受けた5歳以上の個体がまだまだ現役で生きているということです。

寿命の短い魚は、仮に高濃度汚染水の影響を受けても2、3年で寿命を迎え、代が入れ替わりますので、現在漁獲されるものは「震災後生まれ」になります。放射性物質の希釈が進んだ海で育っているため、ほとんど汚染されていません。ところが、寿命の長いメバルのような魚だと、当時体内に取り込んでしまったセシウムが排出されないまま生き延びているわけです。

ここまでの説明をまとめると、次のような結論になるでしょう。

2016年春現在、福島の海は大幅に回復が進み、小規模ながら試験的な漁が再開され、県内の魚屋には県産の魚が並んでいる。事故当時高線量を記録していたヒラメも、放射性物質の排出が進んでおり、50Bq／kgを超えるような個体は見つかりにくくなった。さらに、最も線量が高い魚種の一つであるメバルも、100Bq／kgを超えるようなものはかなり稀《まれ》になっている。

総じて言えば、福島の海は回復傾向にあります。注意しなければならない魚種も、上記のようにだいぶ絞られてきています。東電の汚染水対策が進み、放射性物質が海に流れ込むのを封じ込めることができれば、さらに回復は進むでしょう。

とはいえ、ストロンチウムや、セシウムの生物濃縮、食物連鎖などが気になる方もいるかもしれません。そこで少し、そのあたりのことにも触れておきます。

ストロンチウムは大丈夫？

私たちはストロンチウムを計測できる検出器を持っておらず、また、セシウムの量とストロンチウムなど他の核種の量の間には一定の比例関係があると言われ、セシウムを測るだけでも充分いろいろなことが理解できるので、毎回計測しているセシウムで評価をしています。

もし、詳しいデータを知りたいという場合は、水産庁にストロンチウムの調査結果が公開されていますので、気になる方はそちらを見て頂くのがよいかもしれません。

それによれば、第一原発に近い富岡沖で2015年に漁獲したシロメバル2尾から、それぞれ0・049Bq／kg、0・043Bq／kgのストロンチウム90が検出されています。1Bqの100分の4ですので、いかに微量かがわかると思います。

ちなみに、そのシロメバルから検出されたセシウムは、合計でそれぞれ8・5Bq／kg、9・1Bq／kgでした。福島県沖で最も線量の高い魚種の一つであるメバルでこの状況ですので、他の魚種についてはさらに低くなることが予想されます。トリチウムなども含め、自治体が発表するデータなどと比較したうえで、判断材料にして頂くのがよいでしょう。

セシウムの生物濃縮は？

これは「浸透圧」を考えるとよくわかります。浸透圧とは、細胞膜で隔てられた濃度の異なる二つの溶液の間で、濃度の低い方から高い方へ水が移動する力のことをいいます。生物の細胞の塩分濃度は約0・9％、海水の塩分濃度は約3・5％なので、海水が魚の体に触れると、細胞内の水が外に流れ出してしまい、脱水状態になり死に至ってしまいます。

このため海水魚は、脱水症状にならないよう、失われた水分を補うためにたくさん海水を飲みます。ただ、海水にはたくさんの塩類が入っているため、それを排出する機構が海水魚にはあり、余分な塩類はエラや腎臓などで排出されるのです。そのため海水魚の肉（刺身）がしょっぱくなることはありません。実はセシウムというのは塩分に含まれる「カリウム」と性質が良く似ているため、魚は塩分と一緒にセシウムも吸収してしまうのですが、塩分と一緒にエラと尿によって盛んに排出されます。要するに、魚の身がしょっぱくならないのと同じ理由で、海水魚の体内では生物濃縮は起きづらいと考えられているわけです。「震災直後はセシウムが多く検出されたが数年で下がった（排出された）」というデータとも整合性がつきます。

海底土からの影響は？

うみラボでは、過去に何度も海底土の線量を計測していますが、調査当初は1キロあたり数百ベクレルほどの海底土が見つかったものの、時間の経過とともに下がってきており、最新の調査でも、原発沖1・5㎞沖の海底土がセシウム合計57・9Bq／kgと着実に下がってきています。海水に関しては、自前の計測器では放射性物質が計測されることはありません。

また、私たちの調査結果と、東電・自治体のデータが大きく異なるわけではないため、それらのデータも十分信頼できるものとして扱ってよいと評価しています。

もちろん、原発構内に泳いでいって放射性物質を吸収してきてしまう魚もゼロではありませんし、震災後生まれであっても、現在の環境からの影響を受け、1キロあたり数十ベクレルのセシウムが検出されることもあります。ごくまれに100Bq／kgを超える個体も見つかっていますので、福島県沖の魚すべてが安全だということではありません。

しかし、原発事故直後のような状況では全くありませんし、「福島の魚」と一口に括《くく》ることなく、魚種や生態、食性や年齢を科学的に分析していくことが、今後も求められると考えています。

できれば、楽しく、面白く、そしておいしくそれらを展開していくことが、私たち「うみラボ」の目指すところです。冬期中断している調査も、春から再開します。行ってみたい、釣ってみたいという方はぜひご連絡を。

小松理虔（こまつ・りけん）
1979年いわき市小名浜生まれ。フリーライター。福島テレビ報道部記者を経て上海へ移住し、日本語情報誌の編集・ライターとして活動。帰国後は、木材商社、蒲鉾メーカーなどで広報職を歴任し、2015年に中小企業や生産者の広報PRを支援する「ヘキレキ舎」を立ち上げ独立。地域に根ざしたさまざまな企画・情報発信に携わる。

いわき海洋調べ隊「うみラボ」

空間線量の測定

使用機器　日立アロカ　TCS-172

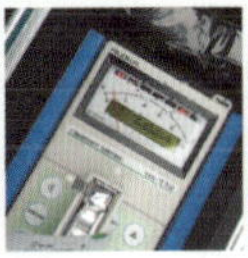

0.01μSv/h ～ 0.03μSv/h

解　説

原発から1.5kmの近い距離でも海の上だと低い数値になります。
海の上では地面（海底）からの放射線は海水により遮蔽され放射線量は低くなります。

海水の測定

使用機器　日立アロカ　CAN-OSP-NAI

2013.11.3
検出限界未満

解　説

使用している機器の検出限界が7Bq/ℓほどなので検出限界未満となっています。東京電力福島第一原子力発電所の港湾内でもCs137でND～3.3Bq/ℓ（2015年5月2日測定）ですので、1.5km沖の海水ではアクアマリンふくしまが所有する機器では検出できません。

参　考

東京電力のホームページ
福島第一原子力発電所周辺の放射性物質の分析結果

http://www.tepco.co.jp/decommision/planaction/monitoring/index-j.html

海底土の測定

使用機器　日立アロカ　CAN-OSP-NAI
60℃　48～72時間乾燥

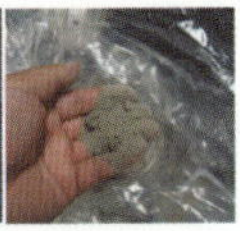

	Cs合計
2014.7.19	283Bq/kg
2014.8.17	248Bq/kg
2014.11.9	270Bq/kg
2015.4.19	53Bq/kg
2015.5.16	183Bq/kg
2015.7.4	83Bq/kg
2015.8.9	102Bq/kg
2015.9.6	91Bq/kg

解　説

原発前の底質は太平洋に面していることもあり、泥ではなく砂です。砂は粘土に比べて放射性物質を吸着しづらいので、粘土を多く含んだ陸上の土と比べて線量は低くなります。2015年の調査では前年と比べて低い値になっていますが、冬季の海荒れと関係しているのかもしれません。継続的な調査が必要です。

魚の測定

数値はCs134とCs137の合計
使用機器　日立アロカ　CAN-OSP-NAI

一般食品の基準値　100Bq/kg

ブリ

2014.8.17～2015.10.17
6試料すべて
検出限界未満

解　説

ブリは回遊性魚類なのでそれほど汚染されていません。特にイナダサイズのブリは当歳魚なので事故直後の汚染水の大量流出の影響を受けていません。

キツネメバル

2014.11.9	86Bq/kg
2015.4.19	検出限界未満
2015.8.9	17Bq/kg
2015.9.6	20Bq/kg
2015.10.17	22Bq/kg

解　説

キツネメバルは根魚でほとんど移動しません。また、寿命も長く事故前生まれの個体もまだ見つかります。事故前生まれの個体だと、事故直後の汚染水の大量流出の影響がまだすこし残っているようです。

ヒラメ

2014年　15試料
N.D.（6）～138Bq/kg
2015年　19試料
N.D.（15）～29Bq/kg

解　説

ヒラメは底魚ですが結構移動する魚です。また、成長が早い魚で4歳で60㎝2.5Kgとなります。現在はほとんどが事故後生まれですので原発前の海域でもNDとなることが多いです。

ハナザメ

2014.8.17
26Bq/kg
2015.8.9
8Bq/kg

解　説

サメの仲間は普通の硬骨魚類と違い放射性セシウムを蓄積しやすい魚です。福島県沿岸には夏になると当歳魚が来遊します。当歳魚ですので数値はその時の原発前の海洋汚染を反映しています。

アイナメ

2014年　3試料
N.D.（1）～34Bq/kg
2015年　19試料
N.D.（11）～46Bq/kg

解　説

調査で釣獲されるアイナメはほとんどが事故後生まれとなっており、事故直後のような大きな汚染は見られなくなりました。ただ、小型の個体は浅い海域を好むので、少し汚染された個体も見つかるようです。

シロメバル

2015年　9試料
N.D.（1）～106Bq/kg

解　説

寿命が20年以上。根魚でほとんど移動しない魚です。現在でも事故前生まれの個体が多く見られます。そのため事故直後の汚染水の大量流出の影響が最も残っている魚です。

「うみラボ」では上のような活動をしている
詳しい活動の様子は公式サイトでチェック！

いわき海洋調べ隊「うみラボ」公式サイト
www.umilabo.jp

COLUMN

相馬の釣り事情

鮫川隆星

オススメ！①
～相馬市相馬港・松川浦漁港での海釣り～

福島県の北東部に位置する相馬市。その沿岸部は、昔から釣り好きが集まる人気スポットとなっている。その魅力は、なんと言っても種類が豊富な魚たちが港で簡単に釣れてしまうことだ。

5年前、津波により港は大きな被害を受けたが、現在では護岸工事や漁港の整備が進み、ほぼ震災前の姿に戻っている。

漁港がある松川浦は、県内唯一の潟湖《せきこ》で、海水と淡水がまじり合うため魚介類が多く棲みついている。河口から外海にかけて漁船の水路や岩礁地帯があるため、釣り場となるポイントがあちこちに点在する。

また、相馬港は、工業港だが岸壁がきれいに整備されていて、車で立ち入れる場所もある。大型船が係留するため水深が深く、小物から大物が揃い、夏場は回遊魚が群れで入ってくる。

松川浦漁港・相馬港ともに一年を通して釣りが楽しめる。春は、ハゼやカレイ、アイナメやクロダイなど。夏から秋は、青物のサバやアジ、イワシ類のほか、スズキや回遊魚のヒラマサ、カンパチなど大型魚も狙える。冬は、脂の乗ったヒラメやカレイ、アイナメに加え、鍋にもってこいの肝が美味しいドンコが釣れる。

特にオススメなのは、夏の夜のアナゴ釣り。松川浦漁港周辺の堤防から魚の切り身などをつけた仕掛けを投げ入れ、鈴がなるまで夜風に当たりながらビールを楽しむ。家族連れで夜釣りを楽しむ人たちや全力でアナゴ釣りに挑む地元のおじさんと会話しながら一夜を過ごすのも悪くない。晴れていれば視界が開けているため流れ星も多く観察することができる。

エサのアオイソメをつけて仕掛けを入れたら何かが釣れるのが相馬の海。釣れなくても大丈夫。そのときは、松川浦の言葉を失うほどの美しい朝日と夕日が心の傷を癒してくれる。

オススメ！②
～相馬沖での船釣り～

震災・原発事故のあと、何かと厳しい視線を向けられている福島の海だが、震災前は「常磐もの」と呼ばれる質のいいブランド魚がとれる豊かな海だった。寒流と暖流が交わる漁場では、四季折々の旬の魚が水揚げされていた。

それは、いまも変わっておらず、地元の漁協では、漁の回数や海域、対象魚種を限定して試験操業を行っている。水揚げ量は大幅に減ったものの、魚介類が大きく育ち個体数も年々増えている。

福島県北東部の相馬市にある相馬双葉漁業協同組合では、試験操

釣りのことで困ったら近くの釣具店へ！

「つりエサ豊漁」
相馬市尾浜字原219-1
TEL：0244-38-6503
「(有)まつかわ釣具店」
相馬市尾浜字細田130-1
TEL：0244-38-6441

夢の楽園へいざなってくれる釣り船はこちら！

「つりエサ豊漁」
相馬市尾浜字原219-1
TE：L0244-38-6503
「釣船・金栄丸」
相馬市尾浜字平前3-1
TEL：0244-38-7015
「釣船・アンフィニー」
相馬市尾浜字札ノ沢80-39
TEL：0244-64-2211

（写真：鮫川隆星）

業の規則に従い地元の釣り船業者に、土日祝日、海域、対象魚種を限定して営業を認めている。

相馬沖では、震災前は手のひらサイズだったカレイが今では倍以上の大きさに育ち、釣り人たちを魅了している。釣り船で沖に出れば、まさにそこはパラダイスだ。

カレイ釣りの3本針の仕掛けにエサをつけて投入して間もなく、すぐにアタリが手に伝わってくる。ズシリと重い引き、釣り上げてみたらトリプルヒットということも少なくない。あまりにも釣れすぎることを釣り人たちは「爆釣《ばくちょう》」と呼ぶが、福島の海では「爆釣」ばかり起きている。釣り人たちは、釣っても釣ってもアタリが続くことから「カレイが重なっているのではないか？」と笑みを浮かべるほど。リールを巻き続けて腕が疲れてしまいため息をつきながら魚を釣る人などそうはいない。この興奮を、ぜひ一度味わってみてほしい。

カレイのほかにも、アジやサバ、ブリやカンパチ、マダイなど魚種は限られるが十分釣りが楽しめる。釣果は、初心者だとしてもある程度期待できる。一匹も釣れなかったら隣の釣り人にアドバイスを受けること、それでも釣れなかったら針にエサがついているか確認すること、ついていてかからなかったらどうかしていると思ったほうがいい。

ライフジャケット着用！　ゴミはすべて持ち帰ること！　マナーを守って気持ちのいい釣りを！

福島の海は期待を裏切らない。

鮫川隆星
（さめかわ・りゅうせい）
福島県某村生まれ。30代・華の独身男性。職業はフリーカメラマン。最近は、釣り好きが高じて漁師になろうと密かに企んでいる。座右の銘は、「一竿風月」。

COLUMN

廃炉の地域の学習塾

森雄一郎

無償援助が残した問題

私が福島県広野町にて学習塾を主催する学生団体を立ち上げたのは高校3年の春、2014年2月のことでした。

その前の月に自身の進学する大学が決まり、高校卒業までの時間を福島県の復興の役に立つような活動に使いたいと思っていました。

福島に住む人々が外部の者によっていわれのない誹謗《ひぼう》をされているという事実は、震災後ずっと、多くの方と同様に私の心の中にしこりとして残っていました。インターネット上では「福島はもう人が住めない」「奇形児が生まれている」などの無根拠な言動が塵の積るように堆積され、その厚みが復興への意欲を妨げているように見えました。復興への妨げになるばかりか住民の尊厳まで削《そ》ぐような負のベクトルを生んでいるのが福島県外の人間であるならば、そのケアをしなければならないのもまた、福島県外の人間であると思いました。

震災後に私が参加したボランティア活動の中で、一つとても印象深い思い出があります。

2013年の夏、私は宮城県のとある港町で東京の学生団体が主導する町おこしイベントの手伝いをしていました。そこで目のあたりにしたのが、援助慣れした住民のモラルの低下の問題でした。

その港町では震災後、外部の団体により町おこしイベントが定期的に開催されていました。当日のイベントでは採れたての海産物が市場に並び、多くの住民が買い物に来ていました。町の規模相応以上に活気があり、非常に盛り上がっているように見えます。しかし、その日の夕食の場で出た話は信じられない内容でした。

「今日は消火器2本で済んだ」

何のことかと聞けばその町ではイベントを開催するごとに備品が盗まれることが多発しているというのです。さらに話を聞くと「前には備え付けていた消火器がすべて盗まれたこともあった」「公民館ではテレビがなくなったこともある」などといいます。

団体の人に理由を尋ねると困ったような顔をして答えました。

「外部の人が無償で援助を与え続けた結果、モラルが破壊されてしまった」

そして続けました。

「無償援助に頼り切った住民は復興に向けた主体性をなくしてしまった。自分たちの活動が本当にここの復興の役に立っているのか、わからない」

もし私が福島で活動する場合、現地の人が主体性を喪失しえるような形は絶対に採りたくないと考えました。

また高校生だった私にとって活動の選択肢は資金的にも能力的に

も限られていました。たとえば数百万円、数千万円の規模の予算が必要な活動は私たちには不向きと考えました。

中学生の論理的思考と広い視野を育てる

２０１４年１月に警戒区域を含む福島第一原発周辺の自治体を見て回って集めた知見と、諸条件とを吟味し、２月に友人たちと立ち上げたのが学習塾を町と共同で開催する活動、ＡＡＯ（Act for Achievement of Orbit、エイエイオー）です。

AAOの勉強時間風景（写真：広野町HPより）

本活動の目標は、現地の中学生の、

・学力向上
・視野の拡大

としました。

私は当時、多くの大人が科学的な判断を下すことなく無根拠なデマを振りまいて現地の住民を傷つけていることに対し、非常に憤りを感じていました。その状況で現地の中学生へできるケアは、彼らのしっかりした論理的思考力と広い視野を育てることだと考えました。

どれだけ相手の声が大きくても、論理的に破綻していることがわかれば恐れるに足りません。私は福島第一原発周辺自治体の中学生たちに、物事を冷静に判断できる力を持ってもらいたいと思いました。広い視野を持つことは、正しい選択肢を選ぶのにも、何かを勉強する際にも欠かせないと考えています。

一般に、大人が「広い視野を持て」と中学生を漠然と激励しても、彼らは何をどうすれば良いのかあまりわからないかもしれません。高校生だった私たちは彼らと年齢が近いので、地域の大人や学校の先生とは違った、近い距離感で相談に乗り、アドバイスをしてきました。普段、接することのない「都会の大学生」と接することで、自分たちの将来が想像しやすくなった部分もあるでしょう。

最初の活動は２０１４年３月に実施しました。広野町の公民館をお借りし、３日間開催しました。その後月に一度のペースで２０１６年１月現在まで継続して活動しています。

学習塾のスタイルは当時から今までほぼ一貫しています。多くの時間は学校や受験対策の勉強に当てます。中学生にマンツーマンでつき、わからないところを教えるスタイルです。個別指導塾と違い科目や内容に縛られることはないので、度々教科書の内容を超えることもあります。

勉強時間や休憩とは別に、ＡＡＯメンバーによるプレゼンテーションの時間も毎回とっています。ここでメンバーの行っている活動や大学での研究の話などをします。

２０１４年３月当時のＡＡＯのメンバーは、福岡、滋賀、神奈川などから集まった高校生で構成されていました。その後、当時のメンバーの多くは首都圏の大学に進学しました。２０１５年度以降は東京大学、慶應義塾大学、早稲田大学、上智大学、東京外国語大学などの大学生のメンバーが増えています。

また、海外からの留学生がメンバーに参加したこともあります。

普段は中学生の自習を補助する方式だが、学習の合間に学生がそれぞれの知識を生かして「3Dプリンターとは何か？」と「アラビア語のあいさつ」についてなど専門的な内容の講義をすることも（写真：広野町HPより）

福島県の状況は歪められた形で海外で報道されることがあるのですが、正しい現状を留学生を通じて海外に伝えることもまた、復興に向けて重要なことだと思います。

本活動に必要な予算はすべて町から支出していただいています。予算を組んだ価値があると思ってもらえるような活動を目指してきました。2回目以降の活動の予算はすべて町議会を経ていると聞きます。活動の実績が認められなければ通らないのかもしれませんが、幸いこれまで継続的に予算を頂いています。

そこにいるのは普通の中学生

広野町で活動をしているからといって、何か特別なことをしているかというとそうではありません。「被災地の子どもたち」というと、「心に傷を抱えている」とか「大人たちの思惑に翻弄されている」

といったイメージを持たれる方もいるかもしれません。しかし、私から見ると広野町の中学生は他の地域とかわらない、普通の子どもたちです。

もちろん、課題はゼロではありません。たとえば、２０１４年１月、活動をはじめたころ「広野中学校の部活が再開できない。生徒の数が少なくて運動部のチームが組めないんだ」という悩みを聞いたことはあります。元から、子どもが少ないため塾・予備校のような学習環境が十分でなかったり、高校に進学するには隣のいわき市など遠方に通う必要があったり、そういった恵まれなさもあったそうです。ただ、こういう話は過疎地域の学校など、日本中である問題です。

かつて私たちの学習塾に通ってきていた子の中には「将来、生物の学者になりたい」とか、成績がいい子が「東大に行きたい」とか、そんな目標を語ってくれる高校生もいます。これもまた、普通の子どもの感覚でしょう。もちろん、その目標の実現のためには彼らも相応の努力をしなければなりませんが、できる限り応援したいと思っています。

広野町の中学生に勉強を教えて感心したのは、一言でいえば彼らの「素直さ」です。中学生特有のひねくれたような態度が、あまりないのです。土日に開催する自由参加の学習塾に来るくらいですから、もともと学習意欲がある中学生が多いのかもしれませんが。それにしても自身が中学生だったころを思うと、彼らは非常に大人だと思っています。

学力をみても、非常にできる生徒は県内でトップ１％を狙います。彼らは首都圏の有力な私立校のトップレベルの学生と地頭《じあたま》で対峙できると思います。是非高い目標を持ってもらいたいと思います。

広野町は教育に非常に力を入れてきた町だと聞きます。私たちＡＡＯが広野町を活動の場に選んだのもそれが理由の一つです。町長、教育委員会の方々をはじめ関係者の多くが教育の重要性を理解されています。

２０１５年４月には、福島県立ふたば未来学園高等学校が広野町に創立されました。２０１４年度にＡＡＯに参加していた中学３年生の多くは現在ふたば未来学園の第１期生です。

スーパーグローバルハイスクールにも指定されている本校では、多数の海外研修を含む非常に野心的なカリキュラムが採用されています。ふたば未来学園の生徒から海外研修での話を聞いていると、私たち大学生も奮い立たされます。

震災と原発事故で環境が激変した福島第一原発周辺自治体は、教育をキーワードに確実に次の未来を展開しています。

学生団体AAO（Act for Achievement of Orbit：原発事故後の生活環境改善のための学生ネットワーク）

http://2014adaao.wix.com/toppage

毎月第4週の土日に開催。土曜は13時～18時半、日曜は9時半～16時半。昼休みは1時間、勉強時間は50分ずつ、間に10分程度の休憩。

中学1年から3年までが参加。教育委員会より案内を配布し、それを見た生徒や、すでに参加した生徒の誘いでの参加も。毎回およそ10～15名程度参加。

森雄一郎（もり・ゆういちろう）

１９９４年生まれ。慶應義塾大学総合政策学部２年、学生団体ＡＡＯ代表。私立武蔵高等学校出身。高校在学中にＡＡＯを設立。大学には安全保障をテーマに論文を書いて入学。エネルギー安全保障と原発を考える中で、福島第一原発事故の被害に対し、学生の立場から何ができるか、何をするべきか考えながら復興支援活動を続けている。

除染の実像を知るための三つのポイント

❶２０１５年度、除染作業の現場でどれくらいの人が働いていた？　今後どうなる？

➡２０１５年度は原発周辺地域だけでピーク時は１万９０００人ほどの人が働いている。２０１６年度で一区切りになる予定だが、一定の作業は続くことが予想される。

除染作業は２０１４年ごろからスピードアップ

【図1】を見てみましょう。２０１５年度、最大で1万９０００人ほどの人が環境省が直接動く「直轄除染」の現場で働いていました。「直轄除染」は線量が高い原発周辺地域を国が重点的に除染するという趣旨で行われています。原発から距離がある県内地域、あるいは福島県外はこれに含まれず、各自治体が除染を進めています。こちらの除染も現在まで続いていますので、実際にはさらに多くの人が福島県内外で除染作業をしていることになります。

ここでは直轄除染に話を絞ります。

２０１１年は試験的な除染、２０１２年から徐々に本格的な作業が始まりました。ただ、当初は、除染を進めた時にでる廃棄物を置く仮置き場の確保に難航したり、どの範囲をどう除染するのか明確ではなかったり、作業を進めようにも様々な制約があり、スピードが上がらない状況でした。計画は決まっていても、それを実行する段階で足踏みしてしまう状況があったわけです。

ただ、２０１４年度から２０１５年度にかけてだいぶスピードが上がってきました。【図2】にあるとおり、いくつかの自治体で当初予定していた除染が完了していくのがこの時期です。

実は、環境省は２０１６年度末までに当初予定していた除染をすべて完了させる方針を立てています。

【図3】が２０１６年3月時点での除染の進捗状況ですが、浪江町や南相馬市で、一定の作業が残っていることがわかります。ここが当面重点的な除染作業の現場となるでしょう。

２０１７年度以降は、中間貯蔵施設の建設と廃棄物の搬入が本格化していくととも

田村市	2013年6月
楢葉町	2014年3月
川内村	2014年3月
大熊町	2014年3月
葛尾村	2015年12月
川俣町	2015年12月
双葉町	2016年3月

【図2】当初予定していた除染が完了した時期

出典：図1、図2ともに除染情報プラザ公表データより作成

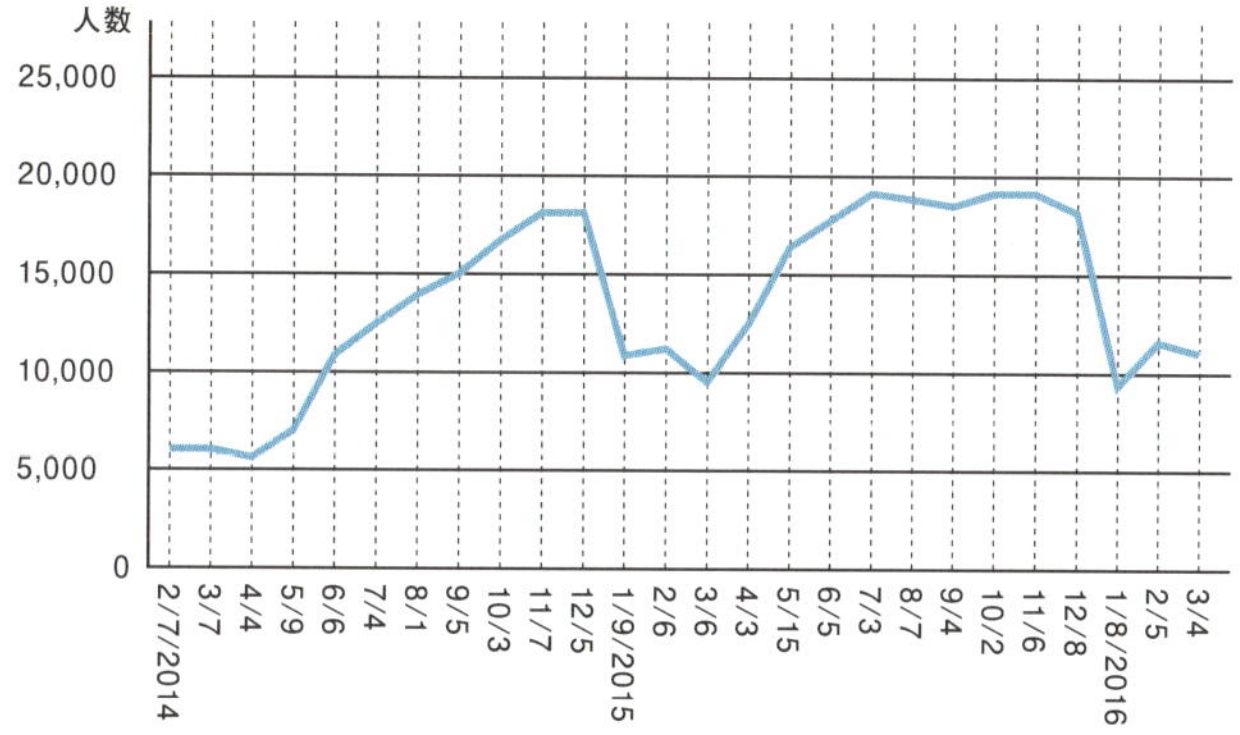

【図1】除染特別地域の除染作業員数

【図3】除染特別地域における計画に基づく除染の進捗状況（2016年3月31日時点）

	田村市		楢葉町		川内村		大熊町		葛尾村		川俣町	
	実施率（%）	実施数量／対象数量	実施率（%）	実施数量／対象数量	実施率（%）	実施数量／対象数量	実施率（%）	実施数量／対象数量	実施率（%）	実施数量／対象数量	実施率（%）	実施数量／対象数量
宅地	100	約140	100	約2,500	100	約160	100	約180	100	約460	100	約360
		約140 ※1		約2,500 ※1		約160 ※1		約180 ※1		約460 ※1		約360 ※1
農地	100	約140ha	100	約810ha	100	約130ha	100	約170ha	100	約470ha	99	約470ha
		約140ha		約810ha		約130ha		約170ha		約470ha		約480ha
森林	100	約190ha	100	約450ha	100	約200ha	100	約160ha	100	約630ha	100	約500ha
		約190ha		約450ha		約200ha		約160ha		約630ha		約500ha
道路	100	約29ha	100	約170ha	100	約38ha	100	約31ha	100	約110ha	100	約68ha
		約29ha		約170ha		約38ha		約31ha		約110ha		約68ha

	飯舘村		南相馬市		浪江町		富岡町		双葉町	
	実施率（%）	実施数量／対象数量	実施率（%）	実施数量／対象数量	実施率（%）	実施数量／対象数量	実施率（%）	実施数量／対象数量	実施率（%）	実施数量／対象数量
宅地	100	約2,000	88（100）	約3,900	48	約2,600	100	約6,000	100	97
		約2,000 ※1		約4,400（約3,900）※1 ※3		約5,900 ※2		約6,000 ※1		97※1
農地	55	約910ha	33	約1,000ha	37	約670ha	98	約660ha	100	約100ha
		約1,700ha		約3,100ha		約1,900ha		約670ha		約100ha
森林	86	約1,100ha	58	約670ha	75	約230ha	100	約460ha	100	約6.2ha
		約1,200ha		約1,200ha		約380ha		約460ha		約6.2ha
道路	48	約110ha	39	約120ha	68	約160ha	99.7	約170ha	100	約8.4ha
		約240ha		約320ha		約240ha		約170ha		約8.4ha

※1　各市町村の「農地」「森林」「道路」における単位はすべて面積（ha）。「宅地」の単位については対象とする宅地件数

※2　浪江町の宅地に限っては、除染対象の宅地における関係人の数

※3　（ ）内は平成 27 年度までに除染を行える環境が整った画地数。残りについては平成 28 年度に実施予定

出典：http://josen-plaza.env.go.jp/info/weekly/pdf/weekly_160422d.pdf

に、帰還が始まる地域の追加除染や、現状「帰還困難区域」に指定されている地域の除染が始まることが予想されます。帰還困難区域はこれまで基本的に除染対象となって来ませんでしたが、自然に線量が下がってきたところも多く、新たな町づくりのために集中的な除染が必要な地域も出て来た時に、そういったところを除染して人が生活できるようにすることになるでしょう。

❷中間貯蔵施設は5年たっているのに用地確保が全然進んでいないのだから、半永久的に完成しない？

⬇当初予定より大幅に難航しているのは事実。ただ、詳細を見れば特に２０１５年度に用地確保作業に一定の進捗が見られる。「全然進んでいない」というのは実態の理解が足りない。一方、問題は今後の中間貯蔵施設建設と搬入がスムーズに進むか。そして、「30年後に県外で最終処分」という「国の方針」の落としどころをどうするのか課題は大きい。

中間貯蔵施設の用地確保。進んだ部分、進んでない部分

「中間貯蔵施設の用地確保が進んでいない。なぜならば、建設予定地の土地・建物所有者２３６５人のうち土地の提供に応じた人の数が83件、つまり３・５％程度にすぎないから」

　これが中間貯蔵施設建設の進捗状況として、３・11から5年のタイミングでよく報じられてきた話です。5年たっても、数％しか作業が進んでいない、ということに「どういうことだ、しっかりやれ」と思う人も多いでしょう。

　そもそも、「中間貯蔵施設」とは何か。原発事故が起きて、国は線量が高いところは除染をして線量を下げて生活が再開できるようにしますという方針を立てた。ただ、廃棄物をどうするかという問題をクリアしなければ除染を始められない。そこで、地域ごとに「仮置き場」をつくって、まずはそこに廃棄物を集めて、それを双葉・大熊の原発周辺につくった中間貯蔵施設に集約する。「中間」と言っているのは、未来永劫福島に置かせてくれ、ということではなく、30年間貯蔵をするけれども、その後は県外に移設しますよ、という前提があるということです。そういう前提をつくることで福島県、各自治体も受け入れをしたわけです。

　ただ、実際に建設を進めようとすると２０１６年になっても３・５％しか土地の買収ができていない。だから「中間貯蔵は何も進んで来なかったし、今後も難しそう」なのでしょうか。

　実は、これは現状を理解するとややズレた認識だということがわかります。

　環境省は地権者の状況と作業の進捗についての詳細を発表しています。【図４】がそれです。何がズレているのか。結論から言えば、「連絡先を把握している地権者が１４８０人いますが、この人たちが中間貯蔵施設建設予定地の約91％の面積を持っていて、そのうち８７０人の土地については現地調査がおわって補償金額の提示段階まで進んでいる」ということです。

大雑把にまとめれば、「面積にして9割ぐらいの土地を持っている人たちにアプローチしていて、そのうちの約6割には『このぐらいの補償額でどうでしょう』という話までしてある」ということです。これは、2015年を通して急速に作業が進んだ点です。

　この用地確保、遅れていることは間違いありませんし、「あまりこういった作業に慣れていない環境省の力量によるところが多いのでは」という批判もあります。そんな中で、環境省は除染に削がれる労力が減ってくる一方で、土地の確保を早く進めるために、用地確保のノウハウがある国交省から職員を招き入れたり、実際に説明・交渉にあたるスタッフとして元々県や市町村の公務員だった人を再雇用したりと体制を強化して対応してきました。確かに、契約実績と元の土地建物所有者の数とを見れば3・5%ほどで「これは何も進んでいない」と見えるでしょうが、この数字だけを見て全体像を理解したつもりになるのは間違っています。進んだ成果は成果として理解しておく必要があるでしょう。

　もちろん、進んでいない部分もあります。一番は「連絡先を把握できていない地権者」の数。これは890人います。地方でよくあることですが、古い家や空き地の地権者が明治時代の人だったり、もう引っ越していない人だったりする。おそらくこの世に存在を確認できない人が登記上、名前を残している。これは、子孫、親戚や近所の人を探し当てながら、法に基づいて土地をどう処理できるのか模索する必要があります。面積でいえば、1割ほどですが、頭数は結構なものですし、これは「説明・交渉」の問題というよりは「調査・法的対応」が重要になってくる問題だと言えるでしょう。

　ただ、「中間貯蔵施設の先行きは明るい」というつもりはありません。まだまだ先行きは不透明です。課題は二つあります。

　一つは、福島県内で大量に発生した除染による廃棄物を中間貯蔵施設までどうスムーズに運搬するのか。量が多すぎて、5年以上かけても運び終わらないことは確実だと言われています。また、大量のトラックが走り続ける中で、交通事故や大気汚染のことも考えなければならない。

　実は先ほどの用地確保については、2020年度末までに7割ぐらい話がまとまればいいな、搬入も5割ぐらい進めばいいな、という方針があります。タイミングを調整しながら少しずつ中間貯蔵施設を完

廃炉を知るための15の数字

Q15 2015年度、汚染の度合いが高かった地域における除染(直轄除染地域)に従事した人がもっとも多かったときの人数は？

A15 **18000～19000人**

成していく。それがスムーズに行くのか、グダグダになるのか、今後の対応次第です。

長期保管管理のキーワードは「基準値」と「減容化」

もう一つは、最大の壁である「30年以内に県外で最終処分」という「国の方針」を実現する道筋が全く見えていないということ。

民主党政権の時に、「30年以内に県外で最終処分」という話を打ち出し、除染も中間貯蔵施設の建設もそれを前提に進んできました。現在、自民党に政権が変わり、担当者からすれば「民主党が適当なこと言ったばかりに、何の道筋も示さずに全部まるなげされた」という思いはあるかもしれませんが、いまさら「30年以内に県外とか、そもそも追加被ばくを年1mSvを目指して除染とか、できる見通しも、合理性も曖昧だったんでなしにしましょう」とは言えない状況があります。メディアに出てくる議論も環境大臣の発言の揚げ足をとったり、

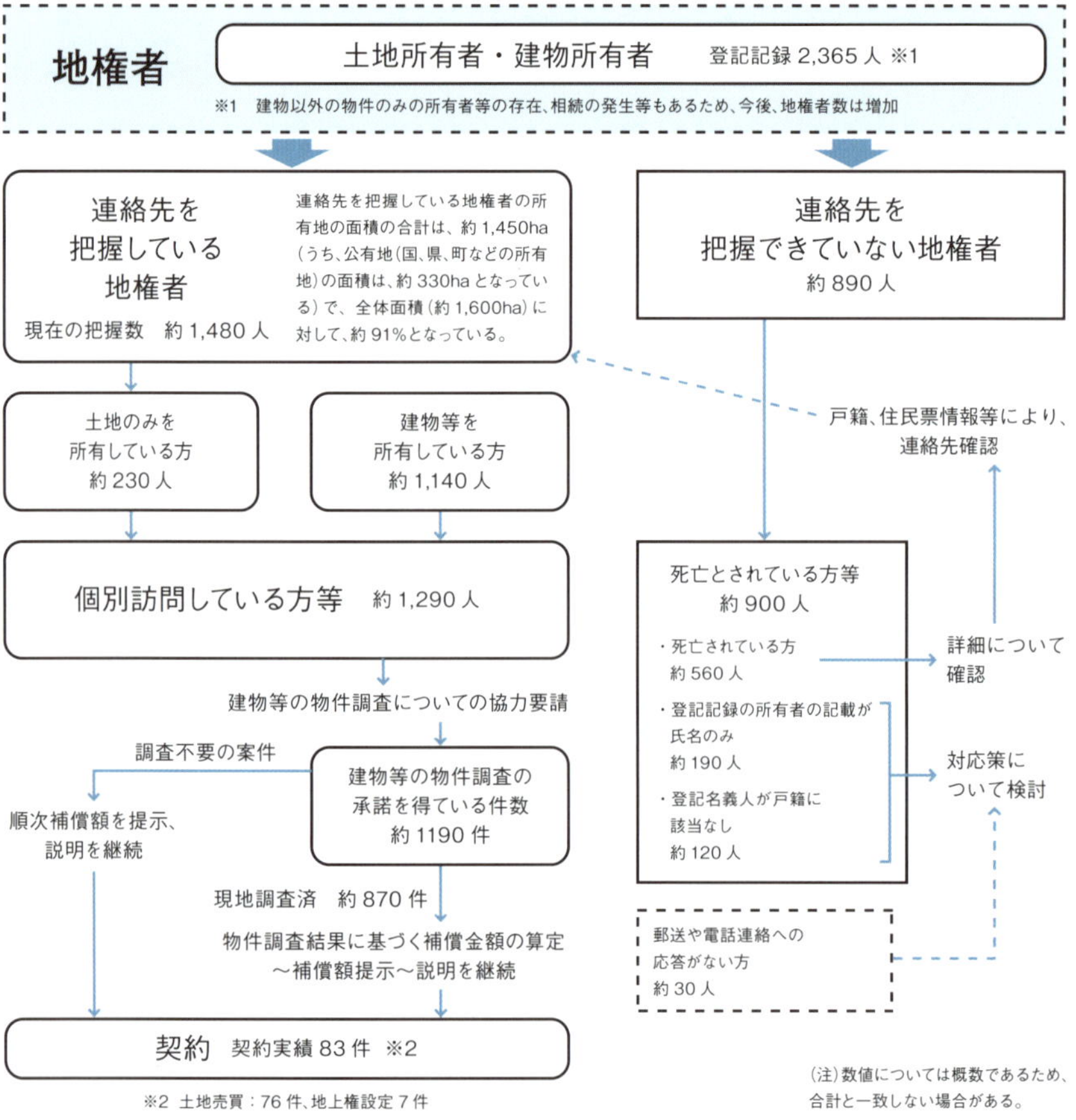

【図4】地権者の状況について（2016年3月31日時点）
出典：http://josen-plaza.env.go.jp/info/weekly/pdf/weekly_160408d.pdf

地元住民の声として「中間貯蔵施設ができても、あんなの誰も引き受けてくれるわけがない。中間ではなく、最終貯蔵だ」などという声を紹介して、行政批判に利用してみたりしますが、そんなことをしていても、「30年以内に県外で最終処分はできない」というなし崩し的な国民意識を醸成し、結果として、福島に受苦を押し付け、受忍をしいる構造を強化するだけです。

重要なのは、外に持っていくなら持っていくで具体的な可能性の検討をしながら議論を始める。難しそうなら難しそうで、どうやって地域への負担を減らせるのか、具体的に言えば、ゴミ置き場の面積を可能な限り小さくしながら、線量の管理などもして周辺地域に暮らし始める人の不安につながらないようにいかに長期の保管をするのか、検討しなければならない。

それらを検討する際に重要になるキーワードは、基準値と減容化です。当初、除染を始めた時には基準値を超えるほど放射線が高かった土や草木などの廃棄物は、5年たったいま、実際に放射線を測ってみると意外と線量が低いものも多くあります。これをどう考えるのか。

また、この5年間だけでも、そもそも放射性物質がついた廃棄物の量を減らす「減容化」の技術も様々に研究されてきました。たとえば、放射性物質自体は消すことはできませんが、放射性セシウムが付着しやすい粘土と、それが付着しにくい砂とに分ける「分級処理」の技術。単純なことですが簡単ではありません。ただ、この技術を高度化させれば大幅に容積を減らすことができます。また、廃棄物を高温で焼却することによって放射性物質を揮発させてフィルターで吸収し、それ以外の燃えカス（＝元々付いていた放射性物質がとれた石、土砂や、金属、炭・灰）を分離する技術もあります。もちろん、それらの技術ができても、安全性を確保しながら、行政・住民の合意をとり、慎重に実用化を進める必要があります。ただ、減容化の技術を洗練させていく中で、東京ドーム18杯分、2200万㎥とも言われる廃棄物の量を十分の一、あるいは数十分の一までに減らすことができる可能性はあります。ゼロにはできないとしても、仮に、東京ドーム1杯分、いや何分の一などになれば、それは県外で最終処分の議論の前提も大きく変わります。

負担を大幅に軽減できる研究開発を積極的に検討していく必要はあるでしょう。

富岡町の除染に入るゼネコンが設置した住民向け休憩スペース

❸「除染作業員」は荒くれ者ばかりで、福島の治安は急激に悪化した！　女性への暴行事件が後を絶たないが、行政は隠蔽して被害者も口をつぐんでいる。

⬇ゼロではないし、不安を持つような風景・情報が増えたのは事実。ただ、実際に被害があればそれは厳しく対処すべきだが、過剰反応も禁物。廃炉に携わる人も含めて復興に取り組み汗を流す人と、地域で安心して暮らそうとする人との共存・共生を模索していくために、デマに振り回されていないか冷静な議論が必要。

被災地に広がる「うわさ話」と減少する犯罪件数

「廃炉・除染の作業員のせいで治安が悪くなった」というものいいを、この5年間度々聞き続けてきました。中には「作業員が飲み屋で強盗をした例が何件もある」「性犯罪が増えて、被害者がショックで自殺した」という話も口コミ、インターネットで出回ります。

これらについて、地域によっては住民が外から入った人に対して「本当にあったんです。ぜひ全国に広げてください」「私の知り合いの知り合いが実際に被害にあったんだ」などという話をする場合もありますし、一方では、信ぴょう性はどうなんだ、デマ・都市伝説なんじゃないかという話、両方あります。

では、実際のところどうなのか、犯罪の発生状況を見てみましょう。

まず、福島県の主な犯罪認知件数が【図5】です。グラフは、２０１０年を１００としてその後の変化をとっていますが、凶悪犯罪、性犯罪含め、特異な増加傾向の変化は見られません。むしろ全体としては2-3割減っている状況です。

と言うと、「行政は状況をよく見せたいから被害を隠している」「被害者は沈黙せざるをえない」と言った反応もあります。

果たしてそうでしょうか。詳細を見ていくと、空き巣は増えています。ただ、それ以外では変化は見られません。空き巣だけオープンにして、他を隠蔽する意義はどこにあるんでしょうか。

「いや、除染作業員が多い浜通り側では違うはずだ」という意見もあるかもしれません。では、人口に対して除染の仕事をする人が多い南相馬署管内の状況はどうかというと、【図6】です。数が少ないのでグラフ化しませんが、一定の特徴が見られると思います。このデータでは原発事故後の一定期間、空き巣に加えて、自動車の窃盗、万引きも一時的に増えたことがわかります。小高区など、避難指示がかかって無人になった家では相当数が空き巣に入られていることは間違いありません。それがこの数字にあらわれています。そして、強制わいせつが、これまで発生していなかったのが発生したというのも事実です。「こんな平和で治安が良かった地域でそんな危ないことが！」と地元の方は当然思うわけで、多くの人の不安要因になる事件がでてきたのも事実です。

ただ、「凶悪犯罪が激増し、性犯罪が何倍にもなっている」なんていうことではないのは一目瞭然でしょう。

この傾向は宮城、岩手でも同様ですが、しかし、宮城、岩手でも同様にそういう「うわさ話」を聞くことはあります。「そう聞いたことがあるんだけど」と半信半疑で語る人もいれば、「あそこの店の駐車場で」とリアリティある情報とともに声高に語る人もいます。別の機会にまとめる予定ですが、「原発事故直後、外国人窃盗団が大挙して原発周辺に入った」「津波で亡くなった方の指輪を狙う人がいた」などといったうわさ話は相当出回りました。実はこういった「うわさ話」が出回るのは、様々な被災地ではよくあることで、実際に検証しようとするといわゆる「都市伝説」が相当混じっているのも事実です。「直接の知り合いが見たのか、ではそれは誰から聞いたのか」と問うと、「いや、知り合いの知り合いが」などと、検証しようがなくなる。これは事実かというと怪しい、仮にそれに類することがあったとしても、1が100になったり、尾ひれがついたりしているこ

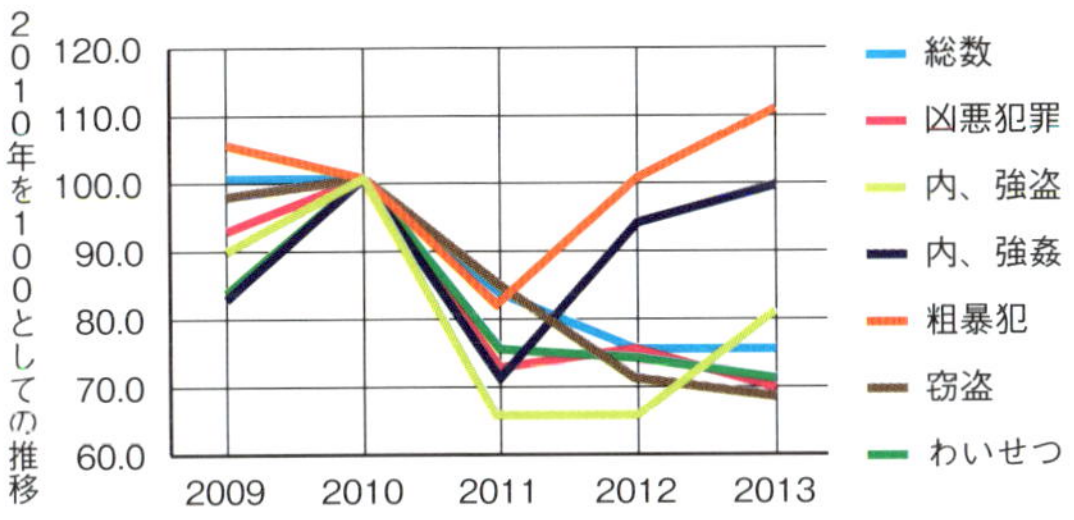

【図5】福島県の主な犯罪認知件数
出典：警察白書統計資料より

	2010	2011	2012	2013	2014
総数	19527	19427	16179	14616	14596
凶悪犯罪	70	75	55	57	52
内、強盗	19	21	14	14	17
内、強姦	15	18	13	17	18
粗暴犯	824	784	646	795	869
窃盗	14267	14562	12205	10352	9936
わいせつ	126	149	112	111	106

	2011	2012	2013	2014
強姦	0	0	0	0
強制わいせつ	0	0	4	1
空き巣	39	70	21	13
出店荒らし	7	4	2	0
忍び込み	3	3	3	2
事務所荒らし	5	3	2	13
ひったくり	0	0	0	0
車上ねらい	24	16	7	18
自販機ねらい	1	0	1	7
部品ねらい	7	17	4	3
自転車盗	58	83	53	50
オートバイ盗	3	1	2	1
自動車盗	3	4	3	3
万引き	28	45	26	35
全刑法犯	473	464	349	373
内、窃盗犯	377	347	208	233

【図6】南相馬署管内の犯罪認知件数
出典：「南相馬署管内の犯罪発生状況」
http://www.police.pref.fukushima.jp/police/minamisouma/seikatuanzenka.html
など南相馬警察署発表資料より

とは多々あります。

「虫の目」で見る犯罪状況と「鳥の目」で見る犯罪実態

話を整理したいと思います。先に結論を言えば、「除染作業員が犯罪をしている」ということを否定したいわけではなく、「たしかに犯罪を犯す除染作業員もいるだろうけど、1万人を超える除染作業員全体が犯罪リスクが高い集団だというイメージは違うし、どうやって共生していくか考えるべきですよね」ということです。

まず、「鳥の目」で俯瞰《ふかん》してみた時に、被災地が「都会の繁華街みたいな治安の悪さ」に急変したのかというとそうではありません。行政・警察に「凶悪犯罪」を隠蔽しまくるメリットがあるかというと、むしろ（交通取り締まりの「ネズミ捕り」のように）検挙数を一定数上げたほうが「仕事をしている感」が出るわけで、小さな事件でも被害があれば対応していくインセンティブは多かれ少なかれある。「いや、性犯罪の被害当事者は被害にあっても傷ついて周りに語れない」という話もあるでしょうが、それは原発事故前後で変わらない話であって被災地だけの話とは言いがたい。

ただ、「虫の目」で個別の事例を見ていけば、確かに、「除染作業員が犯罪を犯した」という事実はあります。そういう事例は地元紙などが丁寧に報じていて社会面に「除染作業員○○○（40）が傷害で逮捕」などと出ています。また、2015年に起こった「寝屋川中1殺害事件」のような凶悪犯罪の犯人が、以前、福島での除染作業の仕事をしていたというのもセンセーショナルな事実でした。

2013年6月23日の河北新報には「福島の除染作業員ら　刑事事件で摘発者60人　6割が県外者　毎年増加傾向に」という記事があります。この見出しを見たら「福島やばい！　よそ者の除染作業員が犯罪しまくり！」と思います。確かに、見出し自体、間違っていません。事実関係も詳細に書かれています。

「福島県警によると、摘発された60人は、原発事故が起きた2011年3月から今月21日までに逮捕されたか、事情聴取を受けた。11年は1人、12年は26人と増加傾向で、ことしは半年足らずで既に33人に達する。

容疑別では傷害が24人で最も多く、窃盗が18人と続き、両容疑で全体の7割に当たる。ほかに覚せい剤取締法違反が5人、強盗傷害、詐欺、暴行、青少年保護育成条例違反、公務執行妨害が2人ずつとなっている。60人のうち県外者は36人。除染作業員が全国から集まっている実態を犯罪面でも裏付けている。」

この記事が言っているのは、「2年半で60人の除染関係者が犯罪に手を染めた」ということです。ただ、年間1万5000件ほどの刑事事件が起こっている原発事故後の福島で、2年半で60人の除染関係者が犯罪に手を染めたということ。これは、「原発事故以降に犯罪が激増した」「治安悪化の元凶が除染作業で、除染作業員さえ来なければ治安はよかった」という話ではないわけです。もちろん、漏れている数字はあるのかもしれませんが、しかし、人口

２００万人規模の福島に、何千人、時期によっては１万人以上の規模で除染をしている人がいるような状態になれば、一定割合「除染作業員ではない人」の犯罪の中に除染作業員がまじりますよねということです。

大手ゼネコンが中心にたつ除染と違い、道路工事などは地元業者が直接受ける場合も多い

もちろん、私もいろいろな話を聞きますし、すべてがうわさ話にすぎないと切り捨てるつもりはありませんが、ともすれば、「作業員を隔離しろ」「除染作業員による犯罪被害を防止するために監視カメラをつけるぞ」という議論になってしまいがちです。

その思いをすべて否定するつもりはありません。「不安はあるんだ」という声があるのは当然でしょう。

実際に浜通りで話を聞いていると、「データで増えていないのはわかったが、でも、実際に、ゼネコンが建てた寮の近くでイレズミの入った人が上半身裸でサッカーしていた」とか、タクシーに乗ると「最近はなくなったけど、明らかに除染で来ているタクシーの客がマナーが悪くて、カネ持っていないのに乗ってきたり、暴言吐かれたり大変だった」と聞きます。また、特に医療関係の方から伺う問題は深刻です。除染作業をする人の中には、遠方から来て、保険証を持っていなくて病院にかかるのをためらって健康が悪化する人がいたり、診察を受けても料金を払わずにいなくなってしまったり。こういったトラブルは本人の健康の状態も保たれませんし、ただでさえ大変な地域医療にとっても負担になります。

これは「知り合いの知り合いが」という典型的なデマの接頭語がついている話ではない実体験であり、事実です。また、それぞれの地域ではよく知られている、海岸や繁華街、駅などで刑事事件化した「作業員が関わった犯罪」があったというのも、新聞でも報じられたとおり事実です。

しかし、それで２０１５年度はピーク時１万９０００人ほどになった除染作業員全体を「犯罪リスクが高い集団」とするイメージは、多くの、善良な、地元住民も入っている「作業員」やどうにかトラブルを未然に防ごうとしている行政・業者が向き合っている現実とはズレていることも認識していく必要があります。

「体感治安」と現実の溝を埋める対策が急務

除染工事は今後減っていきますが、廃炉や中間貯蔵施設の仕事は続きます。防犯のための地域の見回りなどは、平時でも意味のあることなので、続けられるべきでしょう。また、行政や業者も雇用者の状況を把握しながら、地域との葛藤を起こさないようにこれまで以上に丁寧な対応をしなければなりません。

ただ、イメージと現実に溝があることも踏まえて冷静な対応をするべきでしょう。

この話はとても重要で、社会学では「体感治安」という概念で説明されます。

たとえば、90年代から、「日本の治安は悪化している」「凶悪犯罪・少年犯罪が増えている」「在日外国人の犯罪率は日本人に比べて高い」と言ったもの言いが俗説として流れがちでした。そういうシナリオでマスメディアが記事や番組を作ったり、識者のコメントをつけたりする。

ただ、実際に公表されている統計の数字を見ると、むしろ、少年の凶悪犯罪などは大きく減少してきています。

この、現実の「治安」と違った、イメージ上の治安への感覚を「体感治安」といいます。

なぜ、体感治安が悪化したと感じるのか。ポイントとしては、象徴的な事件が起こるとともに、人や情報の流動性が上がると「異質な他者」が身の回りに増えて悪さをしている、という感情が共有されます。たとえば、90年代半ばの日本では、オウム真理教事件や酒鬼薔薇聖斗事件があり、急速に社会の情報化も始まる。一気に体感治安が悪化し「治安が悪化し続ける日本」という「うわさ」がまことしやかに語られてきました。

社会の流動性が上がり、象徴的な事件が起こると体感治安が悪化する。これは、どの地域でもどの時代にでも起こる「あるあるネタ」です。

福島における「除染作業員」へのイメージの問題は、いくつかの象徴的な事件の中で、住民票を持たない住民が大量に地域に出入りするようになったことで起こった「体感治安」の悪化です。様々な対応がなされることは重要ですし、一方で、特定の属性の人を一括りに色眼鏡で見ることで排除・差別するようなことにつながらないように冷静な対応が必要です。

富岡町の田園地帯の現在（撮影：吉川彰浩）

［開沼のまとめ］

「廃炉の現場」が日本の未来を作る！

1Fの入口に掲げられた看板に並ぶ、廃炉に関わる企業のロゴマーク。日本を代表する名だたるゼネコン、メーカー、電力関連企業等々。もちろん、いくつもの省庁や大学・研究機関も出入りしています。

その風景は、ここが「昭和的なるもの」が蘇った場であることを象徴しているようにも見えます。

たとえばかつての大型地域開発が、たとえばかつての宇宙開発がそうでした。大きな国家と巨大資本、それを支える技術者・研究者があらゆる立場からあらゆる資源を持ち寄りながら、本当に達成されるか否か、達成したところでそれが絶対的に私たちに幸せを与えるのかもわからない夢・理想を無限遠に措定しつつ、ブルドーザーのように前進していく。その前進を求めて、ヒト・モノ・カネ・情報・技術等々の資源がさらに集積し続ける。そんな開発と動員。そんな「昭和的なるもの」。その中で生み出される風景も失われる風景もあるでしょうが、それらもすべてひっくるめて、社会の前進が実感されていく。

平成になって30年がたとうとする現在から見れば、一世代以上前には当たり前に存在していたその「社会を形づくる仕組み」はノスタルジックにも見えますし、よくそんな贅沢なお祭のようなことばかりできていたなと驚嘆もします。地方に新幹線・高速道路・原発などの利権誘導をする田中角栄的な政治家も見なくなりました。仮にそんな政治家がいて、行政からカネを絞り出そうとしたところで大した何かが出てくるわけでもありません。新国立競技場問題やエンブレム問題をはじめとする2020年東京五輪にまつわる種々の混乱に象徴的に現れる通り、ちょっとでも無駄なカネがかかっているように見えたり、プロセスの不透明さや人間関係の「ムラ社会」性が指摘されれば、批判の嵐にあい、すべての前提が覆ってしまう。アディクショナルに求められ続ける「情報公開」と「市民参加」。強い国家と巨大資本が力を発揮する空間が成立する基盤はもはや失われてしまったはずでした。

しかし、1Fの現場に立つと、確かにそれは蘇っているように見えます。

たとえば、4号機の燃料取り出しの際

1Fに入ってまず目に入る協力企業の名前が並んだ看板

に建屋を覆う形で作られたカバー。これに使われた鉄骨は、東電などのオフィシャルな説明の場でしばしば「東京タワー一個分よりも多い量」と表現されますが、東京タワーも4号機のカバーも、施工したのは「竹中工務店」でした。同じ竹中だから「東京タワー一個分」などという表現が生まれたのかどうかまではわかりません。ただ、「昭和」をノスタルジックに象徴する最たるものであり、戦後復興を終え経済成長期のまっただ中、日本の中心地に作られたものでもある東京タワーが、半世紀後に突如、「たとえ話」として召喚されたのは決して偶然ではないでしょう。

日本の技術であり、人材であり、資金力であり、人々の欲望の力であり、そういったものすべてをひっくるめた国力が集積されている「昭和的なる場」に、現在の1Fはなっています。3・11を経て、偶然にもそうならざるを得なかったということです。

決して、大雑把に「予算が膨大にかかっている」ということだけを言いたいのではありません。様々な細部に、些細なことにそれを感じるのです。

たとえば、入退域棟の中でゴミ箱を見た時がそうでした。装備をつけた作業を終え、それを脱いでロッカーなどがあるスペースに戻る途中にスポーツ飲料の味がついた水分補給ができる場所があります。この横に置かれている紙コップを捨てるゴミ箱には、紙コップがすっぽりとはいる太さのプラスチックのパイプが立ててありました。一見、なんでもないゴミ箱にも見えますが、このパイプには細工がしてあります。よく見るとパイプの中に金属ハンガーを伸ばしたような針金が通してあり、この針金を引き上げるだけで、使用済みの紙コップがきれいに重なった状態で回収できるようになっています（333ページ写真）。1Fオンサイトの中で発生したゴミは、汚染の可能性があるため外に持ち出すことができません。けれど、そのゴミをためておくスペースには限界がある。だから、極力減容化しなければならない。この細工をすることで、ゴミを回収しやすくしつつ、減容化もしているというわけです。

こんな「日本のものづくりの現場」で長らく心がけられてきた「工夫する力」があらゆるところに垣間見られます。「昭和」が蘇ったという大袈裟な言い方をするのは、そんな細部にまで過去からの連続性を感じずにはいられないからです。

「どこでも働けないカネだけを求めた荒くれ者や貧困者たちが無理矢理連れてこられている」「ゴミもガレキも散乱する雑然とした現場で過酷な単純作業を強いられている」

もし、1F内の作業をイメージした時に、そんなステレオタイプを少しでも信じているならば、その認識をすぐに改めなければならないでしょう。

化学プラントを作る技術と汚染水処理の系統。中東などでの海水から飲み水を確保する技術と冷却水からの塩分除去。トンネル工事の際の止水技術と陸側遮水壁。国内メーカーの溶接技術と使用済燃料プール冷却システム。雲仙普賢岳での遠隔操作ロボットや自動掃除ロボットの技術と原子炉内の状況把握のためのロボット。

あらゆる技術は過去とつながり、現在において1F廃炉の中で新たな姿にカスタマイズされ、未来を切り開こうとしています。

言うまでもなく、「昭和的なるもの」が蘇ったこのような現場は、現代においては特異な空間です。それは、「原発事故を起こしたが故に許されていること」に他なりません。

オンサイト・オフサイト双方の1F廃炉の現場を離れれば、昭和的なるものが生息する余地はありません。せいぜいオリンピックがそうなる可能性を期待されているのかもしれませんが、新国立競技場問題やエンブレム問題の顛末《てんまつ》に見られるように、予想外の予算や不透明な選考過程など、昭和的なノリは社会が許しません。「昭和」だったら美しい歴史的功績とされていたかもしれないものが成立しないわけです。

「昭和的なるもの」が蘇った日

「昭和的なるもの」が「美しい歴史的功績」として成立しないとするならば、現代において、何が「美しい歴史的功績」になりうるのでしょうか。

たとえば、3・11後の被災地で生まれた地域再生の成功事例とされるものに共通するキーワードに「社会起業」や「六次産業」があります。社会起業とは「社会貢献と収益とを両立させた事業」のことです。

六次産業とは「これまで一次産品を作ることを担当していた生産者が加工（二次産業）・流通（三次産業）まで担うことで付加価値を上げる」ことを指します。1×2×3＝6次というわけです。

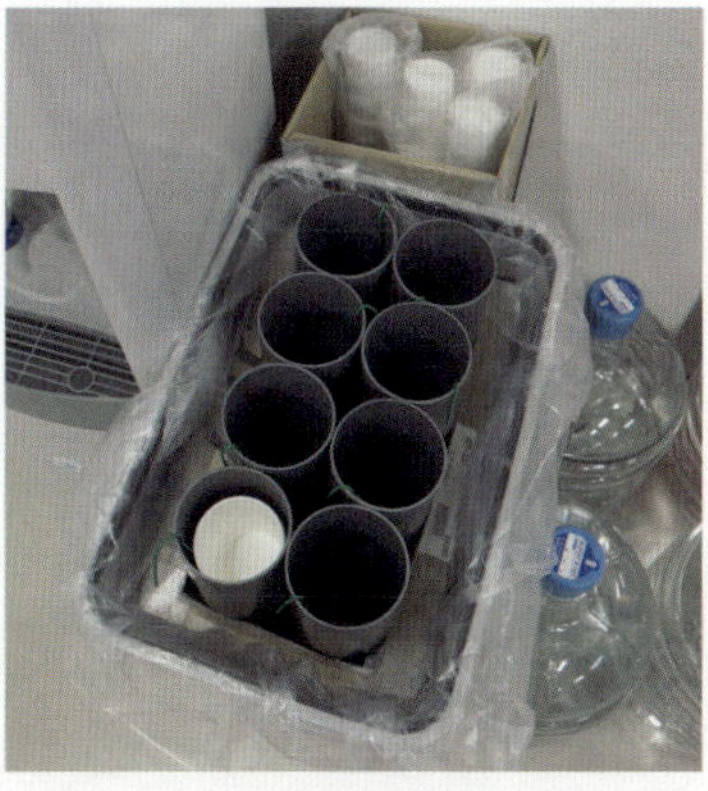

1F内で見られるゴミを減らすための工夫

両者に共通するのは、これまでのように行政や大企業に依存せず、既存の製造や流通の構造を変えながら新しい市場をデザインし、困っている人、社会の弱っている部分を活性化する状況作りが目指されているということです。国家も巨大資本も当てにしない。資金の見通しがたたなければクラウドファンディングを使ったり、合意形成や意思決定に難があればコミュニティデザインと呼ばれる地域作りの技法が使われます。制約ある中でヒト・モノ・カネと正当性とを調達しながら国家や巨大資本が等閑視してきた部分をケアする。

これを仮に「平成的なるもの」と呼ぶならば、「昭和的なるもの」と対比的な社会作りのあり方であることは明確です。「昭和的なるもの」は大きな国家・巨大資本を前提にしたトップダウン型の社会作りで、成果物としてとしてハコモノであったり新型の工業製品であったり「モノ」が追求されます。そして社会的合意形成が難しい際に出てくる方法は補償・補助金と強制執行です。

他方、「平成的なるもの」は大きな国家・巨大資本に依存しない形のボトムアップ型の社会作りで、成果物として衰退・排除の過程にあるもののエンパワーメントや市民参加・連帯といった「コト（物語）」が優先されます。ワークショップやハッカソン、ピッチコンテスト、あるいはソーシャルメディアなどを通した共感・シェアが社会的合意を形成するわけです。

こう並べれば、現代を生きる多くの人が「昭和的なるもの」が古めかしい悪であり、「平成的なるもの」が善なる理想であると直感的に思うでしょう。ただ、その「直感」は歴史の産物にすぎません。

3・11の翌日、2011年3月12日が何の日だったのか。1号機の水素爆発にかき消されて、覚えている人は多くはないでしょう。その日は、九州新幹線の博多駅～新八代駅間が開通したことで、青森から鹿児島までの全線、新幹線がつながった日でした。新幹線という「昭和的なるもの」の象徴が、北海道・沖縄を残して日本を貫通した日がそこにはあったわけです。

私たちが「昭和的なるもの」を「古めかしい悪」であると価値判断できるのは、「昭和的なるもの」がすでに社会のほとんどを覆い尽くし、そこに依存しきっている故です。私たちは「昭和的なるもの」が地域間格差であったり不便さであったり「あってはならぬもの」を漂白し、安全・安心・利便性を用意してきたことを意識できなくなり、忘れています。

新幹線という「昭和的なるもの」が追求してきた過程が一つ節目を迎えた日は、1号機が爆発し、現在まで続く1F廃炉が始まった日でもあった。偶然にも、原発というまた別の「昭和的なるもの」の象徴において、「昭和的なるもの」が蘇ったのです。

私たちは蘇った「昭和的なるもの」を徹底的に視界の外に排除しようとし続けるでしょう。おそらく今後も「復興が遅れている」「廃炉は少しも進んでいない」などと——進んでいるかどうかは別にして——そこで起こっていること自体を拒絶する呪文を唱え続けるでしょう。そして、「古めかしい悪」たる「昭和的なるもの」による状況の改善を受け入れない言辞が流通し続けるでしょう。ただ、間違いなく、この「昭和的なるもの」が1F廃炉を支え、新たな価値をそこで生み出し続けていきます。その上で、私たちは新たな未来を構想していかなければなりません。

「廃炉の現場」が復興の礎となる

その構想とは、「昭和的なるもの」と「平成的なるもの」をつなぎあわせる回路を用意していくことに他なりません。「昭和的なるもの」のブルドーザーだけでは足りないわけです。

たとえば、このままいけば、原子力産業集積型経済は復活するでしょう。もちろん、福島第一原発1〜4号機は稼働のしようがないし、5、6号機の廃炉は東電も明確にしているところです。しかし今後は原発の営業運転によってではなく、廃炉作業がその地域にとって重要な雇用の場になります。

避難地域には8000の事業者がいると言われます。一方、現在、福島第一原発の廃炉に関わる事業者は1500ほどです。この1500事業者のすべてが地元企業ではありませんが、仮に一定割合、たとえば、半分だとして750、数割だとしても500ほどが地元企業だとして、すでに避難地域の事業者の相当割合が、廃炉の現場があるからこそ事業再開していることがわかります。

これ自体は悪いことではありません。この勢いを活用して廃炉産業の集積を復興の機会とし、さらに今後は地域の強みとしていくことも可能でしょう。国は「イノベーションコースト構想」と呼ばれる、浜通りエリアを「国際研究産業都市」化する復興プランを打ち出しています。廃炉を軸にロボットや医療、再生可能エネルギーなどの産業と研究を育成することでイノベーションの拠点とするというのがその趣旨です。

ただ、この「お上から降ってくる」トップダウン型の流れに期待・依存するだけで、地域経済に持続的な活力がもどってくるのかどうかは定かではありません。現在そうであるように、廃炉を営む人やその研究者、行政官が外から来た人ばかりであれば、出稼ぎ先にはなっても定住化や地域づくりへの参画は進みづらい。予算も国・東電からのものばかりになれば、そこには原発事故以前よりも純粋なモノカルチャー経済・社会体制がうまれ、地域の方針はそのトップダウン型の意思決定・動向に左右されながら動くことになるでしょう。それはまさに「昭和的なるもの」の無反省な復活となりえます。

いうまでもなく、「昭和的なるもの」のすべてが必ずしも完全なる悪玉ではありません。たとえば、愛知県豊田市に象徴されるような企業城下町型の産業集積と社会構造は、技術・知見の切磋琢磨と蓄積、サプライチェーンの効率化など、一定の合理性があるが故にそこに生まれ、世界的な競争力を培ってきました。

ただ、その時々の政策の変化や景気・産業構造の動向次第で雇用機会が一気に減り、そこに生きる人の生活基盤が揺るがされます。始めたての頃はよくても、実際にことを進めていくと管理コストばかりがかかったりして行政の負担になっていきます。遠い未来とはいえ、いつか必ずくる、廃炉産業が落ち着いたときに、地域がまるごと消滅してしまう。あるいはそのときに地域を支える産業や社会モデルの代替的な選択肢が用意されていない。そうやって日本のあらゆる地域社会が衰退してきた反省の中で、「昭和的なるもの」が過去のものとされてきたのも事実です。にもかかわらず、それを繰り返すことはありえないでしょう。

では、そこでボトムアップ型・グラスルーツ型ともいえる「平成的なるもの」がいいのでしょうか。「社会起業」と「六次産業化」ですべての問題をクリアできるのか。それも無理がある話です。確かに、「昭和的なるもの」が持つデメリットを乗り越えるという側面で「社会起業」や「六次産業化」が生まれてきた部分はあります。限られたリソースを使いながら、大きな資本や働き手の頭数がなくても、アイディア次第で新しい経済モデルを作るのは素晴らしいことです。ただ、現実的には「昭和的なるもの」、たとえば、発電所や工場のように何百人、何千人の雇用づくりができるのか、その持続性・安定性があるのかというと圧倒的にそこは弱いのです。

これから歩むべき道は、無反省な「昭和的なるもの」の復活でもなければ、手放しの「平成的なるもの」の礼賛でもない。両者を組み合わせながら新たな産業構造を作っていくことではないでしょうか。

「平成的なるもの」の動きを「昭和的なるもの」が支える構造へ

話を整理しましょう。

現在の地域産業は三つの層に分類できます。一番上の層が「大きな国家と巨大資本」。1F周辺地域ならば東電やメーカー、ゼネコンがこれにあたります。二枚目の層が「地域中小零細企業」。部品製造、電気工事、溶接、ペンキ塗り、建築資材の搬入等々、様々な仕事を地域に根づいて行ってきていて、大きな顧客として「大企業」がいるわけです。三枚目の層は「ソーシャル系」としておきましょう。社会起業や六次産業化を進める団体など。先に触れたとおり、3・11後に注目を浴びたのはこの第三層です。

「昭和的なるもの」は、①「大きな国家と巨大資本」が軸となり、そこからの仕事を②「地域中小零細企業」が請けながら産業が成立していきます。

一方の「平成的なるもの」は、③「ソーシャル系」にスポットライトがあたりつつ、実質的には②「地域中小零細企業」が地域産業・雇用を分厚く支え続けています。しかしその層は、①「大きな国家と巨大資本」が弱体化する中で、もろくなりつつもあるのです。

「イノベーションコースト構想」をはじめとする、1F廃炉地域の新たな産業構造の構築にむけた取り組みの際には、3・11後に生まれた希望の芽やそれを生み出した土壌である「平成的なるもの」を活かしつつ、その動きを「昭和的なるもの」が支える構造を築くことが目指されるべきです。「廃炉の技術」は「廃炉の技術を作ろうとして」いればそれだけで十分なものではなく、むしろ、一見「廃炉の技術」とは無関係に見える先端技術を組み合わせつつ、そこに独自性の高いアイディアを付け加えた中に生まれることもあるでしょう。そこで具体的なイノベーションや付加価値を生み出す人材も、ただ廃炉を「後ろ向きなゴミ処理」としてではなく、自らの想像力と努力とが直接的に活かされ、それを支えるだけの予算・設備などが集積している場にこそ育ち、集まってくるはずです。困難な事態を解決し具体的に困っている人の役に立つことを支えるためには「昭和的」でありつつも「平成的」な創造性を担保する場と人とが不可欠なのです。

いうまでもなく、「それを誰がどうするか」ということこそが重要であり、一筋縄ではいかない課題でもあるのですが、少なくとも現状では、この両者の間に乖離《かいり》があることは確かでしょう。

端的に言えば、機動力とアイディアがある③「ソーシャル系」と、安定的な基盤・規模がある②「地域中小零細企業」との間でやり取りがなされながら、①「大きな国家と巨大資本」依存型では生まれにくい事業の独立性・新規性を確保しつつイノベーション・付加価値を生み出していく。さらに①「大きな国家と巨大資本」もそれを促していく。そういう動きが目指されるべきですし、実際に現場のプレーヤーの中にはその可能性を模索しようという人もでてきているように見えます。

地域に新しい風を吹き込む「ソーシャル系」の動き

地域産業が活発になれば、新しい技術を生み出す土壌ができます。その土壌の元に人材が育成され、外から集まりもして、また地域産業が活発になっていく。この循環を持続的につくることが廃炉と地域づくりの双方を円滑に進めるために不可欠でしょう。「1F廃炉のオンサイトの未来」は「地域産業の今後」と直結しています。

「地域産業の今後」をより具体的に考える上で、外からは見えにくい③「ソーシャル系」と②「地域中小零細企業」の現状を整理してみましょう。

まず、ここまで論じてきた③「ソーシャル系」に分類できるであろう様々な動きの中には、地域に新しい風を吹き込む可能性に満ちていると同時に、対外的な訴求力も高い成功事例が多数生まれてきました。

代表的なのが「小高《おだか》ワーカーズベース」。これは立ち入りができても居住ができなかった「住民ゼロ」の南相馬市小高区にあるコワーキングスペースです。これを立ち上げた和田智行さんは、震災前から東京のＩＴ会社の役員を務めつつ、地元・南相馬市小高区に家族と住みながら遠隔でシステムエンジニアの仕事をしていました。原発事故後、和田さんは1Fから20㎞圏内であるため立ち入り禁止になった小高に、避難指示が解除される前から人の動きを作り、地域の課題の解決と帰還のサイクルを作ろうと避難区域初のコワーキングスペースを始めたのです。さらにコワーキングスペースをベースにしつつ、事業の立ち上げ拠点ともなっています。

たとえば２０１６年3月まで営業して

いた、一時帰宅、家の片づけや工事などで来た人に温かい食事を食べてもらおうと立ち上げた食堂「おだかのひるごはん」。2016年春の居住再開が見えてくる中で2015年9月に行政とともに立ち上げた仮設スーパー「東町エンガワ商店」。若い人が働く場を新たに作ろうと立ち上げたガラスアクセサリーの工房「HARIOランプワークファクトリー小高」など、いずれも生活再建と雇用創出の場となっています。

同じ南相馬市にある「南相馬ソーラーアグリパーク」も注目すべき存在です。「南相馬ソーラーアグリパーク」は再生可能エネルギーを使って発電をしたり農業に活用したりする機能を持つ施設で、子ども向けの学習施設であると同時に、都内大手企業の研修先にもなっています。これを立ち上げた半谷栄寿さんは南相馬出身で、東電の執行役員を2010年まで務めていました。現在、「南相馬ソーラーアグリパーク」の他にも、高校生とともに地元の一次産品をPRする「高校生が伝えるふくしま食べる通信」を作ったり、カゴメなどとともにトマトの大規模生産工場を作り、50人の従業員を雇って2016年春から出荷を始めるなど、情報発信、教育、人材育成、雇用創出など、様々な要素を含んだ事業を進めています。

面白い一次産業は他にもあります。広野町でアヒルを使ったユニークな農業などを進める「新妻有機農園」。川内村で野菜栽培向上を運営する「KiMiDoRi」。かねてより名物だった楢葉町の鮭の放流は2014年に再開され、2015年からは部分的に水揚げがはじまり食べることが可能になりました。川内村と富岡町では日当たりと水はけを活かして醸造用ブドウを作り、2020年までに福島ブランドのワインをつくることが目指されています。

これらの動きは「成功事例の数」として多いわけではないし、売上や雇用吸収力もまだ不安定な側面はあります。ただ、避難指示が出された地域やその周辺でヒト・モノ・カネ・情報の交流を生みつつ、新たな地域産業の可能性を切り開いていく動きであることは確かです。

事業再開のスピードは住民帰還に先立つ

一方、②「地域中小零細企業」の状況はどうでしょうか。

これについては、最近、「福島相双復興官民合同チーム」から興味深いデータが発表されました。「福島相双復興官民合同チーム」とは、2015年8月、内閣府・福島県などが中心となって原発周辺地域の被災事業者の事業再開などの支援を目的として設置された組織です。まさに「地域中小零細企業」を対象とした組織であり、そのチームが、数にして8000ほどあるという被災事業者をシラミ潰しに連絡・訪問して状況把握をしているのです。

その中で2016年2月までのデータが【図1】です。8000事業者を目指す途中経過なので、これがすべてではなく、現時点で情報を把握できている範囲の結果ですが、その前提を踏まえたうえでも、ここから見えることは三つあります。

一つ目は、少なくとも現状把握できている範囲で、6割以上の企業が事業を続ける意志を持っているということ。【図1】にあるとおり大熊・双葉でも、5割弱の人が事業再開・継続の意志を持っています。「原発周辺の企業は、かつて営業していた場所を失ったのだから事業再開などできっこない」というイメージがあるのだとすれば、それは間違いということです。

二つ目は避難指示解除が事業再開の意欲を高めるということ。

地元や避難先などでの事業再開・継続を希望する割合は【図1】によれば、避難指示が解除されていない大熊・双葉で50％弱、富岡・浪江で55％程度と低いですが、他は7〜8割程度と高くなっています。特に「地元」での事業再開・継続を希望する割合が高いのは、双葉郡だと広野・楢葉、その他だと田村・南相馬ということで、「避難指示解除が進んだ自治体」では明確に産業が戻りやすくなるということが数字に現れています。

「避難指示解除が進んだ自治体では地元

	田村市	南相馬市	川俣町	広野町	楢葉町	富岡町	川内村	大熊町	双葉町	浪江町	葛尾村	飯舘村	総計
地元に帰還して事業を再開済み/地元で継続中	59%	54%	32%	79%	21%	3%	35%	3%	1%	4%	4%	18%	20%
避難先等で事業を再開済	19%	18%	18%	6%	29%	29%	15%	29%	30%	30%	53%	34%	27%
将来、帰還して地元で事業を再開したい	4%	7%	12%	2%	16%	9%	6%	3%	7%	8%	30%	9%	8%
将来も避難先等で事業を継続したい	15%	10%	3%	3%	13%	19%	9%	25%	21%	19%	23%	21%	17%
休業中	22%	23%	50%	8%	45%	58%	32%	58%	61%	60%	34%	42%	46%
将来、帰還して地元で事業を再開したい	7%	9%	12%	3%	26%	19%	15%	11%	9%	17%	11%	12%	14%
将来、避難先等で事業を再開したい	4%	2%	6%	2%	2%	6%	3%	6%	11%	6%	2%	2%	5%
将来の事業の再開は難しい	7%	7%	15%	3%	10%	22%	15%	25%	24%	22%	13%	19%	17%
事業を再開しない（廃業）	0%	3%	0%	2%	4%	8%	6%	7%	5%	5%	6%	3%	5%
その他	0%	1%	0%	5%	1%	2%	12%	3%	3%	1%	4%	2%	2%
地元での事業再開・継続を希望	70%	70%	56%	84%	63%	31%	56%	17%	17%	29%	45%	43%	43%
避難先等での事業再開・継続を希望	19%	11%	9%	5%	15%	25%	12%	32%	31%	25%	25%	21%	21%
総計	27	841	34	63	234	562	34	346	213	761	53	174	3342

【図1】12市町村別の事業再開意向

出典：福島相双復興官民合同チーム発表資料「官民合同チームの活動状況及び被災事業者の自立支援策について H28,2,24」より

で事業再開したい人が多いなんて、当然ではないか」と思う人もいるでしょうが、そうではありません。「地元で事業再開をしたい」という人の中には、避難指示がいつ解除されるかわからない時期には、地元で事業再開をするか否か決めかねたり、あるいは再開する意志を失っていた人もいます。ですから避難指示解除の有無で「地元での事業再開」の意志に明確な格差が出ることが示すのは、実際に避難指示が解除されることで「地元での事業再開」に前向きになる人が増えるということなのです。「将来の事業の再開は難しい」という回答が1割以内であるのも田村・南相馬・広野・楢葉です。

三つ目は、「事業再開のスピードは、住民帰還に先立つ」ということです。たとえば、広野町と楢葉町の元の土地での事業再開について「地元で事業を再開済み／地元で継続中」、避難先での事業再開について「避難先等で事業を再開済み」という欄をみると、広野町が79％と6％、楢葉町が21％と29％。一方、同時期の広野町の帰還した住民と避難先で暮らす住民との割合は広野町が6割弱と4割強、楢葉町が6％と94％。この数値にあらわれるのは、住民は元の土地への帰還をためらいますが、事業者はそうではないということです。

もちろん、生活再開と事業再開を単純に比較できるものではありません。地元でしかできない事業もあるでしょう。また、先に触れたとおり、官民合同チームがすべての事業者にあたったわけではない現状では、まだなんともいえません。ただ、おそらく現在休業中の企業が今後事業を再開するとしたら、避難先ではなく地元が選ばれるであろうことはこの表から読み取れます。

事業再開から始める町づくり

この三つ目は事業の再生以上に地域の再生にとっても重要な意味を持ちます。というのは、これまで繰り返し指摘されてきた避難地域の課題に「店や病院、仕事が戻らないから人が来ない。人が来ないから店や病院、仕事が戻らない」という「鶏が先か卵が先か」的な議論があるからです。しかし、「事業再開のスピードは、住民帰還に先立つ」という命題が正しいのならば、このジレンマを解消できます。つまり、「まず事業再開をしながら、店や病院、仕事を戻していき、そこで基盤をつくることで人が住める土地にしていく」ということです。これが、この地域の産業と生活の再建の方針となっていくでしょう。

あらためて指摘するまでもなく、現場はすでにそういう方向で動き始めていると私自身は認識しています。しかし、データからの分析結果としてこうしたことを明確に述べられるようになったというのは、貴重な議論の進歩ではないでしょうか。

なお、業種別の事業再開意向を聞いた【図2】も興味深いデータです。地元での事業再開が最も進んでいるのが製造業なのは、工場や機具などがそこにあるからでしょう。建設業や医療・福祉は、公共投資の増加などで仕事はあるでしょうから、避難先などに事務所を置いて事業再開を進めてきたことがうかがえます。不動産業は個人規模の土地や物件所有者もカウントしているそうです。これは休業中が8割を超えているし、将来の事業再開を考えようがない人も多いことがわかります。

原発周辺地域の描写は、ともすれば、原発被災地として特徴的な「風景」と、そこに帰還したり何かを頑張っている「住民」の話で終わってしまいがちです。そこで産業の話を持ち出すのは「被災地で金儲けの話をするのか」と無意識に避けられてきた傾向もあるのかもしれません。ただ、ここまで見てきたように、産業は「風景」や「住民」と不可分であり、それを下支えし、固定化しかねない状況を改善する役割をも持っています。今後はこの点の議論をさらに深めていく必要があるでしょう。

	建設業	製造業	卸売業、小売業	不動産業、物品賃貸業	宿泊業、飲食サービス業	生活関連サービス業、娯楽業	医療、福祉	その他	総計
地元に帰還して事業を再開済み／地元で継続中	21%	33%	26%	6%	21%	18%	23%	22%	20%
避難先等で事業を再開済	50%	30%	24%	7%	19%	23%	50%	27%	27%
将来、帰還して地元で事業を再開したい	17%	8%	8%	3%	4%	5%	16%	9%	8%
将来も避難先等で事業を継続したい	30%	20%	15%	4%	14%	15%	30%	17%	17%
休業中	23%	30%	44%	82%	53%	52%	25%	41%	46%
将来、帰還して地元で事業を再開したい	6%	10%	12%	26%	16%	17%	8%	12%	14%
将来、避難先等で事業を再開したい	3%	3%	4%	2%	9%	8%	5%	5%	5%
将来の事業の再開は難しい	9%	11%	20%	27%	17%	19%	5%	15%	17%
事業を再開しない（廃業）	4%	5%	5%	5%	3%	5%	1%	7%	5%
その他	2%	2%	1%	1%	4%	3%	1%	2%	2%
地元での事業再開・継続を希望	44%	50%	46%	34%	42%	39%	47%	43%	43%
避難先等での事業再開・継続を希望	34%	24%	19%	6%	23%	23%	35%	22%	21%
総計	52	347	531	614	293	217	96	724	3342

【図2】業種別の事業再開意向
出典：福島相双復興官民合同チーム発表資料「官民合同チームの活動状況及び被災事業者の自立支援策について H28,2,24」より

「かがやき」と見えるのはクレーンの愛称。鉄道好きの清水建設担当者がつけた。
「こまち」「はやぶさ」もある。緊張と緩和が1Fの日常を彩る（2016年1月14日撮影）

第4章

原発をどう語るのか？

「その情報はホームページで公開しています」

調査を進める中で、行政や東電の担当者から度々聞かされた言葉はこれだ。

3・11以前からの傾向であろう。私たちはしばしば、「もっと情報公開が進まなければならない」という定型句を繰り返し口にしてきた。

しかし、「情報公開をしろ」「情報が隠蔽されている」と言いたがる人の顔を見るにつけ、どれだけ公開情報を網羅的に精査しているのか疑問を持たざるをえないことも多い。

「政府は必要な情報を出していないから」

「もっと速く情報が出てさえいれば」

「○○さんは昔そこで働いていた専門家だから私たちが知らない隠された真実を知っている」

果たしてそうか。

たしかに、事故直後に様々な情報の錯綜、中には明確に「情報の隠蔽」と言わざるをえないことがあったのは事実だ。しかし、現在に至って、私自身、少なくとも、福島に関するあらゆるテーマに関する情報を追いかけてきた経験上、「情報公開が足りない」と感じたことはほとんどない。

知りたい情報の8割方はWEBで公開されていて、残りの1割は電話やメールで問い合わせれば何の問題もなく教えてもらえる。残りは、まだデータがまとまっていないなど、明確な理由があって「情報が足りない」。99%は「情報公開が意図的に隠蔽されている」わけではなく、ただの調査不足か、調査能力不足によるものだと言わざるをえない。

いつまでも、現在を「情報公開が足りない時代」ととらえ続けることは、根本的に現状変革の機会を逃し続けることに直結するだろう。

たとえば、米国・オバマ大統領がとりいれたことで有名になったオープンガバメントの発想は、もちろん、情報の透明性の必要性は訴えつつも、情報欠乏よりもむしろ情報過多である現状の上で、いかにその過多な情報を住民自身が把握・意味づけできるようにし、政治・社会に参画するきっかけにするのかというものだ。

1F廃炉に向き合う上で、私たちは情報の透明性を求めつつも、実際には過剰なまでに公開され続けている情報を自ら得て、様々な解釈を与えながら、その意味を考え続け、ときには関与するきっかけを探す必要があるだろう。

私たちが、1F廃炉や福島の「真実」を知らず、不安にさらされ、関与の仕方を想像できないでいるのは、「情報公開が足りない」からではない。「情報公開が足りない」と何かを言った気になって思考停止に陥っている中で、本当はできるはずのことをできないでいるという側面は確実に存在する。

では、私たちは1F廃炉や福島の諸問題について、何を知り、何をもとに安心を得て、いかなる関与をしていけばいいのか。

様々な論者にそのヒントを聞いた。

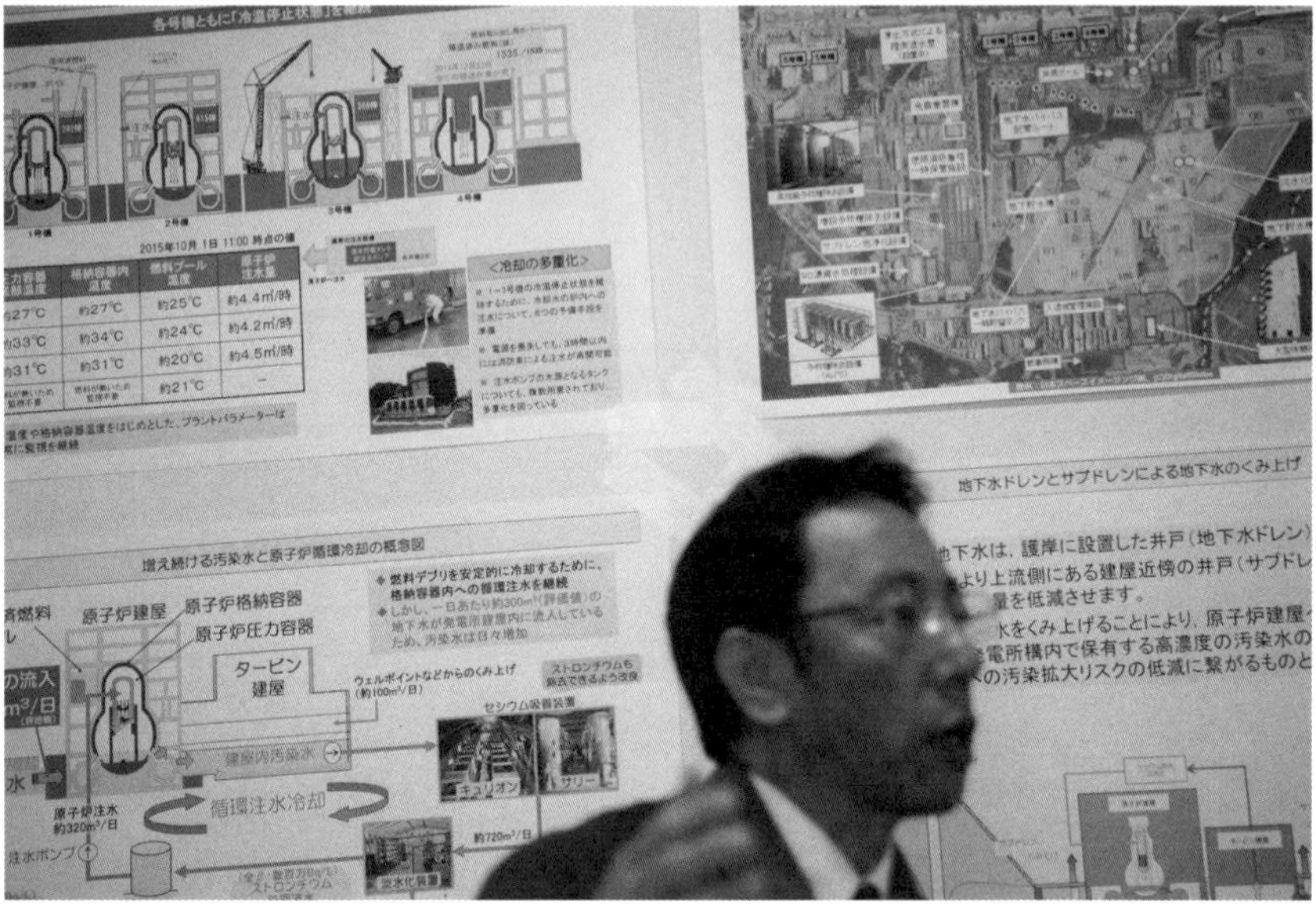

写真家・石井健の目 ④

取材を受ける福島第一廃炉推進カンパニー代表の増田尚宏氏。増田氏の後ろには廃炉への工程表や、1～4号機までの現在の状況、また汚染水対策取り組みが一目でわかるようにイラストで説明された図表が貼られており、これまで受けてきたであろう取材の多さを感じさせるものだった。

取材を行ったのは入退域管理棟の四階の部屋。窓の外に広がっていたのは、汚染水タンクが並ぶ光景と、真っ白のタイベックスーツに身を包み、移動する作業員たち。青空との強いコントラストが現実感をなくし、この場所が世界最悪の原発事故レベル7の場所とは思えなかった。

2016年1月14日撮影

建屋内にロボットを搬入するのは人間の仕事

ロボットが働き始めるまでコンクリートの遮蔽体の中で待機
ひょ〜
この搬入入口内部の放射線量は数10ミリシーベルト毎時の所もありとても長くは居られません
ですがそれは健康に害があるからというわけではなく
だいたい合計20mSv以下
我々作業員は年間で浴びられる放射線量が決まっているので
その残り線量を少しでも長く持たせるためです
制限値に達するとそれ以上は現場で働けません
設定の1/5に達する毎に鳴る（この日の設定は2mSv）
あ〜鳴った
1回目だから0・4か
よく「高線量下で命を削って働く作業員たち」なんて言われますが

命なんて削ってないっスよ
制限値はもの凄く安全側に余裕を取って決められてますから
タツタ
実際削っているのは残り線量という名の労働可能時間だったりするのです
あー俺もこれでもう今月末までしか現場出られないかな〜
また「見えない放射線の恐怖と戦い続ける作業員」なんてのもよく言われますが
あれも中身のない決まり文句っスね〜
WWE タツタ
目には見えなくても測れば必ずわかる放射線はむしろ他の見えないリスクより怖くありません
このへん高いんで
はーい
酸欠とか感電とかその他諸々
構内は至る所にその場所の線量が掲示されています
1Fの放射線は「見える化」されてるんですよ
この場所の空間線量率は
0.1mSv/h
です
WWE タツタ
WWE カジリ

もちろんこれは最近の1Fの様子なので事故発生当時の緊急作業にあたった方は
本当に恐怖との戦いだったと思いますが
いつまでもそんな固定観念で語られても迷惑っスよね
まぁねー
あと今でも「日本を救う英雄」みたいに言われるのもねぇ
基本金稼ぎに来てるんスからね
家族を養うためにも働かないとな
ま、儲《もう》かるかっていうと疑問だけど
う〜ん……
この現場が高線量なのでそこそこ高給ですが
高線量ゆえに働けるのは実質二ヶ月程度
決して割のいい仕事じゃないっスよ

ロボットがトラブルなく働き始めると免震棟操作室から連絡が来る

だからと言って「奴隷のように搾取される被ばく労働者」みたいな見方も心外です
俺たちゃ自分の意志で働きに来てますからねー
WWE タツタ
WWE カワジリ
WWE タカイソ
ハイ待機終了了解！
戻りますか
多重下請けによる給与体系の不明瞭さなどいろいろな不満もありますが
それはここに限らず日本の産業構造全体で解決すべき問題ではないでしょうか
それより現場作業員にとっての不満といえば
あ……
おいおいまた駐めるところねえぞー
マジか～
休憩所の駐車場不足といった細かいけれど切実な問題だったりするのです

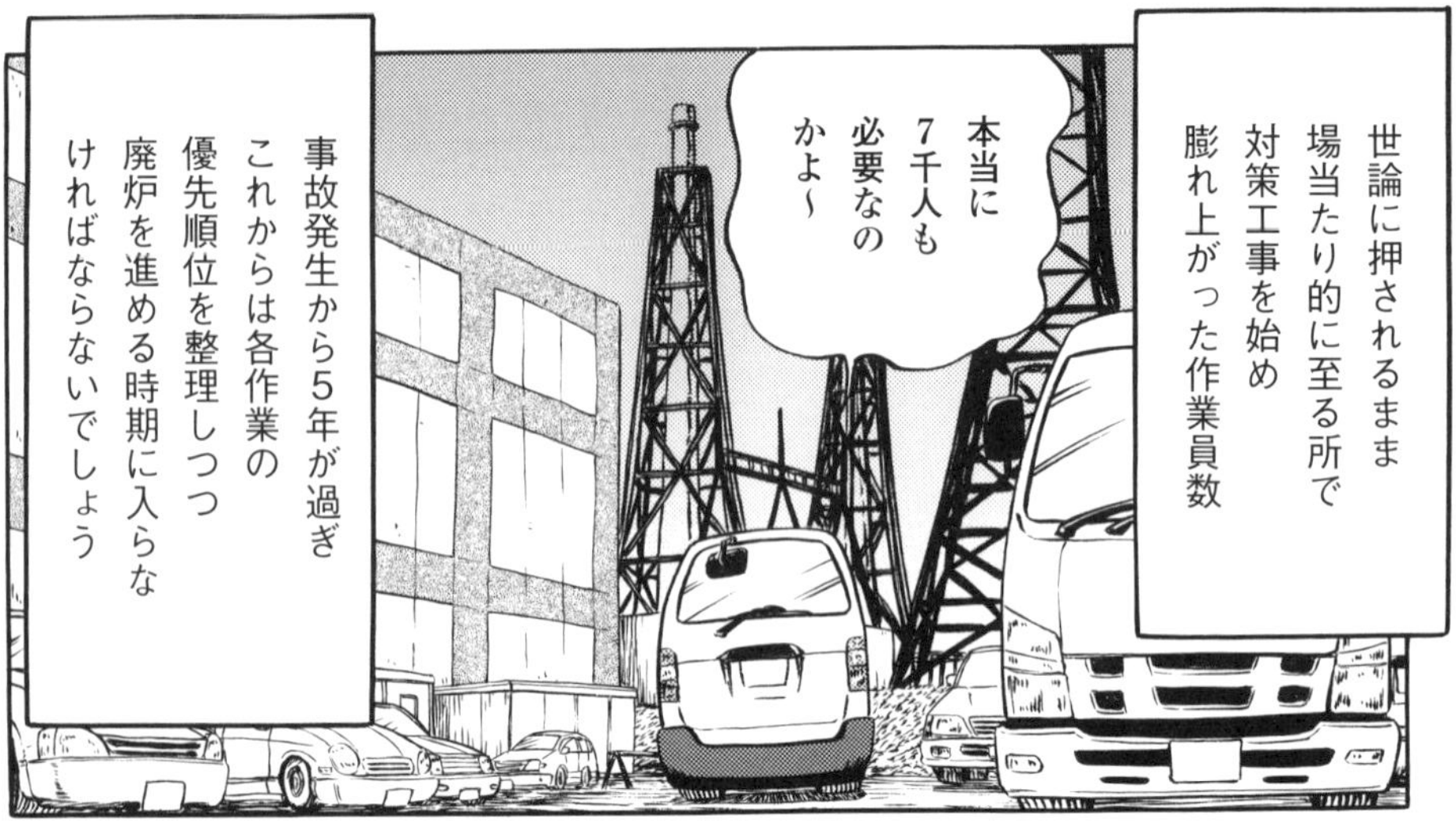
世論に押されるまま
場当たり的に至る所で
対策工事を始め
膨れ上がった作業員数
本当に7千人も必要なのかよ～
事故発生から5年が過ぎ
これからは各作業の
優先順位を整理しつつ
廃炉を進める時期に入らな
ければならないでしょう

願わくばこの図鑑を
ご覧になった皆様が
廃炉現場の実情と
課題に対する
理解を深められ
これからも冷静な視線で
廃炉作業の進捗を
見守って下さいますように

INTERVIEW

そこに関わり続ける理由

糸井重里・小泉進次郎 インタビュー

2015年11月8日、福島大学が主催するシンポジウムで糸井重里さんと小泉進次郎さんに話を聞いた。彼らが福島に関わり続ける理由を聞きたかった。糸井さんは折に触れて福島を訪れながら農業や放射線についての情報発信を続ける。小泉さんは、2013年から2年間復興大臣政務官を務め、いまも「ふたばの教育復興応援団」などの活動を続ける。福島のことは難しく、面倒くさい。にもかかわらず、そこに通い続ける理由を知ることで、私たちが持続的に福島に関わっていくヒントが得られるのではないだろうか。

——まずはシンプルに、お二人がそれぞれどうして被災地に関わる活動をされているのか、お聞きしたいと思います。

糸井　僕にとっては、東京にいて地震があったというのがスタートなんですね。まず自分が3月11日に東京にいて、あの揺れを感じた。そして家に帰ったらいろんなものが壊れていたっていう事実があって、さてここからいったいどうなっていくんだろう、と。その後のことは全部そこからの流れの中にあります。

もしかしたら自分の命に関わるようなこと、社員や親戚や家族が何かに巻きこまれて同じような目に遭うこともあるかもしれない。その延長線上に、東北があり、福島があり、という形で考えていたのがすべてなので。

だから「他」として関わっているというよりは、一緒に被害を受けた人として、「じゃあ俺、そこ分担するわ」という感じでやってきたというのが正直なところです。「全部をやることはできない」「いつまでもやっていくことはできない」「完全にやることはできない」っていうように「できないこと」だらけの中で、何ができるだろうかって考えたときに、「友達のところに何かあったとき、何が助けになるかな」っていう、そこだけを自分の担当にしようと思ったんです。で、それじゃあどこに友達がいるのっていうことになると、それまで東北とはあまり縁がなかったもんですから、たまたま拠点を気仙沼において、そこからですね。

小泉　私も今の糸井さんのスタートと同じなんです。どこで3・11を迎えたかというと、国会議事堂裏の議員会館でした。地震警報が鳴って、揺れがきて、しばらくしてからテレビを観て、そうしたら黒い津波が田んぼを駆け上がっていくところが映し出されていた。大きな陸橋の上に人が避難していたんですが、みるみるうちにその陸橋に津波が迫り来る。それを大丈夫かと思いながら観ていたんですが、今でも覚えているのは、それを観ながら一人でつぶやいていたんです。「これは歴史が変わるぞ」と。その言葉を、あのときに事務所にいたスタッフは聞いてます。

糸井さんと同じように、そこから今までずっときているっていうのが正直なところですね。自民党は野党でしたから、とにかく現地に行くしかない。現地に行きながら考えて、自民党の青年局長として毎月11日には被災地に行く事業を始めた。国会議員っていろいろ忙しいですから、11日に行くって決めないとなかなか時間がとれない。でもその日は必ず行くと決めておけば、誰もそこには予定を入れないし、対外的にも言ってしまえばやるしかなくなる。それで始めたんですね。それが与党になっても続いて、今がある。

――4年半たって、印象深かったことは?

小泉　やっぱり現場を回り続けていると自分が変わりますね。

当時、福島に震災・原発事故後に行って、自分がどんな顔をすればいいんだろう、どんな言葉をかければいいんだろうって、わからない。というか、すごく怖いんですよね。何が正解かわからないから。

福島で印象的だったのは、まだ事故から時間がたっていないとき、知りあいを通じて車で回ったんですね。そうすると、放射線の問題なんかをジョークでふってくる地元の人っているんですよ。それって笑っていいのかなって。最初は本当にどうすればいいのかわからなくて、だけど通ううちにそういった肌感覚がわかるようになってくる。その蓄積が自分を変えていきましたね。

それと福島第一原発の廃炉をしている現場にも何度か行っています。印象的なのは最初に行ったときと2回目に行ったときの作業員の方々の僕に対する対応の変化ですね。最初に行ったときは本当にとげとげしかったんです。お前らのせいでこうなってるんだよ、とまでは言わないけど、目が厳しい。初めての選挙を思い出しましたね。当時は自民党が不人気で、しかも世襲への批判も強くて、針のむしろでした。そのころを思い出すような状況だった。それが2回目に行ったときは、作業が終わって防護服脱いでいる状態の皆さんが「あ、小泉さん、握手してよ」「一緒に写真撮ろうよ」って携帯でみんな撮るんですよ。それがすごく印象的で。少しずつ状況も良くなってきているんでしょうね。

あとは、避難生活が続いている方々の仮設住宅へ行って話を聞いてから東京に帰ってくると「福島の様子はどうなの」っていろんな人に聞かれるわけです。そこでよく「もう当面戻れないなら、早く『戻れない』って言ってあげたほうがいいんじゃない?」って、福島に行ったことのない人からは言われるんです。

自分も正直最初のころは、そう思っていたところがあります。でも地元を回れば回るほど、いろいろな人に会えば会うほど、そんな簡単な問題じゃないなと。いろんな話がある。世の中には白黒はっきりつけたほうがいいときと、そんなに白黒割り切れる問題じゃないときとがあるんだなと改めて感じました。見てるほうはいらいらするし、おこがましいかもしれないけれど、遅々として進まないと感じるかもしれない。優柔不断に見えるかもしれないけれど、人一人の生活ってそんな簡単に割り切れるもんじゃないんだよって。それはすごく今感じることです。

1Fは「新しい事業が興っている場所」

——糸井さんも先日、福島第一原発の中に入られたとうかがいました。

糸井　たまたま僕は、このことについていろいろな発想をする源みたいな場所、ベースキャンプを東京だけじゃなくて気仙沼にも置いたんですね。だから福島っていうのは、気仙沼がある東北地方の一つ、っていうように見るようにしていたんです。

たとえばこの先、宮城や岩手の人が「すっかり復興したよ」って明るく言えるようなことがあっても、福島が解決するまでは、本当には笑えないと思うんですよ。最後にやっぱり「ほっとしたね」って言えるようになるのは、福島とともに戻ったときじゃないかと。ですから、僕は気仙沼を中心に震災後の東北を見ていた感じなんですけど、その視界の端にはどうしても福島が見えている。

福島のことって、まず、何ができるかわかりにくい。手のつけ方がわからなかった。だから時々見に行くっていうことをしてみた。もう一つは、測って安全だっていうのも出してもらって。どこかにわからない課題があったら、わからないことは避けておきましょうっていう、日常生活の感情の動きみたいなことに対して、自分はどういうふうに安心だとか、食べ物と自分との関係を決めてきたんだろうって、もう一度再確認する意味で、早野龍五先生と、一緒に本を出そうと思ったんですね。しかもそれを文庫で出せば誰でも買いやすいし、福島の人も外の人も一緒にわかっていくことがあるんじゃないかと思って出したのが『知ろうとすること。』（新潮文庫）なんですね。今は、外国の人が危ない危ないっていう本は英語でたくさん出ているんだけど、実際の福島を伝える本が出ていないって言うんで、『知ろうとすること。』の印税を翻訳に当てて、外国語版を出すというステップに入っている。この本を出して福島に住んでいる方が喜んでくれたのはすごく嬉しいことです。原子力発電所の中で働く人が、ある種、人から白い目で見られていたり、その家族が後ろめたい思いを抱えている、といったことを聞いていましたから。現状では議員の方々や地元の方々しか構内を視察できないわけですが、働いている人たちは、もっと関係ない人たちに見てもらいたかったんだと思うんです。このシンポジウムでもそうなんですが、僕は、「関係ない人」の役割って実はとても大事な気がしていて、だから視察にも行ったんです。

行く前と行ったあとでは、自分の中で福島第一原子力発電所の印象が、全く変わりました。

僕らはあそこが「発電所」という名前な

ので、発電をしていたんだけれど失敗しちゃった、ということについて繕っている場所だと思っていたんです。でも、実際見てみたら、新しい事業が興っている場所なんですよ。世界中の原子力発電所の廃炉に向けた事業の最先端を担っているように見えたんです。事故が起こった当初、あそこに勤めていた方々は原子力発電に関わる勉強をした人たち、あるいはそれに関わる作業をする人たち。でも今いるのは、土木で何をしたらこの問題が解決するかとか、ロボットをどう作ったらいいのかとか、世界中の人が全くやっていなかった未来に向けての大事業をあそこで行っている。

だからびっくりしたんですよね、自分の心の中の変化が。心の中ではどこか、お葬式に出かけて行くようなイメージもあったんですよ。ご愁傷様でございました、痛み入ります、みたいな話をしている場所かと思っていたら、もちろんそういう部分もありながら、同時に、今一番最先端のことをやっている。要はエントロピーの問題、地球全体のゴミ処理問題の最先端事業をやっているところへ見学に行った、っていう印象があって。この頭の切り替わりみたいなものっていうのは大きかった。

ブッキッシュな言い方で「ピンチはチャンス」って言いますけど、「ピンチ」を経験しないと「チャンス」は捕まえられないっていうのが、まさしく今の袋小路状態の日本です。そういう意味ではあそこに大きな穴が開いてしまったことで、でも穴から始まる、マイナスから始まる未来っていうのが、あの場所から広がっているんじゃないかと思ったら、ちょっと言い方は悪いけど、面白いなって。若い学生さんたちに、あそこで働くような勉強を今すれば、って言いたくなっちゃうような感じ。これは4年たったっていう、順番に起こってきた変化ではなくて、僕にとっては5年を迎える寸前に得た大転換のような気がしました。

世界中の廃炉は日本に任せろ

――制約があるからこそイノベーションが起こる。目をそらさず福島の問題を追い続けている方は、どんな立場の方も、以前よりチャンスが増えていると言う。私もしばしばそう感じますが、それは少子高齢化や一次産業という側面でのイノベーションかなと思っていました。それが、廃炉の現場でという意見はなるほどなと思いました。

糸井　廃炉株式会社ですね。廃炉開発株式会社で、世界中の廃炉は日本に任せろっていう、すばらしい開発室だって思えるわけです。今はまだ汚染水対策のような土木の作業が中心ですが、次の段階になったらもっと違う、いわゆるコンピュータやロボットに関わるもの、あるいは安全に関わるものが、すべてあそこから始まるわけですから、あそこは就職先として若い人にとってもすばらしいんじゃないかと。原子力を研究する若い人がどんどん減ってしまうよ、っていう声はよく聞きましたが、そうじゃなくて「廃炉」を研究する人、エネルギー問題とエントロピー問題を同時に研究する場所として、あそこがメッカになるんじゃないかなと思いました。

――廃炉や他の福島の問題を面白いなんて

言うのは不謹慎だという方はまだいるでしょうが、僕自身もそう思うところはある。これをどう発信すればいいんでしょうね。

小泉　その前向きな部分を発信するのは政治家であるべきなのかどうか、っていうのはけっこう問題なんです。僕の中で難しいなと思っているのは、やっぱり政治家として加害者としての責任感は常に忘れてはいけない。今の福島にある問題について、国の責任は免れないし自民党の責任も免れない。そういうことがある中で、政治家が前向きな発信をする必要性もあるんだけれども、一方で、見方を変えれば避難をしている方々の今の生活については、あの事故があったから今の現状が生まれてしまっている。前向きな発信をすることで、今まだ仮設住宅にいる皆さん、避難生活をしている皆さんの現状に目を向けていないんではないか、というメッセージが伝わってしまったら、それはマイナスですよね。

だから糸井さんや開沼さんのような方、他にもいろんなプレイヤーに福島の状況に関心を持ってもらって、糸井さんが福島第一原発に最近行ったことを今日、こういう形で話てくださったような発信をしていただくことのほうが、私みたいな政治家が言うよりも、色眼鏡なく透き通った形で聴く人に伝わるんじゃないかなと思っていて、それは今自分の中で抱えているジレンマでもありますね。

いまだに大変な現状の中にいる方々に目を向けていることが基本だと。前向きなことっていうのは、原発関連でいえば、最近行った楢葉町で新しく作られたモックアップ施設というのがあるんですね。これは福島第一原発の格納容器を模したものを作って、どうしたら中の構造に照らしあわせながら廃炉に向けた前向きな開発ができるか、という施設なんですが、これがすごいのは、私も行ってみてわかったんですが、最新のデジタル技術を使って、バーチャルリアリティとしてあたかも事故が起きた第一原発の構内を歩いているような体験ができる。それを見て何を考えたかというと、地元の小学生や中学生、高校生にもそれを見てもらえば、彼ら若者が、第一原発の構内に実際に行かなくても、今、中で何が起きているかがわかるんですよね。日本中、世界中の小・中・高校生でそういった世界を体感した人はいないだろうし、これは教育という面でも面白い。民間でも今バーチャルリアリティ、仮想現実っていうのは開発が活発なので、そういう人たちが入りこむチャンスはあるでしょうから、その辺に関してはすごく可能性を感じています。

僕からもいろんな人にそういう前向きな試みを発信していますが、それよりはその情報を知った政治家じゃない誰かが、さらに発信してくれたほうがメッセージの発信の仕方としてはいいんじゃないかなと思っています。難しいですここは。

糸井　守備位置というか行動範囲というか、自分の生活圏を守り続けることってすごく大事だと思うんです。たとえば魚屋さんが、何か大変なことが起きたときに、俺魚屋やめてあっちを手伝うよ、ってことをやっていたら、誰が魚を売るのということになる。

魚屋さんがやれることは魚を売ること。それと同じように、それぞれの人が自分が今いる場所から発言をすればいい。お医者さんはお医者さんの、運転手さんは運転手さんの、それぞれの場所を守り続けること。そこがとっても大事な気がするんですよね。

大変なことが起こると、「いますぐに全員でできるだけ完全にやりとげよう」って皆言い始める。一番言うのはメディアですけど、それは無理です。今すぐにできることは、できる人がやる。つまり消防士の仕事を、俺もやるって言って八百屋さんや魚屋さんがやるわけにはいかないわけですよ。そこのところは、無理じゃないところでの計画性、全体を見通せる香盤表みたいなものが必要な気がしますね。

小泉　今こういうふうに真ん中に開沼さんがいて、左側に糸井さん、右側に僕がいる中で、僕と糸井さんが全く同じメッセージを発信したときに、全く同じことを言っていても、糸井さんの言葉のほうが聞き手にはすっと入るっていうことです。実際に現地に行くということも、僕が行っても政治家が現地に行くのなんて当たり前だよねって思われてしまう。だから魚屋さんの本分みたいな話からすると、同じことを言うにしても、誰が、いつ言うべきか、どういう言葉を選ぶべきか、っていうのは、とても必要な観点だと思いますね。

——福島に関わるのに、今の立場の自分がそんなことを言ってもいいのか、と思いすぎてしまう。そのハードルをどう下げてプレイヤーを増やしていけばいいのか。

糸井　お米のことで、僕らがやってきたことが、プレイヤーを増やすっていう点で参考になるかもしれないと思うんです。

たとえば僕が福島で桃を売っているのを見て、これは安くてうまいぞ、って写真入りでTwitterに流したら、ものすごいバッシングを受けたんですよ。つまり「桃がおいしいぞ」っていうだけで、全国から矢が飛んでくる（笑）。で、これはどうかしなくては、と。放射線を測って全く駄目だったものを売っているならともかく、測って大丈夫だったものを買っておいしいと言っているのが責められるんだとしたら、これはどうにもならないなと思ったんです。そこをちょっと座ってゆっくり話しあいましょう、って言っても無理だと思ったんです。当たり前であるべきことを、そうじゃなく捉える人との違いって、なんだろうと。

そこで福島の籾種《もみだね》を全国で育てようってことを考えたんです。福島の籾種と土と肥料とそれを入れるケースとノウハウを書いたブックレットをセットにして全国の皆さんに買っていただいて、それを自宅のベランダなり庭なりで発芽させて植えて、小さい水田を作って、稲刈りして干して脱穀して自分の家で炊くと、そのキット一つでだいたいごはん茶碗一杯分くらいのお米ができるんですよ。それが実ったころには、そもそもなんでそんなことを始めたのかってことを忘れてる。「放射能で危険じゃないの」っていういらない疑いよりも、自分が育てたお米を食べてみたいとか、そういうつきあいの中で米を自分化する。

小泉　それってすごく大事。糸井さん楽しそうじゃないですか。僕らは楽しそうにできないんですよ。「復興の仕事楽しいんですよ！」って言いたいんだけど政治家は言えない。だからプレイヤーを増やさなければいけないとき、被災地で生まれているいろいろな取り組みを発信して、それを楽しそうだなって思った人が参加するっていう流れは、すごく大切だと思いますね。

もう一つの存在は企業ですね。おそらく、これほど多くの民間企業が長期的、継続的に被災地の支援を続けている例は歴史上ないと思います。大きな企業は様々なネットワークを使って動いています。会社の中で物産展をやったり、会社の研修を福島でやったり。先日、三菱商事の皆さんの協力もあって、郡山にワイナリーができました。福島の農家が、これまではやったことのないワイン用のぶどう栽培を始めています。震災の前にはなかった取り組みが生まれた。郡山にワイン飲みに行ってすごくおいしかったよ、でいいんです。多くの人に始めやすいところから始めて欲しいですね。

風化という言葉がある。僕もよく言われるんですよね。「風化していることをどう思いますか?」って。記者さんや、まわりの一般の方からも、「まだ被災地に行ってるんですね」って言われることもある。僕からしたら「もう忘れちゃったんですか?」なんですが。時に、すごくもどかしかったりもする。なぜ皆こんなにすぐ関心をなくしちゃうんだろうと。

でも僕はもうふっ切れましたね。仕方ない、忘れるものなんだから、って。人は忘れる生き物で、忘れないと生きていけないこともある。ただ、この問題は忘れてはいけないものだと思っている人が、最後の一人になっても淡々とやり続けていけばいいんだと。まわりが何を言っても自分はやり続ければいい。そして、この問題は、そういう人がいろんなところにいますから、その人たちが思いを持ってやればいい。いつか福島の皆さんが「復興した」と言えるときに、その福島の皆さんと本当に喜びあって、福島のお酒で心から祝杯をあげられるのは、それをやってきた人たちです。そこは自分の中で、見ている部分ですかね。

今後、震災とも何の関係もないニュースで福島の名前が出てくるようになればいいと思うんです。それをきっかけにいろんな人が興味を持ってくれればいい。

同じ土俵で戦うのが本当の復興

糸井　僕はこの問題、そうはいっても忘れちゃう、ってことについて、肯定しているんですよ。自分がそうだからです。あらゆることを忘れて、あらゆることから無責任に逃げてきた。そうやってきたんだけれど、そんなに悪いことをしてきた覚えもないんですよね。だからそういった意味で、人を責めることもできないなと。

ただこの問題は、人手とか助けが必要だっていう人がいる段階で「俺は忘れちゃったよ、さよなら」っていうべき問題ではないなと思った。だから最初に自分を律するような、譜面でいえば小節が区切られている白紙の五線譜、だんだん忘れちゃうんだけど、続けて音符を書きこまないと一曲にならないよ、っていう譜面を作ったんですね。それはつまり最初に会社として年間で予算取りをしちゃったんです。

皆興奮しているうちは、たとえば「俺はカミさんと相談して東北のためにこんなにいっぱい、自分の財産投げ出したんだ」って言っても、しばらくすると「あんなに出さなくてもよかったかなあ」ってなるもんなんですよ。それが人間だと思うんです。でも会社として年間いくらそれに使う、ってことを決めちゃったら、忘れちゃう自分をその場に置いておけますよね。この「やめられなくする」っていうのは、いい加減な自分をそこに留めるための技術だったんだと思うんです。

今は「もう5年たって忘れちゃう」っていう。そのことで何が損で何が得なんでしょうってことを考えると、一過性の支援のお金が減るとか、支援のために桃を買っていた人が買わなくなるっていうことは起こるかもしれない。でも本当にいい桃だっていうことがわかれば、買ってもらえますよね。だから、その難しさと楽しさにこれから立ち向かうときがきてるんじゃないかなと。だからこれからは島根県や鹿児島県やら東京やらと同じように戦うってことなんですよね。その中で、穴の中に落ちちゃった故にこれはできたんだよっていう新しい芽が出てくるのが楽しみですよね。

小泉　今の糸井さんの話で僕が思い出したのが、最近、被災地のある水産加工の会社の方に言われた言葉。「東北復興フェアっていうのがあって、いろいろやってくれてありがたいんだけれど、本当は全国のフェアを用意してもらいたい。東北のものだから復興のためにと買ってもらえるのは嬉しいけれど、それでは先がない。全国のものが揃ったところで、それでも東北のものが手にとってもらえるところまでいかなかったら、復興とはいえません」と。それってすごく前向きな言葉で。そこで感じたのは、やっぱり国がやるべきことは場作りだ、と。そこでいいものは残り、悪いものは淘汰される。それはあってしかるべきで、国がそこに介入するのはおかしいけれど、場は作らなければいけないんだなと。福島でもこれからは、これはいい、これは良くない、という差が歴然と出てくると思いますが、それがまっとうにできるところまでもっていくというのが、我々がやるべきことかなと思っています。

糸井重里（いとい・しげさと）
1948年群馬県生まれ。「ほぼ日刊イトイ新聞」主宰。1971年にコピーライターとしてデビュー。「不思議、大好き。」「おいしい生活。」などの広告で一躍有名に。また、作詞やエッセイ執筆、ゲーム制作など幅広いジャンルでも活躍。1998年6月に毎日更新のウェブサイト「ほぼ日刊イトイ新聞」を立ち上げてからは、同サイトでの活動に全力を傾けている。

小泉進次郎（こいずみ・しんじろう）
1981年神奈川県横須賀市生まれ。関東学院大学経済学部卒業後、2006年米・コロンビア大学院政治学部修士号取得。2009年8月衆議院議員初当選。現在3期目。2013年から2年間、内閣府大臣政務官・復興大臣政務官を務め、現在は「ふたばの教育復興応援団」としてふたば未来学園高校をはじめとする双葉郡の教育復興活動の支援に取り組んでいる。2015年、自民党の農林部会長に就任。

INTERVIEW

福山哲郎 インタビュー
廃炉と政治

福山哲郎さんにはじめて会ったのは、私がワーキンググループのメンバーを務めていた福島原発事故独立検証委員会（民間事故調）のヒアリングの時だった。菅政権で官房副長官を務め、政府の中から原発事故の初期対応にあたり、その後も、野党の立場から原発問題などについて様々な発言をしてきた福山さんに聞きたいのは、「1F廃炉と政治の関係」についてだった。1Fの廃炉を進め、周辺地域を復興するためには、健全な政治が不可欠だ。それはいかなる政治なのか。

当初はまったく見通しの立たなかった廃炉

——まずうかがいたいのは、2011年当初、事故対応に追われる中のことです。中長期的な「廃炉」の見通しを立てようにも、「暗中模索」の要素が強かったのではないでしょうか。その中で、安定的な廃炉に向かう、事故を長引かせないために重視されたことは。

福山　正直申し上げると、2011年の6月ぐらいまでは、廃炉の見通しまでは射程に入っていませんでした。まず、いかにスムーズに注水作業に入るか、避難をされている方に対していかにケアをするか、サイト内で働いている労働者の方の安全性をいかに確保するか。つまり、総じて、暴れ回っている福島第一原発をいかに抑えるかということが重要だったので、次の段階として廃炉にするためにどうするのかというところまでは、まだ視野に入っていなかったというのが実際のところです。

——なるほど。徐々にこの問題が30年、40年単位の計画を立てるべき事態であることが見えてきたんだと思います。初期の頃の転換点はどういうところにありましたか。

福山　一つは、7月の時点で菅総理が将来的な脱原発を言及された。

原則40年での廃炉を決めたということは、1Fの収束の如何《いかん》を問わず、日本の国土にある正常に運転している原発は、40年で廃炉をしていく必要が出てくる。ただ、はっきり申し上げて、この廃炉が現実にどの程度スムーズにできるかについての科学的な知見や根拠が明確であったわけではありません。廃炉にもコストがかかる。使用済燃料の問題も、再処理は、もんじゅも含めて止まっていて何ら解決策は見えませんねと。

一方で、1Fの廃炉作業も並行してある。メルトダウンして、格納容器からどれだけデブリが落ちて、どれだけ線量が高い状況かわからない。

これらを同時に進める解を求めなければいけない。そのための、コストと人材養成期間が一体どの程度かかるのか。途方もない作業があるという認識は、少し時間がたって、徐々に徐々に具体的な問題として目の前に広がっていったというのが、私なりの認識ですね。

――なるほど。これって、普通に考えれば、ただでさえ難しい一次方程式が目の前に現れてどうしようかともがいているときに、二次、三次と解くべき方程式が重なってきたっていう話ですよね。

福山　そうですね。たとえば、避難計画、除染作業、仮設住宅、補償、風評被害対策をどうするか。こういった現場で起こっていることへの対応は、毎日毎日生じるわけです。側溝にたまった汚泥をどうするかみたいな話や、稲わらを牛が食べたらどうするんだ、汚染されているんじゃないかみたいな話など、細かいけど、現場の被災者の皆さんにとっては死活問題が次々に出てくる。

これらに追われながら、マクロのエネルギー政策全体のコスト計算だとか、原子力損害賠償支援機構の整理だとか、保安院をなくして環境省の下に原子力規制庁を置いてどういうメンバーでやるかみたいな話も同時並行的に進めなければなりませんでした。

規制庁を作るような大きい話は、ステークホルダー、圧力団体が多い世界ですから、何をやるにしても「いや、それじゃ駄目だ」みたいな議論が、原発推進派、脱原発派、双方から来るわけで、それを両方にらみながら進めていったというのが現状ですね。

そういう状況の中で、1Fの安定化を第一に、先の見通しも立てていきました。20km圏内の除染や線量が一定程度落ちる状況を想定した5年後、10年後に始まる正式な廃炉のプロセスなどについてです。ただ、それがどの程度具体的なイメージで議論できていたかというと、すみません、自信がありません。

現場を見ないと何もわからない

――なるほど。そのときの政治的な方針を決めるための枠組みは。

福山　大きく言って、二つありました。

まず、政府の復興構想会議。この中で、脱原発社会、将来の低炭素社会、特に福島は再生可能エネルギーのモデルにしようという議論がありました。

一方、現実の被災者に対する支援は、官邸の中に「原子力被災者支援チーム」ができて、ここに経産省、内閣府、財務省、厚労省、農水省等々、各省庁から担当官が集まりました。そこと現地対策本部とのコミュニケーションの中で物事を進めていきました。

廃炉については、12月に最初の中長期ロードマップが出てきますが、まだ具体的ではなかった。燃料デブリの残存量、取り出し作業、建屋や機器の汚染状況など、データの蓄積を図るとともに「検討していく」ですから。一応、目標工程が書いてありますけど、これは想定どおりにはいってないですね。現実には、安倍政権になって汚染水対策、ＡＬＰＳ稼働の遅れ、陸側遮水壁の問題といろんなことが起こってくる。

ただ、その遅れていることをおかしいとか、自民党政権だからということで、いたずらに批判するつもりはありません。原発事故というのは、もう想定外だらけですので、何が一番適切な処理方法なのかがわからない。その中であらゆる課題についてトライ・アンド・エラーでやっていくしかありませんから。

しかし一方で、あえて政治的に申し上げれば、「アンダーコントロール」「国が前面に出る」などという言葉だけで、物事が進むような状況でもありません。現場の作業工程は、過酷かつ非常に厳しい状況が今も続いていると、僕は認識しています。

——その点で言えば、最初に現場へ行かれたとき何か心境に変化は。

福山　いや、もう現場を見ないと何もわからない。想像を絶するという話です。

初めて福島に入ったとき、メディアの記者さんが全員線量計を持っていて、ある社の記者は「一定以上になったら、取材途中でも、私は社の命令で帰りますから」と公言していました。しかし、そこに生活している人が実際にいるわけです。そのことにどれだけ思いをいたし、想像力を働かせるかが大切なポイントだと思いました。

必ず政治家は現場に行く。それぞれの市町村の首長さんのところにも避難所にも、ちゃんと出向く。官僚任せにしない。政治家が逃げない。それが今の自民党政権と一番違うところです。中間貯蔵の話も、16回あった住民説明会に当時の石原環境大臣が1回も行ってないとか、これは、僕らの政権では考えられないですね。

それと情報の出方が、不定期で、単発になっている。これも、現場では不安の声を高めているんじゃないでしょうか。それは、福島以外のところで廃炉がこれから先も数十年かかる作業だということについて見て見ぬふりをするような風潮につながっていってしまう。このことを僕はすごく懸念しています。

ファクトを見せることで風評被害をくいとめる

——当時、県内各地をまわられたと思います。印象に残った場所は。

福山　郡山のビッグパレットは本当に厳しい避難環境でした。避難所にいらっしゃる方の住宅を早く確保しなければと思いました。一方、中通りより西側の会津地方については、風評被害をいかに起こさないかということについて対応することが主だったというのが、僕なりの記憶です。

だから、やっぱり現場を見て、現地の方のお話を聞いて、できるだけ早く対応することに尽きると思うんですね。

——具体的には。

福山　別に自分たちが何か特別なことをやったというわけではないんですが、たとえば温家宝首相と李明博大統領に福島に入っていただいて、総理と一緒に避難所に行き、福島の野菜をその場で食べていただく。こういったことを通して、国際社会に福島は復興しつつある、でも、避難所では福島県民の皆さんが苦労されている。その両方をいち早くアピールするということで、実現させていただきました。中国や韓国とも綿密な交渉の上で実現したことです。それは一つの政治の役割だったと思う。

風評被害対策では、まず米の全量全袋検査の仕組みを作り、数値を見せることによってファクトで風評被害を何とか避けられないか、ということを進めました。

川俣町に仮設住宅ができたとき、僕は開設式に呼んでいただいたんですが、その横にコンビニエンスストアができていることに非常に感激しました。そのとき、仮設住宅で暮らす方の生活環境が少しでも良くなるような状況を作りたいと思いました。毎年そこに行って環境を確認して、避難されている住民の声を受け止めることをやってきました。小さいことかもしれませんが。

土建国家的政治の崩壊

——おっしゃること、そのとおりだと思います。一方で、今となって見れば時間が解決してきたものもかなりあったなとも感じています。たとえば、農家や企業経営者のそれぞれの事故直後の判断も、最初に決めすぎてしまったことが後々の行動を縛っていって、結果として損をしたこともあったという話もよく聞きます。その点、別に3・11にまつわる政治判断だけの問題ではないと思いますが、本来、長期的に見ていったほうが良い問題を今すぐ決めろと迫られる困難も抱えざるをえなかった部分もあるんじゃないでしょうか。その点での、教訓、良かったこと悪かったことについて、今振り返っていかがでしょうか。

福山　政治は決めることが役割なので、その決めたことに対して不断に検証し、状況によっては、その決めたことを、現実を見て変更することも出てくる。そのことに対して、政治は躊躇《ちゅうちょ》せず、かつ説明を尽くさなければなりません。

当時、一番の課題は、メルトダウンしていないとずっと東電が主張していたことです。ところが、現実にはメルトダウンしていたと。これで、前提が変わってしまった。

二つ目が、低線量被ばくに対する科学者の考え方が危険・安全の両極にわかれたまま進んだことです。このことが国民の不安を増幅させたと思いますし、政治的にも、どの数値を取り、どの科学的根拠に基づいて意思決定をしていいのか判断が難しかった。今後も安全の問題は課題です。

特に廃炉を含めた1Fの周辺の線量についての判断は、何をもって安全とするかと背中合わせになると思います。これは国民にとって非常に不幸なことです。このことについては、いまだに何ら解決していない。

——今、1F周辺地域のことで直視せざるをえない問題の一つに中間貯蔵の話もあります。

中間貯蔵は進めましょうと政治的に決まっている。でも、政治が地元を説明・説得しきれないし、国民的な合意も取れない。じゃあ誰が引き受けるのという話が進まない。

　これは、廃炉が進む中、オンサイトで発生する解体した原子炉のガレキの処分の話とも通じると思います。昔は、国が決めたんだからあなた引き受けなさいよというパターナリズム（父権主義）と予算配分するからよいでしょという土建国家的政治の合わせ技でいけたのが、今はそんな時代ではない。

福山　ないですね。まず、そのことを政治が認めないと。認めたうえでどうするかっていう議論をして共有しないと、誰も納得できない。

——今すぐに解決することは無理だとしても、たとえば、今から、民主的な合意形成に向けたロードマップを立てて具体的に動き始めるというような策が見えているならまた違うのかなと思います。

福山　それは政治がやるしかないわけです。官僚組織やそれぞれの自治体にやれと言うほうが、そもそも無理な話なので。

　現状、政治は「難しいことは先送り」という方向で動き出している。やろうとすれば、相当厳しい作業が政治に求められます。今の政権は、再稼働は機械的にやります、使用済燃料やもんじゅについては福島第一原発事故がさもなかったかのような態度で臨んでいる。無責任だと思いますね。

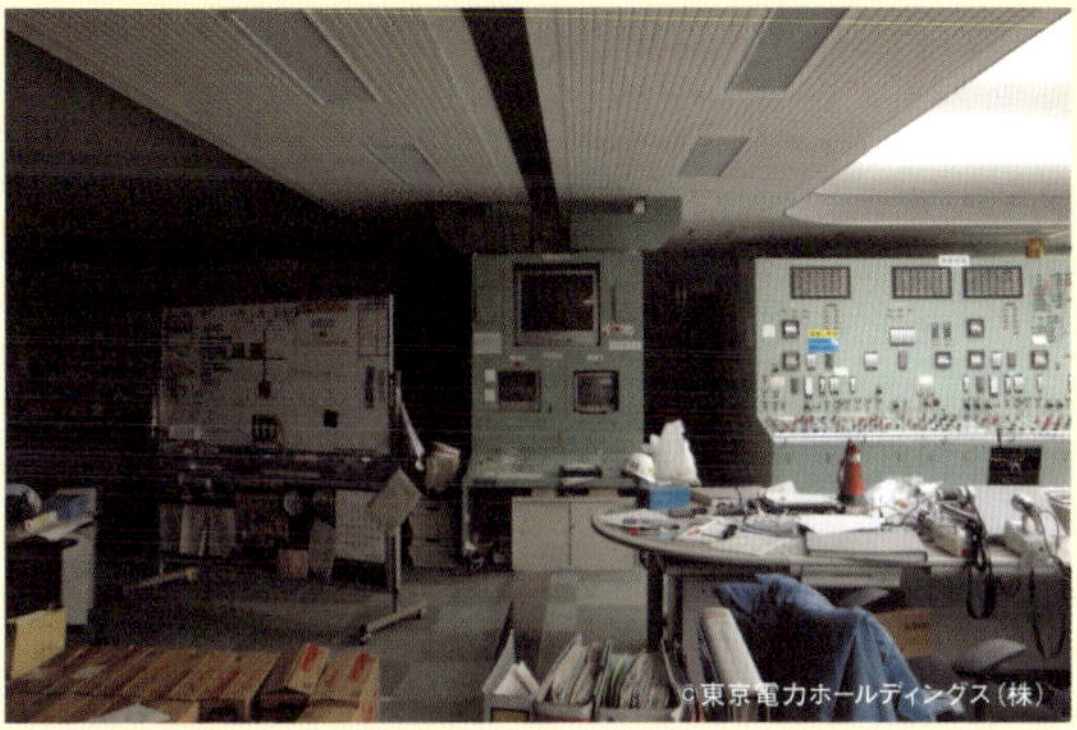

事故から約10日後の福島第一原子力発電所3、4号機中央制御室（2011年3月22日撮影）

情報開示こそが求められる！

——国政として、今から福島にこういうことがあるべきとか、あるいは今までやってきてなかったんじゃないかということは。

福山　よく国が前面に出てと言うんですけど、安倍政権の「前面」は、お金を出すということなんですよね。つまり、税金をまわしますよっていう話です。予備費で汚染水対策の金を出すとか。それはそれで緊急時必要だと、僕も否定はしませんが、問題は、事業者がやっている、今の廃炉のプロセスの情報公開について、どれだけ政治が責任を持ってチェックをしているのかということについて若干疑義があります。放っておけば、専門的な知見のある事業者任せ、規制庁任せになりかねない。あがってくる情報が事業者・利害関係者の利益中心の報告をされる可能性があります。政治がチェックする役割が見えづらい。

——今回、本書を作ろうとしたのは、まさに今おっしゃったような不足を感じてのことです。

しかし、いつまでも政治が動くのを待つわけにもいかない。かと言って、一般の方が1Fに誰でもいつでも入れます、チェックできますという話にできるかというとそうではない。核物質防護の問題、案内できる頭数の問題もあるという話になり、確かにそれもそうだなと思います。でも、公表されているデータを見ると、1Fの港でも、敷地内でも、もちろん現在でも微量の放射性物質があるのだろうけども、莫大に量が跳ね上がるとかってわけでもない状態にあるということはわかったりする。ただ、本当にそうなのか、という信頼を多くの人は持てないでいるし、検証するだけの知見もなかなかない。

問題のど真ん中である1Fを見られない。悪意を持ってそうしている部分、少なくとも震災前、震災直後はあったと思います。だけど、今は必ずしもそういう話だけではなくて、構造的に、個々人や組織がコントロールできないレベルにあるシステムに、私たちは運命をゆだねざるをえないものになってもいるなというふうにも思っています。

福山　なってきてますね。

政治が前に出ることで情報公開を進める

——そういうところを、どう切り開いていくのかというのが、今回の私のチャレンジでもあるんですけども、政治としては、ちゃんとそこにコミットしろということなんですね。

ただ、そのうえで思うのは、たとえば政治家の立場からすると、率直に言えば「絡まないほうが得」という構図になっているように思います。先ほどの中間貯蔵だって、低線量被ばくだって、情報公開を進めるんだって、別に保守とかリベラルとかそんなことは関係なく、政治家としてそこに絡むほどに、利害対立に巻き込まれて損をする。嬉しい人と嬉しくない人が点在していて、一定の有権者に嫌われる。であれば触れないほうがいい、みたいな話になってしまっている。

福山　一般論の政治としてはそうなってしまう。ただ、どの程度廃炉の作業が進んでいるのかとか、今の1Fの1号機から4号機の各炉の状態はどうであるとか、今の汚染水の状態がどのように改善して、一体何が予定外で、何が想定以上に改善しているのかとか、こういう基本的なラインは、政治が定期的にチェックすることによって、情報開示が進むことって、たくさんあるわけですよね。

だから、たとえば僕らのときに、事故検証委員会を作って、専門家の方々に検証をやっていただきました。たとえば、今の1Fについての事故検証委員会を、それは反対派も賛成派も含めてで結構ですが、たとえば専門家の会議を作り、なおかつそこに安定的にコミットする政治家が何人かいて、そこが作業をチェックをする仕組みを作り、何らかの形で国民に情報開示をする。そのメンバーに聞けば、今の状況は理解できるという仕組みを作っておかないと、何か不確実な事故や作業の不具合が起こったときに「実は1年半前からこうだった」って言われても、どうしようもないわけですよね。

政治が前に出るというのは、こういった役割だと思いますね。今はそこが見えない。

——そのとおりだと思います。一応、福島県の「廃炉安全確保県民会議」とか、経済産業省の「廃炉・汚染水対策現地調整会議行政」とかいくつかの会議で情報公開されていることになっているんですが、形式的になっているし、一般にその内容が伝わっているとは言いがたい。

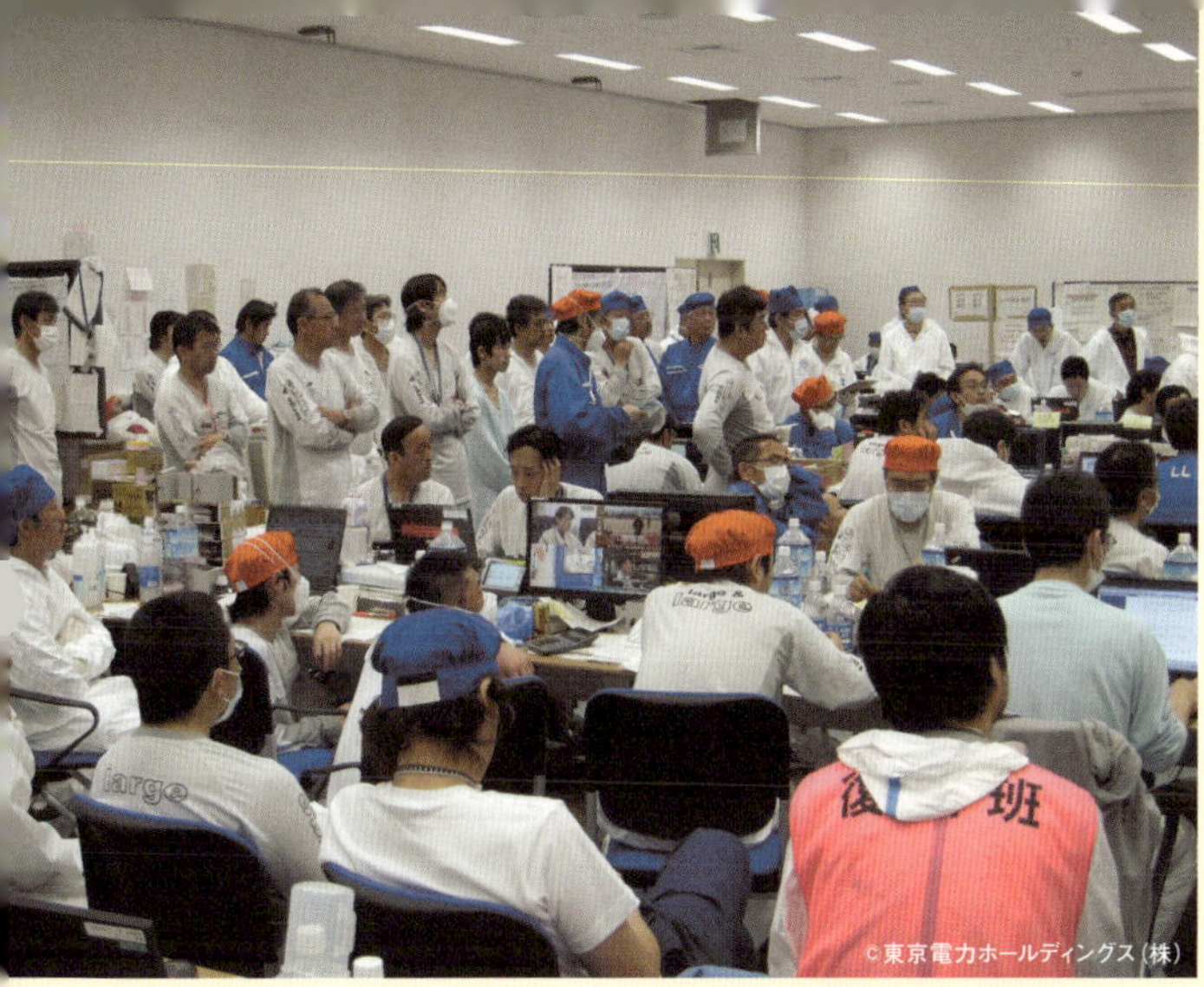

福島第一原子力発電所緊急対策室の様子（2011年4月1日撮影）

福山　政治家が参加している「廃炉・汚染水対策チーム会合」、これ去年の5月21日以来、開かれてないわけですよ。こういうことがあると、一体いつ開くの、何か不都合がないと開かないのっていう話になるわけですね。政治が継続的にコミットしなくてはいけない。

政治と事業者側・作業者側とのコミュニケーションが全く見えないわけです。

——これ、ちゃんとしていたら、本書もいらないかもしれません。会議も止まっていて、情報も出てこない。おそらくメディアも、こういうのがないからフォローアップしていない、できない。結果、私たちの知識はアップデートされないし、不信感は膨らみ続ける。だから議論も合意形成も進まない。これは長期的に見たら政治にとっても逆効果でしょう。

それでもこうなるのは、そもそも政治家の中でプライオリティが低いっていうことですかね。

福山　と思いますよ。福島の事故処理に、あまり情報公開をきっちりやると、再稼働にブレーキがかかると思っている人はいるのかもしれません。でもこの事故にどう対応するかという問題は、原発を再稼働したいとか、エネルギー政策がどうだという以前の問題で、両方をリンクしてはいけない。

不都合な真実を忌避する空気を問題にし続ける！

——それがたぶん、私自身のこの書籍で廃炉の問題、福島の問題を扱うスタンスの最大のポイントだと思っていて、廃炉も復興も、右とか左とか、やるかやんないかとかっていう話じゃなくて、やんなくちゃ駄目なことでしかないんです。それを、他の話と混ぜて、無視したり、足を引っ張る道具にしたりする。それが政治の場で起こっているのが、最大の問題ではないかと。

福山　そうです。原発再稼働がいいのか悪いのかみたいな話に持っていくこと自体が、本来やらなきゃいけない福島の問題をすっ飛ばしているという状況だと思います。

――1F周辺地域は、国が「イノベーション・コースト構想」を掲げて、放射線やロボットなど廃炉関連技術を軸に研究・産業の拠点にしていくということになっています。現在でこそ、こういう前向きな議論も出てきました。ただ、民主党政権当時、この地域をどうするのか、今とは全く違ったレベルで様々な方針を決めるところにも立ち会われたと思いますけども、現状の進捗状況に対してどう見てらっしゃいますか。

福山　ここは難しくて。まず懸念しているのは、福島を再生可能エネルギーの拠点にするという当初の方針にブレーキがかかっていないかということです。

　二つ目は、どれだけ被災者に対して寄り添っているのか。福島の市町村の首長さんが、厄介者扱いされているんじゃないか、意見を聞いてないんじゃないか、全部国が決めたことを押しつけるのかという空気が出ることについては、とても心配をしているし、抵抗感があります。

――社会全体の雰囲気としても、個々人の意識としても、この問題を政治問題として考え続けるにはどうすればいいのか。

福山　事故直後、政権内には多少無理をしても、今までの既得権益を乗り越えてでも、やらなきゃいけないことを進めようという雰囲気がありました。消費税も、一定の反対はあったけど与野党で合意が取れた。復興の話も、どの党も再優先に考えた。先送りしてきた問題、使用済燃料の処理なども含め長年の課題を受け止めないと、もうこの国は成り立たない。そのことに向きあわなければいけないと皆が思っていた。

　そういう空気感がなくなったのは、現政権の問題もありますし、我々の政権が瓦解をしたことも大きな責任の要因ですが、不都合な真実は見たくない、見なくていいんじゃないか、という空気が広がっていることに、僕は非常に、気持ち悪いというか、「嫌な感じ」がします。

　そこは言い続けるしか仕方がない。気がついた人がちゃんと言い続ける。そのために、表現の自由や報道の自由が制限されないような、風通しのよい、窮屈でない社会をキープし続けることが重要だと、僕はそう思っています。

福山哲郎
（ふくやま・てつろう）
1962年京都府生まれ。参議院議員。民進党幹事長代理。同志社大学法学部卒業。京都大学大学院法学研究科修士課程修了。民主党政権時には官房副長官として福島第一原発で対応に奔走した。著書に『原発危機　官邸からの証言』（ちくま新書）、共著で『2015年安保　国会の内と外で――民主主義をやり直す』（岩波書店）、『民主主義が一度もなかった国・日本』（幻冬舎新書）など。

INTERVIEW

廃炉を語る言葉

斎藤 環 インタビュー

私たちは、3・11の最も中心部にある1F廃炉を語る言葉を持てないままに5年の月日を費やしてきてしまったのではないか。

1Fについて語ろうとしても、「事故時の水素爆発映像」「建ち並ぶ汚染水タンク」「防護服着て線量計を鳴らしながらの潜入取材」ぐらいのイメージ、実態とかけ離れた「被ばく労働者」のイメージ。そんな、ステレオタイプなものの見方しかできないのが現状ではないか。

「福島の話」が、いつのまにか情緒的な原発の是非論や安直な文明論に横滑りする。現場で生きる人々の多大な努力によって、1F廃炉周辺地域で高速道路、国道が開通して一般車両が通れるようになる、町の避難指示が解除されて人が再度住めるようになるといった「福島の再生」を象徴する話題が出ると、必ず「早すぎる」「危険だ」「福島の人は怒るべきだ、立ち上がるべきだ」といった根拠なき統治者目線の言説が脱原発・被ばく回避イデオロギー運動サイドから出てくる。それはすなわち、「福島はいつまでも不幸であってほしい」という願望の投影だ。福島が不幸であり続け、予期された不幸が現実化すれば「ほら、やっぱり」としたり顔で知識人面をしながら「原発の是非論」や「文明論」を「たしなむ」ことができる。5年たつ中で、多くの人がその無節操に呆れつつあるが、いまだこういった言説が生み出され続ける。

背景には、3・11、あるいは福島に関する「中空構造」があるのではないか。つまり、物理的に、そのど真ん中には水と空気とデブリと塵・埃だけがある空白地帯がある。認識としても、私たちは、極めて重要な問題であるはずなのにあまりにも1F廃炉について何も知らない。

にもかかわらず、その空白を埋めるよう急き立てられながら、的外れで無駄な言葉を大量に吐き続けてきた。それは好奇心というよりも恐怖心であっただろう。

この歪んだ構造を当初より指摘してきたのが斎藤環さんだった。

たとえば、斎藤環『原発依存の精神構造』(新潮社)の中で、こう語っている。

「重要なことは、ここで対立する立場のいずれも、決して「フクシマ」には無関心でいられない、という問題である。(略)

それでは改めて問おう。一体何が「フクシマ」の象徴化をもたらしたのか。原発から漏出した放射性物質の総量か。放射性物質による汚染区域の面積か。風評と差別によって傷つけられた人々の人数か。あるいは「フクシマ」を巡る語らいの総量か。しかし、そうしたいかなる定量的な基準を用いても、象徴の輪郭を描きえないその中心には何もない。

中心を捉えず、ただ自らの不安を鎮めるように輪郭を描き続けるような語り・呟きが生産され続ける混乱。工学的な話に終止せず、恣意的なイデオロギーや理想を投影したり政治的対立に利用するのでもなく、いかに未来への想像を可能にするのか。

——関係各所に取材をし、現場に行って気づいたのは、様々な形で福島の問題に関わっている人に共通するのは「疲れているんです」という感覚と同時に上気した感覚があるということです。当然、圧倒的な困難の中で5年間動き続ければそういう感覚が出てくるのも当然と思いますが、ある種の「そう状態」の中にあるように見える。

——そうです。ただ、それはオンサイトだけじゃなくて、むしろそれを見ている側、あるいは饒舌《じょうぜつ》に語り続ける側もそうです。

斎藤 今でもということですか？

放射線に関するデマを流し続ける側も、熱心に外部から被災地支援を続ける側も、あるいは私自身もそうかもしれない。

それを見れば、祝祭前夜感、つまり、1980年代に押井守『ビューティフル・ドリーマー』で提示された「半永久的にこの日常が続くことを望む欲望」が見える。わかりやすく言うと、被ばくによる健康被害が出ると信じている人たちの中には、本当にそういう結果が確定しても、あるいは「これは出ませんよ」という確定が出たとしても困る人たちがいる。なぜ困るかと言えば、その「最後の審判」が出る前の、宙づり状態にされている状況の中に置かれるがゆえの幸福感、ビューティフル・ドリームが終わるからです。

現実を直視することなく、それぞれのビューティフル・ドリームを空白地帯に反映したいというメンタリティ。これはいかなるものなのか、これをどうすべきなのかということを、整理しないと。たぶん、この福島第一原発の廃炉の問題を語っていく状態になるのは難しいのかなと。

いつまでも、「いや、実は地下で再臨界が起こっていて」「福島で巨大魚が」みたいな話がネット上でバンバン出る。一定の影響力があるような知識人も「政府とメディアが隠蔽しているけど、あそこは実際は駄目なんだ。駄目なのに無理矢理住民が再度暮らそうとしているのは、政府の安全キャンペーンだ」みたいな安っぽい言論に回収されてしまっている……。

斎藤 今も、そういった言論は力を持っているんですか、実際に。

——かなり断片的だとは思いますけれど、あるとは思いますね。

斎藤 ただ、そういうレベルの話はもはや足下が崩されているというか、それこそ開沼さんがデータを出しながらやってきた議論もそうだけれども、何十万人死ぬとかいう話も、3年後には云々《うんぬん》という話も（笑）、全部掘り起こされたと、私は思っているんですが。結局、甲状腺癌は増えていないわけだし。そういう端的な事実を、彼らはちゃんと受け止めていないということなんですかね。

——受け止めていないし、受け止めたくない。そこでビューティフル・ドリームを見ながらイマジナルな世界にひきこもり、リアルに降りて来ない状況としかいえない。

斎藤 でも、開沼さんの『はじめての福島学』は、一貫して公開されたデータに基づいて書かれてますよね。これは反論のしようがないと思うんですが。さすがにデータが嘘だとかいう批判はないわけですよね。

——確かに、データ自体の信憑性《しんぴょうせい》みたいな話は、さすがにほぼなくなってきましたね。

そこで無理矢理「行政が言っていることは全部情報操作されて真実は隠蔽されている」みたいなことまで言うのはとんでもだろうという空気は共有されてきたと思います。当初はあったと思いますけど。

斎藤　そうですよね。廃炉作業を描いた漫画の『いちえふ』って、すごく淡々としたトーンで描いていますよね。「反」でも「推進」でもないというか。強いて言えば作者の好奇心だけが際立っている。

——そうです。

斎藤　あの感じが僕のイメージする「廃炉」に一番近いんです。

——私の議論もそうですが、『いちえふ』的なファクトとフェアネスのもとで現実を提示しようとすると、歪んだオピニオンとジャスティスに依拠しながら幻想を見続けたい人からの風当たりはありますよね。それは、話にならない人からの風当たりだけではなくて、むしろアタマイイ人からの風当たりが目立ったりする。

斎藤　「水を差すやつ」という。

——そうです「目を醒ませと言ってくれるな」という認識でしょう。

斎藤　しかし、作者の「竜田一人」氏は、実際に現場に行って、自身の体験に基づいて描いているわけで、これも反論のしようがないと思うんですけれど。どういう反論があるんですか？

——いつもの「安全PRだ」「東電がバックについている」というパターンですよね。

斎藤　現場で作業しているんだから、PRも何もないと思うけれども。そう捉えちゃうんですかね。あまり漫画を読んだことのない人なのか。しっかり見ればそういう要素は非常に希薄なことぐらいわかりそうなものですけど。余談ですけど原発事故については、漫画家には下手な識者や文化人以上に冷静でフェアな反応をされる方が多くて、感心した記憶があります。

“終わらない夢”としての福島

——『いちえふ』に限らず、現実を見たくない、現実を語る言葉を拒絶したいという人が一定数いるのが福島の問題、1F廃炉の問題であり、議論を歪め続けている。それがこの5年間、福島を巡るオピニオンを出してきた中で感じる根本的な問題です。

ただ、個別の話をしていてもきりがないので、そこはもっと抽象化して考えるべきだと思っています。これは別に福島や1F廃炉に特殊な話ではなくて、もっと昔からあったのではないかと。それは日本文化の中にある「中空構造」という話かもしれませんし、あるいは『ビューティフル・ドリーマー』的な80年代カルチャーからの、という話かもしれないですし。

というところで、何か教えていただけたらと斎藤さんにお話をうかがいたく思った次第です。

斎藤　教えるというほどでもないんですけれど（笑）。

なるほど「ビューティフル・ドリーム」ってそういう意味なんですね。ある意味、「祝祭空間にずっと留まっていたい」という、そういう欲望があるということですよね。ということは、この祭が終わってしまっては困るので、この対立が続くことを望んでいることになりますよね。

――そうですね。「推進と反対の葛藤が」という言説がありますが、現在までに明確になってきたのは、葛藤はなくて、推進側はただ沈黙していて、放っておけば進む部分に委ねている。反対派は勢いよくドリームに邁進《まいしん》するのがこの対立の構図です。

斎藤 推進側は、さすがに今、変なドリームを語ったら一斉に反発を食らうぐらいのことは……。

――そのほうが損になる、という現状認識はさすがにあると思いますね。

斎藤 政策的にみても、今でも原発問題に限定して投票すれば、まだまだ「反」のほうが多い。ただ、政党レベルでいうと推進派のほうが勝っちゃうわけじゃないですか。反原発よりも景気浮揚策が大事、という優先順の問題もありますが。このネジレはずっと続いている印象ですね。それだけ原発問題が相対的にトーンダウンしつつあるというか。

「リアリストは語らない」というのはどこでもそうだと思うんですよね。一番中心にいる人はすごいリアリストで、それこそ目の前の状況に対応しなければならない。こういう人はドリームを語っている余裕がないので、語らないし、もくもくと日常の作業に勤《いそ》しむしかない。

一番喧《やかま》しいのはわりと安全圏にいて、ただ自分たちは現地の様子全体を俯瞰《ふかん》できていると思いこんでいる人々ですね。こういう俯瞰視点の人々こそが最も幻想に取りこまれやすい。これだけいろいろ反証を突きつけられても、むしろそれすら薪にする勢いで鎮火しない。あまり今までにないような現象のようには思いますね。少なくとも90年代以前にはあまり見たことがない。開沼さんは、そこに何か終末願望みたいなものが絡んでいると思われますか？

――80年代のサブカルチャーからオウム事件につながっていくようなレベルの終末願望よりはソフトなものだとは思います。

斎藤 僕の記憶でいうと、まさにそれで盛り上がっていったのが「広瀬隆現象」だったんですよ。あれはまさに終末願望を、『北斗の拳』みたいな極端な方向で盛り上げていった。だから短命だったわけですが。

今回の「祭」は、そう簡単に終息していないところをみると、もうちょっと根が深いなという印象はありますよね。

80年代のものは、わりと単純に終末願望ぐらいしか薪がなかったので一過性で終わりましたが、今回のは意外と長い。

ただ、その幻想が被災の忘却を防いでいる部分もあるでしょうから難しいですね。正面から幻想を全否定するのも、ちょっとためらわれる。そのスタンスが難しいところではあるんですよね。

廃炉は気合いで太刀打ちできない

――言葉で現実を突きつけて幻想を否定するのではなく、現実を見てもらいながら自分の中で幻想を軌道修正してもらうことが一つの処方箋だと思っています。だから言葉だけではなく、『福島第一原発廃炉図鑑』と「図鑑」にしたわけです。

僕が、廃炉の現場に行って一番象徴的だと思うのは、オンサイトに入ったところに、電気事業者、あらゆるゼネコンとあらゆるメーカー、東芝・日立・三菱みたいなところのロゴマークが並んだ看板があるんです(332ページ参照)。廃炉の本質が、いわば昭和的な、国家があってあらゆる巨大資本が集まって、それを政府・行政が支えて、巨大な開発をしていくところにあることを感じざるをえない。

対比的に平成的なものが何かと整理するならば、とりあえず全部民主化していこう、普通の人でも関わっていけるようにしようぜということです。国家とか巨大資本は糞食らえだと。つまり、震災後に被災地での成功事例としてとりあげられるのって、ソーシャルベンチャー的な「行政のサポートをほとんど受けずに一人の若者がちょっとしたアイディアと行動力で地域を変えちゃいました」「あなたの500円の寄付が社会を変えます」みたいなものばかりです。それはそれで素晴らしいんですが、一方で廃炉の現場って中央官庁・巨大資本が携わらざるをえないし、おそらくそれは正しい。というか、それ以外のあり様はない。「国とか会社とか関係なく個人的に廃炉に関わらせろ」と言ったところでどこに関わりようがあるのか、っていう話です。

そうであるがゆえに、ここに一般の人がいろんな夢を投影するという構造が強固に存在する。そこに中空構造があるがゆえに持続可能な夢を見続けられるモデルでもあるのかなと思っています。

斎藤 個人でやれることの限界は当然あって、それは美談として共有されますが、あいにく美談は一般性がないから美談なので応用が効きにくい。ヤンキー的な気合い主義は被災地で役に立った面もあるけれど、廃炉は気合いではとうてい太刀打ちできない問題ですからね。

情報の透明性は常に大事だと思うんですけど、ただ透明にしたらすぐすべてが解決するという問題ではもちろんない。透明にした瞬間に膨大な専門知識や情報量を理解する必要性が見えてしまって、「ああ、もういいや、誰か専門家が調べてくれるだろう」と、かえって丸投げになりやすいんですね。

もちろん専門家はそれをある程度要約したり簡潔にしたり、適切な解説者をやってほしかったわけですが。今回の複合的な問題の中で、専門家の蛸壺《たこつぼ》化が露呈しましたよね。原発の専門家は放射線の健康被害がわからない。健康の専門家である医師にしても、LNT派からホルミシス派まで(ともに放射線の生物への影響に関する仮説)両極端過ぎて収拾がつかない。要するにほどよく全体を見渡せる人がほとんどいなかった中で、議論がなかなか収束していかない。部分的に詳しいという人が専門家になってしまうという状況が、かえって見通しを悪くしてしまった。ここにも開沼さんの言う「中空構造」がありますね。

——その見通しの悪さの中で、アンチ体制、アンチ科学的な物語が幻想を支えている。このメンタリティをどうするのかという話だと思うんですよね。

それが無害だったらば放っておいていいんですが、実際はデマの話はじめ、現実に発生している問題の解決の足かせになっている。今の廃炉の問題は、やる/やらないの問題じゃなくて、やるしかない問題です。それは核燃料サイクルとか宇宙開発、生命科学など、他の科学技術とも違う。それはやる／やらないの問題で、まあだんだん金もなくなってきたしと先細っていったけど、廃炉はそれとは違う。じゃあ、それをどう健全に進めるか、支えるかという話しかありえないのに、いつまでもそこに至らない。

原子力には得体のしれない強力な魅力がある

斎藤　『原発依存の精神構造』（新潮社）では、そのあたりのメンタリティを精神分析したつもりです。

つまり、簡単に言えば「アンチの人も実は原子力が好きだ」と。それはそれこそ読売新聞の正力松太郎さんが、原理もろくにわからないのに原発に異常に固執したように、なんか得体の知れない強烈な魅力があるとしか思えない。あるいはまさに開沼さんが『フクシマ論』で書かれた岩本忠夫さんの例もあります。岩本さんは一九七〇年代、原発反対派だったのに、双葉町町長をつとめてからは推進派の極へ「転向」している。ここには開沼さんの指摘されるような愛郷ゆえの転向という要素もあったでしょうけれど、私が思うのは、「原発」が人の心にもたらす強烈な両価性です。この両価性ゆえに、「反原発」と「原発推進」は容易に入れ替わる。そもそも「平和利用／軍事利用」という両極で語られがちなエネルギーは原子力だけでしょう。

――それは根本的な問題です。昨年出た山本昭宏『核と日本人』（中央公論新社）もサブカルチャーがいかに原子力を「愛好」しまくってきたのかという話です。

斎藤　要するに、戦後のサブカルチャーを活性化した、ある種の魔術的なテクノロジーなんですよね。それはゴジラを誕生させた穢《けが》れであると同時に、鉄腕アトムを動かす夢のエネルギーでもあった。この両価性ゆえに、我々はどうしょうもなくそっちに引き寄せられていく、一種の享楽的な現象として原子力を象徴化してしまったんじゃないかという懸念がずっとあります。

それは広島・長崎の被爆直後から植え付けられた一種のトラウマの核みたいなものでしょう。だからそれこそ、長崎の原爆で奥さんを殺された放射線の専門家である永井隆さんが「原子力に人類の未来が仮託された」みたいな希望を著作に書いてしまうようなネジレがあるわけですよ。

ハイデガーの弟子ハンナ・アーレントのパートナーだった哲学者のギュンター・アンダースが、戦後日本を訪れて、被爆者にインタビューしています。彼は、日本人がみんな、原爆を地震や津波と同じような天災のように捉えていることを不思議に感じたと言います。その巨大な破壊力が人知を超えたものに感じられたため、適切に表象できなかったのかもしれませんが、そういう捉え方が原爆投下直後からあって、実はそれがまだ続いているんじゃないかとすら思います。もちろん過度に美化する人は、今はいないと思いますけれど、過剰に潔癖症になってしまって、過度に恐怖を煽るという方向と、原子力に魅了されることは、表裏一体ではないかということですね。

——そのとおりだと思うし、粗い議論になりますが、じゃあ日本が近代国家として成立したときに、天皇を超越的なものとして置いて、日本国民の統合・行動の前提としていたんだとすれば、戦後社会はその超越的なものが弱まったところに、憲法9条護憲への超越的な価値付けと核・原子力＝nuclearに対する超越的な価値付けとを代入したのではないか。それが1945年の8月から始まって今に至っている中でのこの原発事故であるから、これはとても超越的にしか語れない問題なのではないかと思います。

もうちょっと内在的に、論理的に、冷静に語りたいと多くの人は思っているが、そうではいられない必然性があるわけです。

斎藤　そうですね、ある意味で天皇と同じような超越的なポジションにあり続けたものが「核」かもしれません。

天皇・9条・原子力

——外交・軍事に関しては、冷戦構造と米国の核の傘の下で放置できていたのが近年になって崩れてきて、別な枠組みを考えなければならないという話になってきている。昨年の安保法制の議論を見てもまだ語ること自体への恐れ多さ、アンタッチャブル感は残ります。原子力の問題も同様だと思っています。特に廃炉の問題はその最たるものだと思っていて、自分たちで考えなければならないけれども、そういうモードにはなっていないんじゃないのかなと。

斎藤　そういう意味では、まだタブー意識が残っていますね。天皇制についても、9条についても、なあなあの感じで現状追認させられてしまっている状況に非常によく似た空気を感じます。もう少し積極的な廃炉の議論だってあって良いはずですが、反原発の人がこれだけいて、再稼働絶対反対みたいな話はいくらでもあるのに、どう廃炉を進めるかみたいな話になかなかなっていかない。僕は廃炉を着実に進めるため（ロストテクノロジー化を防ぐ意味で）の限定再稼働賛成派なんですが、脊髄反射みたいに「エア御用学者」の批判が飛んでくる。原発の導入は受け身でも進められるけれど、廃炉に至ってはじめて日本人の主体性が問われるのかもしれません。まさに天皇反対とか護憲とか、そういった問題とかなりパラレルなんじゃないかということは、開沼さんのご指摘のとおりでしょう。

——いずれにせよ、幻想がそれぞれの娯楽、癒やしになっていて本人や周囲の害にならないレベルならいいんですが、タブー意識の中で、幻想が肥大化して具体的な被害が出てしまっているのが現実です。

具体的な被害のパターンは二つあって、一つが経済的利用。要は悪徳商法が相当入って来ている。まあ、あらゆる手口で放射線・被ばくの不安を煽って、変な食品を売ったり、EM菌はじめ典型的なエセ科学の草刈り場になっている。他にも、これはそこまで悪徳ではないが、福島県内でウォーター・サーバーの営業が集中的に入って一気に普及率が上がった地域があります。

もう一つ、政治的な利用です。自主避難や甲状腺癌のことで不安を持っている当事者は今でも万単位でいるわけですが、そういう方々の近くによっていって陰謀論、終末論を騙《かた》ってつけこみ自分の信者にしようとする。既成政党もいるし、Twitter有名人みたいな、要はプチ広瀬隆みたいなのが再生産されている。

被災地のメンタル面での甚大な被害

斎藤　結局、福島の原発被害で寿命を縮めた人の大半は移動のストレスに耐えられなかった人々なんですよね。チェルノブイリも移住に耐えかねて亡くなった方はずいぶんいるけど、いわゆるゾーン（チェルノブイリの避難区域）にとどまって生活している高齢者たちはむしろ長生きしているというレポートを読んだことがあります。その意味で、これはホントに人災といっていい。無責任な言説で右往左往させられて、挙げ句に命を落としちゃっているわけですから。

私の専門に関連して言えば、故郷の岩手で医療ボランティアをやりながら経験しましたけれど、移住によって子どもがずいぶん不登校になったり、ひきこもったりしています。中には親がデマに振り回されて、不登校や子どもがあちこち連れ回されて、うつ状態になるなどの問題を引き起こしている可能性が潜在的にずいぶんあると思うんですが、これは表だってはなかなか語れない。もちろん当の親も語りたがらないでしょうし。そういう被害にあった子どもは結構たくさんいるように思います。

――福島での乳幼児を持つ家庭の母親のうつ傾向が通常の2～3倍出ているという調査結果があります。当然、子どもがとばっちりを受けているでしょう。

斎藤　結局、被災地におけるメンタル面の甚大な被害が、そのビューティフル・ドリーマーたちの煽りによって生じた部分というのが相当にあったんではないかという話ですね。彼らの活動がいかに有害無益であったかがはっきりしたわけですが、それに関しては誰も責任をとるつもりはないわけですし、いまなお己の正しさに固執するのみという状況になっているわけでしょう。でも実際の被害のありようは、まったく彼らの「予言」に反した形になっているわけですから、そこはきちんと誤りを認めて、謙虚に反省すべきだと思うんですけどね。

――お母さん方が被害に遭うというのはまだわかるとして、けっこう普通にインテリだとされる人もはまってしまうのはなぜかというところですよね。

斎藤　これは私の実感で言えるんですけれど、日本のインテリはほとんど文系だからですよ。森昭雄『ゲーム脳の恐怖』（生活人新書）という本がありまして、私は一応専門家なので、手に取れば瞬時にトンデモ本だとわかるんですが、意外なほどそれを誰も見抜けずに、かなりの人が信じてしまった。それと似たような本で、精神科医の岡田尊司のトンデモ本『脳内汚染』（文春文庫）を鹿島茂が絶賛したりとかですね。日本だけじゃないかもしれませんけれど、日本の言論人はこういうところは本当に駄目ですね。理系に弱すぎます。

声が大きい文化人は全員文系で文系脳で、理系のセンスがないと。それが最大の元凶だと私は断定いたします。それは過去の事例からみてもそうですね。

——なるほど、それはわかりやすいですね。

斎藤　だから、理系の言葉を聞くと、これに限らず「ドリーム」を見ちゃうんですよ。脳科学がそれこそバズワードになったというのも、誰もちゃんと理解できないからですよね。言われたほうは「ああそういうものか」と思ってしまうだけで検証しない。ネットでちょっと調べればすぐ検証できるのに、自称専門家の言葉を鵜呑《うの》みにしてしまう。残念なことですね。

——となると、文系インテリが感情ヒューリスティック・確証バイアス的に自分の好きなイデオロギーとか元々持っている願望に合うような確証を、エセ科学者を呼んできて正当化するようなシステムになってしまっている。メディアもそうですね。

斎藤　そうですね。サイエンスをしっかり解説ができて、なおかつ発言力が大きい人がもうちょっと出てきてもらわないと。

『危険な話』がバイブルだった頃

——世代的な問題はどうでしょう。オウムのときはエセ科学にちょうど斎藤さんと同世代の理系が動員されました。

　80年代からオウム事件にいたるようなものと、3・11後の言説の類似点、相違点はどのような点にあるんでしょう。

斎藤　そうですねえ。まあ80年代のほうは、明らかにサブカル的な色彩が強かったと思いますね。なんたって、広瀬隆現象を盛り上げたのは、いとうせいこうなどをはじめとするサブカル文化人ですから、専ら。

　当時放映がはじまったばかりの「朝まで生テレビ！」なども、その流れを盛り上げていました。原発推進派を呼んできて、広瀬隆らが集団でつるし上げるみたいな回もあったように記憶しています。原発推進派は好きなだけ鬼畜呼ばわりして良い、的な時代の空気はありましたね。もちろん私もそれに乗っかった一人で（笑）、いまだから言えることですが。

——なるほど。

斎藤　だから今回、曲がりなりにも科学的に検証しようという人が増えた点は明らかに違う。当時の検証は、極論すれば、ぜんぶ広瀬に任せろみたいな感じ。

——なるほど（笑）。

斎藤　彼のバイブル『危険な話』（1987年刊／八月書館／新版は新潮文庫）さえ持っていれば、あとはひたすら批判と反対だけしていればいい、みたいなムードはありましたよね。そういう意味では動員しやすい時代だったのかもしれませんが、そういう運動だったので中身がなかったとも言えます。

　もっと別の言い方をすれば、あの運動は基本的にファッションでしたから。政治の季節が終わってしばらくして、しらけ世代とかの言葉も過去のものになりつつあった時代の空白にすっと入り込んだ感じでしたね。ほぼ同時期に反核運動もありました。多数の文学者が関わっていって、そこに吉本隆明があんな一斉に流れるのはおかしいと『「反核」異論』（1983年刊／深夜叢書社）を出した。歌でも、THE BLUE HEARTSとかRCサクセションが出てきて、しばらく途絶えていた政治ソングを彼らが復活させた。

――そこでうかがいたいのは、斎藤さんもそうである1960年前後に生まれた世代の感覚です。今、最も発信力があるインテリの中心層って、団塊の世代よりもこの1960年前後に生まれた世代で、これは、この80年代からオウムにいたるようなものを全部目撃していて、それを相対化していくような仕事を90年代後半から2000年代にしていたような人たちに見えますが、なんでその一部が、3・11については冷静とは逆の方向に走っていったのかという違和感があるんですね。90年代にはオウムを冷静に見ていた人がなんで今冷静じゃなくなっているんだというところです。

斎藤　はい。当事者性が高いので客観的に答えられる自信がないですが、いろいろな人々がアクティブになったというのは確かですね。中沢新一がいきいきとして、「原子力や資本主義は一神教」うんぬんと言い出し、政党を作るなどの活動をはじめたのは、その是非はともかく相変わらずだなと思いましたが。私も私なりに、震災後には無駄に活動的になったという自覚はあるので。

ここで思い出すのは、私は震災直後に東浩紀さんと対談しているんですね。ちょうど『一般意志2・0』が出たあとだったので、その仕事の話をすると、まあ大変なことになっていて。自分の過去の仕事は全否定。「俺のやったことは何の意味もない」みたいな話になってですね。いやそこまで言わなくてもいいんじゃないかと思ったんですけれども（笑）。そのぐらいの勢いで。だから彼にとって震災が相当大きなインパクトをもたらした経験だったんだなと痛感しました。この経験からわかったことは、ある種の人たちと自分の間にある決定的な意識の差です。

「これで全部変わる」は本当か？

私も水戸在住なんで、自宅が被災したり東海第二原発におびえたりして暮らしていたわけですが、そうはいっても臨床活動を中止するわけにはいきません。とりあえず日々の活動を継続していくほうが大事であって、そういった意味では多少変動はあっても、大筋では社会はそんなに変わらないだろうという認識で生活せざるをえなかった。しかしネット上や言論界には「これで全部変わる」という人が溢れていた。震災と原発事故で何もかもがひっくり返るという主張ですね。この態度は、いっとき東さんからも批判された記憶があります。ようするに私は呑気だと。別にそれはそれでいいし、彼の活動に対する評価はまた別物ですから対立にはなりませんが、少なくともそうした経緯から、被災の意識のへだたりを認識させられたわけです。

大きなダメージを受けたけれども、とりあえずもとの日々を取り戻していこうという考え方と、これ全部ひっくり返るという考え方と。これはある種の高揚感をもたらしますよね、何もかも変わるとなれば。

だから全部変わると思うか思わないかというのはけっこう大きかったかなと思います。これを機に変わらざるをえない、もしくはこれを機会に変えていくしかないみたいな意識が芽生えたとしても全く不思議ではないし、少なくとも今、60年代前後の生まれで、3・11後にわっと盛り上がっちゃった人たちの意識の根底には、その変化への待望っていうのは間違いなくあったと思う。その「その変化をリードするのは自分である」みたいな考え方も、まあ間違いなくあったと思いますしね。

ただ、数年たってみたら、たいして何も変わらなかった。そろそろそれについて総括すべき時期かなという気もしなくはないです。

――まあ、でも絶対間違い、負けを認めないわけですよね。

認めない逃げ方は二つあって一つは、「俺はいつでも冷静だった」というポーズをとる。エセ科学にしがみつき続けたり、「冷静な俺を妨害する感情的な当事者がいるせいで俺の目論見《もくろみ》がうまくいかなかった」みたいな人のせいにした言い逃れに走る。まあいいんですけれども（笑）。ちゃんと本読んで勉強してないことが記録として残っちゃうと、後々、晩節汚しますよ、っていう。

もう一つが「原発が」と言っていたのが、いつのまにか「特定秘密保護法が」「安保が」「民主主義が」みたいに横展開していっている。こちらは、振り上げた拳を振り下ろせなくなっているパターンです。

斎藤　横展開ね。換喩的にスライドしていったわけですね。

――後者のほうが持続可能性があるし、オピニオンリーダーみたいになれるからうまい身のこなしだなと思いますけど（笑）。

やっぱりでもそれらを見ていて、さっきの話なんですがね。じゃあ、彼らってオウムのときに、大方冷静だったと思うんです。

僕がやってきたのはそれを反復しているだけです。下から、中心的な言論に対して「そうでもないよ」と。自分の方が現場を見て資料を見ているので、訳知り顔の人よりは現状認識も処方箋の出し方も正しいと確信して5年間やってきました。まあ、それは尊大な話でどうでもいいんですが、なんでそのとき冷静だった人たちが今になって変わったんですかというところが解けないんです。

斎藤　なるほど、そうですね。いやこの世代っていわゆる三無主義のど真ん中、いわゆる「しらけ世代」を担いでいる人々なのに、それが一気に払拭された感じになった。僕は転向とはあまり思わなくて、もともと熱量を持て余した人々だったと考えています。ただ世代的な話をすれば、やっぱり団塊への反発というのは強烈なんですよ。「あいつら」の轍《てつ》は絶対踏むまいという意識が強すぎて、今まで政治にコミットするということを回避してきたんですよね。その回避モードの中でサブカルとか別の方面に熱量を向けてきたわけですけれども、今回はＩＴ環境のおかげもあって、いろんな条件がシンクロして政治に向かうことになったんじゃないか。

――なるほど。その説明はよくわかります。

斎藤　だから急に熱量が高まったわけではなくて、向かうべき方向が見出された高揚感みたいな感じ。それは半ば滑稽かもしれないけれど半分使命感だったりするわけです。「我々の世代が引っ張らなくてどうするんだ」みたいな意識もちょっとはあったりする。

――なるほど。

斎藤　団塊世代がリタイアして天敵がいなくなり、ちょうど今の50代ぐらいが、社会的にそこそこのポジションもあって経済力もあり、知力や気力も充実していますからね。ここで動かなくてどうすると。自分のポテンシャルを社会に還元するのは今だと。こういう認識は、おそらく皆共有しているものだと思います。まあそういう方向が大幅に見当違いだったりすることもあったでしょうけれども。そういう良い見方も多少はあろうかと思うんですけれどもね。

――なるほど、なるほど。

斎藤　ただ、そうさせているのはやっぱり自己愛的な動機だったり、被災した事実に対するアンビバレントな悲嘆と興奮が入り混じった高揚があったり。そういう高揚感の中、震災や原発事故を一種の祭として消費しちゃったところも相当あるのではないかと思います。

　あと、無視できない要素としては、この世代はほぼ全員が、わりとITを使いこなすというところでしょうか。この世代以下はもう普通に使っていますけれども、アクティブなユーザーとしてはいちばん上の世代じゃないかと思います。FacebookやTwitter、特にTwitter上で盛り上がったところがあるんじゃないか。僕自身も震災後に、いちおう「被災期間限定」でTwitterを始めましたから。

　デマの流布にしても、政治的に強い言説の流布にしてもTwitter上で垂れ流しになって増幅されてしまった。つながる手段がなかったらここまで燃え広がらなかったかもしれない。特に50代ぐらいの言論人になってくると、まあTwitterを始めれば普通に万単位でフォロワーがついて、一気にファンからの賛同が可視化されやすくなったという状況がある。まあこれはあまりベタなキーワードなので使いたくなかったんだけれども、やはり言論人の「承認欲求」抜きには考えられないでしょう。たとえイデオロギーで連帯はできなくても、承認を媒介に連帯しやすくなったという傾向は確実にある。それに乗せられて失言を連発するうちに引っ込みがつかなくなったような人もいましたからね。

　これは福島の方から聞いた話なんですけれど、講演会をやっても悪い予言をする講演者のところに人は集まると。いいことを言ってくれる人のところにはあまり集まらない。危機感を煽る人の講演会には人が大勢集まって人気がある。

　悪い予言をする人のほうが人気が出てしまうというパラドキシカルな状況が少なくとも被災直後にはあった。煽るとフォロワーがガンガン増えるみたいな状況って間違いなくあったはずで、それはおそらく一部の識者の言説がエスカレートした理由の一つではあるでしょうね。

――全くそのとおりだし、今でもある構造ですよね。でもかなり小さいコミュニティになっているし先鋭化もしている。

　最近でさえ広瀬隆がダイヤモンド・オンラインで、「福島の家を全部壊して子どもを避難させるべきだ」って言ってますからね（笑）。

斎藤　まだまだ残っている（笑）。実害が

あるのであえて言いますが、「老害」も甚だしいと思います。彼はTwitterはやっていないですよね。

――やっていないですね。

斎藤　やったら真っ先に炎上しますよね。

反原発派と推進派との対話に有効なオープンダイアローグ

――こういう状況がありつつ、でもやっぱり最後まで語られない部分が「廃炉」だなとは思っているんですよね。

斎藤　本当にそう思いますね。改めてタブーだったんですね。

――そのタブーだった部分の核心を、詳細にリアルを描いちゃうことによって、描かれること自体に怒りや狂気を持ってしまう人もいるのかなとは思っているし。

斎藤　それこそ漫画『いちえふ』への反発みたいなことかもしれないなと。あれなんかまさに、廃炉作業の日常を描いているにすぎないわけですが、それにすら反発もあるっていうのはそういうことかもしれませんよね。

――これ一般的な話として、妄想を見てしまう人に対する医療的な対処法って基本的にはどうするべきなんでしょうか。

斎藤　それは私がまさに今やっている活動のど真ん中のテーマです。妄想も含めた精神病治療の手法としての「オープンダイアローグ」というフィンランドで開発された取り組みがあって、これは「対話で精神病が治る」という、今までの医学常識をひっくり返すような手法です。

面白いのは背景の思想としてポストモダニズムと社会構成主義をうたっているところです。簡単に言えば、この現実は言語的な生成物であると。言語とコミュニケーションから現実は生まれて来ていて、精神病はその一部だから対話によって改善できるということですね。

治療法はとにかく1対1での対話ではなく、必ず複数でやる。治療者側が2～3人と、クライアント側が2～3人という組み合わせで対話するんです。

ポイントは合意や結論を目指すのではなくて、できるだけ平等にいろんな意見がポリフォニックに生成する空間を作りましょうと。だからものすごく変なことを語っている人に対しても「いやそれは事実はこうだから違うよ」と言わないで、「どうしてそう思ったんですか」とか、「どういうことからそういう結論に至ったんですか」とか丁寧に聞いていく。

これを延々とやっていくと、不思議なことに、だんだんとストーリーが変わっていくんですね。結果、妄想がなくなったりもする。従来は統合失調症患者に妄想をくわしく聞くのは一種のタブーだったんですけれども、この手法ではその逆をいくわけです。

いままでの治療者の聞き方というのは、妄想の中のおかしいところを見つけ出して「でもこれとこれ矛盾しますよね」と指摘する。これでは妄想は消えません。反対されると強化されます。そうじゃなくて、面白がってつきあうのが一番いいのだと。興味と好奇心を持って妄想につきあっていくと、だんだん妄想のストーリーが変わってくる。この現象は1対1ではどうしても対立的になって権力関係になってしまうから、複数で民主的にやるのがいちばんいいということがポイントです。

——なるほど。

斎藤　私も少しずつ臨床に応用していますけれども、確かに有効なんですよ。このオープンダイアローグという方法は治療に限定されるものではなく、すでに教育現場などでも使われています。政治討論の場でもある程度使えるかもしれない。まさに相容れない反原発派と推進派の対話なんかにも応用できるのではないかということを考えたりしていますね。

——専門家は聞き続けるだけでなんのディレクションもしなくていいんですか？

斎藤　いいんです。それは全くいらない。そのかわり、一つ工夫があって、「リフレクティング」というんですが、患者さんの目の前で治療者が意見交換をするんです。「この人はちょっと統合失調症じゃないかと僕は思うんだけど」みたいな。それを受けて一方は「でも、この人なりに工夫をして妄想を行動に移さないように頑張っているよね」みたいな、できるだけポジティブな評価をしながら、その人の目の前でアセスメント（査定）をするんですよね。

そうすると、こういう言葉は面と向かって言われるよりも、ずっと素直に心に入って行くんです。だから今の話で言うと、原発について妄想的な語りをしている人の目の前で、反対派なら反対派でもいいし、中立派でもいいですけれども、「僕はちょっとこの人の言っていることは極論じゃないかと思う」と言っていいわけですよ。それでもう一方はやや擁護的なトーンで「極論かもしれないけれどこの人なりにいろいろ心配したり考えたりした結果として、出てきた結論かもしれないから、僕には同感できるところもある」みたいなことを言うわけですよね。だから決定的な反論はしない。否定的なことは言ってもいいけれど、できるだけ肯定的側面も見るように努めるとかですね。こうするとけっこうそういう言葉が入りこんでいってですね、最終的にはまったく新しい結論にたどり着くことが可能になる。賛成か反対かの二者択一ではない選択肢が見えてきたりする。

——なるほど。

斎藤　こういう対話方式ってたぶん、これまでは治療場面以外で使われたことはないと思います。間接的に相手を説得するのではなくて、違うストーリーを聴いてもらう。全否定から入ると、「議論には勝ったが説得に失敗した」みたいになりがちですよね。論破を目指さずに意見や経験を交換する手法として、このオープンダイアローグという方法は、いろんな現場でけっこう使えるのではないかと思っています。

ファシリテーターが必要

——なるほど。それは原発、放射線についての対話の場で私がファシリテーションしてうまく議論になったいくつかの事例を思い出してみてもそのとおりだと思います。

斎藤　そうです。議長や司会者じゃなくてファシリテーターが必要なんですよ。妄想というのはどういう人がなりやすいかというと、名探偵コナンじゃないけど「真実はいつもひとつ」と思っている人です。陰謀論ってそうじゃないですか。皆そう思っているけど、実はこういう真実があってこっちこそが本当だと言いたい人は簡単に陰謀論に転んじゃうわけです。

　オープンダイアローグが目指す方向というのは、現実の多義性であり多層性であり、それを受け入れられるかどうかなんです。だからいろんなストーリーの複合的な帰結が現実であるという認識が持てるかどうか。そういうところにたどり着くためにいろんな声を響かせるということが目的なんですよね。

　トンデモな理論を言いたがる人の結論というのは「真実はひとつ派」に限りなく近づきやすく、多少是々非々的に言える人というのは現実の多面性・多層性みたいなところをふまえたうえで結論を出しているわけですよね。

――全くそのとおりですね。でも、本人や周囲に具体的な危害を加える妄想もありますよね。


斎藤　それはありえます。オープンダイアローグでは、暴力とか、暴言とか明らかに踏み越えちゃった人については事務的に処理することになっています。それをやめなければ話し合いから外れてもらいますよというペナルティを決めておいて、あくまで冷静に対処する。

　だから事実に反するデマによって被害が大きいようなことはそれに当てはまるので、それは単純にペナルティで対処ということになりますよね。

――そうなんですね。『はじめての福島学』で「科学的な前提に基づく限定的な相対主義」ということを提唱しました。単一の答えがある前提の絶対主義で押し通すコミュニケーションで状況が悪化してきたが、かといって野放しの相対主義だとポリフォニックな現実は成立しないんですね。危害を加えるような強い妄想の影響力ばかりが現実を構成するので。だから、ある程度制約条件もつけましょうというのがこの考え方でした。それを具体的にするとおっしゃるようなことにつながっていくのかなと思いました。

　いかにビューティフル・ドリームからの目覚めを促し、本当に中空構造を埋める議論を活性化させるのか。今後も取り組んでいきたいと思います。

斎藤 環
（さいとう・たまき）
1961年岩手県生まれ。精神科医。医学博士。筑波大学医学医療系社会精神保健学教授。筑波大学医学研究科博士課程終了。専門は思春期・青年期の精神病理学、病跡学。著書に『ひきこもり文化論』（ちくま学芸文庫）、『戦闘美少女の精神分析』（ちくま文庫）、『世界が土曜の夜の夢なら―ヤンキーと精神分析』（角川文庫）、『承認をめぐる病』（日本評論社）、『オープンダイアローグとは何か』（医学書院）など。

廃炉の論点

より深く廃炉を知るための視点として

吉川彰浩

「下請け」「作業員」という言葉は現地では使われていない

原発事故後、原子力発電所で働く人を指す言葉として、「原発作業員」もしくは「作業員」、また東京電力以外の企業を指す時には「下請け企業」という呼び方が使われました。しかし、実はこれは、現地で働く方からすれば蔑んだ呼称として、2002年に起きた東京電力トラブル隠しを契機とした構内風土改革の一環により使われなくなったものです。その後、福島第一原発では、東京電力以外はすべて「協力企業」と呼ばれています。そこで働く人を「協力企業の方」、もしくは会社名をもって「○○会社の○○方」と呼ぶのが通例です。

ちなみに放射線被ばくをする仕事につく人の正式呼称は、「放射線業務従事者」です。原子力発電所で働く方のほとんど（放射線を浴びない事務員の方もいる）は、放射線を浴びるため、放射線業務従事者になります。

廃炉作業には特別な技術ではなく、高い技術力が必要

原発事故後、もうじき技術者がいなくなると問題視されてきましたが、その「技術」が何かを知っている人はほとんどいません。わかりやすくいえば、火力発電所や水力発電所、身近なところでいえば化学プラントなどで使われる設備をメンテナンスする技術です。設備でいえば、ポンプ、電動機（モーター）、配管、タンク、それらを制御する機器、電源設備。

そういった意味では一般的な技術ですが、特に原子力発電所での技術は何が特別かといえば、扱う設備に放射性物質が含まれていることで、トラブルがあれば、即、社会不安につながります。常に100点が求められ失敗が許されない技術力で支えられる、厳しい職場が原子力発電所と言えます。

福島第一原発の事故は社会に大きなインパクトを与えました。1が100にも伝わる状態です。より厳しさが求められているだけに、高い技術力が集まる場所、保てる場所になっていくことが、技術者不足問題の本質です。

技術だけでなく、モラルが求められる現場

原子力発電所の特殊性というと、見えない・感じない放射線の怖さばかりに目がいきがちですが、働く人には社会からの信任のもとに働いているという自覚が求められます。一つのミスが事業者だけの問題では済まず、社会全体の問題になります。与えられた仕事を社会の目を感じながら誠実に行う。どんな仕事でもおなじことですが、これを本気で守れるかどうかは、個人のモラルに大きく左右されます。福島第一原発は約40年の中で作業者の安全と作業の品質を守る

ためのルールを確立していきました。それは事故前後で変わりません。ただ、事故後にトラブルが続くのは、こうしたルールが守られていないからです。普通のルールを守れる「モラル」を持った人たちが集まる場所になることです。

下請け構造の頂点は東京電力ではありません

「東京電力が下請け構造のＴＯＰ」とよく誤解されます。この誤解によって、働く方々の境遇改善を求める批判が東京電力にだけ向けられてきた5年間がありました。

東京電力の立場は電気事業者。電気を作り販売するのが事業の主たるものです。原子力発電所にかかわらず、発電施設のメンテナンスは、ほぼすべて電気事業者がメーカーなどに外注しています。つまり東京電力は発注者であり、仕事を請け負った元請企業がピラミッド構造の頂点となります。わかりやすくいえば、家を建てる際の施主が東京電力、建設を請け負うハウスメーカーが元請企業といえるでしょう。

東京電力は発電所内作業の何に責任を持つの

発注者である東京電力は、現場で安全に作業ができる環境を作る責任を持っています。原子力産業は社会の信任をもって動いているものですから、その環境作りを怠った場合、それが元請け企業の責任範疇で起きたことでも、東京電力は管理者として責任を負うことになります。

たとえば事故を起こさないために、原子力設備を止めることをアイソレーションと呼びます（略してアイソレ）。そのアイソレが完全になされたうえで、作業上起きたトラブルの責任は元請け企業にあります。

原発ジプシー？違和感のある言葉

「原発ジプシー」という言葉があります。この言葉は、「原発で働く人が食べていくために、全国の原発に仕事を求める姿」から連想されたものでしょう。しかし実際に原子力発電所で働く人はこれに違和感を感じます。

実際、福島第一原発で見れば、13カ月に1回行う、定期検査と呼ばれる原子炉の運転を止めて総点検を行う期間中は、他県からも応援を呼んでいるのは事実です。しかし、定期検査時以外も原子力安全の観点上、日常的に膨大な数の点検を行っています。1年を通じて、常時２０００〜３０００人ほどの雇用ができる仕事量がありました。その結果、当たり前に周辺地域に暮らし、家族を持ち、仕事にあたる文化が形成されていました。

これは他県の原発も状況は同じです。働く会社が地域に根ざしているために、テリトリーがはっきりしています。

福島でいえば福島第一原発も、第二原発との間の交流は多かったですが、その程度。他県に行くにしても隣接する新潟県にある柏崎刈羽が原発に行く程度でした。

長く原子力産業で働く方からすれば、「原発ジプシー」という言葉は原発産業をよくわかっていない人が使う言葉として扱われています。いまだに１９７９年に発刊された堀江邦夫『原発ジプシー』（現代書館）のイメージで原子力発電所の仕事を語ることは、その歴史的な変遷を学んでいない証拠ととられます。

放射線を浴びる仕事をする人たちに必要な教育とは

放射線教育というものがあります。あまり難しくはありません。長年原子力発電所で働いてきた経験がある放射線教育を担当される方が、「放射線って何？」「人体に与える影響は？」「原子力発電所の仕組みは？」ということを教えてくれます。

　覚えることが多く一日がかりです。テストもあります。このテストに落ちてしまうと、放射線業務従事者の認定が下りず、発電所で働くことができません。働くうえで絶対に必要な教育が放射線教育です。この教育を受けたうえで、放射線業務従事者として放射線従事者中央登録センターに登録されて初めて原子力発電所で働けることになります。

事故前には、働く人を育てる技術教育環境があった

　放射線教育を受ければ、それですべての教育が終わりというわけではありません。技術的なミスを起こさないため、技術教育があります。どのような技術教育かといえば、ポンプ、モーター、弁、計装品、電源設備など多岐に渡る機器のメンテナンス技術です。分解して点検し組み立てられるか。それが経済産業省が決めた要求基準が定めた品質をクリアできるか。

　原子力発電所というのは何百社という協力企業の方が協力しあう場所です。関わる方が等しく学べる環境を作ることが必要でした。そのため、東京電力が誰でも訓練できる場所として技能訓練センターを福島第一原発構内に作りました。そこではベテラン技術者が講師になり、技術教育がなされてきました。

資格がないと作業できない、続かない

Jヴィレッジで行われていた放射線教育のひとこま

原子力発電所で長期に働くうえで〝資格〟を持っているかいないかは重要な点です。原子力発電所は有資格者の宝庫です。たとえば電気主任技術者、放射線取扱主任者、電気工事士、ボイラー技士、危険物取扱主任者、計装士、設備保全、といった国家資格。はかにも、足場の組み立てなど作業従事者特別教育、玉掛け技能講習、酸素欠乏・硫化水素危険作業特別教育、粉じん作業特別教育、数えあげればきりがありません。なぜ有資格者が多いのかといえば、資格がないとやらせてもらえない作業がほとんどだからです。

双葉郡富岡町のある（現在避難区域）、資格試験会場になることが多い産業会館では週末になると、見知った現場作業を行う人たちが集まり、試験を受けていました。原子力発電所で10年も働くと自然と沢山の資格を持つことになります。

原子力発電所を運転する技能はどこで学ぶの？

発電所の運転操作は誰もができるわけではありません。電力会社の社員の中でも操作員と呼ばれる専門職の人間だけです。彼らは運転訓練センターで技能を学びます。ＢＷＲ（沸騰水型原子力発電所）の場合、新潟県柏崎市と福島県双葉郡大熊町の２ヵ所にあります。操作員教育をするのは、長年運転操作を行ってきたＯＢです。

原子力設備を遠隔操作する場所は、中央制御室と呼ばれます。その中央制御室をそっくりそのまま再現したシミュレーターで、ＯＢが告知なしで任意の原子力事故を模擬し（警報が鳴り響き、実際に圧力計や温度計などが動きます）、対応訓練を行います。入ったばかりの操作員などは茫然と眺めることしかできません。いたずらに操作すればより事故現象が悪化するからです。あらゆる事故に対応できるようになるには、10年ほどの歳月がかかります。

訓練の厳しさは有名で、初級、中級、上級と進み、上級ともなれば訓練は数カ月訓練センターに泊まりこみ。朝から晩まで訓練は続き、精神的にも身体的にも大きな負荷がかけられます。

プライベートでも気が抜けない

地域で一番の雇用を生む場所である一方、小さなトラブルでも大きな社会問題に直結する場所が原子力発電所です。

特に問題になるのが通勤です。同じ時間に数千人が動くわけですから必然的に渋滞が生まれます。そして渋滞回避のため脇道などを利用すれば、学童通学への妨げにもなります。地域からの苦情への対応として、通勤についてはバス通勤の励行、及び自家用車には原発で働いていることがわかるワッペンの添付が（これが非常にカッコ悪く、現場からは不評でデザインが何度か変わることに）が義務づけられ、決められたルート以外は走ってはいけません。地域の飲食店で宴会などをする際にも、静かに飲むことが励行されていました。働く人には「地域との共生」が求められているのです。

原発事故前から安全推進協議会という、東京電力ならびに協力企業で構成された仕組みの中で、それらは大きな課題として扱われ、義務化されていました。守れない人は東京電力だろうが協力企業であろうが大変なお叱りを受けることになります。

原発事故前も原発作業員は社会から厳しい目で見られていたといえます。

原発事故前後で教育はどう変わったか

技術と座学を現場のベテランから学ぶ技能訓練センター（福島第一原発構内）、原子炉運転操作を学ぶ運転訓練センター（双葉郡大熊町）、現場作業に必須な特別教育を受講する場所の産業会館（双葉郡富岡町）。これら学べる場所が、原発事故により使えなくなりました。

原発事故前は、東京電力が旗どりし、学ぶ環境整備にも力を入れていましたが、現在は協力企業の社員教育はすべてそれぞれの協力企業にまかされているのが現状です。

ただ、作業安全に直結する部分についての教育は、事故前の水準に戻ってきました。福島第一原発構内でも、危険体感施設での安全教育が行われています。

事故前の協力企業社員と東京電力社員の関係は？

事故前、協力企業と東京電力の共同での取り組みが多々あったということは、ほとんど知られていません。たとえば、福島第一原発の敷地内には様々なレクリエーション施設がありました。現在ＡＬＰＳがあるエリアには、陸上競技場と変わりのない４００ｍトラックと体育館、その脇にはテニスコートもありました。汚染水タンクエリアの南東には野球場も。業務時間外、たとえば昼休みやアフターファイブに、誰でも使うことができました。それらを用いて、ソフトボール大会、バレーボール大会、テニス大会、バトミントン大会、サッカー大会、野球大会など、スポーツを通して交流は盛んに行われていました。年末年始や年度末には、縄跳び大会や綱引き大会、時には広大な敷地を活かした駅伝大会などもひらかれていました。

大概、優勝するのは協力企業のチームです。どうしても事務方の仕事が多い東電側は、こてんぱんにされるのが恒例化していました。世間一般で思われている不仲なイメージは事故前にはなく、関係は良好だったといえます。そこで得られたコミュニケーションは仕事にも活かされていましたし、それが事故後の収束作業にも大きく活かされました。

福島第一原発構内でお祭が行われていた

かつて、発電所構内のグランドを開放し、地域向けのお祭が開かれていた時期があります。出店するのは協力企業と東京電力。特別ステージには芸能人が招かれて、夏や春といった季節ごとににぎわいをみせていました。このお祭にむけて腕をみがいたため、いまでもバルーンアートができる発電所職員は大勢います。

９・11後はテロ対策強化のなかで、お祭は発電所構外で行われるようになりました。今でこそ、働く人しか入れない場所ですが、地域住民の方で、福島第一原発に行ったことがある人は意外と多かったりします。これも原発事故で失われた地域との関わりの一つですし、協力企業と東京電力の関係を示す一つの例といえます。

原発事故後、協力企業と東京電力の交流機会は激減

事故前にあった協力企業と東京電力との交流機会のほとんどは現在、自粛されています。多くの社員が避難区域外で暮らし、長時間通勤が当たり前の状況も「できない理由」の大きな要因となっています。朝夕の通勤時間が片道２時

間、3時間。社会が許しても実質無理です。

　土日は県外から応援で来ている協力企業の方は、家族を優先しなくてはなりません。単身赴任型の地元企業の方も同様に、家族のことを優先します。

　しかし仲間意識は仕事場だけで形成されるものではありません。ビジネスを超えたコミュニケーションが、実はビジネスにも活きることは、福島第一原発に限ったことではないでしょう。事故後の協力企業と東京電力との関係性はビジネスパートナーの域をでませんし、関係を改善するための場もなくなっているのが現状です。

コンビニの移り変わり

　原発事故前、地元のコンビニに並んでいるものは、一般のコンビニと何ら変わりはありませんでした。当たり前ですが、コンビニ以外で普通に買い物ができていたからです。本は本屋さんで。食材はスーパーで。日用品はホームセンターでと。

　しかし原発事故により、コンビニに並ぶものは大きく変わりました。コンビニ以外の買い物をする場所が極端に減ったこと、利用する人が除染・原発作業で働く単身の方々に変わったこと、原発で働く方は約７０００人、双葉郡で除染にあたる方は約１９０００人、と急激に利用者が増えたこと。それらが合わさり、女性向けの日用品・雑誌は減り、かわりに生活用品、お弁当が増えました。

　また、地域に居酒屋が減ったことから、酒類やつまみ関係の品揃えも多くなりました。よく見ると全体的に陳列棚が一段高かったりします。雑貨を置くスペースに作業用手袋など、労働者向けの物品が置かれているのも特徴的です。レジの台数も増え、東北の田舎では珍しく、混雑対策としてレジ前に並びを促す白線が描かれたりもしています。

2010年10月3日に開催された「ふくいちふれあい感謝デー」。現在、新しい事務棟を建設している敷地に存在した「サービスホール」(1FのPR施設)と駅や役場とを巡回バスが周り、多くの地域住民が訪れた
(撮影：開沼博)

自動販売機を置くにも大きな課題が

　大型休憩施設の完成に伴い、ようやく自動販売機が設置されまし

事故前の1F構内のグラウンド（写真提供：Kitase Hiroaki）

た。注意深く見ると缶ではなくペットボトルの自動販売機ばかりです。これは福島第一原発構内ゴミを、外に持ち出せない故です。常識的に考えれば、放射性物質の汚染がない休憩所内ででたゴミを、一般廃棄物で処理することは問題ありません。ですが「福島第一原発からでたゴミ」というだけで敬遠されてしまいます。

それらはかさを減らすための減容化をし、構内に保管されます。常時約7000人が働く場所です。相当数の自動販売機があってもよいのですが、ゴミの問題から「自動販売機をあまり増やせない」という状況があります。

意外と労働単価が高い避難区域と周辺地域

原発事故前のこの地域にあるコンビニのアルバイト時給は、大体600円から650円の間でした。それが事故後、1000円から1200円ほどに変わりました。求人をかけても人を確保するのが困難だからです。新しく、避難区域内および避難区域に隣接する自治体で、商店が出店できない一因には、労働者単価の跳ね上がりがあります。

イギリス、セラフィールドに学ぶ廃炉の進め方

イギリスにはセラフィールドという原子炉施設があります。1957年に世界初の原子力重大事故「ウィンズケール火災事故」が起きた施設がある場所です。その事故は、周辺地域に深刻な放射性物質による汚染をもたらしました。

セラフィールドは60年にわたり廃止措置を続けてきました。福島第一原発事故から5年を経過したばかりの私たちには、60年もたっても廃炉は終わらないのかと思っ

てしまう事例です。

ですが2010年代に入ってから廃止措置が進み、NDA（英国原子力廃止措置機関）のもと、ここ1年あまりで廃炉にともなって発生した放射性廃棄物の処理が約70％も進んだのです。

これまでの60年間で技術革新があったことも一つの要因ですが、それ以上に大きな要因となったのは、「戦略的な計画の作り方」にありました。

その戦略的な計画とは、「発生する廃棄物の量と状態をすべて把握する」「状態に合わせた処理方法を確立する」「半世紀以上先の経年劣化と貯蔵量を見据えた貯蔵設計をする」というものです。そしてこれらを、早期廃炉を望む地域住民との対話の中で確立したことこそ、急速に廃棄物処理が進んだ大きな要因だったのです。

廃棄物処理が60年以上も進まなかった原因は「後々やろうという後ろ向きな姿勢」です。反対に1年で70％もの処理を進められたのは、早期廃炉を望み廃棄物処理を先送りにしないという強固な意志です。その中心にいるのは、施設を管理する会社でも規制当局でもなく、周辺地域で暮らす人々でした。

イギリスのセラフィールドの事例は、私たちに気づきを与えてくれます。それは、約30年～40年はかかると言われる福島第一原発の廃止措置完了が、早期実現を求む私たちが廃炉の意思決定に参加することによりもっと早くできる可能性です。

技術の話よりも、廃炉を進めようとする意思決定に私たちが参加できていないことが、ときに「100年たっても廃炉は終わらない」と言われたりする理由のひとつではないでしょうか。

働く方の娯楽の移り変わり

現在、福島第一原発で働く方々にとって、娯楽といえるものはほとんどないのが実情です。朝夕の通勤時間の長時間化、県外からの出張、娯楽を楽しむ余裕がまずありません。また、福島第一原発を中心とした避難区域があり、商店街が壊滅状態の中では、気晴らしに飲みに行くことも、カラオケに行くことも、パチンコに行くことも、叶うことではありません。単身出張の身では、家族との団らんもできません。

原発事故前はどこにでもある田舎町が広がっていました。都市部ほどではないけれど、居酒屋、スナック、飲食店はあり、カラオケやパチンコといった娯楽も、レンタルビデオショップ、CDショップもある。双葉郡でそうした点を支えていたのは浪江町、富岡町（どちらも現在避難区域）。両町ともに双葉郡の中では都会的な町でした。

娯楽を楽しむ余裕はないのが働く方の現状です。娯楽とはいえないけども、つかの間の休息を家族と過ごす、そこに集中したいというお話はよく耳にします。

発電所の中には医務室がある

発電所の中に医務室が元々あったことはあまり知られていません。医師の方1名と看護師の方数名が常駐しています。非常時だけに使われていたかというとそうではありません。日常的に病院として利用されていました。風邪をひいたら薬も貰えます。仕事の悩みをきく精神科医もいました。医務室ですが、小さな病院といった表現の方がイメージには合います。

この医務室は原発事故時、重要な働きをしてくれました。水素爆発で怪我をした社員、作業員の方への対応は、元々いらした医師、看護師がされたものです。

原発事故後も免震重要棟内の一室で、震災前と変わらず対応していました。現在はそれが強化された形でＥＲ（緊急治療室）と名前を変え、入退域管理施設内でその役目を果たしています。

原発事故後変わった地域医療体制

原発事故後、発電所と地域医療との関わりは大きく変わりました。放射線物質による汚染の可能性がある患者が出た場合の受け入れ提携をしていた、大野病院、双葉厚生病院という発電所近傍の地域総合病院は、原発事故による避難により閉鎖されています。

現在、福島第一原発構内で大きな怪我をした場合、20㎞以上離れた南相馬市やいわき市にある病院へ患者が搬送されます。場合によっては福島市までヘリで搬送します。発電所の中の医療体制は震災前の水準になりましたが、発電所の外まで含めて、医療面で安心して働ける環境になったかといえば、医療体制は未熟なままといえるでしょう。

福島第一原発に運ばれたものは基本、放射性廃棄物扱い

発電所に持ちこまれた物品は放射性廃棄物として産廃処理をします。管理区域と呼ばれる「放射性物質による汚染の可能性が０でない区域」にあるものは、すべて放射性廃棄物として扱われます。また作業に関係のない物の持ちこみは厳しく制限されていました。

原発事故後、現場で大きな問題になったのは生活ゴミの処理です。泊まりこみで仕事をしていますから、特に飲食ゴミは増えていく一方です。それらは発電所外で処分ができず、構内で保管するしかありません。現在は除染が進み、汚染がないことから生活ゴミは極力持ち帰るようになりましたが、原発事故からしばらくは、持ちこんだお弁当の容器などはキュッキュと音がでるほど洗い、細かく分別し保管していました。

原子力発電所には必ず焼却設備がある

原発事故前、管理区域内で発生した可燃ゴミ（主に防護服、作業で使うウェス、ビニール手袋など）は、原子力発電所内にある焼却設備で燃やしてかさを減らして（減容化といいます）ドラム缶に保管して貯蔵していました。これ以上の行先はありません。放射性物質に汚染した物品は必ず建屋内で保管することになっていました。焼却炉が何らかの要因で故障した場合、置き場所の問題で、ゴミ処理ができないので作業が全面中止ということがありました。これは事故前のお話です。

原発事故後は、その焼却炉建屋の地下も汚染水置き場として使われたため、焼却炉は使えなくなりました。そしてゴミがたまるからといって、作業を中止できる状況でもありませんし、一時保管するしかありませんでした。ようやく２０１６年度には新設した焼却炉が本格稼働しました。野積みにされてきた作業服はコンテナ積めされ、焼却を待つ状態となっています。現在３００万着を超えています。それらが焼却され、ドラム缶保管され続けるのは、最終処分のまた別な問題として扱っていかなければなりません。

パチンコ店は原発作業員で溢れているわけではない

田舎に行くと、ＣＭがパチンコ

店ばかりなのに気づかれることでしょう。パチンコは地方の娯楽の中心になっています。原発事故前、小さな双葉郡でも、6号線沿い30kmほどの間に10店舗ほどありました。原発事故によりそれらが閉まり、隣接するいわき市、南相馬市のパチンコが大繁盛したのは、単純に、双葉郡から客が流れてより混雑したということがあげられます。

原発事故後、センセーショナルに描かれた「パチンコに作業員が……」は、当たり前の事象を大げさに書いたものにすぎません。

地方の娯楽がパチンコ中心になっていることは、双葉郡に限ったことではないでしょう。原発事故により閉店した店の客がいわき市や南相馬市のパチンコ店へ集中したことが、廃炉で働く人たちへの偏見を生みだしたわけです。付け加えると、もちろんパチンコをやらない人も大勢います。

放射線情報が身近な福島県民

福島県に旅行に来られた方が地元メディアを見聞きして驚くことがあります。地方メディアでは各地域の放射線量と、福島第一原発直近の海の放射線量が伝えられます。いずれも天気予報と同じような扱いで伝えられています。福島県内特有の毎日のニュースですが、福島県民以外の方にはほとんど知られていません。

福島県外の人が放射線や福島第一原発に関わるニュースを見る機会は大きく減りました。ですが事故から5年たった今も、福島県の人間にとっては身近なニュースです。

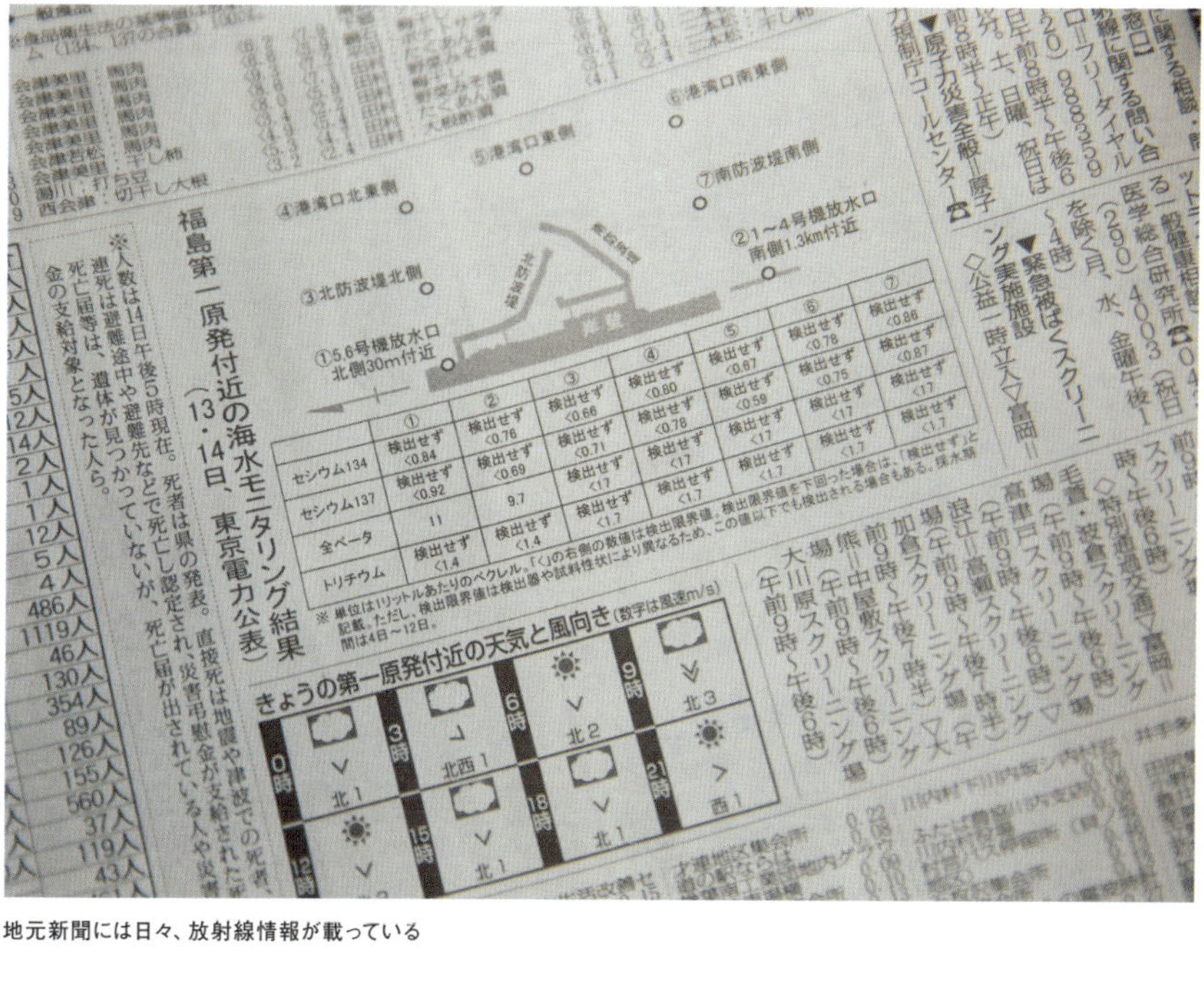

福島第一原発付近の海水モニタリング結果（13・14日、東京電力公表）

	①	②	③	④	⑤	⑥	⑦
セシウム134	検出せず<0.84	検出せず<0.76	検出せず<0.66	検出せず<0.80	検出せず<0.67	検出せず<0.78	検出せず<0.86
セシウム137	検出せず<0.92	検出せず<0.69	検出せず<0.71	検出せず<0.78	検出せず<0.59	検出せず<0.75	検出せず<0.87
全ベータ	11	9.7	検出せず<17	検出せず<17	検出せず<17	検出せず<17	検出せず<17
トリチウム	検出せず<1.4	検出せず<1.4	検出せず<1.7	検出せず<1.7	検出せず<1.7	検出せず<1.7	検出せず<1.7

※単位は1リットルあたりのベクレル。「<」の右側の数値は検出限界値。検出限界値を下回った場合は、「検出せず」と記載。ただし、検出限界値は検出器や試料性状により異なるため、この値以下でも検出される場合もある。採水期間は4日～12日。

きょうの第一原発付近の天気と風向き（数字は風速m/s）

地元新聞には日々、放射線情報が載っている

廃炉を知るための 15の数字 [解答編]

A4

Q4 2016年2月現在、福島第一原発1～3号機の原子炉を冷却するために1時間あたり何m^3ほどの水が入れられている？

15m^3未満

1～3号機の合計

A5

Q5 福島第一原発では1日あたり何人ぐらいの人が働いている？

6500～7000人

A1

Q1 福島第一原発の廃炉が完全に終わるまでにはどのくらいの時間がかかる？

25～35年

現時点での終了予定は

2041～2051年

A6

Q6 福島第一原発の廃炉作業にはどのくらいの数の事業者が関わっている？

約1500社

A2

Q2 凍土壁が完成するまで福島第一原発1～4号機建屋の地下に流入している地下水の量は1日あたり何m^3ほど？

一日あたり 150m^3

A7

Q7 福島第一原発で廃炉作業に従事している人の被ばく量は1カ月平均でどのくらい？

0.47mSv

（2015年12月の平均線量）

これはN.Y.と東京を飛行機で2.5往復したのとほぼ同じ被ばく量

A3

Q3 1～4号機付近の港湾の中、放射性物質セシウム137の量が最も多い地点では、1Lあたり何ベクレルほど含まれている？

0.98Bq／L

（2016年3月31日発表データ）

A8

Q8 1日のうち、福島第一原発構内に最も人がいるのは何時台？

午前9〜10時台

A9

Q9 2016年2月現在、福島第一原発周辺の避難指示を経験した地域に何人が生活(居住＆仕事)している？

約3万人

A10

Q10 2014年度までに廃炉にかかったことがわかっている予算は全部でどれくらい？

5912億円

A11

Q11 2015年末時点で双葉郡に帰還して居住を再開した住民の数は？

4579人

(広野町、楢葉町、川内村のみ)

A12

Q12 福島第一原発で働く人を輸送するバスは1日何便走っている？

約300往復

Jヴィレッジ発で朝は3時台から夜は21時まで

A13

Q13 楢葉町に帰還した人が1年間で追加被ばくする線量(推測値)の平均値は？

0.70mSv

(最大値0.99mSv、最小値0.43mSv、中央値0.66mSv。2015年7、8月の値からバックグラウンド値を0.35mSvとして計算)

A14

Q14 国道6号線の旧避難指示区域(楢葉町から南相馬市小高区まで42.5km)を自動車で時速40kmで通行した場合の被ばく量は？

1回あたり
1.2μSv

(2014年9月時点)

高速道路を使った場合は0.37μSv

A15

Q15 2015年度、汚染の度合いが高かった地域における除染(直轄除染地域)に従事した人がもっとも多かったときの人数は？

18000〜19000人

あとがき

本書を最後に通して読みながら、いろいろな風景が頭のなかをめぐった。その風景とは誰かとの何気ない会話の中に突如、何も関係のないはずの1F廃炉が忍び込んできてすぐに去っていったような、記憶の中に眠るいくつもの偶然の瞬間だった。

たとえば、2014年の夏、いわき市の飲食店でたまたま居合わせた高校の同級生のグループに同席させてもらっていろいろ話していた。何の流れだったかわからない。

「原発に津波が来た時、亡くなったうちの一人、地元一緒のやつだったんだ」

その話は別にそこから発展するわけでもなかったと思う。発展のさせようもないだろう。ただ、印象には残っていた。

あぁ、そうか。確かに3月11日、1Fで亡くなった職員が2名いたなと思い出した。同級生と直接面識があってもおかしくない年齢だ。私もおそらく同じ街ですれちがっていただろう。

建屋への地震の影響がないか、中央制御室に務める職員が安全確認に向かい、地下にいたところに津波が来た。危ないからいくなと声をかけられても大丈夫ですと地下に向かったのを見た者もいたと聞く。2名の20代前半の若者の遺体は3月末に見つかった。学校を出てすぐの最若手は補機《ほき》と呼ばれるいわば「見習い」のポジションから仕事をはじめる。原子炉を運転するための機器を触らせてもらえる機会は少ない。先輩たちのサポートが仕事の中心になる。経験したことのない揺れが続く中、彼らは何を思いながら現場に向かったのだろうか。

いま彼らの死を記録した記事を調べ、その名前をインターネットで検索すると「冷却装置を誤って操作をして事故原因を作った上に現場から逃げだして郡山で酒を飲んでいた」という記事が溢れる。「二人が飲んでいた店は自分の友だちの店だ」とまことしやかに主張する書き込みも出てくる。

ただ、そんなデマであってもインターネット上にはまだ記録が残っているからいくぶんマシなのかもしれない。社会はどれだけ「自分にできることは何か」に向き合い、危険を回避するための作業をして殉職した彼らを記憶しているのか。

そんな勇気のある行動の意図に反して、結果的に原発の安全は守られなかった。彼らは単に組織のマニュアルに従っただけなのかもしれない。何より、加害の中心にいる東電の1Fの中央制御室というド真ん中にいた人間の一人でもある。

しかし、もし、そうであるとしても、彼らのような一人一人のそこに生きる人を記憶できない、するための記録も用意できない社会が、いかなる未来を描けるのだろうか。「自分にできることは何か」を探す人とそこに成立する営みの詳細を描きなおす中でしか、未来を描けないのではないか。

1F廃炉について、複雑で流動的な現実を淡々と丹念に見つめながら、そこに生きる人たちが抱える課題を発見し、解決を進めることがいま求められていることだ。これは現代社会が抱える他の種々の問題にも通じることだろう。

その要求に本書がどれだけ応えられたの

かはわからない。「あれが足りない、これは余計だ」「厳密に言えばここは違う」という点もあるだろう。政治的に「エネルギー政策への提言や原発事故への政府・東電の責任追及の姿勢が足りない」と「こうあるべき」という答えを求める人にとっては「こうである」という事実が一覧になった構成に不足を感じるだろう。除染・中間貯蔵施設のより詳しい状況、教育や医療福祉、民俗芸能、この地に生まれようとしている新産業が抱える課題と今後の可能性なども扱いたいと思いつつ扱いきれなかった。

今後、5年間手つかずだった帰還困難区域などでの放射線低減や事業・居住の再開の可能性が模索されていく。賠償・生活インフラ再建、放射線防護などの問題のフェーズが大きく変わることは間違いないが、その点も論じきれなかった。

ただ、それらの明らかな不足は認めた上で、3・11から5年たった現時点において「1F廃炉をテーマに一定の網羅性と客観性をもった1冊の本を編んだこと」には小さからぬ意義があるだろう。

5年たって「世界初の一般向け1F廃炉本」が世にでること。これを遅いと感じるか早いと感じるかは人によるだろうが、私自身は「早かった」と思う。それは、まだ事態が目まぐるしく動き続けているからだ。本の編集作業を続ける最中も、常に新たな事実が積み重なっていくことの連続。様々な情報を更新しながらどこで区切りをつけるのか難しい状況があった。その点で、本書は未完成で、そうであるが故に様々な可能性に向かっていく「スタートライン」になりえるだろう。これまでスタートラインを引かないままに言葉や善意が暴走してきた状況が少しでも改善すればと思う。

吉川彰浩さんは福島第一・第二原発で長く働き、双葉郡に住んでいた。現在、一般社団法人AFWの代表として、地域づくりや1F廃炉の現状についての教育や対話の場を用意する活動をしている。竜田一人さんは刊行以来、世界的な反響を呼んでいる『いちえふ〜福島第一原子力発電所労働記〜』（講談社）の著者で、断続的に1F廃炉の現場に入り、また福島に観光に行ってはTwitterでその報告をするなどオフサイトの情報発信も続けている。本書をつくるにあたり、5年間、現実を見続ける目を持ち、現場で手足を動かすことを厭わない姿勢を崩さずに1F廃炉に向き合い続けているお二人の力添えは不可欠なものだった。他にも、寄稿やインタビュー、様々な情報の提供において、多くの方にご協力頂くことで本書は成立した。

また、編集を担当いただいた穂原俊二さん、岩根彰子さん、デザインを担当頂いた佐藤直樹さんには実際に1Fに同行頂き、また作業が遅れ、多大なご迷惑をお掛けする中で丁寧にご対応頂き感謝にたえない。太田出版、Asylの皆様にも様々なご尽力・ご調整頂いた。

本書は「スタートライン」だ。今後は、2015年10月より続けてきた「福島第一原発廃炉独立調査プロジェクト」の活動を通して、1F廃炉の状況を定期的に収集・発信し、公に開き、第三者が関わる回路をつくっていくことを目指している。

「福島第一原発廃炉独立調査研究プロジェクト（廃炉ラボ）」設立のためのマニュフェスト

「福島第一原発廃炉独立調査研究プロジェクト（以下、廃炉ラボ）」とは、福島第一原発の廃炉について独立した立場から調査を進め、その実状を発信していくプロジェクトです。

廃炉ラボは「1F廃炉の現場で何が起こっているのか、事実を知りたい」という思いから、その一次情報を私たち自身が自らの手で得る立場になることを目指す取り組みです。2015年10月から活動を開始し、2016年5月にはそれまでの調査・研究の成果を踏まえて『福島第一原発廃炉図鑑』を太田出版より刊行し、その後もさらなる調査と情報発信を進めていく予定です。

福島第一原発事故から5年がたちました。これまで私たちはこの世界史的事件に様々な形で向き合ってきました。原発事故原因の調査、甚大な社会的被害への対応、復興しつつある状況の伝達。それらは一定の成果を残し、世界史の一部となっていくでしょう。

しかし、まだまだ3・11後に生まれた私たちの不安や不満が解消されることはありません。その最も象徴的なものが「福島第一原発廃炉」の問題です。

「いま、福島第一原発はどうなっているのか」

「今後、廃炉のために何が必要か」

少なからぬ人がそのような疑問を持っているでしょう。この5年間、私たちは散々福島や原発について語り、身の回りに情報が溢れてきました。ただ、そうしてきた人のうちどれだけが「福島第一原発廃炉」について誰かに説明をしたり、具体的な根拠を持って議論をしたりできるでしょうか。

でも私たちは知らなければならない。それは、専門家や被災者だけが知っておくべきものではない。発言権のある政治家や多少知名度のある文化人だけが語るべきものでもない。少なからぬ人が、外から、上から知ったかぶりで実態とズレたことを好き勝手語る状況も是正しなければならない。さもなくば、状況はより悪化し続けていくでしょう。

「廃炉ラボ」の目的は、「1F廃炉の見える化」です。知っているようで知らない、知ろうとしても普通の人にはハードルがちょっと高い福島第一原発廃炉の実状を独立した立場から調査してその実態を明らかにし、理解する機会をつくることです。まず知っておくべきことを何も知らずに来たことを自覚し、その内実を立場を問わず知るための取り組みを進めます。

以上を踏まえて、廃炉ラボでは、まず以下のことに取り組みます。

― 福島第一原発の現状の調査と各種媒体を通した情報発信

― 書籍『福島第一原発廃炉図鑑』の刊行＆画像・映像の制作・公表

― 地域住民や大学生など非専門家を中心にした1F廃炉視察の開催

他にも、様々な形で情報を発信していきます。これは「いまだけ知ればいいもの」ではなく、持続的に知っていく必要があることですので、その点も明確に意識します。

廃炉ラボのメンバーは、興味を持って頂いた皆さまです。誰でも関わることができますし、ひとりでも多くの方からお力添えを頂ければと考えています。

それは、廃炉ラボが、政治・行政関係者や専門家のみが1F廃炉を語ることができる状態を脱し、より独立した第三者の立場からより深く状況を調べ、情報が公開される状態を整えることを目指すからです。近年、「オープンガバメント」「オープンサイエンス」といった新たな政治や学問のあり方が模索されていますが本プロジェクトもその流れを意識しつつ進めていきます。

残念ながら私たちの誰もが廃炉の現場の調査に行くことはできないのが現状です。

ただ、メンバーとして「プロジェクトを進めるために必要なリソースを提供する形で廃炉の現状を知りたい」というそれぞれの思い・考えを幅広く受け入れながらプロジェクトを進めていきます。ぜひご協力頂ければありがたいです。

2015年10月11日

福島第一原発廃炉独立調査プロジェクト

開沼博

開沼 博（かいぬま・ひろし）

1984年福島県いわき市生。立命館大学衣笠総合研究機構特別招聘准教授、東日本国際大学客員教授。東京大学文学部卒。同大学院学際情報学府博士課程在籍。専攻は社会学。著書に『はじめての福島学』（イースト・プレス）、『漂白される社会』（ダイヤモンド社）、『フクシマの正義』（幻冬舎）、『「フクシマ」論』（青土社）など。共著に『地方の論理』（青土社）、『「原発避難」論』（明石書店）など。早稲田大学非常勤講師、読売新聞読書委員、復興庁東日本大震災生活復興プロジェクト委員、福島原発事故独立検証委員会（民間事故調）ワーキンググループメンバーなどを歴任。現在、福島大学客員研究員、Yahoo!基金評議委員、楢葉町放射線健康管理委員会副委員長、経済産業省資源エネルギー庁総合資源エネルギー調査会原子力小委員会委員などを務める。受賞歴に第65回毎日出版文化賞人文・社会部門、第32回エネルギーフォーラム賞特別賞、第36回同優秀賞、第6回地域社会学会賞選考委員会特別賞など。

竜田一人（たつた・かずと）

職を転々としたあと、福島第一原発で作業員として働く。福島第一原発で作業員として働いた様子を描いた『いちえふ～福島第一原子力発電所労働記～』（講談社）が「第34回MANGA OPEN」大賞を審査員満場一致で受賞、現在まで3巻が刊行されている。同書はフランス、ドイツ、スペイン、イタリア、台湾でも翻訳刊行され、現在、アメリカでの刊行も準備中。

吉川彰浩（よしかわ・あきひろ）

1980年茨城県常総市生。高校卒業後、東京電力株式会社に就職し、福島第一原子力発電所、第二原子力発電所に14年間勤務。2012年、福島原子力発電所で従事する方々を外部から支援するため同社を退職。13年「Appreciate FUKUSHIMA Workers」を立ち上げ、「次世代に託せるふるさとを創造する」をモットーに福島第一原子力発電所で働く人々の支援と福島県双葉郡広野町を中心とした復興活動に取り組む。14年11月一般社団法人AWFを立ち上げ、目先の改善ではなく、原発事故後の被災地域をいかに、次世代に責任を持って託すかを模索する団体活動を展開。活動を通じて「廃炉と隣合う暮らしの中で生活根拠」を持てるよう、近くて遠くなった「福島第一原発」を視察という機会を通じて、一般の皆さんと一緒に学ぶ活動や、元社員としての知識を活かし「分かりやすい福島第一原発の廃炉状況」を伝える学習会を行っている。現在も、家族親類を含め原子力事故による避難生活中。

執筆　開沼博
竜田一人
吉川彰浩

編集　穂原俊二（太田出版）
岩根彰子

編集協力　粥川準二
尾澤孝
宮野一世
大熊真一（編集室 ロスタイム）
藤山海人
篠原健一郎（講談社）

撮影　石井健

ブックデザイン　Asyl（佐藤直樹＋菊地昌隆）

Special Thanks！

森彰一郎／小川直人／長谷川知寛／清水毅彦／和合亮一／星亮一／沢田安代／
長井英之／伊達洋駆／番場さち子／小峰公子／松本丈／小野寺孝晃／園部裕介／
高野己保／金田浩樹／森谷博／飯山りか／石戸諭／山崎大祐をはじめとする、
1F廃炉を考え始めた後に対話・思考の機会を頂いた方々

福島第一原子力発電所で働くすべての方々

福島《ふくしま》第一《だいいち》原発《げんぱつ》廃炉《はいろ》図鑑《ずかん》

2016年6月17日　第1刷発行

編者　開沼博

編集・発行人　穂原俊二

営業担当　森一暁

発行所　株式会社太田出版
〒160-8571
東京都新宿区愛住町22 第三山田ビル4階
TEL：03-3359-6262　FAX：03-3359-0040
振替 00120-6-162166
ホームページ　http://www.ohtabooks.com

印刷・製本　シナノ パブリッシング プレス

ISBN　978-4-7783-1511-5